ディオファントス『算術』
アラビア語版 和訳注

楠葉 隆徳・徳武 太郎 共著

كتاب ذيوفنطس
الاسكندراني

現代数学社

はじめに

　本書の目的はアレクサンドリアのディオファントスがギリシア語で書いた『アリトメティカ』全 13 巻のうちアラビア語訳のみで残る 4 つの巻を訳することである．『アリトメティカ』は具体的な数値を伴った問題とその解き方を列挙した問題集である．したがって書名を『数論』ではなく『算術』と呼ぶ．ディオファントスが与えた問題の中には解が無数にありえる問題があるが 1 つの解を求めている．解法に記された方法を応用すると他の解を求めることができる．その事をディオファントスが意識していたのかは不明である．

　今日ディオファントス方程式とは不定方程式を意味する．アレクサンドリアで活躍し『算術』を書いたディオファントスにちなんだ名前である．彼のことを「代数学の父」と呼ぶこともある．代数学とは数字の代わりに文字を使う数学の分野である．彼のギリシア語の著作では数式を記号を使って表す．しかしアラビア語に翻訳されたこの著作では記号は見当たらず全てことばで書かれている．どちらがディオファントスが書いたものを反映しているのか．

　ディオファントス『算術』研究はアラビア語訳が出版されるまで 2 つのギリシア語テキストに基づいていた．1 つは 1621 年出版のバシェ（1581 年–1638 年）版である．ラテン語訳が付いている．ラテン語は当時の学問語であった．バシェは『算術』6 巻と書く．しかし序文末尾に 13 巻から成ると書いてある．彼はギリシア語写本を読んでギリシア語テキストを出版したのであろう．現代の我々ならば，写本を幾つか集め，異読がある時はどの読みが原典に近いかを考察して校訂する作業をする．バシェはそのような検討をしたのだろうか．もう 1 つのテキストは 1893 年出版のタンヌリ（1843 年–1904 年）版である．タンヌリは 26 の写本に言及している．タンヌリ版『算術』序文末尾にも 13 巻から成ると書いてある．しかし，バシェ版同様 1 巻から 6 巻である．32 のギリシア語写本が現存しているが，最も古いギリシア語写本は 13 世紀とされていた[1]．

---

[1] Tannery [1893/95: vol. 2, XXIII]．Christianidis and Oaks [2023: 18–19] はこの写本を 11 世紀後半とする．

クスター・イブン・ルーカー（820 年–912 年）による『算術』アラビア語訳の写本をアラビア語科学史文献に関する著作目録 *Geschichte des arabischen Schrifttums* (1967 年–2000 年) を書いたセズギン（1924 年–2018 年）がイランのマシュハドの図書館で見つけたのは 1968 年である[1]．アラビア語訳には第 4 巻，第 5 巻，第 6 巻，第 7 巻と書いてあるが，前述の 2 つのギリシア語テキストのいずれもアラビア語に翻訳された部分を含んでいない．このアラビア語写本を基にしてほぼ同じ 1980 年代前半に 2 人の研究者がそれぞれの編纂を出版した．アラビア語訳はギリシア語版の第 3 巻の後の第 4 巻から第 7 巻までの 4 つの巻であると同定した．しかしギリシア語版の第 4 巻から第 6 巻の位置付けは不明である．『算術』はギリシア語とアラビア語とで 10 巻になる．残る 3 巻はギリシア語でもアラビア語でも見つかっていない．

ギリシア語テキストには未知数，平方，立方などに対する省略記号が使われ，方程式の表現も近代代数学の萌芽を彷彿させる．しかし，アラビア語訳にはギリシア語テキストにある未知数に対する記号も，引くあるいは欠く場合の略号も使われていない．アラビア語訳では解を検算した後で，そして「これが我々が明らかにしたかったことである」というエウクレウデス『原論』と同様の結語で終わる．しかしギリシア語テキストでは第 1 巻問題 1 の末尾で「証明は明白である」とした後検算をしていない．このような差異を考慮し本書では「アラビア語訳」とせず，「アラビア語版」と表記した．ディオファントス『算術』のギリシア語写本と出版されたテキストとの照合は必要だが今の我々の射程にはない．

ディオファントス『算術』は不定方程式にその名を残すように近代数学へ影響を及ぼした．影響の大きさを写本の数と拡散領域の広さで測るならアラビア語訳は考慮に値しないだろう．なぜなら『算術』アラビア語訳写本は 1 本だけだからである．アラビア語に翻訳されたのは 9 世紀である．現存する写本が筆写されたのは 12 世紀である．その写本がイランの図書館で発見されたのは 20 世紀後半である．しかしこのアラビア語写本には 2 つの大きな意義がある．1 つはアラビア語版の基になる写本はバシェによるギリシア語版の基になる写本

---

[1] Hogendijk [1985: 82].

より古いことである．ディオファントスの古い形を残しているかもしれない．もう1つはアラビア語テキストの出版により新たにディオファントス研究が始まることである．21世紀になって多くの論文が出版された．1980年学位請求論文として編纂されたギリシア語テキストが注目された．こうした研究の結実として2023年にギリシア語とアラビア語両方のテキストから英訳された．

　アラビア語を学問語とする文明圏はギリシア語，サンスクリットなど様々な言語の文献をアラビア語に翻訳した．シリア語，ペルシア語を経由したものもあった．ギリシア語原典が失われ，アラビア語訳でしか知ることができないギリシア数学書がある．メネラオス『球面論』，アポロニウス『円錐曲線論』全8巻のうち第5巻から第7巻などである．ディオファントス『算術』第4巻から第7巻もこのような文献に含まれる．アッバース朝の宮廷でギリシア語の著作をアラビア語へ翻訳したクスター・イブン・ルーカーがアラビア語に翻訳し，アラビア語でしか残っていないディオファントス『算術』第4巻から第7巻を翻訳し注釈する本書がギリシア語文献研究を含めた日本語でのディオファントス研究に資することを期待したい．クスター・イブン・ルーカーより少し時代は下がり，解がいくつも存在すると認識したアブー・カーミルの著作の一部の翻訳と解説を付録に加えた．

　本書の中心を占めるアラビア語版の和訳は上野健爾先生の主宰する数学史京都セミナーでの発表をもとにしている．上野先生をはじめ質問，コメントをしてくれた参加者にお礼を申し上げたい．また写本に関する情報を提供していただいた早稲田大学ネイサン・カミッロ・シドリ教授にも感謝したい．また本書を出版する機会を現代数学社に頂いた．同社の富田淳社長にお礼を申し上げます．

2025年2月

目 次

はじめに.. i

第 I 部　序論　　　　　　　　　　　　　　　　　　　　　　1

1　ディオファントス：人と作品............................ 3
2　クスター・イブン・ルーカー：人と作品.................. 6
3　ディオファントス『算術』ギリシア語版.................. 9
4　ディオファントス『算術』アラビア語版——アラビア語でしか読めないギリシア数学書 14
5　『算術』の研究と概要.................................. 20
6　ギリシア語タンヌリ版とアラビア語版.................... 22
7　ディオファントス『算術』アラビア語版を理解するために ... 27
8　和訳の方針.. 43

第 II 部　和訳　　　　　　　　　　　　　　　　　　　　　47

『算術』第 4 巻　　　　　　　　　　　　　　　　　　　　　48

『算術』第 5 巻　　　　　　　　　　　　　　　　　　　　159

『算術』第 6 巻　　　　　　　　　　　　　　　　　　　　201

『算術』第 7 巻　　　　　　　　　　　　　　　　　　　　249

第 III 部　付録　　　　　　　　　　　　　　　　　　295

付録 A：アブー・カーミル『ジャブルとムカーバラ』第 3 巻　　296

付録 B：シノプシス　　　　　　　　　　　　　　　　　305

付録 C：他問題との関連箇所　　　　　　　　　　　　　336

付録 D：語彙集　　　　　　　　　　　　　　　　　　338

付録 E：文献　　　　　　　　　　　　　　　　　　　347
　　あとがき．．．．．．．．．．．．．．．．．．．．．．．．．．．．353

第Ⅰ部

序　論

ディオファントス関連年表

年代	人物/出来事
前4世紀–前3世紀末	エウクレイデス（ユークリッド）
前287年頃–前212年	アルキメデス
前190年頃–前120年頃	ヒュプシクレース
（前170年–370年頃）	ディオファントス
335年頃–405年頃	テオン
350/370年–415年	ヒュパティア
780年頃–850年	アル・フワーリズミー
820年–912年	クスター・イブン・ルーカー
826年–901年	サービト・イブン・クッラ
850年頃–930年頃	アブー・カーミル
1198年	イブン・ハーキールによる『算術』アラビア語訳筆写
1255年頃–1305年頃	マクシモス・プラヌデス
1464年	レーギオモンターヌス（ヨハン・ミューラー）
1572年	ボンベリ
1575年	クシュランダー（ヴィルヘルム・ホルツマン）
1585年	ステヴィン
1621年	バシェ・ド・メジリアックによるギリシア語テキストとラテン語訳
1670年	バシェ第2版
1893年	タンヌリによるギリシア語テキストとラテン語訳
1968年	イランのマシュハドの図書館所蔵の『算術』アラビア語訳写本確認

1 ディオファントス：人と作品

　本書では著者の名前を「ディオファントス」と表記し[1]，書名を『算術』と訳す．ディオファントスの生涯に関してはアレクサンドリアに住んでいたことしかわかっていない．このような場合はディオファントス自身が言及する著作や人物の年代と，ディオファントスに言及する著作の年代とを情報源とする．ディオファントスの『算術』と『多角形数について』とは部分的にではあるが残っている．

　ディオファントスがいつ活躍したのかを考察する手がかりはエウクレイデスの『原論』にある．『原論』は 13 巻から成るが，ハイベア・メンゲ編纂のテキストは古注（スコリア）と共に第 14 巻と第 15 巻の 2 つの巻を収録している[2]．第 14 巻の著者であり，天文学書も書いたアレクサンドリアのヒュプシクレース（前 190 年頃–前 120 年頃）にディオファントスが多角形数の定義に関して言及している[3]．これが上限である．一方『原論』を校訂したアレクサンドリアのテオン（335 年頃–405 年頃）[4]がクラウディオス・プトレマイオス『アルマゲスト』第 1 巻の注釈でディオファントスに言及している[5]．これが下限である．するとディオファントスの盛年は紀元前 150 年から 350 年という間のどこかである[6]．ここから研究者が年代の絞り込みを試みるが最終的な結論には至っていない．これに関する研究のうちギリシア語テキストの解釈についてはここでは言及しない．

　近代のディオファントス研究の基礎史料である『算術』ギリシア語テキストを編纂したタンヌリはビザンツのミカエル・プセルロス（1018 年–1081 年頃）

---

[1] ギリシア語では $\Delta\iota\acute{o}\varphi\alpha\nu\tau o\varsigma$（Dióphantos）と表記するので，「ディオパントス」と発音されていたかもしれない．ここでは『数学史辞典』（日本数学史学会 [2020]）と『科学史辞典』（日本科学史学会 [2021]）に従い「ディオファントス」と表記する．

[2] 東京大学出版会で出版されている『エウクレイデス全集』は第 14 巻と第 15 巻も含む予定である．

[3] Tannery [1893/95: vol. 1, 470, line 27; 472, line 20], Heath [1910: 252-253].

[4] 斎藤・三浦 [2008: 38].

[5] Tannery [1893/95: vol. 2, 35, line 9].

[6] Heath[1910: 2], Christianidis and Oaks [2023: 4].

が書いた手紙[1]を考察して絞り込みをした．その手紙はディオファントスとアナトリウスとの名に言及している．タンヌリはディオファントスは 269 年頃に主教になったアナトリウスと同時代だったとし 250 年頃に活躍していたとする[2]．そして『算術』冒頭で献辞があるディオニュシオスは 232 年から 247 年にアレクサンドリアで教理問答の教師をしており，248 年から 265 年に司祭をしていたと考える[3]．ところが上記の研究においてタンヌリはテキストを修正している．ギリシア数学史研究者ウィルバー・ノールはこの修正は必要無いとして遅くとも 1 世紀後半に活躍していたとする[4]．

別のアプローチがある．ヤコブ・クラインは代数学の歴史を論じた著作[5]において，ディオファントスがディオニュシオスへの献辞で『算術』を始めることに注目する．ヘロンの公式で知られるアレクサンドリアのヘロンの『メトリカ』にもディオニュシオスへの献辞がある．この 2 人が同一人物であると断定し，ヘロンと同時代だったという可能性を示唆する[6]．となるとヘロンの活躍期がいつかということが問題になる．ヘロンがアルキメデスを引用していることとパッポスに引用されていることから，前 150 年頃から 250 年頃のどこかの期間に活躍していたとされていた．クラインはヘロンの盛年を 2 世紀後半とした[7]．しかしノイゲバウアーの見解を採り入れ修正する．ノイゲバウアーはヘロンの『ディオプトラ』[8]という文献の 35 章に記されたアレクサンドリアでの月食は計算から 62 年 3 月 13 日に起きたとした[9]．これをヘロンが観測したとして彼の活躍期とする文献がある[10]．しかしこの説には近年反論が

---

[1] Tannery [1893/95: vol. 2, 37–42].
[2] Heath [1910: 2], Christianidis and Oaks [2023: 4–5].
[3] Heath [1910: 2, fn. 3].
[4] Knnor [1993].
[5] Klein [1968]．この本はドイツ語で書かれたが，英訳を参照した．
[6] Klein [1968: 244–248, fn. 149], Christianidis and Oaks [2023: 6].
[7] Christianidis and Oaks [2023: 7].
[8] ディオプトラとは測量用の装置であり，天文学者は星の位置を測定するために使用した．
[9] Neugebauer [1938]．ここでは Neugebauer [1975: 845–848] を参照した
[10] たとえば Toomer and Cuomo [2012: 676].

ある[1]．シドリはこの年の同定を "terminus post quem"（それ以降，より新しい）と考える[2]．マシアはこれらの議論を踏まえ統計学の視点からヘロンがこのデータを採り上げたのであり，観測したとは言えないと述べる[3]．ディオファントスの活躍期に関してクリスティアニディスとオークスはこのような諸説を挙げるが，絞りきれずに前170年から370年頃と結論付けた[4]．

ディオファントスは『算術』の他に『多角形数について』を書いた．これは断片で残っている[5]．序文と5つの命題がある．ギリシア語テキストの検討は本書の目的ではないのでヒュプシクレースに言及した箇所をヒースに依拠して紹介する．ヒースはヒュプシクレースの定義を a 角形数の n 番目の数は

$$\frac{1}{2}n\{2+(n-1)(a-2)\}$$

とした[6]．このような一般式ではなく，1を初項とし1を公差とする数の和は三角数，2を公差とする数の和は四角数，3を公差とする数の和は五角数はというように具体的な数を述べている[7]．

---

[1] Acerbi [2008].
[2] Sidoli [2011].
[3] Masià [2011], Acerbi [2008].
[4] Christianidis and Oaks [2023: 10].
[5] Tannery [1893/95: vol. 1, 450–481], Heath [1910: 247–259] による抄訳．
[6] Heath [1910: 252].
[7] Kutsch [1958: 77] にアラビア語字母数値の表がある．サービット・イブン・クッラによるゲラサのニコマコス（60年頃–120年頃）のアラビア語訳は次のように具体的な数値を列挙する．

7	6	5	4	3
18	15	12	9	6
34	28	22	16	10
55	45	35	25	15
81	66	51	36	21
112	91	70	49	28
148	120	92	64	36
189	153	117	81	45

その他にディオファントスは『ポリスムス』という名の著作に『算術』ギリシア語版第 5 巻問題 3,5,16 で言及している．またシリアの代表的な新プラトン主義者のカルキスのイアンブリコス（245 年–325 年）は『モリアスティカ』という名の著作に言及している[1]．これらはいずれも現存していない．

前 7 世紀から 10 世紀までの 300 人以上の詩人による約 4500 篇全 16 巻の短詩から成る『ギリシア詞華集』にはギリシア数学の問題が含まれている[2]．その中にディオファントスの生涯に関して 1 次方程式で表すことのできる問題がある[3]．彼の寿命を x 年とすると，

$$\frac{1}{6}x + \frac{1}{12}x + \frac{1}{7} + 5 + \frac{1}{2}x + 4 = x.$$

$x = 84$ になる．これはどこまで現実を反映しているのか定かではない．

2　クスター・イブン・ルーカー：人と作品

バグダードの書誌家イブン・アン・ナディーム（932 年頃–990 年 11 月 12 日）が 987 年頃に書いた図書目録がある．それは『キターブ・アル・フィフリスト』という．キターブはアラビア語で「本」を意味し，フィフリストはペルシア語で「目録」を意味する．10 世紀末頃のバグダードに存在していたすべての書籍の情報を網羅している．セシアーノはこの本と他の 2 人の著作とを情報源としてクスター・イブン・ルーカーに言及している[4]．それによると，クスター・イブン・ルーカーは現在のレバノンのバアラバック[5]に生まれたので

アラビア語は右から読む．一番右の列における三角形数を構成する点の数は 3,6,10,15,21,28,36,45 である．その左の列は四角形数を構成する点の数を示す．Heath [1910: 126].

[1] Heath [1910: 3–4], Christianidis and Oaks [2023: 15–16].

[2] 三浦 [2021: 166–180].

[3] 問題 14.126. Paton [1979: 92–95], 沓掛 [2017: 264–265]. これに関しては三浦 [2021: 176–178]. ギリシア語テキストは Tannery [1893/95: vol. 2, 60, line 19–61, line 2].

[4] Sesiano [1982: 8]. 他の 2 人の著作とはイブン・アル・キフティー（d. 1248 年）の辞典とイブン・アバイー・ウシビー（d. 1269/70 年）の辞典である．

[5] ギリシア人が「ヘリオポリス」（太陽の市）と呼んだ時期がある．

「バアラバッキー」の名が付く．メルキト派キリスト教徒である．ビザンツで学んだ後，アッバース朝の宮廷で活躍し，ギリシア語，シリア語，アラビア語に精通していた[1]．晩年にアルメニアに移り 912 年同地で亡くなる．

クスター・イブン・ルーカーには天文学，数学，医学などの分野で多くの著作がある．翻訳者としての業績はグタス [2002] が参考になる．医学書に関しては太田 [2014] が論じている．その他医学書の翻訳に関してはウルマン [2002: 114–115] が詳しい．ここでは天文学と数学の分野に関する文献について考察する．

プトレマイオスの惑星運行モデルが持つ欠陥を解決する『天文学の覚書』を書いたナシール・アル・ディーン・アル・トゥーシー（1201 年 2 月 18 日–1274 年 6 月 26 日）はエウクレイデス『原論』やプトレマイオス『アルマゲスト』などの編述を書いた．編述とは当時に存在していた写本から新たに編纂した著作である．トゥーシーがクスター・イブン・ルーカーに言及した 2 つの編述では，翻訳における役割を述べている．

一つ目の編述はビスニアのテオドシウス（前 169 年頃–前 100 年頃）『球面論』アラビア語訳（1253 年）である．

> これは 3 巻 59 図（命題）である．幾つかのコピーでは数に図の省略がある．ギリシア語からアラビア語への翻訳をアブー・アッバース・アフマド・イブン・アル・ムウタスィム・ビラーが命じた．クスター・イブン・ルーカー・アル・バアラバッキーが第 3 巻図 5 まで翻訳した．次いで彼以外の者が翻訳を引き継いだ．そしてサービト・イブン・クッラが校訂した[2]．

---

[1] Sesiano [1982: 8–9].

[2] al-Ṭūsī [1940a: 2], Sidoli and Kusuba [2008: 13].

هو ثلاث مقالات وتسعة وخمسون شكلا وفي بعض النسخ بنقصان شكل في العدد وقد امر بنقله من اليونانية الى العربية ابو العباس احمد ابن المعتصم بالله فتولي نقله قسطا بن لوقا البعلبكي الى الشكل الخامس من المقالة الثالثة ثم تولي نقل باقية غيره وأصلحه ثابت بن قرة

アル・ムウタスィムという名はアブー・イスハーク・ムハンマド・イブン・ハールーン・アル・ラシードが第 8 代カリフに在位（833 年–842 年）した時の名前である．イブン・ハールーン・アル・ラシード（アル・ラシードの息子）の名が示すように第 5 代カリフ，ハールーン・アル・ラシードの息子である[1]．サービト・イブン・クッラはサービア派キリスト教徒の数学者，天文学者，医者であり，第 16 代カリフ（在位 892 年–902 年）ムウタディドに仕えた．このトゥーシーによる記述からクスター・イブン・ルーカーはカリフの命によりテオドシウスの『球面論』を翻訳をしたが，全訳はせず，完成したのはサービト・イブン・クッラであるということがわかる[2]．

二つ目の編述はヒュプシクレースが書いた『上昇についての書』である[3]．

> 上昇についてのヒュプシクレースの本．アル・キンディーが改訂したものから．クスター・イブン・ルーカー・アル・バアラバッキーの翻訳から．3 つの補助定理と序と 2 つの命題を含む[4]．

この著作は黄道十二宮の各宮が地平線から出るのに要する時間の計算を教える．鈴木 [2010] は『十二宮の出時間』と表す．クスター・イブン・ルーカーが訳し，同時代人アル・キンディー（796/801 年頃–866/873 年頃）が改訂した[5]．鈴木 [2010] によると『十二宮の出時間』のアラビア語訳には初期版と

---

[1] アッバース朝カリフの系統についてはグタス [2002: xiii].
[2] テオドシウスの『球面論』アラビア語訳はクーニチュとローチが 3 つの写本を基に 2010 年に出版した．そこでは翻訳者の名に言及していないが，トゥーシー版には言及している（Kunitzsch and Lorch [2010: 2]）．その後 2 人はヘブライ文字で書かれたアラビア語訳のうちの第 1 巻を出版した．そこでは翻訳者をクスター・イブン・ルーカーとしている．Kunitzsch and Lorch [2010: 2].
[3] 鈴木 [2010].
[4] al-Ṭūsī [1940b: 2].

كتاب ايسقلاوس في المطالع مما اصلحه الكندي وهو من نقل قسطا بن لوقا البعلبكي
وهو يشتمل عل ثلاث مقدمات وصدر وشكين

[5] もう 1 つ写本があり，それはイスハーク・イブン・フナインが訳し，サービト・イブン・クッラが改訂した．鈴木 [2010: 78].

トゥーシー版とがある．ここで訳したのはトゥーシー版の序文である．また他にマシュハド写本を基にしたアラビア語初期版があり，それはクスター・イブン・ルーカーが訳したものである[1]．

鈴木はアラビア語訳を調べることの意義を次のように述べる[2]．

> 現存するほとんどのギリシア語原典の写本の年代が，アラビア語訳が行われた時代よりも新しい … 現存のギリシア語写本は多かれ少なかれ後世の改変がなされたものであるが，アラビア語訳には翻訳された当時知られていた，より古いギリシア語写本の情報が含まれている可能性がある．… アラビア語訳にはその訳者の解釈が現れている，ということである．それはわれわれがギリシア語原典を解釈する参考になると同時に，現代のわれわれが無意識のうちにもっている偏見をチェックする手段にもなる．

この他にトゥーマーはディオクレス（前 240 年頃–前 180 年頃）の『集熱鏡について』のアラビア語訳の訳者としてクスター・イブン・ルーカーを示唆した[3]．編集のために用いた写本は光学の著作を含んでいた[4]．

3 ディオファントス『算術』ギリシア語版

3.1 バシェ版とタンヌリ版

『算術』ギリシア語テキストは次の 2 つが出版されている．

> Bachet de Méziriac, C. G. [1670]. *Diophanti Alexandrini Arithmeticorum libri sex, et De numeris multangulis liber unus.* Lutetiae Parisiorum: Sumptibus Hieronymi Drouart. First edition, 1621. Second

---

[1] 鈴木 [2010: 56]．他にフナイン・イブン・イスハークが訳したパリ写本があり，校訂者をサービト・イブン・クッラとする．なおマシュハド写本には校訂者の言及は無い．

[2] 鈴木 [2010: 65]．

[3] Toomer [1976: 21]．

[4] Toomer [1976: 27–28]．

edition, 1670.

初版の第 2 巻問題 8 の余白にフェルマが注を付けたのをフェルマの息子が出版したのが第 2 版である[1]．

Tannery, Paul. [1893/95]. *Diophanti Alexandrini Opera Omnia: Cum Graecis Commentariis*. 2 vols. Lipsiae: In aedibus B. G. Teubneri.

以下では前者と後者をそれぞれをバシェ版，タンヌリ版とする．両方とも『算術』と『多角形数について』のギリシア語テキストとラテン語訳を含んでいる．『算術』第 1 巻の序文では，問題を始める前に 13 巻に言及している．ただし収録しているのは全 6 巻である[2]．タンヌリ版は 2 巻から成る．1893 年に出版された vol. 1 は使用した写本のうちで採用しなかった読みを脚注に書いてある．1895 年に出版された vol. 2 はディオファントスに関するさまざまな資料とギリシア詞華集を含む．

---

[1] ラテン語さん [2024: 120] にラテン語原文が引用されている．

Cubum autem in duos cubos, aut quadratoquadratum in duos quadratoquadratos, et generaliter nullam in infinitum ultra quadratum potestatem in duos ejusdem nominis fas est dividere: cujus rei demonstrationem mirabilem sane detexi. Hanc marginis exiguitas non caperet.

3 乗数を二つの 3 乗数へ，4 乗数を二つの 4 乗数へは分けられない。一般に n が 3 以上の場合、n が何であれ、n 乗数を二つの n 乗数へ分けることはできない。私はこの定理の驚くべき証明を確かに発見したが、（私がその証明を書こうとしても）この余白はそれを書くには狭すぎるだろう

この訳は原文に忠実な訳とは言えない．以下に逐語訳を試みる．

しかし立方（数）を 2 つの立方（数）に，また平方平方（数）を 2 つの平方平方（数）に，一般に限りなく平方を超える冪を同じ名の 2 つに分けることができないのが定めである．そのことの驚くべき証明を私は確かに見つけた．余白の狭さはそれを引き受けない．

Heath [1910: 144–145, fn. 3]，Heath [1921: 454]．

[2] 余談であるがエウクレイデス『原論』や後に『アルマゲスト』と称されるプトレマイオス『数学的総合』も 13 巻から成る．13 という数は縁起が悪いというのは誤解である．たとえば藤谷 [2016] を見よ．

バシェがギリシア語テキストを編纂する以前に，ホルツマン（1532 年–1576 年）はギリシア語風の名クシュランダーで『算術』6 巻，最初の 2 巻のプラヌデスによる注釈，『多角形数について』のラテン語訳，および自らの注を 1575 年に出版した[1]．クシュランダー はギリシア語テキストを出版する意図があったが 1576 年 2 月 10 日に死去した．三浦によると[2]ボンベリはヴァチカン図書館の写本を利用して 1572 年に代数学のイタリア語著作を出版した[3]．ディオファントスの形式を模倣したこの本を三浦は「翻案」と呼ぶ．同様に 1585 年にステヴィンが出版したフランス語の著作[4]も翻案としている．クリスティアニディスとオークスによると[5]ヴィエトは 1593 年[6]，クラヴィウスは 1608 年に同様の著作を出版した[7]．ディオファントスの『算術』研究が続いた．そしてバシェはギリシア語テキストを編纂しラテン語訳を出版した．

3.2 原典の編纂とギリシア語版写本

ここで原典を編纂することとはどういうことであるかを考察したい．写本を書き写してゆく間に同じような文章があるときに文章を脱落させる haplography や，それとは反対に必要がないのに文章を重複させてしまう dittography のような誤りが生じる．また，写本の余白に読んだ人の注がついていた場合，その写本を写した写字生が本文の中に取り込むことがある．写字生の不注意というよりも，テキストを理解するために必要と考えたために取り込んだ場合がある．このような理由で写本にはヴァラエティが生じてくる．ディオファントス自身が書いた著作は現存していないので，入手した写本群からなるべく原典に近いものを復元することが編纂である．どの写本の読みを採用するかは編者の解釈である．採用しなかった写本の読みは脚注において明記

---

[1] Xylander [1575].
[2] 三浦 [2019: 143–144].
[3] Bombelli [1572].
[4] Stevin [1585].
[5] Christianidis and Oaks [2023: 23].
[6] Viète [1593].
[7] Clavius [1608].

する．この脚注は apparatus criticus と呼ばれる．異読を示すときに使う写本の呼称記号は siglum（複数形 sigula）と呼ばれる[1]．タンヌリ版には異読が脚注に書いてある．バシェ版にはない．タンヌリは使った写本の相互の関係性を示す系統図（stemma）を作成する[2]．これもバシェ版にはない．

　タンヌリは 26 の写本を挙げ，それぞれに記号とともに番号を付けて説明し，24 個の写本の系統図を書いている[3]．ヒースはこのリストを踏襲している[4]．タンヌリは最初にヒュパティアが校訂した写本を仮定する[5]．これは現存していない．次に 8 世紀か 9 世紀頃にコピーが作られたが，これも現存していない．その後，写本群は 2 つのグループに分かれる．パラティン『ギリシア詞華集』を編纂し直したビザンツの学僧マクシモス・プラヌデス（1260 年頃–1330 年頃）は『算術』の写本を集めようとし，1293 年には少なくとも 3 つのコピーを持っていた[6]．プラヌデスが集めた写本の系統はプラヌデス系譜（Planudean class）と呼ばれ，この他の写本は非プラヌデス系譜（non-Planudean class）と呼ばれる．26 の写本のうち 8 つが非プラヌデス系譜に属し，残りがプラヌデス系譜に属する．クリスティアニディスとオークスはさらに 6 つの写本に言及する[7]．彼らはタンヌリの系統図の他に，1980 年に学位請求論文として新たなギリシア語テキストを編纂して仏訳したアラール[8]と，ギリシア数学に関して多くの論文を書いたアチェルビによる系統図とを紹介する．この 3 人による系統図は以下の 5 つの写本を使っている[9]．

---

[1] この記号は写本そのものに付いているのではなく，写本を所有する図書館（あるいは図書館のある都市）の名前に因んで編集者が便宜のためにつけたものである．たとえば大英図書館（British Library）の写本を B，パリにある図書館が所蔵する写本を P，ヴァチカン図書館の写本を V と名付けたりする．
[2] 系統図を書く例として伊東 [2006: 213–221]．
[3] 写本の相互関係については Tannery [1893/95: vol. 2, XXII–XXXIV]．
[4] Heath [1910: 15]．
[5] Tannery [1893/95: vol. 2, XXIII]．Heath [1910: 15] に再録．
[6] Sesiano [1982: 17]．
[7] Christianidis and Oaks [2023: 17–18]．
[8] アラール版は出版されていない．Christianidis and Oaks [2013: 128, fn. 3] はアラール版はタンヌリ版との大きな異読はないと評価する．
[9] Christianidis and Oaks [2023: 19, Figure 1.1]．

A: Matriensis Bibl. Nat. 4678. 11 世紀後半に筆写[1].
V: Vaticanus gr. 191. 1296 年–1298 年に筆写[2].
T: Vaticanus gr. 304. 14 世紀前半に筆写[3].
M: Mediolanensis Ambrosianus Et 157. 1292 年–1293 年に筆写[4].
B: Venetus Marcianus gr. 308. 13 世紀末に筆写[5].

写本 M と B がプラヌデス系譜である．写本 M は 1292 年または 1293 年にプラヌデス自身が筆写し注をつけたものである．現存するのは 23 葉である．正しい順序でバインドされていない．『算術』の最初の 2 巻の断片を含む[6]．写本 B はヒースによれば 1464 年にレーギオモンターヌスがヴェニスで読んだものである．写本 1–49 葉は 14 世紀後半に筆写され, 50–284 葉は 13 世紀末に筆写された．バシェ版『算術』の最初の 2 巻はこの系統に属する．写本 A,V,T が非プラヌデス系譜に属する．写本 A は最も古くタンヌリが編纂に際して依拠したものである[7]．145 葉から成り 11 世紀後後半に筆写された．そのうち 58r–130v が『算術』に充てられている．写本 V は 397 葉から成り，算術，幾何学，天文学，占星学など多種のトピックが 17 人の写字生によって書かれている．1296 年から 1298 年にかけて 1 つの冊子（codex）としてバインドされた．『算術』6 巻は 360r–390r を占める．写本 T のうち 77r–118r が 6 巻を占め, 118v–121r に『多角形数について』が続く．同一人物の筆写である[8]．

タンヌリ説によれば，全ての写本の共通の源 X を想定する．X を写したのが A であり，さらにそれを写したのが V, そしてそれを写したのが T である．一方 X を写した別のグループの写本 M があり, それを写したのが B である．

---

[1] Heath [1910: 15] は 13 世紀に筆写とする.
[2] Heath [1910: 15] は 15 世紀後半に筆写とする.
[3] Heath [1910: 15] は 16 世紀初めに筆写とする.
[4] Heath [1910: 15] は 14 世紀に筆写とする.
[5] Heath [1910: 15] は 15 世紀初めに筆写とする.
[6] Christianidis anad Oaks [2023: 19].
[7] Sesiano [1982: 18].
[8] 紙葉を束ねた codex（冊子写本）については，ギリシア語やラテン語のように左から右へ書く言語では開いた際の右（recto）側のページが表，左（verso）が裏である．この recto と verso は紙葉の右側と裏側を意味するラテン語に由来する．

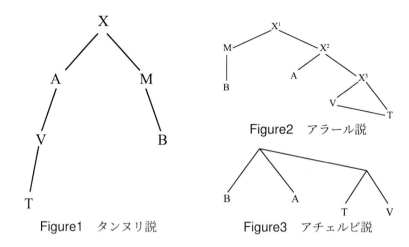

Figure1 タンヌリ説
Figure2 アラール説
Figure3 アチェルビ説

アラール説が意図するのは共通の写本 X^1 から M, さらに B が写される. 一方 X^1 から別のグループの仮想写本 X^2 が写され, さらに X^2 から A と X^3 とが写される. そしてこの X^3 から V と T とが写されたと考える.

アチェルビ説によれば, A と B との共通の源から写された写本から T と V とが写されたと考えられる.

これら 3 つの説のいずれに従っても, バシェ版は最初の 2 巻には B より後のプラヌデス系譜の写本を用い, 残りの 4 巻には写本 T のコピー, すなわち非プラヌデス系譜に属する写本, を用いて編纂したことになる[1].

4 ディオファントス『算術』アラビア語版―アラビア語でしか読めないギリシア数学書

アラビア語写本はイランのマシュハドにあるレザー廟付属のアースターネ・コドセ・レザヴィー 図書館に 1932 年に寄進された[2]. この写本は蔵書目

---

[1] この写本は Parisinus gr 2379. Heath [1910: 16] の写本 4.
[2] Sesiano [1982: 21].

録[1)]にヒジュラ暦1350年（1971年–1972年）に収録された（number 295, pp. 235–236）．この写本を基にして2人の研究者がアラビア語テキストを出版し，ギリシア語版の第3巻に続く第4巻から第7巻までのアラビア語版とした[2)]．

- [1] Sesiano, Jacques. [1982]. *Books IV to VII of Diophantus' Arithmetica in the Arabic translation attributed to Qusṭā ibn Lūqā*. New York: Springer-Verlag.
- [2] Rashed, Roshidi. [1984]. *Diophante: Les arithmétiques*. Texte établi et traduit par Roshdi Rashed. Tomes 3–4. Paris: Les Belles Lettres.

[1]はセシアーノがトゥーマーを指導教授として1975年にアメリカ，ブラウン大学大学院数学史科に提出した学位請求論文を基にしている[3)]．英訳と訳注を含む．ラーシェドはRashed [1974]で第4巻，Rashed [1975]で第5巻から第7巻までの数学的要約を出版した．その後アラビア語テキスト，フランス語訳，注を出版したのが［2］である．

アラビア語写本は159ページから成る．1ページ目にはタイトルが書かれている．ページ番号は無い．上部に "Ecrit en 595 de l'hégire"（ヒジュラ暦595年に書かれた），下部に "Traitant des carrés et des carrés cubriques"（平方と立方の平方とを扱っている）と書かれている[4)]．2ページ目から第4巻が始まる[5)]．奇数ページが本を開いた際の左側に位置し，偶数ページが右側に位置すると考えられる[6)]．3ページ目から上部中央にペルシア数字で番号が付けて

[1)] Gulchīn-i Maʿānī, Aḥmad *Fihrist-i Kutub-i Khaṭṭī-i Kitābkhānah-i Āstān-i Quds-i Rizavī*. 東京外国語大学と京都大学がこの蔵書目録を所蔵している．

[2)] Sesiano [1982: 4–8], Rashed and Houzel [2013: 5–6].

[3)] セシアーノによると1973年初めにトゥーマーは前述のカタログで写本の存在を知りコピーを取り寄せている．Sesiano [1982: vii].

[4)] Rashed [1984: Tome 3, LXII]の後のPhoto 1にはカラーの写真があり，Sesiano [1982: 24]に白黒の写真がある．

[5)] Rashed [1984: Tome 3, Photo 2], Sesiano [1982: 25].

[6)] アラビア語のように右から左へと書く言語では左のページが表 recto，裏のページが verso である．セシアーノはテキストにおいて写本に付けられたページ番号を付す．一方ラーシェドは 2^r の後に 2^v, 3^r とテキストに番号を付しているが，写本にはその

ある．各ページ 20 行から成り，段落分けはない．問題番号はアルファベットによる字母数値で朱で書いてある[1]．各巻の冒頭は「慈悲あまねく慈悲深きアッラーの御名において」と新たな行で始まる．次いで各巻の巻数とタイトルとが行を改めて書かれる．2 行とも朱書きである．写字生の名はハーキール（またはジャーギール）である[2]．セシアーノは最初の 7 葉，すなわち 14 ページ，までをハーキールが筆写し，それ以降は別の写字生による筆写であると考える[3]．

アラビア語は母語が異なる人たちの間での学問語だった．「慈悲あまねく慈悲深きアッラーの御名において」で始めるのは，著者がイスラーム教徒であったからでも，また読者としてイスラーム教徒を想定していたからでもない．アラビア語文献は数学書でも天文学書でもこのフレーズで始まる．アラビア語文献ではたとえば突起のようなものの上に点が 1 つあると n (ن)，2 つだと t (ت)，下に点が 1 つだと b (ب)，2 つだと y (ي) と読む．これらの文字を識別する点 (diacritical marks) は往々にして写本には書かれていないが，アラビア語文献

ような folio 番号はない．

[1] アラビア語写本において朱の字母数値はよく使われる．一例としてトゥーシー『原論』編述は次のように始める．「私は言う：この本は末尾の 2 つの追加と共に 15 巻から成る．ハッジャージのコピーには 468 命題が，サービトのコピーには 10 命題が加えられている．幾つかの部分では両者の間に配列の違いがある．差異があるときは諸巻の命題の番号をサービトのでは赤で，ハッジャージのでは黒でマークした．」（使用した写本では命題番号は余白に書いてある．）al-Ṭūsī [2010: 4, lines 6–8].

اقول الكتاب يشتمل على خمس عشرة مقالة مع الملحقتين باخره هي اربعمائة وثمانية وستون شكلا في نسخة الحجاج وبزيادة عشرة اشكال في نسخة ثابت وفي بعض المواضع في الترتيب ايضا بينهما اختلاف وانا رقمت عدد اشكال المقالات بالحمرة لثابت وبالسواد للحجاج اذا كان مخالفهفة

[2] この写本を収める蔵書目録には「ジャーギール」(jāgīr, جاگیر) と記載されているが，写本冒頭には「ハーキール」(ḥākīr, حاکیر) と記載されている．写本冒頭のページのアラビア文字には diacritical marks が付されており，それを写字生が自分の名前に付け忘れるとは考えにくい．そのため，我々は「ハーキール」を採用した．Sesiano [1982: 22, 86], Rashed [1984: Tome 3, 0, 99], Christianidis and 0aks [2023: 328].

[3] Sesiano [1982: 22].

に習熟した人は突起や窪みがいくつあるかを見て文脈から文字を識別する[1]．テキストを編集するときはこのような点の有無は注記しない．写本と異なる読みを採る場合は apparatus と呼ばれる脚注に書く．写本には句読点に相当するものはなく，改行もない．そのため編纂者の解釈の違いにより段落の分け方も異なる[2]．

ギリシア語からアラビア語への翻訳の時期としてセシアーノは 9 世紀半ばかそれ以降とする[3]．ラーシェドはクスター・イブン・ルーカーがバグダードにいた時期は 860 年から 890 年くらいの間と推定し，それを翻訳の時期とする[4]．クスター・イブン・ルーカーは第 4 巻から第 7 巻だけを訳したのか，あるいは彼が翻訳した内の第 4 巻から第 7 巻だけが残ったのかは不明である．アラビア語版第 4 巻の序文がギリシア語版の第 1 巻の序文の翻訳であると推測することはできるが，アラビア語版のタイトルは「平方と立方について」である．これは第 4 巻のタイトルであると推測することができる．なぜなら立方数は第 4 巻で初めて出てくるからである．ギリシア語版の各巻はアレクサンドリアのディオファントス『算術』（複数形）のうちの α や β のような字母数値を使う[5]．ギリシア語版の序文冒頭にディオニュシオスへの献辞があるが，これはアラビア語に翻訳されていない．ギリシア語版では序文にかなりの文量を割いているが[6]，それに比べるとアラビア語版の序文の文量は少ない．序文に関してはギリシア語版とアラビア語版に相違があるので以下の §6 で論じる．

カッツはアラビア語版の著作は原著の翻訳ではなく，ヒュパティアが 400 年

---

[1] 使用した写本には 17 ページまでは点があるが 18 ページ，問題 4.14 の途中から点が無い．セシアーノはこのページ数をマージンに記入する．ラーシェドはページ数の代わりにたとえば 17 ページを 7v，18 ページを 8r と folio 番号で書いている．

[2] ラーシェドはコンマ，ピリオドを編纂したアラビア語テキストに入れるが，セシアーノは入れない．

[3] Sesiano[1982: 3].

[4] Rashed [1984: Tome 3, xxii].

[5] Christianidis and Oaks [2023] はこの部分を訳さず Book I, Book II とする．

[6] Christianidis [2007：291] はギリシア語版 1 巻で序文の占める割合が 18 パーセントと言う．タンヌリ版第 1 巻で偶数ページがギリシア語 pp. 2–80 のうち序文が pp. 2–16 を占める．

18 　ディオファントス『算術』アラビア語版

前後に書いた注釈を本文に取り込んだ改訂版の翻訳である可能性が十分にあると述べている[1]．三浦はヒュパティアが書いたと伝えられる注釈がアラビア語訳されたという説に言及している[2]．セシアーノは底本となったアラビア語写本がクスター・イブン・ルーカーの翻訳からの直接のコピーではなく，読んだ人や写字生が付け加えた部分があると主張し[3]，以下のような系統図を書く．2つの写本 Ambros. ET 157 と Marcianus 308 はそれぞれ先に述べた写本 M と B である．

　クスター・イブン・ルーカーがディオファントスの本を何と呼んでいたのかはわからない．第4巻のタイトルには「平方［数］と立方［数］について」と書かれており，第7巻の結語には「ジャブルとムカーバラに関する」と書かれている．ディオファントス『算術』はアラビア語で様々な名で呼ばれている[4]．ちなみにゲラサのニコマコス（60年頃–120年頃）に *Arithmetike Eisagoge*[5] と言う著作がある．この本は偶数や奇数の性質などを論じる本なので『数論入門』と訳すことができよう．サービット・イブン・クッラが訳した時は第1巻の末尾で『数の学の入門書』と呼んだ．

　　アリスマーティーキーと呼ばれる数の学への入門書第1巻が完了した[6]．

第2巻の末尾はもっと詳しい．

　　ゲラサのニコマコスがピュタゴラスの追随者から［学んで］書き，サー

---

[1] カッツ [2005: 197]．カッツの議論は Sesiano [1982: 71, 73-75] に依拠しているのだろう．アラビア語翻訳はヒュパティアが注をつけたものからということを示唆する研究者の名前を Christianidis [2007: 299] はあげている．

[2] 三浦 [2021: 13-14]．

[3] Sesiano [1982: 29-35] Additions by Earlier Readers. 我々の翻訳ではセシアーノが主張する部分を訳註で注記した．

[4] Sesiano [1982: 13], Rashed [1984: Tome 3, xiv-xvi].

[5] カッツ [2005: 193-196].

[6] Kutch [1958: 58].

تمت المقالة الاولى من كتاب المدخل الى علم العدد المسمّى بالارثماطيقي

第 I 部 序論 19

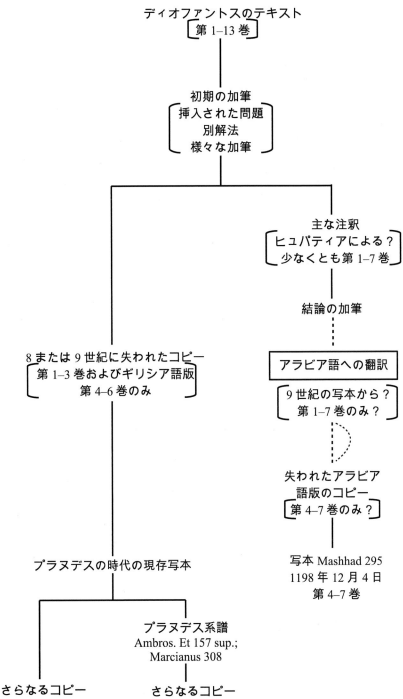

Figure4　Sesiano [1982: 75] の系統図

ビト・イブン・クッラが翻訳した数の学への入門書，すなわちアリスマーティーキーと呼ばれる本，の第 2 巻が完了した[1]．

10 世紀にイラクのバスラで活躍したイスマーイール派のイフワーン・アッサファー（純正同胞会）は，4 部 51 編から成る百科全書的な著作では音訳している[2]．

5 『算術』の研究と概要

本書の目的は『算術』アラビア語版の訳と解説であるのでギリシア語版への言及は必要最小限に留める．アラビア語版の問題を含む現存する 10 巻全ての問題をシノプシスとして巻末にまとめた[3]．それによると第 1 巻の問題数は 39, 第 2 巻は 35, 第 3 巻は 21, 第 4 巻は 44, 第 5 巻は 16, 第 6 巻は 23, 第 7 巻は 18, ギリシア語版第 4 巻は 40, ギリシア語版第 5 巻は 30, ギリシア語版第 6 巻は 24 であり，総数 290 になる[4]．

ディオファントスに関する近代の研究は 1885 年ヒースに始まる．この当時タンヌリ版はまだ出版されていなかった．1893 年にタンヌリ版が出版された後，ヒースは 1910 年に増補版を出版する．我々が参照したのはこの第 2 版である．これには補遺としてフェルマとオイラーの研究概要が付け加えられている．

---

[1] Kutch [1958: 114].
تمت المقالة الثنية من كتاب المدخل الى علم العدد الذى وضعه نيقوماخس الجاراسينى من شيعة فوثاغورس ترجمه ثابت ابن قرة وهو الكتاب المسمى بالارثماطيقي

[2] 三浦 [2021: 237–254].

[3] Sesiano[1982: 461–483]. Rashed [1984: Tome IV, 125–131] はアラビア語版のみ．

[4] *The Oxford Classical Dictionary* 第 3 版 (1996 年) の Diophantus の項目はトゥーマーが書き (p. 483), 第 4 版 (2012 年) (p. 465) ではネッツとの連名になっている．両者に大きな相違は無い．彼らはギリシア語版第 1 巻から第 3 巻までがディオファントスが番号をつけたもので，ギリシア語テキストの第 4 巻から第 6 巻は元の第 8 巻から第 13 巻までの抜粋であると述べている．

Heath, Thomas Little. [1910]. *Diophantus of Alexandria: A Study in the History of Greek Algebra*. Cambridge: Cambridge University Press.

またヒースの研究として欠かすことができないのは以下の文献である．

Heath, Thomas Little. [1921]. *A History of Greek Mathematics*, vol. II: From Aristarchus to Diophantus. Oxford: Clarendon Press, pp. 440–517.

ディオファントスの『算術』と『多角形数について』のドイツ語訳がケンブリッジトイブナー古典叢書に収められている．

Wertheim, G. [1890]. *Diophantus: Die Arithmetik und die Schrift über Polygonalzahlen des Diophantus von Alexandria*. Leipzig: B. G. Teubner.

タンヌリ版のギリシア語テキストは様々な近代語へと翻訳されており，以下はそのリストである．

翻訳者 [出版年]	言語
ver Eecke [1959]	フランス語（初版は 1926 年）
Thomas [1951]	英語抄訳（初版は 1941 年）
Czwalina [1952]	ドイツ語
Stamatis [1963]	現代ギリシア語
Vesselovski [1974]	ロシア語
Moral, et al. [2007]	スペイン語
数学史京都セミナー [2019]	日本語
Christianidis and Oaks [2023]	英語

このうちロシア語訳については我々は参照できなかった[1]．スペイン語訳は

---

[1] Christianidis and Oaks [2023: 24].

ギリシア語版だけでなくアラビア語版も含む．数学史京都セミナーはギリシア語版第1–2巻とアラビア語版第4巻の和訳を収める．クリスティアニディスとオークスはギリシア語版とアラビア語版からの英訳を収めており，それは次のような構成の浩瀚な書籍である．

第1部	序論	pp. 1–271
第2部	翻訳	pp. 273–506
第3部	解説	pp. 507–778
第4部	付録	pp. 779–876

6 ギリシア語タンヌリ版とアラビア語版

　ギリシア語テキストとアラビア語テキストに重なる部分はないのだから相違を検討することはできない．しかしアラビア語版序文をギリシア語版序文と比較することはできる．そのことにより新たな課題が生じる．

6.1 巻名と結語

　ギリシア語テキストの各巻にタイトルはない．イオニア式アルファベット数字を用いて各巻の番号を示す．結語もない．一方，アラビア語テキストには第4巻には「平方［数］と立方［数］について」，第5巻には「数的問題について」というタイトルがある．同様のタイトルの結語がある．第6巻と第7巻はそれぞれ「ディオファントスの本の第6巻」「ディオファントスの本の第7巻」で始まり，それぞれ「第6巻が完了した」「その本は完了した」という結語で終わる．ギリシア語テキストにはタイトルがもともとなかったのか．ならばアラビア語テキストにタイトルと結語をつけたのは誰か．クスター・イブン・ルーカか．あるいはセシアーノが主張するように編者がいたのか．ギリシア語テキストにあったとすれば，それを消したのは誰か．

6.2 ギリシア語版第 1 巻序文

　ギリシア語版の序文はアラビア語版の序文と比べると長い．ギリシア語版は正方数の定義から始める[1]．正方［数］($\tau\epsilon\tau\rho\acute{\alpha}\gamma\omega\nu o\varsigma$, tetrágōnos）とはある数がそれ自身に掛けられたものであり，その数は正方［数］の辺と呼ばれる[2]．次いで立方数とは正方数が自分自身の辺に掛けられたものと定義を述べる．この後，正方数に対する形容詞は平方（$\delta\acute{\upsilon}\nu\alpha\mu\iota\varsigma$, dúnamis）に変わり，平方平方数，平方立方数，立方立方数の定義が続く．そしてこれらに対する記号を示す．平方数に対しては $\delta\acute{\upsilon}\nu\alpha\mu\iota\varsigma$ の頭文字 Δ の右肩に Υ を付けて Δ^Υ とし，立方数に対しては立方を意味する $\kappa\acute{\upsilon}\beta o\varsigma$（kúbos）の頭文字 K の右肩に Υ を付けて K^Υ とする，などである．ギリシア語版ではこれらの数や以下の §6.4 で述べる欠損に対する記号 $\pitchfork$ があるが，トゥーマーやネッツはこれらはディオファントスによるものではなく，ビザンツ時代の写本に導入されたかもしれないと述べる[3]．ここで $\dot{\alpha}\rho\iota\theta\mu\acute{o}\varsigma$（arithmós）に対する記号が示される．タンヌリ版では記号 ς [4]を使う．数学史京都セミナー [2019] は s で表している．この s を使うなら平方数，立方数などの定義は次のように書くことができる．

平方数：	$s \cdot s = s^2$
立方数：	$s \cdot s^2 = s^3$
平方平方数：	$s^2 \cdot s^2 = s^2 s^2$
平方立方数：	$s^2 \cdot s^3 = s^2 s^3$
立方立方数：	$s^3 \cdot s^3 = s^3 s^3$

---

[1] 以下の定義は数学史京都セミナー [2019: 10–11] に基づく．

[2] ディオファントスは方程式の解として分数を認める．

[3] 前述の *The Oxford Classical Dictionary* による．Christianidis and Oaks [2023: 243] はこの主張を引用している．三浦 [2021: 38] も「ディオファントスのテキストには確かに省略記号が見られますが，ディオファントス自身が古代に実際にそれらを用いたのかどうかは確かではない」と言う．

[4] Tannery [1893/95: vol. 1, 6, line 5]．Christianidis and Oaks [2023: 276] はこの部分の翻訳をアラール版から翻訳し，タンヌリ版の記号ではなく，アラール版の記号を使う．写本で使われていると書いているが，どの写本かへの言及は無い．

次いでこれらの数に対して「同名の部分」，すなわち単位分数，をその数にちなんで名付ける[1]．すなわち $\frac{1}{s}, \frac{1}{s^2}, \frac{1}{s^3}, \frac{1}{s^2s^2}, \frac{1}{s^2s^3}, \frac{1}{s^3s^3}$ を定義する．その後，$s, s^2, s^3, s^2s^2, s^2s^3, s^3s^3, \frac{1}{s}, \frac{1}{s^2}, \frac{1}{s^3}, \frac{1}{s^2s^2}, \frac{1}{s^2s^3}, \frac{1}{s^3s^3}$ について全ての場合の掛け算を述べる．後述する欠損の演算の後，割り算は明らかであるとして例を与えていない．

6.3 アラビア語版第 4 巻序文

アラビア語版第 4 巻序文はギリシア語版第 1 巻序文と重なる表現が多いが，元来のディオファントス『算術』の第 4 巻の序文と考えてよい．なぜならアラビア語版序文には「前の巻」という表現があり，また平方数の定義が無いからである．もしクスター・イブン・ルーカーが『算術』を第 1 巻から翻訳したとしたらこのようなことをするだろうか．彼は第 4 巻から翻訳することを意図していたのだろうか．

アラビア語版には記号はない．平方数の定義は無く，次のような定義で始める．

> 私は言う．全ての平方は，それの辺に掛けられると立方になる．立方が財で割られると，立方の辺が生じる．［立方］が物，すなわちその財の根で割られると財が生じる．

平方数を「財」，それの根を「物」と表現する．我々はこの物を訳注で s と表記した．その記号を使うと，s^3 を s^2 あるいは s で割ると説明していることになる．ギリシア語版のように $\frac{1}{s^2}$ あるいは $\frac{1}{s}$ を掛けるのではない．そもそも $\frac{1}{s}$ という表現はない[2]．

ギリシア語で数を意味する $\dot{\alpha}\rho\iota\theta\mu\acute{o}\varsigma$ (arithmós) に対してクスター・イブン・ルーカーはアラビア語で数を意味する 'adad (عدد) を使わずに，物（も

---

[1] Tannery [1893/95: vol. 1, 6, line 9]，数学史京都セミナー [2019: 11]．
[2] オマル・ハイヤームは「物の部分」(ǧuz' al-šay', جزء الشيء) あるいは「同名の部分」(al-ǧuz' al-samīy, الجزء السمي) という語を使用している．Rashed and Vahabzadeh [1999: 217]．

の）を意味する šai' (شي) と訳した．ある術語を翻訳するときは同じ概念を持つ語にするか，それがなければ音訳するか，あるいは新たに術語を作るかである．なぜこの用語を使ったのか．その答えはアル・フワーリズミーにあると考えられる．アル・フワーリズミーはジャブルとムカーバラの計算で必要とされる数は3種類であり，それは根 (ǧidr/ǧadr, جذر), 財 (māl, مال), そして根と財とに関係の無い独立数（'adad mufrad, عدد مفرد) とであるとした後，「そのうち根とは自分自身に掛けられる物すべてであり1やそれより大きな数，それより小さな分数である」[1]と述べている．

6.4 負の概念

ギリシア語版序文に「欠損が欠損に掛けられると現存を作り，欠損が現存に〈掛けられると〉欠損を作る」[2]とある．減数と減数との積は加数，減数と加数との積は減数と解釈できる．アラビア語版にはない．これをどこで使うのだろうか．少なくともアラビア語版第4巻から第7巻では使用しない．ギリシア語テキストでは「一つ〈の種〉に等しく残された二つの種」という表現があるが[3]，ここで用いるのか．このような記述はアラビア語版にはない．だから省略したのだろうか．だとすればアラビア語版の意図は第4巻から翻訳を始めることであり，序文でギリシア語版序文から必要なことを選んで編集したと言えないだろうか．

---

[1] 鈴木 [1987: 331]．Rashed [2009: 97].
فالجذر منها كل شيء مضروب في نفسه من الواحد وما فوقه من الأعداد وما دونه من الكسور

[2] 数学史京都セミナー [2019: 15]（日本語部分のみ引用），Tannery [1893/95: vol. 1, 12, line 19], Heath [1910: 130, fn. 1].

[3] 数学史京都セミナー [2019: 16].

6.5 問題の設定

ギリシア語版の第 1 巻問題 1 は「課された数を，与えられた超過の関係にある二つの数に分けること」と不定詞で始まる[1]．この問題の末尾では「そして証明は明白である」とし検算を省略している．一般に，問題の提示を不定詞で始めている．また第 1 巻問題 4 から問題 11 と第 2 問題 8 には検算があるが，それ以外の問題においては検算で終わることはない．

一方，アラビア語版の最初の第 4 巻問題 1 は「我々は両者の和が平方数になるような 2 つの立方数を見つけたい」とあるように，「数を見つけたい」という願望で始まる[2]．これに関しては §7.1 で論じる．そして末尾で検算をした後，「それが我々が明らかにしたかったものである」で終わるものが多い．この部分はディオファントスに帰せられるのか[3]．

6.6 分数表記

ギリシア語版ではイオニア式数字を使う．アラビア語版では数詞を使う．分数に対してギリシア語数学文献は単位分数表記を用いる．単位分数はギリシア語アルファベットにプライム（'）を付ける．たとえば $\frac{1}{9}$ は θ' と表す．三浦によればディオファントスはこの方式を用いることもあったが，タンヌリはプライムの代わりに χ を用いている[4]．たとえば $\frac{1}{9}$ は θ の右肩に χ を付ける[5]．また第 2 巻問題 8 では $\frac{16}{5}$ というように現代的に表記できるが，テキストでは $\frac{1}{5}$ は序数詞で書かれ，その個数が 16 個と書かれている[6]．

アラビア語版でも序数詞を単位分数として使用するが，任意の分数を表記することができている．たとえば第 4 巻問題 23 の解法では「単位の 17 部分の

---

[1] 数学史京都セミナー [2019: 17]（日本語部分のみ引用）．エウクレイデス『原論』も不定詞で始める．

[2] Rashed [1984: Tomes 3–4] はフランス語訳で不定詞にする．

[3] こうした相違は『算術』にヒュパティアが注釈を付け編纂したことによるのか．Christianidis [2007: 299] はディオファントスにとって検算は重要ではないと述べる（§7.7 参照）．

[4] 三浦 [2021: 172]．

[5] 第 1 巻問題 21. Tannery [1893/95: vol. 1, 50, line 15]．

[6] Tannery [1893/95: vol. 1, 90, line 19]．

うちの 27 部分」というような表現で $\frac{27}{17}$ を表している[1]. このような表現は随所に見られる.

7 ディオファントス『算術』アラビア語版を理解するために

アラビア語版は第 4 巻から始まっている. 第 4 巻から読み始めるのに必要な知識について考察する. 合わせてアラビア語版和訳の訳注と巻末のシノプシスで用いる数式についても説明する.

7.1 問題のタイプと訳注における数式表記

ギリシア語版とアラビア語版とでは問題の設定が異なる. ギリシア語版第 1 巻問題 1 は次の通りである.

　　　課された数を, 与えられた超過の関係にある二つの数に分けること[2].

セシアーノは x や y を用いないで次のように書く.

$$\begin{cases} a+b=k, \\ a-b=l. \end{cases}$$

求める数を a と b, 与えられた数を k と l と表記する. 我々はギリシア語版のシノプシスでは求める数を x と y, 与えられた数を a と b などで表し, 次のように数式で表した.

$$\begin{cases} x+y=a \\ x-y=b. \end{cases}$$

なお, ラーシェドはギリシア語版のシノプシスを書いていない.

ギリシア語版第 2 巻問題 8 は次の通りである.

　　　課された正方数を二つの正方数に分割すること[3].

---

[1] アラビア語の表現では「27 部分」が「17 部分」より先に書かれる. 英語などを母語とする読者には読みやすいだろう.

[2] 数学史京都セミナー [2019: 17]（日本語部分のみ引用）.

[3] 数学史京都セミナー [2019: 69].

セシアーノは
$$a^2 + b^2 = k^2$$
と表す．我々は
$$x^2 + y^2 = a^2$$
と表した．

アラビア語版第 4 巻問題 1 は和が平方数になるような 2 つの立方数を求める．セシアーノは次のように表している．
$$b^3 + a^3 = \Box.$$

この問題において求めるのは 2 つの立方数だから，セシアーノは求める立方数をそれぞれを a^3, b^3 と表し，結果として出てくる平方数は求める必要がないので正方形の図で表している[1]．一方，ラーシェドは次のように書く．
$$x^3 + y^3 = z^2.$$

このように書くと立方数 x^3 と y^3 だけでなく平方数 z^2 も求める対象のように理解できる．第 1 巻のように求める数を x, y と置いて $x^3 + y^3 = a^2$ と書くと，a^2 という与えられた平方数を x^3 と y^3 の 2 つの立方数に分ける問題に解釈できる．我々はアラビア語版和訳の訳注とシノプシスではセシアーノと同じように求める数を a^3, b^3 とし，
$$a^3 + b^3 = c^2$$
と書いた．そして c^2 は求める数ではないので「求めるのは a^3 と b^3」と付け加えた[2]．この問題のみならずアラビア語版和訳の全ての問題においても何が求

---

[1] タンヌリもギリシア語テキストとラテン語訳でこの □ の図を使う．以下で言及する第 2 巻問題 8 の訳で $16 - x^2$ が正方数であることを $16 - x^2 = \Box$ と書いている．Tannery [1893/95: vol. 1, 90–91].

[2] Chrsitianidis and Oaks [2023: 581] は commentary で $x^3 + y^3 = \Box$ と書く．ギリシア語版第 1 巻問題 16 は「次のように三つの数を見つけること．すなわち，二つづつとられたものが与えられた数 (pl.) を作るように」である．数学史京都セミナー [2019: 30].我々は与えられた 3 数 a, b, c に対して，$x+y = a, y+z = b, z+x = c$ と表す．

める数かを注記した．このような注記によりギリシア語版とアラビア語版との問題の設定の相違が明らかになる．

　アラビア語版第 4 巻問題 23 は，2 つの平方数の平方が足されると立方数になるとき，その平方数を求めるものである．この問題に対してセシアーノは

$$(b^2)^2 + (a^2)^2 = \square$$

と書き，ラーシェドは

$$x^4 + y^4 = z^3$$

と書く．我々はここでもセシアーノのような記号を使わず

$$(a^2)^2 + (b^2)^2 = c^3$$

と表し，「求めるのは a^2 と b^2」と訳注で書いた．

　解法について考察する．上記のギリシア語版第 1 巻問題 1 でディオファントスは $a = 100$, $b = 40$ とする．

$$\begin{cases} x + y = 100 \\ x - y = 40. \end{cases}$$

小さい数 y を 1 アリトモス ($\dot{\alpha}\rho\iota\theta\mu\acute{o}\varsigma$, arithmós)，すなわち $1s$, と置く．すると $x = s + 40$ になる．求める 2 つの数 x と y とを s を使って表している．

$$x + y = 2s + 40 = 100.$$

「同じものから同じもの」が引かれる[1]．すなわち両辺から 40 が引かれる．$2s = 60$. したがって $s = 30$, $y = s = 30$, $x = 30 + 40 = 70$. ヒース訳では

$a = 20$, $b = 30$, $c = 40$ が課される．解法において $x + y + z = 1s$ と置く．これに対しタンヌリはラテン語訳で x, y, z の代わりに X_1, X_2, X_3 で表し，$X_1 + X_2 + X_3 = x$ と書く．アリトモスに対して x を使っている．Tannery [1893/95: vol. 1, 39]. 一方ヒースはこの問題を (1)+(2)=20, (2)+(3)=30, (3)+(1)=40 と書く．またアリトモスに対して x を使っている．Heath [1910: 135].

　[1] ギリシア語版第 1 巻問題 9 に「欠損（減数）は共通に加えられるべきであり，同じものから同じものが引かれるべきである」という表現がある．数学史京都セミナー [2019: 24].

小さい方を x とし $2x + 40 = 100$ としている[1]．この問題は不定方程式ではない．

アラビア語版第 4 巻問題 1 では我々は次のように書いた．
$$a^3 + b^3 = c^2.$$

a を 1 物，b を 2 物と置く．物を s で表すと，$a = s$ と $b = 2s$．$a^3 = s^3$，$b^3 = 8s^3$ になる．$a^3 + b^3 = 9s^3 = c^2$．「他の種に等しい一つの種」になるように，すなわち s^3 という種があるのでそれと異なる種との等式になるように，$c = 6s$ と置く．$c^2 = 36s^2$．よって $9s^3 = 36s^2$．全体を s^2 で割ると $9s = 36$，$s = 4$．よって $a^3 = 64$，$b^3 = 8 \cdot 64 = 512$．検算すれば $a^3 + b^3 = 576 = (24)^2$．

一般に，$a = s$，$b = ms$ と置くと $(1 + m^3)s^3 = c^2$ となる．ここで $c = ns$ と仮定すると $(1 + m^3)s^3 = n^2 s^2$ となる．よって
$$s = \frac{n^2}{1 + m^3}$$
となる．m と n の値によって解はいくつにも存在する．このことをディオファントスが意識していたのかは不明である．ディオファントスは $m = 2$，$n = 6$ と置いた[2]．

---

[1] Heath [1910: 131]．これはタンヌリ訳を踏襲している．タンヌリもラテン語訳で数式の部分は逐語訳していない．Tannery [1893/95: vol. 1, 16–17]．

[2] 現存するテキストを読む限り，ディオファントスが解が不定であることを言及しているのはギリシア語版第 4 巻問題 19 である．次のようにそれぞれ 2 つずつの積に 1 を足すと平方数になるような 3 つの数 a,b,c を求める問題である．
$$\begin{cases} ab + 1 = d_1^2 \\ bc + 1 = d_2^2 \\ ca + 1 = d_3^2. \end{cases}$$
通常は求めたい数を s を用いた数式で表して s の値を求めるが，ここでは次の様な解を与える．$a = s + 2$，$b = s$，$c = 4s + 4 = 4$．Tannery [1893/95: vol. 1, 232, line 4] を Christianidis and Oaks [2023: 446] は "it has been solved indeterminately" と訳す．この "indeterminate" に対応するギリシア語は ἀόριστος (aóristos) で「境界のない、範囲が不確定」という意味である．Tannery [1893/95: vol. 1, 278, line 9; 282, line 11] でもこの用語を使っている．

アラビア語版第 4 巻問題 1 には「全体を財で割る」という表現があり，序文の最後には「全体を両辺のうち低い方の一つで割る」という表現がある．この「低い方」という表現はアラビア語版でしか使われない用語である．一方，ギリシア語版第 1 巻問題 26 で初めて $25s^2 = 200s$ という式が出てくる．このときは「すべて s で〈割る〉」[1]という表現をしている．

7.2 問題に与えられた条件

ギリシア語版第 1 巻問題 5 は次の通りである．

> 課された数を次のように二つの数に分割すること，すなわち，分割されたものそれぞれの等しくない与えられた部分が加え合わされて，与えられた数を作るように[2]．

この問題は与えられた数 a を $\frac{x}{m} + \frac{y}{n} = b$ になるように 2 つの数 x と y に分けることを要求する．問題提示直後に次のような条件がつく．

> 〈2 番目に〉与えられる数は，生ずる二つの数のあいだの位置にあるように与えられる必要がある．もし，最初に課されたもの（数）の，等しくない与えられた部分がとられるなら[3]．

現代的に表記すれば，
$$\frac{a}{n} < b < \frac{a}{m} \quad (m < n).$$
このような条件をセシアーノは diorism と呼ぶ[4]．一方，アチェルビは diorismos とし，"a determination of the conditions of resolubility of the problem"

---

[1] 数学史京都セミナー [2019: 44]（日本語部分のみ引用）．Christianidis and Oaks [2023: 294] は "Everything by a Number" と訳す．
[2] 数学史京都セミナー [2019: 20].
[3] 数学史京都セミナー [2019: 20].
[4] Sesiano [1982: 49].

と訳している[1]．ヒースは "necessary condition" と訳し[2]，クリスティアニディスとオークスは "it is certainly necessary" と訳す[3]．このようなタイプの問題はギリシア語版とアラビア語版のいずれにも見られる．この特徴を持つ問題を付録Bのシノプシスにおいて D と表記した．

ギリシア語版第1巻問題14は次の通りである．

> 次のように二つの数を見出すこと，すなわち，掛け算からのもの（数）が足し算からのもの（数）に対して与えられた比を持つように[4]．

この問題は課された数に対し，ある条件を満たす2つの数を見つける問題である．ここで与えられた数 m に対して $x \cdot y = m(x+y)$ となるような x と y を見つける．問題の設定が変化している．ディオファントスは $x > m$ かつ $y > m$ を「追加条件」($\pi\rho o\sigma\delta\iota o\rho\iota\sigma\mu\acute{o}\varsigma$, prosdiorismós) と呼ぶ．

7.3 形成的な問題

ギリシア語版第1巻に「形成的」($\pi\lambda\alpha\sigma\mu\alpha\tau\iota\kappa\acute{o}\nu$, plasmatikón) と呼ばれる3つの問題がある．

第1巻問題27

> 次のように二数を見つけること，すなわち，それらの和と積が与えられた数を作るように[5]．

この問題は次のように表すことができる．

$$\begin{cases} x + y = a \\ x \cdot y = b. \end{cases}$$

続いてディオファントスは次のように述べる．

---

[1] Acerbi [2009: 7]. diorismos という用語のこのような使い方に関しては Toomer [1990: lxxxiv]. エウクレイデス『原論』におけるこの語の用法については斎藤・三浦 [2008: 73, fn. 28].

[2] Heath [1910: 132].

[3] Christianidis and Oaks [2023: 281].

[4] 数学史京都セミナー [2019: 28].

[5] 数学史京都セミナー [2019: 44].

見つけられるべきものの和の半分からの平方は，それらからのもの（積）を，ある平方だけ超過する必要がある．これは形成的である[1]．

ここで与えられた条件は，

$$\left(\frac{x+y}{2}\right)^2 - xy$$

が平方数となることである．

第 1 巻問題 28

次のように二数を見つけること，すなわち，それらの和とそれらからの平方の和が〈それぞれ〉与えられた数を作るように[2]．

この問題は次のように表すことができる．

$$\begin{cases} x+y = a \\ x^2 + y^2 = b. \end{cases}$$

続いてディオファントスは次のように述べる．

そのとき，それらからの平方の〈和の〉二倍は，それらの和からの平方を，平方だけ超過しなければならない．そしてこれは形成的である[3]．

ここで与えられた条件は，

$$2(x^2+y^2) - (x+y)^2$$

が平方数となることである．

第 1 巻問題 30

次のように二数を見つけること，すなわち，それらの超過分（差）と積が〈それぞれ〉与えられた数を作るように[4]．

---

[1] 数学史京都セミナー [2019: 44].
[2] 数学史京都セミナー [2019: 45].
[3] 数学史京都セミナー [2019: 46].
[4] 数学史京都セミナー [2019: 47].

この問題は次のように表すことができる.
$$\begin{cases} x - y = a \\ x \cdot y = b. \end{cases}$$
続いてディオファントスは次のように述べる.

> そのとき，それらによる〈積〉の四倍が，それらの超過分からの〈平方〉の中に〈加えられると〉，平方を作らなければならない．そしてこれは形成的である[1].

ここで与えられた条件は，
$$(x-y)^2 + 4xy$$
が平方数となることである.

これら3つの問題を提示した後，ディオファントスはそれぞれに対し「そしてこれは形成的である」と述べている．ギリシア語版においてこれら以外に「形成的」($πλασματικόν$, plasmatikón) という語は使われていない．「そしてこれは形成的である」という語句には古くから注がついていた[2]．エッケは $πλασματικόν$ を figurative と訳し，クシュランダーやバシェをはじめとする翻訳者，ネッセルマンをはじめとする研究者の解釈を要約し，「そしてこれは形成的である」という語句を欄外注からの後世の挿入の可能性が高いことを指摘する[3]．ヒースはこの語句を訳さずギリシア語のままにし，注をつけている[4]．クリスティアニディスとオークスは "this arises with the formation (of the problem)" と訳している[5]．このような特徴を持つ問題を付録Bのシノプ

---

[1] 数学史京都セミナー [2019: 47]（日本語部分のみ引用）.

[2] Tannery [1893/95: vol. 2] には先に述べた写本B所収のプラヌデスのギリシア語注が収められている．第1巻の注は pp. 125–209, 第2巻の注は pp. 210–255 にある．第1巻問題27の注は Tannery [1893/95: vol. 2, 198, line 9] から始まり，『原論』第2巻命題5への言及がある.

[3] ver Eecke [1959: 36–37]．この挿入は必ずしも写字生の不注意によるものではない．問題を理解するために必要だと思ったものを本文に組み込むことはある.

[4] Heath [1910: 140–141, fn. 1].

[5] Christianidis and Oaks [2023: 294–295].

シスにおいて P と表記した.

アラビア語版第 4 巻問題 17,19，第 5 巻問題 57 で使われている muhayyaʻa (مهيّعة) という用語を我々は「形成的」と訳した．ラーシェドは問題 17 の注でこの用語について詳細に論じている[1]．セシアーノはこれら 3 つの問題の他に第 4 巻問題 20,21,22 と第 5 巻問題 7–12 を形成的問題だとする[2]．ただしテキストにその用語はない．アチェルビもギリシア語の語句が欄外注がテキストに挿入されたと指摘する．ただしエッケとは根拠が異なると主張し，アラビア語の muhayyaʻa はギリシア語の $\pi\lambda\alpha\sigma\mu\alpha\tau\iota\kappa\acute{o}\nu$ の訳ではないとする[3]．

7.4 別解法

第 1 巻問題 18 は次の通りである．

> 次のように三つの数を見つけること，すなわち，二つづつとられたものが，残りを，与えられた数（pl.）だけ超過するように[4]．

この問題は次のように表すことができる．

$$\begin{cases} x+y-z=a \\ y+z-x=b \\ z+x-y=c. \end{cases}$$

$a=20, b=30, c=40$.

$x+y+z=2s$ と置く．最初の式の両辺に z を加えると $x+y=z+20$．さらにその両辺に z を加えると $x+y+z=2z+20$ だから，$2s-20=(x+y+z)-20=(2z+20)-20=2z$．よって $z=s-10$．同様に $x=s-15$, $y=s-20$．$2s=x+y+z=(s-15)+(s-20)+(s-10)=3s-45$．両辺から $2s$ を引き，両辺に 45 を加えると $s=45$．よって $x=45-15=30$, $y=45-20=25, z=45-10=35$．

---

[1] Rashed [1984: Tome 3, 133–138].
[2] Sesiano [1982: 193].
[3] アチェルビはクシュランダー，バシェ，ワルトハイム，タンヌリ，エッケなどがどのように翻訳したかリストに挙げている．Acerbi [2009: 12].
[4] 数学史京都セミナー [2019: 31].

別の解法を与える．$z=s$ と置くと $x+y=s+20$．さらに $y+z=x+30$ を両辺に足す．$(x+y)+(y+z)=(z+20)+(x+30)$, $x+2y+z=x+z+20+30$, $2y=50$, $y=25$．$x+25=s+20$, $x=s-5$, $x+z=2s-5=y+40$, $2s=70$, $s=z=35$．$x=s-5=30$．そもそも何を s で表すかの違いであり，解は同じになる．

ヒースはタンヌリの説としてこの問題のみならず次の第 1 巻問題 19 と問題 21 における別解法も古い注釈に帰すと書いている[1]．タンヌリはこの別解法の部分を [ ] の中に入れる[2]．この部分は写本 T には含まれず，他の写本 A,B,V から補充したものである[3]．

ディオファントスは第 2 巻問題 11 と問題 13 にも別解法を与えている．それは以下の §7.6 で説明する二連等式を用いた解法とは別の解法であり，セシアーノはディオファントスにまで遡ると説明する[4]．このような特徴を持つ問題を付録 B のシノプシスにおいて A と表記した．

7.5 ギリシア語版第 2 巻の問題

セシアーノは『算術』アラビア語版で応用されるギリシア語版第 2 巻の問題に言及する[5]．それは問題 8,9,10,11,19 である．問題 11 は次の §7.6 で論じるので，以下ではそれ以外の問題を引用し，その解法を概略する．

第 2 巻問題 8

課された正方数を二つの正方数に分割すること[6]．

この問題は次のように表すことができる．

$$x^2+y^2=a^2.$$

---

[1] Heath [1910: 135, fn. 1]．Christianidis and Oaks [2023: 288, fn. 32] も同様の見解を述べるが両者とも根拠を示していない．
[2] Tannery [1893/95: vol. 1, 42, 44, 50]．
[3] Christianidis and Oaks [2023: 288, fn. 32]．
[4] Sesiano [1982: 54]．
[5] Sesiano [1982: 5–7]．
[6] 数学史京都セミナー [2019: 69]．

ディオファントスは $a^2 = 16$ としている. $x^2 + y^2 = 16$. 最初に x^2 を $1s$ の平方と置く. $x^2 = s^2$, $y^2 = 16 - s^2$. $y = 2s - 4$ と置くと, $y^2 = 4s^2 + 16 - 16s = 16 - s^2$.

　欠損が共通に加えられ, 同じものから同じもの〈が引かれる〉としよう[1]).

欠損 s^2 と $16s$ とが両辺に加えられ, 「同じもの」16 が引かれる. $5s^2 = 16s$, $s = 16 \cdot \frac{1}{5}$. $x^2 = s^2 = 256 \cdot \frac{1}{25}$, $y^2 = (2s - 4)^2 = 144 \cdot \frac{1}{25}$.
　一般に $x = s$, $y = ms - a$ と置く. $y^2 = (ms - a)^2 = a^2 + m^2s^2 - 2ams = a^2 - s^2$, $2ams = (1 + m^2)s^2$, $s = \frac{2am}{1+m^2}$.
　アラビア語では「欠損が共通に加えられ」という演算はジャブル (ğabr, جبر), 「同じものから同じもの〈が引かれる〉」という演算はムカーバラ (muqābala, مقابلة) と呼ばれる. 我々は前者を「埋め合わせ」, 後者を「鉢合わせ」と訳した.

第2巻問題9

　　二つの正方数の和である与えられた数を, 二つの別の正方数に再分割すること[2]),

この問題は次のように表すことができる.

$$x^2 + y^2 = a^2 + b^2.$$

ディオファントスは $a^2 = 4$, $b^2 = 9$ としている. $x^2 + y^2 = 13$. $x = s + 2$, $y = 2s - 3$ と置く. $x^2 + y^2 = (s + 2)^2 + (2s - 3)^2 = 5s^2 + 13 - 8s = 13$, $5s^2 = 8s$, $s = 8 \cdot \frac{1}{5}$. $x^2 = (18 \cdot \frac{1}{5})^2 = 324 \cdot \frac{1}{25}$, $y^2 = (\frac{1}{5})^2 = \frac{1}{25}$.
　一般に $x = s + a$, $y = ms - b$ と置く. $x^2 + y^2 = (s + a)^2 + (ms - b)^2 = s^2 + 2as + a^2 + m^2s^2 - 2mbs + b^2 = a^2 + b^2$, $(2mb - 2a)s = (1 + m^2)s^2$, $s = \frac{2(mb-a)}{1+m^2}$.

---

[1]) 数学史京都セミナー [2019: 69].
[2]) 数学史京都セミナー [2019: 71].

第 2 巻問題 10

与えられた超過状態にある二つの正方数を見つけること[1]．

この問題は次のように表すことができる．

$$x^2 - y^2 = a.$$

ディオファントスは $a = 60$ としている．$x^2 - y^2 = 60$．$y = s, x = s+b$ と置く．ただし $b^2 < a$．$x = s+3$ と置く．$x^2 - y^2 = (s+3)^2 - s^2 = 6s+9 = 60$，$y = s = 8\frac{1}{2}$，$x = s+3 = 11\frac{1}{2}$，$x^2 - y^2 = (11\frac{1}{2})^2 - (8\frac{1}{8})^2 = 60$．

一般に $y = s, x = s+m$ と置く．$(s+m)^2 - s^2 = 2ms + m^2 = a$，$s = \frac{a-m^2}{2m}$．

第 2 巻問題 19

次のように三つの正方数を見つけること，すなわち，大と中の超過（差）が中と小の超過（差）に対して，与えられた比を持つように[2]．

この問題は次のように表すことができる．

$$x^2 - y^2 = m(y^2 - z^2).$$

ただし $z > y > z$．ディオファントスは $m = 3$ とする．$(x^2 - y^2) = 3(y^2 - z^2)$．次いで $z^2 = s^2, y^2 = s^2 + 2s + 1$，すなわち $y^2 = (s+1)^2$ と置く．$x^2 = 3(y^2 - z^2) + y^2 = 3(2s+1) + (s^2 + 2s + 1) = s^2 + 8s + 4$．$x^2 = (s+b)^2$ とするが，この b には

一方では不足し，他方では超過するような[3]

という条件がある．すなわち $8 > 2b$ かつ $4 < b^2$，または $8 < 2b$ かつ $4 > b^2$．この条件は次のようにして出てくる．$s^2 + 8s + 4 = (s+b)^2 = s^2 + 2bs + b^2$，$(8-2b)s = b^2 - 4$（$8-2b > 0$ かつ $b^2 - 4 > 0$），あるいは $4 - b^2 = (2b-8)s$（$4 - b^2 > 0$ かつ $2b - 8 > 0$）．ディオファントスは $b = 3$ と置く．$s^2 + 8s + 4 =$

---

[1] 数学史京都セミナー [2019: 71]．
[2] 数学史京都セミナー [2019: 83]．
[3] 数学史京都セミナー [2019: 83]．

$(s+3)^2 = s^2+6s+9$, $s = 2\frac{1}{2}$. よって $x^2 = s^2+8s+4 = 30\frac{1}{4}$, $z^2 = s^2 = 6\frac{1}{4}$, $y^2 = s^2 + 2s + 1 = 12\frac{1}{4}$.

7.6 二連等式

第 2 巻問題 11 は次の通りである.

　　二つの与えられた数に同じ数を加えて,それぞれを正方数にすること[1].

これは a あるいは b を与えられた数とし,それに加えるといずれも平方数となるような数 x を求める問題である.すなわち,

$$\begin{cases} x+a = \square \\ x+b = \square' .\end{cases}$$

この問題の解法では求める数 x を s としているが,s を用いた演算ではない.$\square$ を u^2, $\square'$ を v^2 と表すなら,$u^2 - v^2 = a - b = (u+v)(u-v) = pq$ となるような p と q とを想定する.そして $u+v = p$, $u-v = q$ として,$u = \frac{1}{2}(p+q)$ あるいは $v = \frac{1}{2}(p-q)$ を求める.このように u^2 または v^2 を求めてから x の値を求める.

　ディオファントスは $a = 3, b = 2$ としている.$u^2 - v^2 = a - b = 1 = (u+v)(u-v) = pq$ となるような p と q とを想定する.$pq = 1$. $p = 4, q = \frac{1}{4}$ を想定する.

$$\begin{cases} u+v = 4 \\ u-v = \frac{1}{4} .\end{cases}$$

$u = \frac{1}{2}(4+\frac{1}{4})$, $v = \frac{1}{2}(4-\frac{1}{4})$. $s+3 = u^2 = (\frac{4+\frac{1}{4}}{2})^2 = 289 \cdot \frac{1}{64}$, $x = s = 97 \cdot \frac{1}{64}$. あるいは,$s+2 = v^2 = (\frac{4-\frac{1}{4}}{2})^2 = 225 \cdot \frac{1}{64}$, $x = s = 97 \cdot \frac{1}{64}$.

以上は 2 つの数の平方の差が 2 つの数の和と差の積に等しいことを応用する方法であり,ギリシア語では $\delta\iota\pi\lambda o\iota\sigma\acute{o}\tau\eta\varsigma$ (diploisótēs) と言う.数学史京都セミナー [2019: 72] は「二連等式」と訳している.

『算術』アラビア語版において第 2 巻問題 8,9,10,11,19 の解法が用いられる箇所については付録 C にまとめた.

---

[1] 数学史京都セミナー [2019: 72].

7.7 道への言及

アラビア語版第 4 巻序文に「道」と訳した maslak (مسلك) という用語がある．これはギリシア語版第 1 巻序文の ὁδός (hodós) の訳である．ギリシア語テキストでは序で 2 回使われている．

> そして〈それらの問題は〉，あなたが教え示された道に従うとき，解かれる[1]．… 〈これから〉問題のための道に進む[2]．

アラビア語版第 4 巻序文に「道」は 2 回出てくる．クリスティアニディスはこの用語を検討して次のような道筋を与えた[3]．

(1) Invention
(2) Disposition
(3) Computation of the sought numbers
(4) Test proof

クリスティアニディスは invention と disposition の 2 つが重要であると述べ[4]，与えられた正方数を 2 つの正方数に分割する第 2 巻問題 8，すなわち

> 課された正方数を二つの正方数に分割すること[5]．

$$x^2 + y^2 = a^2 \ (a^2 = 16)$$

を例として説明する．この問題は既に §7.5 で述べたがもう一度取り上げる．

(1) Invention

2 つの正方数のうち一方の x^2 を s^2 と置くと，他方の y^2 は $16 - s^2$ になる．$y = 2s - 4$ と置く．

---

[1] 数学史京都セミナー [2019: 10].
[2] 数学史京都セミナー [2019: 16].
[3] Christianidis [2007]．クリスティアニディスはオークスとの共著でギリシア語版第 1 巻問題 9 とアラビア語版第 4 巻問題 18 を例として別の分け方する．Christianidis and Oaks [2023: 238–239].
[4] Christianidis [2007: 299].
[5] 数学史京都セミナー [2019: 69].

$$y^2 = 4s^2 + 16 - 16s = 16 - s^2.$$

ここで invention に対応するギリシア語は $\varepsilon\check{\upsilon}\rho\epsilon\sigma\iota\varsigma$ (heúresis) であり，数学史京都セミナーは「考案」と訳している[1]．

(2) Disposition

欠損 s^2 と $16s$ が共通に加えられ，同じもの（16）が引かれる．

$$5s^2 = 16s, \quad s = \frac{16}{5}.$$

対応するギリシア語は不明である．方程式から s の値を導出する．

(3) Computation of the sought numbers

$$x^2 = s^2 = \frac{256}{25}, \quad y^2 = (2s-4)^2 = \frac{144}{25}.$$

s の値を代入して求める数を計算する．

(4) Test proof

$$x^2 + y^2 = \frac{400}{25} = 16 = 4^2.$$

検算する．

セシアーノは問題を解くための 6 つのステップを考える[2]．

1. 言明（$\pi\rho\acute{o}\tau\alpha\sigma\iota\varsigma$, prótasis）
2. 条件（$\delta\iota o\rho\iota\sigma\mu\acute{o}\varsigma$, diorismós）
3. 提示（$\check{\epsilon}\kappa\theta\epsilon\sigma\iota\varsigma$, ékthesis）
4. 解析（$\grave{\alpha}\nu\acute{\alpha}\lambda\upsilon\sigma\iota\varsigma$, análusis）
5. 総合（$\sigma\acute{\upsilon}\nu\theta\epsilon\sigma\iota\varsigma$, súnthesis）
6. 結論（$\sigma\upsilon\mu\pi\acute{\epsilon}\rho\alpha\sigma\mu\alpha$, sumpérasma）

これはエウクレイデス『原論』の注釈を書いたプロクロス（410 年または 412 年–485 年）が指摘した以下の形式を参考にしたのだろう[3]．

---

[1] 数学史京都セミナー [2019: 10].
[2] Sesiano [1982: 49].
[3] 斎藤・三浦 [2008: 73–76], 鈴木 [2010: 68].

i. 言明（πρότασις, prótasis）：命題を述べる．
ii. 提示（ἔκθεσις, ékthesis）：言明の内容を具体的に表現する．
iii. 特定（διορισμός, diorismós）：提示の内容に従って言明を述べなおす．
iv. 設定（κατασκευή, kataskeuē）：証明に必要な作図などを行う．
v. 証明（ἀπόδειξις, apódeixis）：定理の場合は，その成立を証明する．問題の場合は，直前の設定で得られたものが求めるものに他ならないことを示す．
vi. 結論（συμπέρασμα, sumpérasma）：最初の言明の内容を繰り返す．

セシアーノの1,3,6とプロクロスのi,ii,viには同じ用語が使われている．2「条件」は§7.2で述べた条件のことであり，プロクロスのiiiと同じ用語ではあるが内容が異なる．4「解析」は問題が解けたと仮定して何から開始すれば良いかを考察することであり，未知数を x と置いて議論を進める方法である．5「総合」はその逆で開始から結論へと論証する．和訳において「解析」という用語は第4巻問題37,42,43で使われ，「総合」という用語は第4巻問題42,43で使われている．セシアーノが述べる6つのステップはアラビア語版に共通しているとは言えないだろう．プロクロスが述べる手順はディオファントスが問題の解を導く手順と同じなのだろうか．『算術』は幾何学の著作ではない．代数学の性質を持つ著作であり，同様の性質のギリシア語の著作は他にはない．アラビア語版においてはどのような手順で解を導くのか．和訳を読むときに判断していただきたい．

我々の和訳では先に述べたクリスティアニディスの手順のような (1) と (2) の区分けをせず，以下の手順に従って段落を分けた．

I. 求めたい数を物（シャイ s）を使って表し，式にし，ジャブルとムカーバラの操作で $ks^m = ls^n$ のような式に導いて $1s$ の値を求める．$m > n$ として $m - n = 1$ の事例が多い．平方根，立方根を求めることはできると推測するが，第4巻問題8では $m - n = 4$ のように適切ではないとする場合もあり，第4巻問題17では16を2の平方の

平方としている．

　II. 求めた s の値を代入して求めたい数を求める．第 4 巻問題 14 のように求める数が a のみであり，$a = s$ と置いたらこのプロセスはない．第 4 巻問題 21 もこれに類する．

　III. 検算をする．

　ステップ II と III で『算術』の読者は計算をしなければならない．読者は何を使ってどのように計算したのだろうか．『算術』アラビア語版は「計算する」という動詞に対しては「行う」を意味する 'amila (عمل) を使い，「計算」という名詞に対しては 'amal (عمل) を使っている．なお，アル・フワーリズミーは動詞 ḥasaba (حسب) と名詞 ḥisāb (حساب) をそれぞれ「計算する」と「計算」の意味で用いる[1]．

8　和訳の方針

　和訳に際してはアラビア語原典を読む読者も想定し，原文に忠実に直訳した．可能な限り同じ単語や表現には同じ訳語を当て，似たような意味でも異なる単語や表現は訳し分けるように心がけた．個別の訳語については付録 D 参照．

　アラビア語原文には子音しか書かれないため[2]，母音を入れて読む必要がある．たとえば，قسمت は母音の入れ方によって次の 4 通りの解釈が可能である：「私は割った」(qaṣamtu)，「汝（女）は割った」(qaṣamti)，「汝（男）は割った」(qaṣamta)，「彼女は割った」(qaṣamat)．このように，どのように母音を入れて読むかの解釈は我々の和訳に現れていることを断っておきたい．以下に和訳の凡例を示す．

---

[1] Rashed [2009: 351].

[2] ただし，いくつかの語については，刊本の編者が解釈を限定するために母音を補っている場合もある．

44 　和訳の方針

8.1 凡例

- 和訳に際しては Sesiano [1982] と Rashed [1984] のアラビア語テキストを参照した．両テキストに異読がある場合には次の写本も参照した．Organization of Libraries, Museums and Documentation Center of Astan Quds Razavi, Mashhad, 5466.
- 本研究において使用した略号は次の通りである．

M	manuscript（写本）
om.	omit(s)（省略/欠落）
pl.	plural（複数形）
R	Rashed [1984] のテキスト
S	Sesiano [1982] のテキスト
sg.	singular（単数形）

- テキスト間の異読はたとえば次のように提示する．

x] S, y RM	S の x という読みを採用．それに対する R と M の読みは y．
x] S, om. RM	S の x という読みを採用．R と M にはそれに対応する部分が欠落．

- 各段落の最初の行のマージンに S の行番号を付す．なお，和訳の段落分けは訳者がおこなった．
- [ ] は和訳に際して補われた語句，（ ）は直前の語句の説明または原語，〈 〉は刊本の編者により補われた語句を囲む．ただし，R は [ ] を語句の削除のために用いている．
- 『算術』の各問題の最初の段落はゴチック体で表す．
- アラビア文字のラテン文字（ローマ字）による転写は国際規格である ISO で採択されている方式（ISO 233）に従う．ただし，ハムザ（ء）は '，アイン（ع）は ' というように引用符により転写する．その他の転写（カタカナ転写も含む）に関する点は『岩波イスラーム辞典』pp. 10–12 に従う．

- 原文の数詞と字母数値（ḥurūfu l-'bǧadi）はインド・アラビア数字に訳す．
- 『算術』に対して，その数学的内容の説明のために，適宜訳注を付す．その際，式と計算はできるかぎり原文に忠実に表現するが，数学的内容を適確かつ簡潔に表現するために，現代的演算記号と括弧，( )，{ }，[ ]，を適宜用いる．

第Ⅱ部
和　訳

『算術』第 4 巻

1 　　アレクサンドリアの人ディオファントスの本の第 4 巻，平方［数］と立方［数］について

3 　　クスター・イブン・ルーカー・バアラバッキーがギリシア語からアラビア語に翻訳した．これは星学者（munaǧǧim）[1)]ムハマンマド・イブン・アビー・バクル・イブン・ハーキール[2)]の手書きである．彼はヒジュラ 595 年[3)]に書いた．

6 　　慈悲あまねく慈悲深きアッラーの御名において[4)]．

7 　　ディオファントスの本の第 4 巻．平方と立方について．

8 　　数的問題（pl.）に関する前の巻において，多くの問題——そこにおいて我々は，埋め合わせ（ǧabr）と鉢合わせ（muqābala）の後で，一つの種に等しい一つの種へと到達した——に私は既に言及した．［その種は］それら（問題）のうちで線数と平面数との 2 種から成り，また，それら（問題）のうちで［線数と平面数の］組みになる．学習者たちが記憶して意味を習得できるような諸々の段階（marātib）[5)]に応じて，私はそれ（言及）を行なった．私はまた，この術に関して実践可能であるもののうちで何もあなたから消えないように，この型の多くの問題——［たとえばこの型は，］それら（多くの問題）のうちで立体

[1)] Sesiano [1982: 86] は munaǧǧim を "astronomer", Rashed [1984: Tome 3, 0] は "astrologue", Christianidis and Oaks [2023: 328] は "astrologer" とそれぞれ訳す．

[2)] حاكير] SM, جاگير] R. R に従えば「ジャーギール」となる．

[3)] 『算術』第 7 巻の奥書参照．

[4)] この部分の和訳は中田 [2014: 29, etc.] に従う．

[5)] Rashed [1984: Tome 3, 1] は "degrés" と訳し，Sesiano [1982: 87] は "categories", Christianidis and Oaks [2023: 328] は "stages" と訳す．

的と呼ばれる数の種から成るものと，また，それ（立体的と呼ばれる数の種から成るもの）のうちで最初の2つの種（線数と平面数）と共に合成されたものとである──も以下であなたのために書くことを考える．私はその道（maslak）[1]を進む．それ（道）が実践と習慣[2]となるために，そこ（道）においてある階梯（daraǧa）[3]からある階梯へと，ある型からある型へと私はあなたを上達させる[4]．私が作成したことをあなたが知れば，私が作成していない多くの問題において，私はあなたが答えられるようにする．というのも，多くの問題［の解］を見つける場合にどのような道があるかを私はあなたのために既に作成し，それら（多くの問題）のうちの各々の種に関して私はあなたのために諸々の例を既に記述したから．

⋯ 訳注 ⋯⋯⋯⋯⋯⋯⋯⋯⋯⋯⋯⋯⋯⋯⋯⋯⋯⋯⋯⋯⋯⋯⋯⋯⋯⋯⋯⋯⋯⋯
ここでは「線数」，「平面数」，「立体的と呼ばれる数」をそれぞれ s, s^2, s^3 と表記する．「それら（問題）のうちで［線数と平面数の］組みになる」という文章は，Christianidis and Oaks [2023: 328, fn. 5] に従えば，$as = b$, $as^2 = b$, $as^2 = bs$ という3種類の方程式を意図している．
⋯⋯⋯⋯⋯⋯⋯⋯⋯⋯⋯⋯⋯⋯⋯⋯⋯⋯⋯⋯⋯⋯⋯⋯⋯⋯⋯⋯⋯⋯⋯⋯⋯⋯⋯

私は言う．全ての平方は[5]，それの辺に掛けられると立方になる．立方が財で割られると，立方の辺が生じる．［立方が］物，すなわちその財の根[6]，で割られると，財が生じる．

⋯ 訳注 ⋯⋯⋯⋯⋯⋯⋯⋯⋯⋯⋯⋯⋯⋯⋯⋯⋯⋯⋯⋯⋯⋯⋯⋯⋯⋯⋯⋯⋯⋯
$s^2 \cdot s = s^3$, $s^3 \div s^2 = s$, $s^3 \div s = s^2$.
⋯⋯⋯⋯⋯⋯⋯⋯⋯⋯⋯⋯⋯⋯⋯⋯⋯⋯⋯⋯⋯⋯⋯⋯⋯⋯⋯⋯⋯⋯⋯⋯⋯⋯⋯

---

[1]「道」と訳した maslak はギリシア語の ὁδός に対応する．Christianidis [2007].

[2]『算術』第7巻の序にも同様の表現がある．

[3] Rashed [1984: Tome 3, 1] は "degrés" と訳し，Sesiano [1982: 87] と Christianidis and Oaks [2023: 328] は "step" と訳す．

[4] فه مرقي [فيه]] R, فيه ترقي S, فه مرقي M. S は apparatus においてこの箇所の فيه を削除すべきだとする．

[5] Christianidis and Oaks [2023: 329] は "every Māl"（全ての財）と読む．

[6] S は「すなわちその財の根」を後世の挿入とする．以下（lines 22–34）でも同様の表現が何度も出てくるが，S はそれらについても全て後世の挿入とする．

22 　立方を物に掛けると[7]，財とそれ自身との掛け算から生じるものと同じものが生じる．これは財財と呼ばれる．財財が立方で割られると，物，すなわち財の根，が生じる．［財財が］財で割られると，財が生じる．［財財が］物，すなわち財の根，で割られると，立方が生じる．

　　… 訳注 ……………………………………………………………………
　　$s^3 \cdot s = s^2 \cdot s^2 = s^2 s^2, \ s^2 s^2 \div s^3 = s, \ s^2 s^2 \div s^2 = s^2, \ s^2 s^2 \div s = s^3$.
　　…………………………………………………………………………

25 　財財が物，すなわち財の根，に掛けられると，立方と財との掛け算から成るものと同じものが生じる．それは財立方と呼ばれる．財立方が物，すなわち財の根，で割られると，財財が生じる．［財立方が］財で割られると，立方が生じる．［財立方が］立方で割られると，財が生じる．［財立方が］財財で割られると，物，すなわち財の根，が生じる．

　　… 訳注 ……………………………………………………………………
　　$s^2 s^2 \cdot s = s^3 \cdot s^2 = s^2 s^3, \ s^2 s^3 \div s = s^2 s^2, \ s^2 s^3 \div s^2 = s^3, \ s^2 s^3 \div s^3 = s^2,$
　　$s^2 s^3 \div s^2 s^2 = s$.
　　…………………………………………………………………………

29 　財立方が物に掛けられると，立方とそれ自身との掛け算から成るものと同じものが生じる．［あるいは，］財と財財との掛け算から成る［ものと同じものが生じる］．それは立方立方と呼ばれる．立方立方が物，すなわち財の根，で割られると，財立方が生じる．［立方立方が］財で割られると，財財が生じる．［立方立方が］立方で割られると，立方が生じる．［立方立方が］財財で割られると，財が生じる．［立方立方が］財立方で割られると，物，すなわち財の根，が生じる．

　　… 訳注 ……………………………………………………………………
　　$s^2 s^3 \cdot s = s^3 \cdot s^3 = s^2 \cdot s^2 s^2 = s^3 s^3, \ s^3 s^3 \div s = s^2 s^3, \ s^3 s^3 \div s^2 = s^2 s^2, \ s^3 s^3 \div s^3 = s^3,$
　　$s^3 s^3 \div s^2 s^2 = s^2, \ s^3 s^3 \div s^2 s^3 = s$.
　　…………………………………………………………………………

----

[7] Sesiano [1982: 88] は "I then multiply"，Rashed [1984: 2] は "tu multiplies"，Christianidis and Oaks [2023: 329] は "you multiply" と訳す．

埋め合わせと鉢合わせの後——埋め合わせ［という用語］で欠けているものを両辺[1]に増加することを意味し，鉢合わせ［という用語］で等しいものを両辺[1]から除去することを［意味する］[2]——，互いに掛けることと互いに割ることを既に述べたこれらの種のうちの，他の種に等しい一つの種に，我々によって計算が到達するならば，数に等しい一つの種が我々に生じるために，全体を両辺のうち低い方の一つで割ればよい[3].

··· 訳注 ··

我々が「埋め合わせ」と「鉢合わせ」とそれぞれ訳したジャブル（ǧabr）とムカーバラ（muqābala）について，鈴木 [1987: 322] は次のように説明する：「現代流に言えば，ジャブルとは "方程式の両辺に等しいものを加えて負の項を消去すること" であり，ムカーバラとは "左辺と右辺で同類項を向かい合わせて簡約すること" である．」

··

1. 我々は両者の和が平方数になるような 2 つの立方数を見つけたい．

··· 訳注 ··
問題 4.1.
$$a^3 + b^3 = c^2.$$

求めるのは a^3 と b^3. ただし $a^3 < b^3$.

··

小さい立方［数］の辺をその立方が 1 立方になるために 1 物と置く．大きい立方［数］の辺を望むだけの物 (pl.) と置く．それを 2 物と置く．すると大きい立方［数］は 8 立方になり，両者の和は 9 立方である．それが平方に等しくなることを我々は要求する．我々はその平方［数］を望むだけの物 (pl.) である辺から成るとする．それを 6 物である辺から成るとする．すると 36 財にな

---

[1] كلتي] SM, كلتا R
[1] كلتي] SM, كلتا R
[2] S は「埋め合わせ［という用語］で〜ことを［意味する］」を後世の挿入とする．
[3] وسبغى M (R は [ ] 内の語句を消去) وينبغى ان R, [أن] S, وينبغى ان

る. よって9立方が36財に等しい. 財がある辺が他方の辺より低いので, 全体を1財で割る. 9立方が1財で割られると, そこから9物になる. それは財の根9つである[1]. 36財に関しては[2], 1財で割られると, そこから数, すなわち36単位, が出てくる. よって9物——それは根である[3]——は36単位に等しい. よって1物は4単位に等しい.

··· 訳注 ···
$a = s$ と置くと, $a^3 = s^3$. $b = 2s$ と置くと, $b^3 = 8s^3$. $a^3 + b^3 = 9s^3 = c^2$. $c = 6s$ と置くと, $c^2 = 36s^2 = 9s^3$, $9s = 36$, $s = 4$.
··

52　我々は〈小さい〉立方 [数] を1物である辺から成ると置いたから, それの辺は4になる. よって小さい立方 [数] は64になる. 我々は大きい立方 [数] を2物である辺から成ると置いたから, 〈それの辺は〉8単位になる. よって大きい立方 [数] は512になる.

··· 訳注 ···
$a = s = 4$, $a^3 = 64$. $b = 2s = 8$, $b^3 = 512$.
··

55　2つの立方 [数] の和は576であり, それは24である辺から成る平方 [数] である.

··· 訳注 ···
検算. $a^3 + b^3 = 64 + 512 = 576 = (24)^2$.
··

57　ゆえに我々は両者の和には平方がある[4] 2つの立方数を見つけた. 小さい方が64, 大きい方が512である. それが我々が明らかにしたかったものである[5].

---

[1] S は「それは財の根9つである」を後世の挿入とする.
[2] ⟨فانّها⟩] S, om. RM
[3] S は「それは根である」を後世の挿入とする.
[4] M من حمعهما مربع S, وجميعهما مربع] R, ⟨و⟩ من جميعهما مربع
[5] Sesiano [1982: 88, fn. 11] は問題 4.1-6 で使われている bayyana は waǧada に

2. 我々は両者の相互超過が平方数になるような 2 つの立方数を見つけたい.

⋯ 訳注 ⋯⋯⋯⋯⋯⋯⋯⋯⋯⋯⋯⋯⋯⋯⋯⋯⋯⋯⋯⋯⋯⋯⋯⋯⋯⋯⋯⋯⋯⋯⋯
問題 4.2.
$$a^3 - b^3 = c^2.$$
求めるのは a^3 と b^3. ただし $a^3 > b^3$.
⋯⋯⋯⋯⋯⋯⋯⋯⋯⋯⋯⋯⋯⋯⋯⋯⋯⋯⋯⋯⋯⋯⋯⋯⋯⋯⋯⋯⋯⋯⋯⋯⋯⋯⋯⋯

小さい立方 [数] を 1 物である辺から成ると置く. すると 1 立方になる. 大きい [立方数] の辺を望むだけの物 (pl.) と置く. それを 2 物である辺から成ると置こう. すると大きい立方 [数] は 8 立方になり, 両者の相互超過は 7 立方である. そして, それが平方数に等しい. その平方 [数] の辺を 7 物と置こう. すると〈平方は〉[1] 49 財になる. よって 7 立方が 49 財に等しい. 財がある[2] 辺が両辺のうちでより低い. 全体を 1 財で割る. すると 49 単位に等しい 7 物が我々に出てくる. よって 1 物は 7 単位に等しい.

⋯ 訳注 ⋯⋯⋯⋯⋯⋯⋯⋯⋯⋯⋯⋯⋯⋯⋯⋯⋯⋯⋯⋯⋯⋯⋯⋯⋯⋯⋯⋯⋯⋯⋯
$b = s$ と置くと, $b^3 = s^3$. $a = 2s$ と置くと, $a^3 = 8s^3$. $a^3 - b^3 = 7s^3 = c^2$. $c = 7s$ と置くと, $c^2 = 49s^2 = 7s^3$, $7s = 49$, $s = 7$.
⋯⋯⋯⋯⋯⋯⋯⋯⋯⋯⋯⋯⋯⋯⋯⋯⋯⋯⋯⋯⋯⋯⋯⋯⋯⋯⋯⋯⋯⋯⋯⋯⋯⋯⋯⋯

我々は小さい立方 [数] を 1 物である辺から成ると置いたので, [小さい立

入れ替えるべきだと述べ, テキスト (p. 285) は修正せずに翻訳 (p. 88) で "to find" と訳し, 語彙集 (p. 435) で bayyana の訳に "to show = to expound" を加えている (問題 4.21 でも同様). Christianidis and Oaks [2023: 330] は "to show" と訳し, "This is an error for "find"." と注記する. しかしこのエラーがディオファントスの原本で生じたのか, クスター・イブン・ルーカーの翻訳の時に生じたのか, 写字生のエラーなのかには言及していない. ギリシア語版では検算の部分はなく, 問題 1.1 の最後で "the proof is obvious" (Christianidis and Oaks [2023: 280]) とし, 以下言及しない. ディオファントスの原本に書かれていたのが伝承の過程で省略されたのか, 元々なかったのに結論の部分を付け加えたものがアラビア語に訳されたのかについては考察の必要がある.

[1] <المربع>] S, om. RM
[2] فيها] S, منها RM

方数は] 343 になる．大きい立方［数］の辺——それは 2 物から成るので——は 14 になる．よって大きい立方［数］は 2,744 である．

⋯ 訳注 ⋯⋯⋯⋯⋯⋯⋯⋯⋯⋯⋯⋯⋯⋯⋯⋯⋯⋯⋯⋯⋯⋯⋯⋯⋯⋯⋯⋯⋯⋯
$b = s = 7$, $b^3 = 343$. $a = 2s = 14$, $a^3 = 2744$.
⋯⋯⋯⋯⋯⋯⋯⋯⋯⋯⋯⋯⋯⋯⋯⋯⋯⋯⋯⋯⋯⋯⋯⋯⋯⋯⋯⋯⋯⋯⋯⋯⋯⋯

69   そして両者の相互超過は 2,401 であり，それはそれの辺が 49 の平方［数］である．

⋯ 訳注 ⋯⋯⋯⋯⋯⋯⋯⋯⋯⋯⋯⋯⋯⋯⋯⋯⋯⋯⋯⋯⋯⋯⋯⋯⋯⋯⋯⋯⋯⋯
検算．$a^3 - b^3 = 2744 - 343 = 2401 = (49)^2$.
⋯⋯⋯⋯⋯⋯⋯⋯⋯⋯⋯⋯⋯⋯⋯⋯⋯⋯⋯⋯⋯⋯⋯⋯⋯⋯⋯⋯⋯⋯⋯⋯⋯⋯

71   ゆえに我々は両者の相互超過が平方数である 2 つの立方数を見つけた．それが我々が明らかにしたかったものである．

73 **3. 我々は両者の和が立方数になるような**[1]**2 つの平方数を見つけたい．**

⋯ 訳注 ⋯⋯⋯⋯⋯⋯⋯⋯⋯⋯⋯⋯⋯⋯⋯⋯⋯⋯⋯⋯⋯⋯⋯⋯⋯⋯⋯⋯⋯⋯
問題 4.3.
$$a^2 + b^2 = c^3.$$
求めるのは a^2 と b^2．ただし $a^2 < b^2$．
⋯⋯⋯⋯⋯⋯⋯⋯⋯⋯⋯⋯⋯⋯⋯⋯⋯⋯⋯⋯⋯⋯⋯⋯⋯⋯⋯⋯⋯⋯⋯⋯⋯⋯

74   小さい平方［数］を財，大きい平方［数］を 4 財と置く．2 つの平方［数］の和は 5 財になる[2]．そしてそれが立方数に等しくなることを我々は要求する．それを望むだけの〈物（pl.）の〉[3]辺から成るとしよう．また 1 物〈の辺〉[4]から成ると置こう．すると 1 立方になる．よって 5 財が 1 立方に等しい．財が

---

[1] يكون و SRM], يكون
[2] R فتكون] SM, ويكون
[3] <من الاشياء>] S, om. RM
[4] <ضلع>] S, om. RM

ある辺が両辺のうちでより低いので，全体を 1 財で割る．すると 1 物が 5 単位に等しくなる．

··· 訳注 ··
$a^2 = s^2$, $b^2 = 4s^2$ と置くと，$a^2 + b^2 = 5s^2 = c^3$．$c = s$ と置くと，$c^3 = s^3 = 5s^2$, $s = 5$.
··

我々は小さい平方［数］を財としたから，財は[1]物とそれ自身との掛け算から成るから，そして物は我々に 5 単位として出てきたから，財は 25 単位になる．そして大きい平方［数］を[2]4 財としたから，100 になる．

··· 訳注 ··
$a^2 = s^2 = 25$, $b^2 = 4s^2 = 100$.
··

2 つの平方［数］の和は 125 である．それは立方数であり，それの辺は 5 単位である．

··· 訳注 ··
検算．$a^2 + b^2 = 125 = 5^3$.
··

ゆえに我々は両者の和が立方数である 2 つの平方数を見つけた．それは 100 と 25 である．それが我々が明らかにしたかったものである．

4. 我々は両者の相互超過が立方数になるような 2 つの平方数を見つけたい．

··· 訳注 ··
問題 4.4.
$$a^2 - b^2 = c^3.$$
求めるのは a^2 と b^2．ただし $a^2 > b^2$．

---

[1] والمال [S, والمال RM．R と M の読みに従うと「財は 25 である」となる．
[2] المربع [S, المال RM

87　小さい平方［数］の辺を物，大きい［平方数］の辺を望むだけの物（pl.）と置く．他方の辺を 5 物とせよ．すると大きい平方［数］は 25 財になる．そして小さい［平方数］は 1 財になる．両者の相互超過は 24 財である．そしてそれが立方［数］に等しい．その立方［数］を望むだけの物（pl.）である辺から成ると置こう．それを 2 物である辺から成ると置こう．すると 8 立方に等しい 24 財がある．なぜなら 2 物から成る立方［数］は 8 立方だから．また全体を 1 財で割る．すると 24 単位に等しい 8 物がある．よって 1 物は 3 単位になる．

⋯ 訳注 ⋯⋯⋯⋯⋯⋯⋯⋯⋯⋯⋯⋯⋯⋯⋯⋯⋯⋯⋯⋯⋯⋯⋯⋯⋯⋯⋯⋯⋯⋯⋯⋯
$b = s, a = 5s$ と置くと，$a^2 = 25s^2$, $b^2 = s^2$, $a^2 - b^2 = 24s^2 = c^3$. $c = 2s$ と置くと，$c^3 = 8s^3$, $8s^3 = 24s^2$, $8s = 24$, $s = 3$.
⋯⋯⋯⋯⋯⋯⋯⋯⋯⋯⋯⋯⋯⋯⋯⋯⋯⋯⋯⋯⋯⋯⋯⋯⋯⋯⋯⋯⋯⋯⋯⋯⋯⋯⋯⋯

94　我々は小さい平方［数］を 1 物である辺から成ると置き，大きい平方［数］の辺を 5 物から成ると置いたから，小さい［平方数］の辺は 3，大きい［平方数］の辺は 15 になる．小さい平方［数］は 9 であり，大きい平方［数］は 225 である．

⋯ 訳注 ⋯⋯⋯⋯⋯⋯⋯⋯⋯⋯⋯⋯⋯⋯⋯⋯⋯⋯⋯⋯⋯⋯⋯⋯⋯⋯⋯⋯⋯⋯⋯⋯
$b = s = 3$, $a = 5s = 15$, $b^2 = s^2 = 9$, $a^2 = (5s)^2 = 225$.
⋯⋯⋯⋯⋯⋯⋯⋯⋯⋯⋯⋯⋯⋯⋯⋯⋯⋯⋯⋯⋯⋯⋯⋯⋯⋯⋯⋯⋯⋯⋯⋯⋯⋯⋯⋯

97　そして両者の相互超過は 216 である．それは 6 単位である辺から成る立方数である．

⋯ 訳注 ⋯⋯⋯⋯⋯⋯⋯⋯⋯⋯⋯⋯⋯⋯⋯⋯⋯⋯⋯⋯⋯⋯⋯⋯⋯⋯⋯⋯⋯⋯⋯⋯
検算．$a^2 - b^2 = 225 - 9 = 216 = 6^3$.
⋯⋯⋯⋯⋯⋯⋯⋯⋯⋯⋯⋯⋯⋯⋯⋯⋯⋯⋯⋯⋯⋯⋯⋯⋯⋯⋯⋯⋯⋯⋯⋯⋯⋯⋯⋯

98　ゆえに我々は 2 つの平方数を見つけた．両者の相互超過は立方数である．それらは 225 と 9 である．それが我々が明らかにしたかったものである．

100　5. 我々は立方数を囲む 2 つの平方数を見つけたい[1]．

---

[1] ギリシア語数学文献では，たとえば a と b との積は『原論』第 II 巻のように「a, b

······ 訳注 ······
問題 4.5.
$$a^2 \cdot b^2 = c^3.$$
求めるのは a^2 と b^2. ただし $a^2 < b^2$.
··

　小さい［平方数］を財，大きい［平方数］を望むだけの物（pl.）である辺から成ると置く．それを 2 物である辺から成ると置く．すると大きい平方［数］は 4 財になる．［この］2 つが囲むのは 4 財財である．それが立方数に等しい．立方［数］を 2 物である辺から成ると置く．すると 8 立方になる．よって 4 財財が 8 立方に等しい．全体を立方で割る．すると 4 物に等しい 8 単位がある．なぜなら 8 立方が立方で割られると，そこから 8 単位が出てくるから．単位が立方に［掛けられると］立方であるから，立方が立方で割られると，そこから単位が出てくる[1]．4 財財が立方で割られると，そこから 4 物が出てくる．よって 4 物は 8 単位に等しい．よって 1 物は 2 に等しい．

······ 訳注 ······
$a^2 = s^2$, $b = 2s$ と置くと，$b^2 = 4s^2$, $a^2 \cdot b^2 = 4s^2 s^2 = c^3$. $c = 2s$ と置くと，$c^3 = 8s^3$, $4s^2 s^2 = 8s^3$, $4s = 8$, $s = 2$.
··

　我々は小さい平方［数］を財としたから，［それは］4 単位になる．なぜなら財は物をそれ自身に掛けることから成るから．我々は大きい平方［数］を 4 財としたから，［それは］16 になる．

······ 訳注 ······
$a^2 = s^2 = 4$, $b^2 = 4s^2 = 16$.
··

　この 2 つの平方［数］が囲む数は 64 である．そしてそれはそれの辺が 4 単位である立方［数］である．

によって囲まれる長方形」というような表現をしていた．斎藤・三浦 [2008: 248–276] 参照．

[1] S は「単位が立方に〜が出てくる」を後世の挿入とする．

... 訳注 ....
検算. $a^2 \cdot b^2 = 64 = 4^3$.
....

114　ゆえに我々は立方数を囲む 2 つの平方数を見つけた．それらは 4 と 16 である．それが我々が明らかにしたかったものである．

116　**6. 我々は平方数を囲む平方数と立方数とを見つけたい.**

... 訳注 ....
問題 4.6.
$$a^2 \cdot b^3 = c^2.$$

求めるのは a^2 と b^3.
....

117　平方［数］の辺を我々が望む物（pl.）と置く．それを 1 物と置く．すると平方［数］は 1 財になる．また，立方［数］の辺を我々が欲する物（pl.）と置く．それを 2 物と置く．すると〈立方［数］〉[1] は 8 立方になる．そしてそれら 2 つ，つまり財と 8 立方，が囲むのは 8 財立方である．そしてそれが平方［数］に等しい．我々は平方［数］の辺を物（pl.）〈から成る〉[2] と置いたから，それから〈財（pl.）が〉出てくる．財（pl.）に〈等しい財立方がある〉[3]．両辺を財（pl.）で割ることを我々は要求する．この場合，単位（pl.）に等しい立方（pl.）がある．なぜなら私が［前に］述べたように財立方が財（pl.）で割られるとそこから立方（pl.）がでてくるから[4]．平方の辺を望むだけの財（pl.）から成ると置く．それを 4 財から成ると置く．すると平方は 16 財財になる．よって 8 立方財は 16 財財に等しい．全体を財財で割る．なぜなら，それ［財財］が両辺のうちでより低いから．よって 16 財財が財財で割られると，そこ

---

[1] ⟨المكعب⟩] S, om. RM
[2] ⟨ان⟩] S, om. RM; ⟨من⟩] S, om. RM
[3] ⟨اموال فيكون اموال كعاب تعادل⟩] S, om. RM
[4] Christianidis and Oaks [2023: 332] は「なぜなら．．．でてくるから」を後世の挿入と考える．

から16単位が出てくる．8立方財に関しては，それが財財で割られるとそこから8物が出てくる．よって8物が16単位に等しい．よって物は2である．

······ 訳注 ······
$a = s$ と置くと，$a^2 = s^2$．$b = 2s$ と置くと，$b^3 = 8s^3$，$a^2 \cdot b^3 = 8s^2 s^3 = c^2$．$c = ms$ と置くと $8s^2 s^3 = m^2 s^2$ になり，全体を s^2 で割ると s^3 が数に等しくなる．[開立計算を避けるために]$c = 4s^2$ と置く．$c^2 = 16s^2 s^2$，$8s^2 s^3 = 16s^2 s^2$，$8s = 16$，$s = 2$．

我々は平方［数］の辺を物と置いたので，平方［数］は[1] 4単位になる．立方［数］は，我々はそれを2物である辺から成ると置いたから，64になる．

······ 訳注 ······
$a^2 = s^2 = 4$，$b^3 = (2s)^3 = 64$．

それら2つ——つまり平方［数］，すなわち4，と立方［数］，すなわち64——が囲む数は256である．それはそれの辺が16単位である平方［数］である．

······ 訳注 ······
検算．$a^2 \cdot b^3 = 4 \cdot 64 = 256 = 16^2$．

ゆえに我々は2つの数——一方は平方［数］で，他方は立方［数］——を見つけた．そしてそれら2つは平方数を囲む．それら2つは4と64である．それが我々が明らかにしたかったものである．

7. 今度は，我々は［次のような］2つの数を見つけたい．一方は平方［数］で他方は立方［数］で，立方数を囲む．

······ 訳注 ······
問題4.7．
$$a^2 \cdot b^3 = c^3.$$

求めるのは a^2 と b^3．

---

[1] المربّع S, الربع RM

138　平方［数］の辺を物と置く．すると平方［数］は財になる．立方［数］の辺を我々が望む物（pl.）と置く．それを4物と置く．すると立方［数］は64立方になる．2つが囲むものは64立方財である．そしてそれが立方数に等しい．我々は立方［数］の辺を物（pl.）から成ると置いたから，立方［数］は立方（pl.）から成る．それを立方財に等しくしたとき，全体を立方で割ることを我々は要求した．この場合，単位（pl.）に等しい財（pl.）が我々に対して生じる．〈1財に等しい〉[1] 単位（pl.）が平方〈になることを〉[2] 我々は要求する．しかし，それを財（pl.）から成ると置けば，立方は立方立方から成る．それを立方財に等しくしたとき，〈両辺を〉[3] 立方財で割ることを我々は要求した．するとこの場合，単位（pl.）に等しい物（pl.）が生じる．立方［数］の辺を2財から成ると置く．すると立方［数］は8立方立方になる．よって8立方立方が64立方財に等しい．全体を立方財で割る．なぜならそれ（立方財）が両辺のうちでより低いから．8立方立方を立方財で割ることから8物が，64財立方を財立方で割ることから64単位が我々に対して生じる．よって8物が64単位に等しくなる．よって1物は8単位である．

⋯ 訳注 ⋯⋯⋯⋯⋯⋯⋯⋯⋯⋯⋯⋯⋯⋯⋯⋯⋯⋯⋯⋯⋯⋯⋯⋯⋯⋯⋯⋯⋯⋯

$a = s$ と置くと，$a^2 = s^2$．$b = 4s$ と置くと，$b^3 = 64s^3$，$a^2 \cdot b^3 = 64s^3 s^2 = c^3$．$c = ms$ と置くと $64s^3 s^2 = m^3 s^3$ になり，全体を s^3 で割ると s^2 が数に等しくなる．[開平計算を避けるために]$c = 2s^2$ と置くと，$c^3 = 8s^3 s^3$．よって $8s^3 s^3 = 64s^2 s^3$，$8s = 64$，$s = 8$．

⋯⋯⋯⋯⋯⋯⋯⋯⋯⋯⋯⋯⋯⋯⋯⋯⋯⋯⋯⋯⋯⋯⋯⋯⋯⋯⋯⋯⋯⋯⋯⋯⋯

152　我々は平方［数］の辺を物と置いたから，それは64になる．また，立方［数］は，それの辺を4物と置いたので，それの辺は32になり，立方は32,768になる．

⋯ 訳注 ⋯⋯⋯⋯⋯⋯⋯⋯⋯⋯⋯⋯⋯⋯⋯⋯⋯⋯⋯⋯⋯⋯⋯⋯⋯⋯⋯⋯⋯⋯

$a = s = 8$, $a^2 = 64$, $b = 4s = 32$, $b^3 = 32768$.

⋯⋯⋯⋯⋯⋯⋯⋯⋯⋯⋯⋯⋯⋯⋯⋯⋯⋯⋯⋯⋯⋯⋯⋯⋯⋯⋯⋯⋯⋯⋯⋯⋯

---

[1] ‹التى تعادل المال الواحد›] S, om. RM
[2] ‹ان تكون›] S, om. RM
[3] ‹الناحيتين›] S, om. RM

それを平方［数］，すなわち 64, に掛けると，それから立方数が出てくる． 154
なぜならそれらの各々が立方［数］だから．

……訳注……………………………………………………………………………
検算. $a^2 \cdot b^3 = 64 \cdot 32768 = 4^3 \cdot (32)^3 = (4 \cdot 32)^3$.
…………………………………………………………………………………

ゆえに我々が条件付けた条件に合う 2 つの数を我々は見つけた．それが我々 157
が見つけたかったものである．

8. 我々は平方数を囲む 2 つの立方数を見つけたい． 159

……訳注……………………………………………………………………………
問題 4.8.
$$a^3 \cdot b^3 = c^2.$$
求めるのは a^3 と b^3. ただし $a^3 < b^3$. この問題は問題 4.9 と同じ．
…………………………………………………………………………………

この問題においても[1)]小さい立方［数］の辺を 1 物と置くと，小さい立方 160
［数］は 1 立方になるから，〈そして〉大きい［立方数］を望むだけの〈物（pl.）
の〉[2)]辺から成ると置くと——〈それを〉2 物である辺から成ると我々が置い
た[3)]ように——，大きい立方［数］は 8 立方になるから，これら 2 つが囲むのは
8 立方立方である．そしてそれが平方に等しくなることを我々は要求する．こ
の平方の辺を物（pl.）から成る[4)]と置くことは適切ではない．なぜなら物の平
方は財であり，［これが］立方立方に等しくされ，両辺のうちのより低い方，す
なわち財，で割られると，そこから単位（pl.）に[5)]等しい財財が生じるから．

[1)] 問題 4.6 参照.
[2)] <من الاشياء>] S, om. RM
[3)] <ه> فرضنا] S, فرضناه R, وضا M
[4)] [ضلع] هذا المربع من ضلع أشياء] S, R, ضلع هذا المربع من اشياء M
[5)] احادا] RM, <لكن ان فرضنا ضلع المربع من اموال يكون المربع من> احادا <اموال اموال فاذا عادلنا ذلك بكعاب كعاب إحتجنا الى ان نقسم الناحيتين على مال>

1 財に等しい単位（pl.）が平方になることを我々は要求する．それ故，平方数を囲む平方［数］と立方数を探すことになる[1]．計算において明らかにされるであろうそれの容易さの故に[2]．かつて述べたのと同じように[3]，2つの数のうちの一方，すなわち4という平方［数］，と他方，すなわち64という立方［数］，を我々は見つける．これら2つの数が囲むのは256である．そしてそれはそれの辺が16単位である平方［数］である．それが我々が見つけたかったものである[4]．

‥‥ 訳注 ‥‥‥‥‥‥‥‥‥‥‥‥‥‥‥‥‥‥‥‥‥‥‥‥‥‥‥‥‥

$a = s$ と置くと，$a^3 = s^3$．$b = 2s$ と置くと，$b^3 = 8s^3$，$a^3 \cdot b^3 = 8s^3 s^3 = c^2$．$c = ms$ と置くと $8s^3 s^3 = m^2 s^2$ になり，全体を s^2 で割ると $s^2 s^2$ が数に等しくなるから，適切ではない．問題 4.6 と同様に [$c = ms^2$, $b = ns$ と置けば，$n^3 s^3 s^3 = m^2 s^2 s^2$，$n^3 s^2 = m^2$．] $4 \cdot 64 = 256 = 16^2$．

‥‥‥‥‥‥‥‥‥‥‥‥‥‥‥‥‥‥‥‥‥‥‥‥‥‥‥‥‥‥‥‥‥‥

176 **9. 我々は平方［数］を囲む2つの立方数を見つけたい．**

‥‥ 訳注 ‥‥‥‥‥‥‥‥‥‥‥‥‥‥‥‥‥‥‥‥‥‥‥‥‥‥‥‥‥

問題 4.9.
$$a^3 \cdot b^3 = c^2.$$

求めるのは a^3 と b^3．ただし $a^3 < b^3$．

‥‥‥‥‥‥‥‥‥‥‥‥‥‥‥‥‥‥‥‥‥‥‥‥‥‥‥‥‥‥‥‥‥‥

177 大きい立方［数］の辺を4物，小さい立方［数］の辺を1物と置く．すると

───────────────────────────────────

<مال فيخرج لنا حينئذ اموال تعادل آحادا> S. S に従えば「しかし平方［数］の辺を財（pl.）から成ると置くと，平方［数］は財財から成り，それを立方立方に等しくすると，両辺を財財で割ることを我々は要求するので，この場合，単位に等しい財が生じる」となる．

[1] M نصير, R يصير, S [نصير
[2] S はこの一文を後世の挿入とする．
[3] 問題 4.6 参照．
[4] このように書かれているが，問題 4.8 の答えである a^3 と b^3 の値は求められていない．Sesiano [1982: 61–62] は，本来は一つの問題であった問題 4.8 と問題 4.9 が後世のどこかの段階で分割された，と説明する．

大きい立方 [数] は 64 立方になり，小さい立方 [数] は 1 立方になる．そしてそれら 2 つが囲むのは 64 立方立方である．それが平方数に等しくなることを我々は要求する．平方 [数] の辺を財 (pl.) から成ると置く．それ（財）の数は 64 と 4 との積から成る平方 [数]，すなわち 256, の辺に等しくなる[1]．〈そしてそれ（平方数の辺）は〉16 財から成る[2]．それの平方が 256 財財になるために．よって 64 立方立方が 256 財財に等しくなる．全体を財財で割る．というのもそれ（財財）が両辺のうちでより低いから．もし 64 立方立方が財財で割られたら，そこから 64 財が出てくる[3]．そしてもし 256 財財を財財で割ると，そこから 256 単位が出てくる．よって 64 財が 256 単位に等しい．よって 1 財は 4 単位に等しくなる．財は平方 [数] である．4 は平方 [数] である．よって両者の辺は互いに等しい．財の辺は物である．4 の辺は 2 である．よって物は 2 である．

⋯ 訳注 ⋯⋯⋯⋯⋯⋯⋯⋯⋯⋯⋯⋯⋯⋯⋯⋯⋯⋯⋯⋯⋯⋯⋯⋯⋯⋯⋯⋯
$b = 4s$, $a = s$ と置くと，$b^3 = 64s^3$, $a^3 = s^3$, $a^3 \cdot b^3 = 64s^3 s^3 = c^2$. $64s^2$ の平方根が整数になるために $c = 16s^2$ と置くと，$c^2 = 256 s^2 s^2$, $64 s^3 s^3 = 256 s^2 s^2$, $64 s^2 = 256$, $s^2 = 4$, $s = 2$.
⋯⋯⋯⋯⋯⋯⋯⋯⋯⋯⋯⋯⋯⋯⋯⋯⋯⋯⋯⋯⋯⋯⋯⋯⋯⋯⋯⋯⋯⋯⋯⋯

小さい立方 [数] の辺を 1 物と我々は置いたから，〈小さい〉[4] 立方 [数] は 8 単位になる．大きい立方 [数] の辺を 4 物と我々は置き，それは 8 単位だから，大きい立方 [数] は 512 になる．

⋯ 訳注 ⋯⋯⋯⋯⋯⋯⋯⋯⋯⋯⋯⋯⋯⋯⋯⋯⋯⋯⋯⋯⋯⋯⋯⋯⋯⋯⋯⋯
$a = s = 2$, $a^3 = 8$. $b = 4s = 8$, $b^3 = 512$.
⋯⋯⋯⋯⋯⋯⋯⋯⋯⋯⋯⋯⋯⋯⋯⋯⋯⋯⋯⋯⋯⋯⋯⋯⋯⋯⋯⋯⋯⋯⋯⋯

---

[1] يكون S, فيكون RM.
[2] S M. S من ,S 〈ضلع ستة عشر احدا فاذا نفرض ضلع المربع من〉 ,R [〈فهو〉 من
に従えば「〈16 単位である辺から〉成る．よって〈平方 [数] の辺を〉16 財〈から成る〉と置く」という訳になる．ここで S は 256 と 16 の間を補っている．同じ単語，表現があると筆記者がとばしてしまうミス（haplology）だと Sesiano は解釈している．
[3] فكون M فيكون S, فتكون R.
[4] 〈الاصغر〉 S, om. RM.

194 　それ（大きい立方数）を小さい立方［数］に掛けると，それから両者が囲む数，すなわち 4,096, が出てくる．それは平方［数］であり，それの辺は 64 である．

　　··· 訳注 ···
　　検算．$512 \cdot 8 = 4096 = 64^2$．
　　··

197 　ゆえに平方［数］を囲む 2 つの立方数を我々は見つけた．それは 8 と 512 である．それが我々が見つけたかったものである．

199 　もし，立方［数］で割って，そこから平方数が出てくるような立方数を我々が見つけたいなら，［次のような］平方数を求める．他の立方数—それもまた求めている—に掛けて，積から立方数が出てくる[1]．もしそれを見つけたら，2 つのうちの一方と他方との掛け算の結果は我々が欲する立方数である[2]．

　　··· 訳注 ···
　　$\frac{a^3}{b^3} = c^2, a^3 = b^3 c^2$．これは問題 4.7 と同じ．
　　··

203 　同様に，もし平方で割ると，そこから立方が出てくるような平方数を見つけたいなら，上述とは逆のことをする．

　　··· 訳注 ···
　　$\frac{a^2}{b^2} = c^3, a^2 = b^2 c^3$．これは問題 4.6 と同じ．
　　··

204 　同様に，割り算の方法から成る各々を上述のその類（ǧins）から求める．というのも両者は一つであり，割り算は実に掛け算の逆だから．

　　··· 訳注 ···
　　「両者」とは，$\frac{a^2}{b^2} = c^3$, $a^2 = b^2 c^3$ のような 2 つの問題の「類」を指す．
　　··

207 **10. 我々は［次のような］立方数を見つけたい．それにそれの辺**

---

[1] فحتمع M, يحتمع R,] فيجتمع S
[2] العدد المكعب RM, هو] هو العدد المكعب S

から成る平方倍を望むだけの回［数］だけ加える[1]と，そこから平方数が出てくる．

⋯ 訳注 ⋯⋯⋯⋯⋯⋯⋯⋯⋯⋯⋯⋯⋯⋯⋯⋯⋯⋯⋯⋯⋯⋯⋯⋯⋯⋯⋯⋯⋯⋯⋯
問題 4.10.
$$a^3 + ma^2 = b^2.$$

求めるのは a^3．
⋯⋯⋯⋯⋯⋯⋯⋯⋯⋯⋯⋯⋯⋯⋯⋯⋯⋯⋯⋯⋯⋯⋯⋯⋯⋯⋯⋯⋯⋯⋯⋯⋯⋯⋯

　立方［数］を 1 物である辺から成ると置く．1 立方になる．回［数］を 10 と置く．立方［数］に立方［数］の辺の〈平方〉，すなわち財，の 10 倍を付け加える．立方と 10 財となる．それが平方［数］に等しい．その平方［数］を，鉢合わせができるように，それの平方が 10 財より大きくなるような物（pl.）である辺から成ると置く．それを 4 物である辺から成ると置く．すると平方は 16 財となる．立方と 10 財が 16 財に等しくなる[2]．共通の 10 財と我々は突き合わせよう[3]．すると立方に等しい 6 財が残る．それを財で割る．すると 6 単位に等しい 1 物が生じる．

⋯ 訳注 ⋯⋯⋯⋯⋯⋯⋯⋯⋯⋯⋯⋯⋯⋯⋯⋯⋯⋯⋯⋯⋯⋯⋯⋯⋯⋯⋯⋯⋯⋯⋯
$a = s$ と置くと，$a^3 = s^3$．$m = 10$ と置くと，$s^3 + 10s^2 = b^2$．$b^2 > 10s^2$ になるように $b = 4s$ と置くと，$b^2 = 16s^2$，$s^3 + 10s^2 = 16s^2$，$s^3 = 6s^2$，$s = 6$．
⋯⋯⋯⋯⋯⋯⋯⋯⋯⋯⋯⋯⋯⋯⋯⋯⋯⋯⋯⋯⋯⋯⋯⋯⋯⋯⋯⋯⋯⋯⋯⋯⋯⋯⋯

　立方［数］は 216 になる．

⋯ 訳注 ⋯⋯⋯⋯⋯⋯⋯⋯⋯⋯⋯⋯⋯⋯⋯⋯⋯⋯⋯⋯⋯⋯⋯⋯⋯⋯⋯⋯⋯⋯⋯
$a^3 = s^3 = 216$．
⋯⋯⋯⋯⋯⋯⋯⋯⋯⋯⋯⋯⋯⋯⋯⋯⋯⋯⋯⋯⋯⋯⋯⋯⋯⋯⋯⋯⋯⋯⋯⋯⋯⋯⋯

　辺の平方は 36 になり，それの 10 倍は 360 である．そしてそれを立方［数］

---

[1] زدناه علی S, زدنا علیه RM
[2] معدل M يعدل R, معدل S, تعدل
[3] 動詞 lqy の IV 形の要求法．両辺から同じものを引くの意，すなわち鉢合わせ（ムカーバラ）の操作と同じ．

に加える．それから 576 が出てくる．そしてそれは 24 である辺から成る平方 [数] である．

・・・訳注・・・
検算．$a^3 + 10a^2 = 216 + 10 \cdot 36 = 216 + 360 = 576 = 24^2$．
・・・

220　ゆえに我々は [次のような] 立方数を見つけた．それにそれの辺から成る平方の 10 倍を加えると，足し算の後，平方数になる．それは 216 であり，それの辺は 6 である．それが我々が見つけたかったものである．

223 11. 我々は [次のような] 立方数を見つけたい．そこからそれの辺から成る平方倍を望むだけの回 [数] だけ引くと，そこから平方数が残る．

・・・訳注・・
問題 4.11.
$$a^3 - ma^2 = b^2.$$
求めるのは a^3．
・・・

225　立方 [数] を，1 立方になるために，1 物である辺から成ると置く．そして回 [数] を 6 と置く．6 財の引き算の後の立方 [数] を平方 [数] と置く[1]ことを我々は望む．その平方 [数] を望むだけの物 (pl.) である辺から成ると置く．それを 2 物である辺から成ると置くと，それ (2 物) の平方は 4 財になる．よって立方引く 6 財は 4 財に等しい[2]．我々は立方を 6 財で埋め合わせる．それ (6 財) を 4 財に加える．すると 10 財に等しい 1 立方になる[3]．全体を財で割る．すると 10 単位に等しい 1 物が我々に対して生じる．

---

[1] نفرض R, يبقى من S, نفرض M; مربعا] RM, مربع S. S に従うと「立方 [数] から 6 財の引き算の後で平方 [数] が残る」となり，Christianidis and Oaks [2023: 335] は S の修正を採用する．

[2] تعادل] SM, يعادل R

[3] كعبا واحدا يعادله] R, كعب واحد يعادل S, كعبا واحدا يعادله M (S に従うと「10 財に等しい 1 立方がある」となる)

······ 訳注 ··
$[a^3 =]s^3$ になるために,$a = s$ と置く.$m = 6$ と置く.$s^3 - 6s^2 = b^2$ と置く.$b = 2s$ と置く.$b^2 = 4s^2$,$s^3 - 6s^2 = 4s^2$,$s^3 = 4s^2 + 6s^2 = 10s^2$,$s = 10$.
··

我々は立方[数]の辺を 1 物と置いたから,〈立方[数]は〉[1]1,000 になる. 231

······ 訳注 ··
$a = s = 10$, $a^3 = 1000$.
··

辺の平方は 100 になる.100 の 6 倍は 600 である.600 の 1,000 からの〈引 232
き算の〉[2]後に残るものは 400 である.そしてそれはそれの辺が 20 である平
方数である.

······ 訳注 ··
検算.$a^3 - ma^2 = b^2 = 1000 - 6 \cdot 100 = 1000 - 600 = 400 = 20^2$.
··

ゆえに我々は[次のような]立方数を見つけた.そこからそれの辺の平方 235
倍—6 倍—[3]を引くと,そこから平方数が残る.それは 1,000 であり,それの
辺は 10 である.

12. 我々は[次のような]立方数を見つけたい.それにそれの辺 237
から成る平方倍を望むだけの回[数]だけ加えると,そこから出
てくるのは立方数になる.

······ 訳注 ··
問題 4.12.
$$a^3 + ma^2 = b^3.$$
求めるのは a^3.
··

---

[1]<المكعب>] S, om. RM
[2]<نقصان>] S, om. RM
[3]مربّع ستّة امثال ضلعه R, [مربع] ستة أمثال <مربع> ضلعه S, مربع ضلعه ستة امثال M (R に従うと「それの辺の〈平方の〉6 倍」となる)

239　立方［数］の辺を 1 物と置くと，〈立方［数］は〉[1)] 1 立方になる．それに欲する回［数］，すなわち前（問題 4.10）で置いたもの (10)，を増加する．立方と 10 財になり，それが立方［数］に等しい．立方［数］を 2 物である辺から成るとすると，1 立方と 10 財に等しい 8 立方がある．共通の立方 (sg.) を我々は突き合わせる．7 立方に等しい 10 財が残る．それを財で割る．すると 10 単位に等しい 7 物がある．よって 1 物は 10/7 になる．

⋯ 訳注 ⋯⋯⋯⋯⋯⋯⋯⋯⋯⋯⋯⋯⋯⋯⋯⋯⋯⋯⋯⋯⋯⋯⋯⋯

$a = s$ と置くと，$a^3 = s^3$．$m = 10$ と置くと，$s^3 + 10s^2 = b^3$．$b = 2s$ と置くと，$b^3 = 8s^3$，$s^3 + 10s^2 = 8s^3$，$10s^2 = 7s^3$，$10 = 7s$，$s = \frac{10}{7}$．

⋯⋯⋯⋯⋯⋯⋯⋯⋯⋯⋯⋯⋯⋯⋯⋯⋯⋯⋯⋯⋯⋯⋯⋯⋯⋯⋯⋯

245　立方［数］は 1/7 の 1/7 の 1/7 である量による 1,000 になる．

⋯ 訳注 ⋯⋯⋯⋯⋯⋯⋯⋯⋯⋯⋯⋯⋯⋯⋯⋯⋯⋯⋯⋯⋯⋯⋯⋯

$a^3 = s^3 = \frac{1000}{7 \cdot 7 \cdot 7}$．

⋯⋯⋯⋯⋯⋯⋯⋯⋯⋯⋯⋯⋯⋯⋯⋯⋯⋯⋯⋯⋯⋯⋯⋯⋯⋯⋯⋯

245　それに平方［数］，すなわち 1/7 の 1/7 の 100，の 10 倍，すなわち 1/7 の 1/7 の 7,000，を足すと，そこから 1/7 の 1/7 の 1/7 の 8,000 が出てくる．それは 20/7 である辺から成る立方［数］である．

⋯ 訳注 ⋯⋯⋯⋯⋯⋯⋯⋯⋯⋯⋯⋯⋯⋯⋯⋯⋯⋯⋯⋯⋯⋯⋯⋯

検算．$a^3 + 10a^2 = \frac{1000}{7 \cdot 7 \cdot 7} + \frac{100}{7 \cdot 7} \cdot 10 = \frac{1000}{7 \cdot 7 \cdot 7} + \frac{7000}{7 \cdot 7 \cdot 7} = \frac{8000}{7 \cdot 7 \cdot 7} = \left(\frac{20}{7}\right)^3$．

⋯⋯⋯⋯⋯⋯⋯⋯⋯⋯⋯⋯⋯⋯⋯⋯⋯⋯⋯⋯⋯⋯⋯⋯⋯⋯⋯⋯

249　ゆえに我々に条件付けられた条件がそこにおいて明らかになる立方［数］を我々は見つけた．それは 10/7 である辺から成る 1/7 の 1/7 の 1/7 の 1,000 である．それが我々が見つけたかったものである．

251　**13.** 我々は［次のような］立方数を見つけたい．そこからそれの辺から成る平方倍を望むだけの回［数］だけ引くと，そこから立

[1)] <المكعب>] S, om. RM

方数が残る.

⋯ 訳注 ⋯
問題 4.13.
$$a^3 - ma^2 = b^3.$$
求めるのは a^3.

立方［数］を物である辺から成ると置く．すると 1 立方になる．回［数］を $7^{1)}$ と置く．すると残るのは立方$^{2)}$引く 7 財である．それが立方数に等しい．立方［数］の辺を物の部分（ba'ḍ）と置く．それを物の半分である辺から成ると置く．すると立方［数］は立方の 8 部分のうちの 1 部分となる．それが立方引く 7 財に等しい．埋め合わせて鉢合せる．すると 7 財に等しい立方の 7/8 が残る．全体を財で割る．すると物の 7/8 に等しい 7 単位が生じる．よって 1 物は 8 単位になる．

⋯ 訳注 ⋯
$a = s$ と置くと，$a^3 = s^3$．$m = 7$ と置くと，$s^3 - 7s^2 = b^3$．$b = \frac{1}{2}s$ と置くと，$b^3 = \frac{1}{8}s^3$，$s^3 - 7s^2 = \frac{1}{8}s^3$，$\frac{7}{8}s^3 = 7s^2$，$\frac{7}{8}s = 7$，$s = 8$．

立方［数］は 512 である．

⋯ 訳注 ⋯
$a^3 = s^3 = 512$.

そこから 64 の 7 倍を引くと，64 が残る．そしてそれは立方［数］である．

⋯ 訳注 ⋯
検算．$a^3 - 7a^2 = 512 - 7 \cdot 64 [= 512 - 448] = 64 = 4^3$.

我々はそれを別の方法で計算する$^{3)}$．最初の立方［数］の辺（a）を望むだ

---

1) سبعة] S, سبعا R, سبعه M
2) كعبا] S, كعب RM
3) 解は上述のものと同じである．Sesiano [1982: 185–186] はこの解法を後世の挿入

けの物（pl.）とする．それを2物とすると，立方［数］は8立方になる．立方と8立方の超過（差）である[1]7立方が残る．［これは］大きい立方［数］の辺（a）から成る平方［数］の7倍に等しい．大きい立方の辺は2物である．それの平方は4財である．そしてそれの7倍は28財である．よって28財は7立方に等しい．全体を財で割る．すると7物に等しい28単位がある．よって1物は4単位に等しい．

····· 訳注 ···

$a = 2s$ とすると，$a^3 = 8s^3$, $8s^3 - s^3 = 7s^3$. ［ここでは $b = s$ と置かれている．］
$7s^3 = 7a^2 = 7 \cdot (2s)^2 = 7 \cdot 4s^2 = 28s^2$, $7s^3 = 28s^2$, $7s = 28$, $s = 4$.

··

269 それ故，小さい立方［数］（b^3）は64である．それの辺は1物と置かれた[2]．大きい立方［数］（a^3）に関しては，それの辺が2物から成ると置かれたから，それの辺は8単位になり，立方［数］は512になる．ゆえに他方の立方［数］，すなわち大きい方，は小さい立方［数］に対して大きい立方の辺〈から成る〉[3]平方の7倍増加していることが既に明らかになった．それがこの問題において我々に条件付けられた条件である．そしてそれが我々が見つけたかったものである．

····· 訳注 ···

$b^3 = s^3 = 64$, $a^3 = (2s)^3 = 8^3 = 512$.

··

275 **14.** 我々は［次のような］数を見つけたい．それを置かれた2つの数に掛けると，2つのうち一方は立方［数］，他方は平方［数］

と示唆する．写本では「我々はそれを別の方法で計算する」が朱色で書かれている．一般に ḥasaba が「計算する」という意味で使われることが多いが，このアラビア語版では 'amila が一貫して「計算する」の意味で使われている．序論§7.7参照．

[1] 「立方と8立方の超過（差）である」を Sesiano [1982: 30] は後世の挿入と解釈する．

[2] S は「それの辺は1物と置かれた」を後世の挿入とする．

[3] <من>] S, <من الذى> R, om. M

になる.

········· 訳注 ···
問題 4.14.
$$\begin{cases} ma = b^3 \\ na = c^2. \end{cases}$$

求めるのは a.
··

2つの数を5と10と置く．10に掛けると立方［数］になり，5に掛けると平方［数］になる数を我々は見つけたい．求められる数を物と置く．それを5に掛ける．すると5物になる．次にそれを10に掛ける．すると10物になる．10物が立方数に等しく，5物が平方数に等しい[1]ことを我々は欲する．5物に等しい平方［数］を，10物に等しい立方［数］の辺の平方に対して，我々が望むあらゆる部分（sg.）あるいは我々が望むあらゆる諸部分（pl.）と置く[2]．部分の[3]辺が全体の辺に共［測］[4]，つまり部分が平方，になった後で[5]．あるいは，立方［数］の辺の平方を，5物に等しい平方［数］に対して，あらゆる部分（sg.）あるいはあらゆる諸部分（pl.）と置く．［部分が］平方［数］になっ

───────────────────────

[1] نعدل] M, نعدل SR（SとRに従うと「10物を立方数に等しくし，5物を平方数に等しくする」となる）

[2] 『原論』VII 定義 3–4.

[3] الجزء] M الجزء او العشرة R, الجزء أو الأجزاء S, الجزء

[4] 『原論』X 定義 1–3.

[5] ここで意図されているのは，比の値（1/4）が平方数になるという条件か？ たとえば，
$$\begin{cases} 10a = b^3 \\ 5a = c^2. \end{cases} \tag{1}$$

$a = s$ と置く．
$$\begin{cases} 10s = b^3 \\ 5s = c^2. \end{cases}$$

$b^2 = \frac{1}{3}c^2$ と置く．$b^2 = \frac{1}{3} \cdot 5s = \frac{5}{3}s$, $b^2 \cdot b = \frac{5}{3}s \cdot b = 10s$, $b = 10 \cdot \frac{3}{5} = 6$, $b^3 = 216 = 10s$, $s = 21\frac{3}{5} = a$. あるいは, $b^2 = \frac{5}{3}s = 36$ から, $s = 36 \cdot \frac{3}{5} = 21\frac{3}{5} = a$. 検算．$10a = 10 \cdot \frac{108}{5} = 216 = 6^3$, $5a = 5 \cdot \frac{108}{5} = 108$. これは平方数ではない.

た後で[1]．立方［数］の[2]辺の平方を 5 物に等しい平方［数］に対し 1/4[3] と置こう．〈すると〉10 物に等しい立方［数］の辺の平方は 1 物と 1/4 物になる[4]．この平方，すなわち 1 物と 1/4 物，をそれの辺に掛けると，10 物になる[5]．10 物を物と 1/4 物で割ると，そこから出てくるのは 10 物に等しい立方の辺である．10 物の物と 1/4〈物〉[6]による割り算から出てくるのは 8 単位である．というのも，もし物（pl.）が単位（pl.）に掛けられたら物（pl.）になるから[7]．よって 8 単位は 10 物に等しい立方［数］の辺であり，1 物と 1/4 物に等しい平方［数］の辺である．8 単位〈である辺から成る〉[8] 立方［数］は 512 であり，それは 10 物に等しい．よって 1 物は 51 と 1/5 になる．また，8 単位の平方は 64 であり，それは 1 物と 1/4 物に等しい．よって 1 物は 64 の 4/5 であり，それは 51 と 1/5 である．

・・・ 訳注 ・・・

m, n に対して $5, 10$ を置く．[(1) $m = 10$, $n = 5$ と，(2) $m = 5$, $n = 10$ との 2 つのケースがある．]

$$\begin{cases} 10a = b^3 \\ 5a = c^2. \end{cases} \tag{1}$$

―――――――――――――――――――――――――――――――

[1] ここで意図されているのは，比の値（1/4）が平方数になるという条件か？ たとえば，

$$\begin{cases} 5s = b^3 \\ 10s = c^2. \end{cases} \tag{2}$$

$b^2 = \frac{1}{3} c^2$ とする．$b^2 = \frac{1}{3} \cdot 10s = \frac{10}{3} s$, $5s \div (\frac{10}{3} s) = \frac{b^3}{b^2} = \frac{3}{2} = b$, $b^3 = 5s = \frac{27}{8}$, $s = \frac{27}{40} = a$．検算．$b^3 = 5s = 5 \cdot \frac{27}{40} = \frac{27}{8} = (\frac{3}{2})^3$, $c^2 = 10s = 10 \cdot \frac{27}{40} = \frac{27}{4}$．これは平方数ではない．

[2] الكعب RM, المكعّب S
[3] M المربع R, الربع S, ربعا
[4] M يكون R, فيكون S, <حتّى> يكون
[5] M يكون <و> R, يكون S, فيكون
[6] <شيء> S, om. RM
[7] S は「もし物（pl.）が〜なるから」を後世の挿入とする．
[8] <من ضلع> S, <ضلعه> R, om. M

$a = s$ と置く.
$$\begin{cases} 10s = b^3 \\ 5s = c^2. \end{cases}$$
c^2 は b^2 に対して比を持つ，あるいは，b^2 は c^2 に対して比を持つ．$b^2 = \frac{1}{4}c^2$ と置く．
$b^2[= \frac{1}{4} \cdot 5s] = 1\frac{1}{4}s$, $b^2 \cdot b = 1\frac{1}{4}s \cdot b = 10s$, $[10s = \frac{5}{4}sb,]$ $b[= \frac{40}{5}] = 8$, $b^3 = 512 = 10s$,
$s = 51\frac{1}{5} = a$. あるいは，$b^2 = 1\frac{1}{4}s = 64$ から，$s = 64 \cdot \frac{4}{5} = 51\frac{1}{5} = a$.

....

51 と 1/5 を 10 に掛けると，〈それを〉512〈へと〉[1]導き，それは立方数である．そしてそれ（51 と 1/5）を 5 に掛けると 256 であり，それはそれの辺が 16 である平方［数］である．

... 訳注 ....
検算．$10a = 512 = 8^3$, $5a = 256 = 16^2$.

....

よって我々は［次のような］数を見つけた．それを 2 つの置かれた数—それら 2 つは 10 と 5 である—に掛けると，10 との掛け算から立方数が生じ，5 との掛け算から平方数が生じる．そしてそれが我々が見つけたかったものである．

もし物と 5 との掛け算から出てくるのが立方［数］で，それ（物）と 10 との掛け算から［出てくるのが］平方数になることを望むなら，また我々は 5 物を立方数に，10 物を平方数に等しいとする．5 物に等しい立方［数］の辺から成る平方数を 10 物に等しい〈平方［数］に対して〉再び 1/4[2]とする．すると 5 物に等しい立方［数］の辺の平方は 2 物と 1/2 物になる．それ（2 物と 1/2 物）で 5 物を割ると[3]，そこから出てくるのは 5 物に等しい立方［数］の辺である．しかし，5 物を 2 物と 1/2〈物〉[4]で割ると，〈そこから〉[5]出てくの

---

[1]〈ذلك الى〉] S, om. RM
[2] المربع R, الربع S, ربعا M; 〈من〉 R, om. M; 〈من المربع〉] S
[3]〈مربع〉 ضلع المكعب المعادل للخمسة 〈الأشياء〉 شيئين و نصف شيء، فإذا] S, فاذا يكون ضلع المكعب المعادل الخمسة شئين و نصف شيء فادا R, فيكون M
[4]〈شيء〉] S, om. RM
[5]〈منه〉] S, om. RM

は 2 である．よって 5 物に等しい立方［数］の辺は 2 である$^{1)}$．だから 5 物に等しい立方［数］は 8 単位である．よって 1 物は 8/5 単位である．

··· 訳注 ···

$$\begin{cases} 5s = b^3 \\ 10s = c^2. \end{cases} \tag{2}$$

$b^2 = \frac{1}{4}c^2$ とする．$b^2[= \frac{1}{4} \cdot 10s] = 2\frac{1}{2}s$, $5s \div (2\frac{1}{2}s)[= \frac{b^3}{b^2}] = b = 2$, $b^3 = 5s = 8$, $s = \frac{8}{5}[= a]$.

···

315　よってそれ（1 物）を 5 に掛けると，そこから 40/5，つまり 8 単位，が出てくる．そしてそれは立方数である．またそれ（1 物）を 10 に掛けると，そこから 80/5，つまり 16 単位，が出てくる．そしてそれはそれの辺が平方［数］$^{2)}$である平方［数］である．

··· 訳注 ···

検算．$b^3 = 5s = \frac{40}{5} = 8 = 2^3$, $c^2 = 10s = \frac{80}{5} = 16 = (2^2)^2$.

···

318　最初の問題$^{3)}$において 5 物に等しい平方［数］は$^{4)}$ 10〈物〉に等しい立方［数］の辺から成る平方に対して 1/4 の比にあると置こう．すると 10 物に等しい立方［数］の辺の平方は 20 物になる．10 物が 20 物で割られると，商は 1/2 になる．それが 10 物に等しい立方［数］の辺である．1/2 から成る立方は 1/8 単位である．10 物が 1/8 単位に等しくなる$^{5)}$．よって 1 物は 80 部分のうちの 1 部分になる．

··· 訳注 ···

$$\begin{cases} 10s = b^3 \\ 5s = c^2. \end{cases} \tag{1}$$

_____

$^{1)}$ RM يكون S, منه يكون]

$^{2)}$ R مربع S, اربعة] M, مربع

$^{3)}$「最初の問題」は問題 4.1 ではなく，問題 4.14 のケース（1）を指す．

$^{4)}$ M مربع ضلع المكعب المربع R, مربع ضلع ［المكعب］المربع S,] المربع

$^{5)}$ M فمكون S, فيكون R,] فتكون

$c^2 : b^2 = 1 : 4$ と置くと,$b^2[= 4 \cdot c^2 \div 1] = 20s$.$\frac{10s}{20s}[= \frac{b^3}{b^2}] = b = \frac{1}{2}$,$b^3 = 10s = \frac{1}{8}$,$s = \frac{1}{80}$.

・・・

もしそれを 5 に掛けると,そこから 80［部分］のうちの 5 部分,つまり 16 ［部分］のうちの 1 部分,が出てくる.そしてそれはそれの辺が 1/4 単位である平方［数］である.［1 物が］10 に掛けられると,80［部分］のうちの 10 部分,つまり 1/8 単位,になる.そしてそれはそれの辺が 1/2 単位である立方［数］である.

・・・ 訳注 ・・
検算.$c^2 = 5s = \frac{5}{80} = \frac{1}{16} = (\frac{1}{4})^2$,$b^3 = 10s = \frac{10}{80} = \frac{1}{8} = (\frac{1}{2})^3$.
・・・

問題の逆で[1],もし 10 物に等しい平方［数］は 5 物に等しい立方［数］の辺の平方に対し〈1/4 の比にあると置くならば,5 物に等しい立方［数］の辺の平方は〉40 物〈になる〉[2].それで 5 物を割ると,単位の 8 部分のうちの 1 部分が出てくる.よって 5 物に等しい立方［数］の辺は 1/8 単位になる.立方は 512［部分］のうちの 1 部分になる.512［部分］のうちの 1 部分に等しい 5 物がある[3].そして 1 物は 2,560［部分］のうちの 1 部分に等しい.

・・・ 訳注 ・・

$$\begin{cases} 5s = b^3 \\ 10s = c^2. \end{cases} \quad (2)$$

$c^2 : b^2 = 1 : 4$ とすると,$b^2[= 4 \cdot c^2 \div 1] = 40s$.$\frac{5s}{40s}[= \frac{b^3}{b^2}] = b = \frac{1}{8}$,$b^3 = \frac{1}{512} = 5s$,$s[= a] = \frac{1}{2560}$.

・・・

それ ($\frac{1}{2560}$) を 10 に掛けると,2,560［部分］のうちの 10 部分,つまり 256 ［部分］のうちの 1 部分,になる.それは 16［部分］のうちの 1 部分である辺

---

[1] ここで意図されているのは「問題 4.14 のケース (1) の係数を逆にする」ということ.

[2] <كان>] S, <يكون> R, om. M

[3] تكون] R, يكون S, كون M

から成る平方［数］である．それ（$\frac{1}{2560}$）を 5 に掛けると，2,560［部分］のうちの 5 部分，つまり 512［部分］のうちの 1 部分，になる．それは 1/8 単位である辺から成る立方［数］である．

··· 訳注 ··

検算．$10s = \frac{10}{2560} = \frac{1}{256} = (\frac{1}{16})^2$, $5s = \frac{5}{2560} = \frac{1}{512} = (\frac{1}{8})^3$.

··

341　よって 10 と 5 との各々に掛けると平方数と立方数になる数を我々は見つけた．

343　また，我々は他の方法で計算する[1]．求められる数と 10 との掛け算から出てくる立方［数］を望むだけの物 (pl.) である辺から成ると置く．それを物である辺から成ると置こう．すると 1 立方になる．求められる数は立方の 10 部分のうちの 1 部分になる．この部分（立方の 10 部分のうちの 1 部分）が 5 に掛けられると，そこから平方数が出てくることを我々は要求する．しかし，立方の 10 部分のうちの 1 部分を 5 単位に掛けると，そこから〈立方の 10 部分のうちの〉5 部分，つまり立方の[2]半分，が出てくる．そしてそれが平方数に等しい．平方［数］を望むだけの物 (pl.) である辺から成るとしよう．それを 2 物である辺から成ると置こう．すると 4 財になる．よって立方の[3]半分は 4 財に等しい．全体を財で割る．すると 4 単位に等しい物の半分がある．よって 1 物は 8 単位になる．

··· 訳注 ··

$$\begin{cases} 10a = b^3 \\ 5a = c^2. \end{cases} \quad (1)$$

$b = s$ と置く．$10a = s^3$, $a = \frac{1}{10}s^3$, $5a = c^2$, $5 \cdot \frac{1}{10}s^3 = \frac{1}{2}s^3 = c^2$. $c = 2s$ と置く．$c^2 = \frac{1}{2}s^3 = 4s^2$, $\frac{1}{2}s = 4$, $s = 8$.

··

353　求められる数と 10 との掛け算から出てくる立方［数］を 1 物である辺から

---

[1] 写本では「また，我々は他の方法で計算する」が朱色で書かれている．
[2] مكعب] R, كعب S, مكعب M
[3] الكعب] RM, الكعب S

成ると置いたから，それの辺は 8 単位になる．そして立方は 512 になる．512 を 10 で割ると，それから求められる数が出てくる．そしてそれは 51 と 1/5 である．

⋯ 訳注 ⋯⋯⋯⋯⋯⋯⋯⋯⋯⋯⋯⋯⋯⋯⋯⋯⋯⋯⋯⋯⋯⋯⋯⋯⋯⋯⋯⋯⋯⋯⋯⋯

$b = s = 8$, $s^3 = 10a = 512$, $a = 51\frac{1}{5}$.

⋯⋯⋯⋯⋯⋯⋯⋯⋯⋯⋯⋯⋯⋯⋯⋯⋯⋯⋯⋯⋯⋯⋯⋯⋯⋯⋯⋯⋯⋯⋯⋯⋯⋯⋯⋯

もし我々が望むなら，求められる数と 5 との掛け算から出てくる平方［数］の辺を望むだけの物（pl.）から成ると置く．それを 1 物である辺から成ると置こう．すると 1 財になる．よって求められる数は財の 5 部分のうちの 1 部分である．それを 10 単位に掛けると，財の 5 部分のうちの 10 部分，つまり 2 財，が出てくる．それは立方数に等しい．立方［数］を望むだけの物（pl.）である辺から成ると置く．それを 1 物〈である辺〉[1] から成ると置こう．すると 1 立方になる．よって 1 立方に等しい 2 財がある．全体を財で割る．すると 2 単位に等しい 1 物がある．

⋯ 訳注 ⋯⋯⋯⋯⋯⋯⋯⋯⋯⋯⋯⋯⋯⋯⋯⋯⋯⋯⋯⋯⋯⋯⋯⋯⋯⋯⋯⋯⋯⋯⋯⋯

$$\begin{cases} 10a = b^3 \\ 5a = c^2. \end{cases} \qquad (2)$$

$c = s$ と置く．$5a = s^2$, $a = \frac{1}{5}s^2$, $10a = 10 \cdot \frac{1}{5}s^2 = \frac{10}{5}s^2 = 2s^2 = b^3$. $b = s$ と置く．$2s^2 = s^3$, $s = 2$.

⋯⋯⋯⋯⋯⋯⋯⋯⋯⋯⋯⋯⋯⋯⋯⋯⋯⋯⋯⋯⋯⋯⋯⋯⋯⋯⋯⋯⋯⋯⋯⋯⋯⋯⋯⋯

我々は平方［数］を 1 物である辺から成ると置いたから，それ（平方数）の辺は 2 単位になる．そしてそれ（平方数）は 4 単位である．よって，もし求められる数を 5 単位に掛けると，そこから 4 単位が出てくる．よって求められる数は 4/5 である．

⋯ 訳注 ⋯⋯⋯⋯⋯⋯⋯⋯⋯⋯⋯⋯⋯⋯⋯⋯⋯⋯⋯⋯⋯⋯⋯⋯⋯⋯⋯⋯⋯⋯⋯⋯

$c = s = 2$, $c^2 = 5a = 4$, $a = \frac{4}{5}$.

⋯⋯⋯⋯⋯⋯⋯⋯⋯⋯⋯⋯⋯⋯⋯⋯⋯⋯⋯⋯⋯⋯⋯⋯⋯⋯⋯⋯⋯⋯⋯⋯⋯⋯⋯⋯

それを 5 に掛けると，そこから 1/5 の 20，〈つまり〉4 単位，が出てくる．

───────────────────────

[1] <ضلع>] S, om. RM

そしてそれは平方［数］である．それ（4/5）を 10 に掛けると[1]，1/5 の 40，つまり 8 単位，が出てくる．そしてそれは立方［数］である．

・・・訳注・・・
検算．$5a = \frac{20}{5} = 4 = 2^2$, $10a = \frac{40}{5} = 8 = 2^3$.
・・

371　ゆえに我々は 10 と 5 に掛けると平方数と立方数が出てくる数を見つけた．

373　**15.** 我々は［次のような］数を見つけたい．それを 2 つの置かれた数に掛けると，2 つのうち一方との掛け算からは立方数が出てきて，他方〈との掛け算〉[2]からはその立方［数］の辺から成る平方［数］が出てくる．

・・・訳注・・・
問題 4.15．
$$\begin{cases} ma = b^3 \\ na = b^2 \end{cases}$$
求めるのは a．問題 4.15 は問題 4.14 で $b = c$ となる場合．
・・

376　2 つの置かれた数の一方を 4，他方を 10 とせよ．それに 10 を掛けると立方数になり，4 を掛けるとそこから立方［数］の辺から成る平方［数］が出てくるような数を我々は見つけたい．あるいはその逆[3]．両者のやり方は［同］一のやり方だから．先行したもの（問題 4.14）との類推で[4]，〈求められる〉[5]数を物と置く．すると立方［数］は 10 物，それの辺から成る平方［数］は 4 物となる．もし立方［数］の辺がそれ自身に掛けられると，そこから 4 物が出てくる．立方［数］全体は 10 物である．もし 4 物がそれの辺に掛けられるとそ

---

[1] فاذا] R, واذا S, فادا M
[2] ‹في ضربه›] S, om. RM
[3] $4a = b^3$, $10a = b^2$ になるケース．
[4] Rashed [1984: 23] は「先行したものとの類推で」の部分を直前の文章の帰結としている．
[5] ‹المطلوب›] S, om. RM

こから 10 物が出てくるから，10 物を 4 物で割る．すると立方［数］の辺は 2 と 1/2 になる．それ（2 と 1/2）から成る平方［数］は 6 単位と 1/4 になる．よって 4 物は 6 単位と 1/4 に等しい．部分，すなわち 1/4, があるから[1]，その全体を 4 に掛ける．すると 25 単位に等しい 16 物になる．よって 1 物は 16 部分のうちの 25 部分になる．

··· 訳注 ···
$m = 10$, $n = 4$ と置く．
$$\begin{cases} 10a = b^3 \\ 4a = b^2. \end{cases}$$

$a = s$ と置く．$b^3 = 10s$, $b^2 = 4s$, $4sb = b^3 = 10s$, $b = 2\frac{1}{2}$, $b^2 = 6\frac{1}{4} = 4s$, $[4b^2 =]16s = 25$, $[a =]s = \frac{25}{16}$.
··

2 番目のやり方の方法で[2], 求められる数と〈10 との〉掛け算から成る立方［数］を[3]〈望むだけの物（pl.）である辺から成ると〉する．〈それを 1 物である辺から成ると置こう．すると 1 立方になる．よって求められる数は〉[4] 1/10 立方である．それ（1/10 立方）と 4 との掛け算から出てくるのは 4/10 立方である．よって 4/10 立方は立方［数］の辺，すなわち物，の平方に等しい．それの平方は 1 財である．我々と共にある全体を 10 に掛ける．部分，すなわち 1/10, があるから[5]．すると 10 財に等しい 4 立方となる．全体を財で割る．すると 4 物は 10 単位に等しくなる[6]．よって物は 2 単位と 1/2 に等しくなる．

··· 訳注 ···
$b = s$ と置く．$s^3 = 10a$, $a = \frac{1}{10}s^3$, $4a = \frac{4}{10}s^3 = s^2$, $4s^3 = 10s^2$, $4s = 10$, $s = 2\frac{1}{2}$.

[1)] M لمكان الجز الدى R, لما كان الجزء [الذى S,] لمكان الجزء الذى
[2)] 問題 4.14 (line 343) の「他の方法」の意味．
[3)] M المكعب R, <العدد المطلوب من> المكعب S,] المكعّب
[4)] <فى العشرة من ضلع كم شئنا من الاشياء فلنفرضه من ضلع شىء واحد حتى يكون كعبا واحدا>] S, om. RM. S は haplology と解釈して補う．S の line 343 以下参照．
[5)] M لمكان الاحرا الى R, لما كانت الأجزاء [التى S,] لمكان الاجزاء التى
[6)] M فمكون S, فيكون R,] فتكون

396 〈立方［数］の〉辺〈もまた 2 単位と 1/2 になる．求められる数の 4 倍—それは〉立方［数］の辺の平方に〈等しい〉¹⁾—は 6 単位と 1/4²⁾である．それ故，求められる数は 16 部分のうちの 25 部分になる．

··· 訳注 ···
$b = s = 2\frac{1}{2}$, $4a = b^2 = 6\frac{1}{4}$, $a = \frac{25}{16}$.
···

399 明らかなことから［次のことが］ある³⁾．この数が 4 に掛けられると，そこから 16 部分のうちの 100 部分が出てくる，そしてそれは平方［数］である．また 10 に掛けられると，16［部分］のうちの 250 部分が出てくる．明らかなことから［次のことが］ある．16［部分］のうちの 250〈部分〉⁴⁾は 15 単位と 1/2 と 1/8 になる．それは立方［数］であり，それの辺は 2 と 1/2 である．それ（2 と 1/2）の平方は 6 単位と 1/4 である．それ故⁵⁾，16［部分］のうちの 25 部分が 4 に掛けられると，16［部分］のうちの 100 部分になる．それは 6 単位と 1/4 であり，それはそれの辺が 2 と 1/2 である平方［数］である．

··· 訳注 ···
検算．$4a = \frac{100}{16} = (\frac{10}{4})^2$, $10a = \frac{250}{16} = 15 + \frac{1}{2} + \frac{1}{8} = (2\frac{1}{2})^3$, $4a = \frac{25}{16} \cdot 4 = \frac{100}{16} = 6\frac{1}{4} = (2\frac{1}{2})^2$.
···

406 ゆえに置かれた 2 つの数のうち，一方に掛けると立方数⁶⁾になり，他方との掛け算からその立方［数］の辺から成る平方［数］になるような数を我々は見つけた．

---

¹⁾ ضلع] S, <المكعب ايضا احدين ونصفا واربعة امثال العدد المطلوب التى هى تعادل> M [ضلع R,
²⁾ وربع] S, وربعا R, وربعا M
³⁾ ここで意図されているのは「次のことが明らかである」ということ．以下同様．
⁴⁾ <جزءا>] R, om. SM
⁵⁾ ولذلك] R, وكذلك S, ولدلك M
⁶⁾ <من ضربه فى> أحدهما عدد مكعب] SM, أحدهما عددا مكعبا R

一方が他方に対して置かれた比にあり，一方は立方数になり，他方の数は平方［数］〈になる〉[1])ような 2 つの数を見つけたいなら，そして比を 3 対 1 の比に置くなら，最初に一方が他方の 3 倍となる 2 つの数を置く．次いで前に述べたのと同じやり方で数を[2)] 探求する．置かれた 2 つの数の各々に掛けると，立方数と平方数が出てくる．そして 3 倍の比にある 2 つの数——一方は立方で他方は平方——を既に見つけた．なぜなら，それぞれの数が 2 つの数に掛けられると，掛け算から出てくるのは最初の 2 つの数の比にあるからである[3)]．

......訳注..
問題 4.14.
$$\begin{cases} ma = b^3 \\ na = c^2 \end{cases}$$
において見つけるのは $m:n = b^3:c^2$ となるような b^3 と c^2．ここでは，具体例として $m:n = 3:1$ が言及されている．Sesiano [1982: 189–190] 参照．
....

16. 我々は［次のような］2 つの数を見つけたい．その 2 つを置かれた数に掛けると，2 つのうち一方から出てくるのは立方数[4)]になり，他方［との掛け算］から［出てくるのは］その立方［数］の辺になる．

......訳注..
問題 4.16.
$$\begin{cases} ma = c^3 \\ mb = c. \end{cases}$$

求めるのは a と b．
....

［置かれた］数を 10 と置く．［次のような］2 つの数を見つけたい．その 2

[1)] ‹يكون›] S, om. RM
[2)] عددا] S, من عدد R, من عدد M
[3)] 『原論』VII.17.
[4)] من] S, ‹ضرب› من R, من مكعبا M; عددا مكعب] S, فيه عدد مكعب R, فيه عدد مكعب M

つを 10 に掛けたら，10 と 2 つのうち一方との掛け算から出てくるのは立方数になり，10 を他方に掛けるとそこから出てくるのはその立方［数］の辺になる．1 番目の数を望むだけの物（pl.）と置こう．それを 1 物と置こう．それを 10 に掛ける．10 物になり，それは立方［数］の辺である[1]．それ故，2 番目の数と 10 との掛け算から出てくる立方［数］は 1,000 立方になる[2]．2 番目の数を望むだけの財（pl.）と置く．それを 300 財と置こう．それを 10 に掛ける．3,000 財になる．よって 1,000 立方は 3,000 財に等しい[3]．全体を 1 財で割る．すると 3,000 単位に等しい[4] 1,000 物になる．それ故，1 物は 3 単位になる．

……訳注…………………………………………………………………………
$m = 10$ と置く．
$$\begin{cases} 10a = c^3 \\ 10b = c. \end{cases}$$
$b = s$ と置く．$10s = c$, $c^3 = 1000s^3 = 10a$. $a = 300s^2$ と置く．$1000s^3 = 3000s^2$, $1000s = 3000$, $s = 3$.
………………………………………………………………………………………

428 　我々は 1 番目の数を 1 物と置いたから，［それは］3 単位になる．我々は 2 番目の数を 300 財と置き，財は 9 だから，［それは］2,700 になる．

……訳注…………………………………………………………………………
$b = s = 3$, $a = 300 \cdot 9 = 2700$.
………………………………………………………………………………………

430 　2 番目の数を 10 に掛けると 27,000 になる．1 番目の数を 10 に掛けると，そこから 30 が出てくる．［この］30 は立方［数］，すなわち 27,000，の辺である．

……訳注…………………………………………………………………………
検算．$10b = 30$, $10a = 27000 = 30^3$.
………………………………………………………………………………………

---

[1] このことから「1 番目の数」とは b でなければならない．Rashed [1984: Tome 3, 26, fn. 1]: "Il s'agit en fait du second." Sesiano [1982] は言及なし．
[2] このことから「2 番目の数」とは a でなければならない．Rashed [1984: Tome 3, 26, fn. 2]: "Il s'agit en fait du premier." Sesiano [1982] は言及なし．
[3] M تعادل, R يعادل, S [تعادل
[4] M تعادل, R يعادل, S [تعادل

ゆえに我々に条件付けられた条件に合う 2 つの数を我々は見つけた．それらは 3 と 2,700 である．それが我々が見つけたかったものである．

17. 我々は［次のような］2 つの平方数を見つけたい．両者の辺は置かれた比にあり，両者の各々が置かれた数に掛けられると，両者のうち一方から出てくるのは立方［数］であり，他方［との掛け算］から［出てくるの］はその立方［数］の辺である．

⋯ 訳注 ⋯⋯⋯⋯⋯⋯⋯⋯⋯⋯⋯⋯⋯⋯⋯⋯⋯⋯⋯⋯⋯⋯⋯⋯⋯⋯⋯⋯⋯⋯⋯
問題 4.17.
$$\begin{cases} ma^2 = c^3 \\ mb^2 = c. \end{cases}$$
$\frac{a}{b} = n$ が与えられている．求めるのは a^2 と b^2．［ただし，$a^2 > b^2$．］
⋯⋯⋯⋯⋯⋯⋯⋯⋯⋯⋯⋯⋯⋯⋯⋯⋯⋯⋯⋯⋯⋯⋯⋯⋯⋯⋯⋯⋯⋯⋯⋯⋯⋯⋯

次のようであればよい．置かれた比に属する数は置かれた数と共に平方数を囲む．この［問題］は，容易になるから，形成的（muhayya'a）と呼ばれるものである[1]．

⋯ 訳注 ⋯⋯⋯⋯⋯⋯⋯⋯⋯⋯⋯⋯⋯⋯⋯⋯⋯⋯⋯⋯⋯⋯⋯⋯⋯⋯⋯⋯⋯⋯⋯
mn は平方数であることが条件．[$a = nb$, $c^3 = (mb^2)^3 = m^3 b^6$, $c^3 = ma^2 = m(nb)^2 = mn^2 b^2$, $mn^2 b^2 = m^3 b^6$, $n^2 = m^2 b^4$, $n = mb^2$, $mn = m^2 b^2 = (mb)^2$．]
⋯⋯⋯⋯⋯⋯⋯⋯⋯⋯⋯⋯⋯⋯⋯⋯⋯⋯⋯⋯⋯⋯⋯⋯⋯⋯⋯⋯⋯⋯⋯⋯⋯⋯⋯

置かれた比を 20 倍の比，置かれた数を 5 単位とせよ．我々は［次のような］2 つの平方数を見つけたい．両者のうち一方の辺は他方の辺に対して 20 倍の

---

[1] R, قدره من الثاني الذي يدعى المهيأ S, [فهذه من التأتّي التي تدعى المهيّأة
M. R に従えば「形成的と呼ばれる二番目と共測可能な［平方数］」となり，Christianidis and Oaks [2023: 342, fn. 40] はこの読みに従う．「形成的」と訳した muhayya'a について，Sesiano [1982: 99] は ""constructible" ones"，Rashed [1984: Tome 3, 27] は "convenablement déterminé"，Christianidis and Oaks [2023: 342] は "plasmatikon" と訳す．そして彼ら全員が muhayya'a はギリシア語の πλασματικόν に対応すると解釈する．序論§7.3 参照．

比にあり，大きい平方［数］が 5 単位に掛けられると出てくるのは立方数，小さい平方［数］が 5 に掛けられると出てくるのはその立方［数］の辺となる．小さい平方［数］の辺を 1 物と置く．すると〈それの平方は〉[1] 1 財になる．大きい平方［数］の辺は 20 物になり，大きい平方［数］は 400 財である．400 財を 5 に掛ける．すると 2,000 財になる[2]．1 財を 5 単位に掛ける．すると 5 財になる．この問題において 2,000 財が 5 財の辺[3] から成る立方［数］であることが条件付けられたから，5 財をそれ自身に掛け，さらにそれ自身に掛ける．するとそれは 125 立方立方になる．よって 125 立方立方は 2,000 財に等しい．全体を両辺のうちの低い方の一つ，つまり財，で割る．すると 2,000 単位に等しい 125 財財がある．それ故，16 単位に等しい 1 財財がある．財財は辺の平方の平方である．同様に 16 は辺の平方の平方の数である．そして両者は互いに等しい．両者の辺の辺もまた互いに等しい．財財の辺の辺は 1 物である．そして 16 の辺の辺は 2 単位である．それ故，1 物は 2 単位に等しい．

……訳注……………………………………………………………………
$m = 5$, $n = 20$ と置く．
$$\begin{cases} 5a^2 = c^3 \\ 5b^2 = c, \end{cases}$$

$a = 20b$. $b = s$ と置く．$b^2 = s^2$, $a = 20s$, $a^2 = 400s^2$, $5a^2 = 2000s^2$, $5b^2 = 5s^2$, $(5s^2)^3 = 125s^3s^3$, $125s^3s^3 = 2000s^2$, $125s^2s^2 = 2000$, $s^2s^2 = 16$, $s^2s^2 = (s^2)^2$, $16 = (2^2)^2$, $s = 2$.
……………………………………………………………………………

456　小さい平方［数］を 1 物である辺から成るとしたので，［小さい平方数は］4 単位になる．大きい平方［数］を 20 物［の辺］から成るとしたので，それの辺は 40 単位になり，それは 1,600 である．

……訳注……………………………………………………………………
$b = s = 2$, $b^2 = 4$, $a^2 = (20s)^2 = 40^2 = 1600$.
……………………………………………………………………………

---

[1] ‹مربعه›] S, om. RM
[2] مکون M, فیکون R, فتکون S
[3] صلع M, ‹هو› ضلع R, S] ضلع

1,600 を置かれた数，すなわち 5 単位，に掛けると，そこから 8,000 がある．そしてそれは 20 単位である辺から成る立方 [数] であり，[20 単位は] 小さい平方 [数]——それは 4 単位であることが既に明らかになった——と置かれた数，すなわち 5 単位，との掛け算から生じたものである． 459

・・・訳注・・
検算．$5a^2 = 5 \cdot 1600 = 8000 = (20)^3$, $20 = 4 \cdot 5$.
・・・

ゆえに我々に条件付けられた条件に合う 2 つの数を我々は見つけた．その 2 つは 4 と 1,600 である．それが我々が見つけかったものである． 463

18. 我々は [次のような] 2 つの立方数を見つけたい．両者の辺は置かれた比にあり，両者の各々が置かれた数に掛けられると，両者のうち一方から出てくるのは平方 [数] になり，他方から [出てくるの] はその平方 [数] の[1]辺である． 465

・・・訳注・・
問題 4.18.
$$\begin{cases} ma^3 = c^2 \\ mb^3 = c. \end{cases}$$
$\frac{a}{b} = n$ が与えられる．求めるのは a^3 と b^3．[ただし，$a^3 > b^3$．]
・・・

置かれた数が立方になればよい． 468

・・・訳注・・
m は立方数であることが条件．[$a = bn$, $c^2 = m(bn)^3 = (mb^3)^2$, $mb^3 n^3 = m^2 b^6$, $m = (\frac{n}{b})^3$．]
・・・

置かれた比を 3 倍の比，置かれた数を 8 単位とせよ．我々は [次のような] 2 つの立方数を見つけたい．両者のうち一方の辺は他方の辺に対して 3 倍の比にあり，両者のうち大きい方が 8 単位に掛けられたものは平方数になり，両者 469

---
[1] الربع] S, الٮال RM

のうち小さい方が 8 単位に掛けられたものはその平方［数］の辺になる．小さい立方［数］を 1 物である辺から成ると置く．すると 1 立方になる．大きい立方［数］の辺は 3 物になる．するとそれ（大きい立方数）は 27 立方になる．27 立方を 8 単位に掛けると 216 立方になる．1 立方を 8 単位に掛けると 8 立方になる．216 立方が 8 立方である辺の[1]平方，すなわち 64 立方立方，であるから，64 立方立方に等しい 216 立方になる[2]．両者を 1 立方，すなわち両辺のうち低い方にあるもの，で割ると，64 立方に等しい 216 単位になる．それ故，1 立方は 3 単位と 3/8 単位である．1 立方は 1 物である辺の立方であり，3 単位と 3/8 単位は 1 単位と 1/2 である辺から成る立方である．よって 1 物は 1 単位と 1/2 に等しい．

⋯ 訳注 ⋯⋯⋯⋯⋯⋯⋯⋯⋯⋯⋯⋯⋯⋯⋯⋯⋯⋯⋯⋯⋯⋯⋯⋯⋯⋯⋯⋯⋯

$n = 3, m = 8$ とする．
$$\begin{cases} 8a^3 = c^2 \\ 8b^3 = c. \end{cases}$$

$b = s$ と置く．$b^3 = s^3$, $a = 3s$, $a^3 = 27s^3$, $8 \cdot 27s^3 = 216s^3$, $8 \cdot s^3 = 8s^3$, $216s^3 = (8s^3)^2 = 64s^3 s^3$, $216 = 64s^3$, $s^3 = 3\frac{3}{8} = (1\frac{1}{2})^3$, $s = 1\frac{1}{2}$.

⋯⋯⋯⋯⋯⋯⋯⋯⋯⋯⋯⋯⋯⋯⋯⋯⋯⋯⋯⋯⋯⋯⋯⋯⋯⋯⋯⋯⋯⋯⋯⋯⋯

484 それ故[3]，小さい立方［数］は 3 単位と 3/8 単位であり，大きい立方［数］—それの辺は 4 単位と 1/2—は 91 と 1/8 である．

⋯ 訳注 ⋯⋯⋯⋯⋯⋯⋯⋯⋯⋯⋯⋯⋯⋯⋯⋯⋯⋯⋯⋯⋯⋯⋯⋯⋯⋯⋯⋯⋯

$b^3 = 3\frac{3}{8}$, $a^3 = (4\frac{1}{2})^3 = 91\frac{1}{8}$.

⋯⋯⋯⋯⋯⋯⋯⋯⋯⋯⋯⋯⋯⋯⋯⋯⋯⋯⋯⋯⋯⋯⋯⋯⋯⋯⋯⋯⋯⋯⋯⋯⋯

486 この大きい立方［数］が 8 単位に掛けられると，そこから 729 が出てくる．それは 27 単位である辺から成る平方［数］であり，［27 単位は］小さい立方［数］—それは 3 と 3/8 であることが既に明らかになった—と置かれた数，すなわち 8 単位，との掛け算から出てくるものである．

⋯ 訳注 ⋯⋯⋯⋯⋯⋯⋯⋯⋯⋯⋯⋯⋯⋯⋯⋯⋯⋯⋯⋯⋯⋯⋯⋯⋯⋯⋯⋯⋯

---

[1] M صلع R, ضلع <هو> S, ضلع]
[2] M يكون S, يكون R, تكون]
[3] M فكذلك S, ولذلك R, فلذلك]

検算. $8a^3 = 729 = 27^2 = (8 \cdot 3\frac{3}{8})^2$.

ゆえに我々に条件付けられた条件に合う2つの数を見つけた．それが我々が見つけかったものである．

19. 我々は［次のような］数を見つけたい．それを置かれた2つの数に掛けると，それと両者のうち一方との掛け算からは立方［数］が出てきて，それと他方との掛け算からはその立方［数］の辺が［出てくる］．

⋯ 訳注 ⋯⋯⋯⋯⋯⋯⋯⋯⋯⋯⋯⋯⋯⋯⋯⋯⋯⋯⋯⋯⋯⋯⋯⋯⋯⋯⋯
問題 4.19.
$$\begin{cases} ma = c^3 \\ na = c. \end{cases}$$

求めるのは a．
⋯⋯⋯⋯⋯⋯⋯⋯⋯⋯⋯⋯⋯⋯⋯⋯⋯⋯⋯⋯⋯⋯⋯⋯⋯⋯⋯⋯⋯⋯⋯

2つの置かれた数は平方数を囲めばよい．これもまた，形成的な問題に属する．

⋯ 訳注 ⋯⋯⋯⋯⋯⋯⋯⋯⋯⋯⋯⋯⋯⋯⋯⋯⋯⋯⋯⋯⋯⋯⋯⋯⋯⋯⋯
mn が平方数であることが条件．［$ma = (na)^3 = n^3a^3$, $m = n^3a^2$, $mn = n^4a^2 = (an^2)^2$.］
⋯⋯⋯⋯⋯⋯⋯⋯⋯⋯⋯⋯⋯⋯⋯⋯⋯⋯⋯⋯⋯⋯⋯⋯⋯⋯⋯⋯⋯⋯⋯

2つの置かれた数のうち一方を5単位，他方を20単位とせよ．求められる数を1物と置く．それを5単位に掛ける．すると5物になる．またそれ（1物）を20に掛ける．すると20物になる．20物は5物である辺から成る立方［数］であり，立方［数］の各々の辺はそれの平方に掛けられると立方［数］があり，立方［数］は20物であるから，それ（20物）がそれの辺，すなわち5物，で割られると，20物の辺の平方がある．しかし，20物が5物で割られると，4単位がある．よって4単位は5物である辺から成る平方［数］である．したがって，4の辺，すなわち2，は5物に等しい．よって1物は2/5単位で

ある．

・・・訳注 ・・・
$m = 20$, $n = 5$ とする．$a = s$ と置く．

$$\begin{cases} 20s = c^3 \\ 5s = c. \end{cases}$$

$20s = c^3 = (5s)^3$, $4 = c^2 = (5s)^2$, $2 = 5s$, $s = a = \frac{2}{5}$.
・・

506 　それを 20 に掛けると 8 単位がある．そしてそれは 2 単位である辺から成る立方［数］である．［2 単位は］⟨求められる数⟩[1]——それは 2/5 単位であることが既に明らかになった——と他方の置かれた数，すなわち 5 単位，との掛け算から出てくるものである．

・・・訳注 ・・・
検算．$20 \cdot \frac{2}{5} = 8 = 2^3 = (5 \cdot \frac{2}{5})^3$.
・・

510 　ゆえに我々は［次のような］数を見つけた．それを 2 つの置かれた数——両者のうち一方は 5 単位であり，他方は 20 単位である——に掛けると，それと 20 との掛け算からは立方［数］が出てきて，それと 5 との掛け算からはその立方［数］の辺［が出てくる］．そしてそれは 2/5 単位である．それが我々が見つけたかったものである．

514 **20. 我々は［次のような］立方数を見つけたい．それを 2 つの置かれた数に掛けると，それと両者のうち一方との掛け算からは平方［数］が出てきて，それと他方との掛け算からはその平方［数］の辺が［出てくる］．**

・・・訳注 ・・・
問題 4.20.
$$\begin{cases} ma^3 = c^2 \\ na^3 = c. \end{cases}$$

---

[1] <العدد المطلوب>] S, om. RM

求めるのは a^3.

....

2つの置かれた数のうち一方の平方は他方の数を立方数で数えればよい. 516

··· 訳注 ···

$\frac{m^2}{n}$ あるいは $\frac{n^2}{m}$ が立方数であることが条件. $[\frac{m^2 a^6}{na^3} = \frac{m^2 \cdot a^3}{n} = \frac{c^4}{c} = c^3$, $\frac{m^2}{n} = \frac{c^3}{a^3} = (\frac{c}{a})^3$. または, $\frac{n^2 a^6}{ma^3} = \frac{n^2 \cdot a^3}{m} = \frac{c^2}{c^2} = 1$, $\frac{n^2}{m} = \frac{1}{a^3} = (\frac{1}{a})^3$.]

....

2つの置かれた数のうち, 一方を5単位, 他方の数を200単位とせよ. 我々 518
は[次のような]立方数を見つけたい. それを200に掛けると平方[数]が出
てきて, それを5単位に掛けるとその平方[数]の辺が出てくる. 求められ
る立方[数]を1物である辺から成ると置く. すると1立方になる. それを
$200^{1)}$に掛ける. すると200立方になる. 〈また, それ（1立方）を5に掛ける.
すると〉5立方〈になる〉$^{2)}$. 200立方は5立方である辺から成る平方[数]で
あり, いかなる平方[数]もその辺で割られると生じるのはその辺に等し
いから, 200立方が5立方で割られると40単位がある. よって5立方が40単
位に等しい. それ故, 1立方は8単位に等しい. 1立方は1物である辺から成
る立方であり, 8は2単位である辺から成る立方である. よって, 求められる
立方[数]の辺と置いた1物は2単位である.

··· 訳注 ···

$m = 200$, $n = 5$ とする. $[\frac{200^2}{5} = 8000 = 20^3$ だから条件を満たしている.]

$$\begin{cases} 200a^3 = c^2 \\ 5a^3 = c. \end{cases}$$

$a = s$ と置く. $a^3 = s^3$, $\frac{c^2}{c} = c = \frac{200s^3}{5s^3} = 40 = 5s^3$, $s^3 = 8 = 2^3$, $s = a = 2$.

....

立方[数]は8単位である. 529

··· 訳注 ···

$^{1)}$ المائتين R, الماس M و في ⟨وفي الخمسة⟩ S, [المئتين

$^{2)}$ ⟨نضربه ايضا فى الخمسة فيكون⟩ S, om. RM

$a^3 = 8$.

....

529　それ（8 単位）を 200 に掛けると，そこから 1,600 が出てくる．それ（8 単位）を 5 に掛けると，そこから 40 が出てくる．そしてそれは 1,600 という〈平方［数］〉[1)]の辺である．

… 訳注 …………………………………………………………………
検算．$200 \cdot 8 = 1600 = (5 \cdot 8)^2 = 40^2$.

....

532　ゆえに我々は［次のような］立方数を見つけた．それを 2 つの置かれた数，すなわち 200 と 5 単位，に掛けると，それと 200 との掛け算からは平方［数］が出てきて，それと 5 との掛け算からはその平方［数］の辺が出てくる．そしてそれは 8 単位である．それが我々が見つけたかったものである．

536　**21. 我々は［次のような］平方数を見つけたい．それを 2 つの置かれた数に掛けると，それと両者のうち一方との掛け算からは立方［数］が出てきて，それと他方との掛け算からはその立方［数］の辺が［出てくる］．**

… 訳注 …………………………………………………………………
問題 4.21.
$$\begin{cases} ma^2 = c^3 \\ na^2 = c. \end{cases}$$

求めるのは a^2.

....

538　2 つの置かれた数は辺の〈平方の〉平方数を囲めばよい．

… 訳注 …………………………………………………………………
mn は平方数の平方であることが条件．$[mna^4 = c^4,\ mn = ((\frac{c}{a})^2)^2.]$

....

540　2 つの置かれた数のうち一方を 2，他方の数を 40 と 1/2 とせよ．［次のこ

───────────────────────────────

[1)] ⟨الرَبع⟩] S, om. RM

とが] 明らかである．これら 2 つの数が囲む平面数（矩形）[1]，すなわち 81，は辺の平方の平方である．我々は [次のような] 平方数を見つけたい．それを 40 と 1/2，そして 2 に [それぞれ] 掛けると，それと 40 と 1/2 との掛け算からは立方 [数] が出てきて，それと 2 との掛け算からはその立方 [数] の辺が [出てくる]．平方 [数] を 1 財と置く．それを 2 つの置かれた数の各々[2] に掛ける．2 つの積の一方は 40 財と 1/2 財になり，他方の積は 2 財である．40 財と 1/2 財は 2 財である辺から成る立方 [数] であり，またあらゆる〈立方 [数]〉はそれの辺で割られるとその辺の平方になるから，40 財と 1/2 財が 2 財で割られると，商は 20 と 1/4 である．よって 2 財の平方は 20 と 1/4 に等しい．20 と 1/4 の辺は 4 単位と 1/2 である．よって 1 財は 2 単位と 1/4 に等しい．そしてそれは 1 単位と 1/2 である辺から成る平方 [数] である．

⋯ 訳注 ⋯⋯⋯⋯⋯⋯⋯⋯⋯⋯⋯⋯⋯⋯⋯⋯⋯⋯⋯⋯⋯⋯⋯⋯⋯⋯⋯⋯⋯⋯⋯⋯⋯

$n = 2$, $m = 40\frac{1}{2}$ とする．$mn = 81 = (3^2)^2$．$a^2 = s^2$ と置く．

$$\begin{cases} 40\frac{1}{2}s^2 = c^3 \\ 2s^2 = c. \end{cases}$$

$40\frac{1}{2}s^2 = (2s^2)^3$, $(2s^2)^2 = 20\frac{1}{4}$, $2s^2 = 4\frac{1}{2}$, $s^2 = a^2 = 2\frac{1}{4} = (1\frac{1}{2})^2$.

⋯⋯⋯⋯⋯⋯⋯⋯⋯⋯⋯⋯⋯⋯⋯⋯⋯⋯⋯⋯⋯⋯⋯⋯⋯⋯⋯⋯⋯⋯⋯⋯⋯⋯⋯⋯⋯⋯

この平方 [数]，すなわち 2 と 1/4，が 2 つの置かれた数のうちの一方，すなわち 40 と 1/2，に掛けられると，91 と 1/8 がある．そしてそれは 4 単位と 1/2 である辺から成る立方 [数] である．[4 単位と 1/2 は] 求められる平方数——それが 2 と 1/4 であることは既に明らかになった——と他方の置かれた数，すなわち 2，との掛け算から出てくるものである[3]．

⋯ 訳注 ⋯⋯⋯⋯⋯⋯⋯⋯⋯⋯⋯⋯⋯⋯⋯⋯⋯⋯⋯⋯⋯⋯⋯⋯⋯⋯⋯⋯⋯⋯⋯⋯⋯

検算．$40\frac{1}{2}a^2 = 40\frac{1}{2} \cdot 2\frac{1}{4} = 91\frac{1}{8} = (4\frac{1}{2})^3 = (2 \cdot 2\frac{1}{4})^3$.

⋯⋯⋯⋯⋯⋯⋯⋯⋯⋯⋯⋯⋯⋯⋯⋯⋯⋯⋯⋯⋯⋯⋯⋯⋯⋯⋯⋯⋯⋯⋯⋯⋯⋯⋯⋯⋯⋯

ゆえに我々に条件付けられた条件に合う平方数を見つけた．それは 2 と 1/4

---

[1] 『原論』VII 定義 17–20.
[2] كلى] SM, كلا R.
[3] الذى هو] S, التى هى R, الذى هى M

である．それが我々が見つけたかったものである．

559　2つの置かれた数は我々が記述した条件に合うことを我々は要求する．何によるか．私は言う[1]．求められる平方［数］を1財と置き，そしてそれを2つの置かれた数の各々に掛けたら，2つの積の各々は財（pl.）になったから．この2つの積の一方は他方の積，すなわち財（pl.），である辺から成る立方［数］[2]である．両者のうちの立方［数］である方が両者のうちの辺である方で割られると，割り算から生じるのは辺である財（pl.）の平方に等しい数である．それ故，それの辺が辺である財（pl.）に等しい数になるためには，割り算から生じる数が平方［数］であればよい．それ故，2つの置かれた数の一方が他方で割られると平方があることと，2つの数，すなわちそのような2つ，のうち一方と他方との積も平方［数］であることを我々は要求する．数，すなわち平方数—すなわち2つの数のうち一方を他方で割って生じた商—の辺，が財（pl.）—それの数は2つの置かれた数のうち除数に等しい—に等しくなるときに，平方数に等しい1財になるためには，この数もまた，それに等しい財（pl.）[3]で割られると，商が平方になることを我々は要求する．それ故，2つの置かれた数のうち一方が他方で割られて商が平方［数］になるなら，それの辺もまた除数で割られると商は平方［数］でなければならない．つまり，この辺と置かれた数，〈すなわち〉[4]除数，との積は平方［数］でも［なければならない］．一方が他方で割られると平方［数］があり，それの辺が除数で割られると平方［数］があるような2つの数とは，一方が他方に掛けられると辺の平方の平方があるような2つの数である．それが明らかに[5]しなくてはならなかったものである．

⋯ 訳注 ⋯⋯⋯⋯⋯⋯⋯⋯⋯⋯⋯⋯⋯⋯⋯⋯⋯⋯⋯⋯⋯⋯⋯⋯⋯⋯⋯⋯⋯⋯⋯⋯

$a^2 = s^2$ とした．
$$\begin{cases} ms^2 = c^3 \\ ns^2 = c. \end{cases}$$

---

1) M اول لما كنا S, اقول انّا R, أقول : لما كنا

2) M مكعب R, مكعبا S, مكعّب

3) 「それに等しい財（pl.）」は n を指すと考えられる．

4) <الذي هو>] S, om. RM

5) M سس S, يبيّن R, نبين

$c^3 = ms^2 = (ns^2)^3$, $c^2 = \frac{m}{n} = (ns^2)^2$. mn も平方数. $c = \sqrt{\frac{m}{n}} = ns^2$, $\sqrt{\frac{m}{n}} \div n = s^2$, $\sqrt{\frac{m}{n}} \cdot n [= \sqrt{mn}] = (ns)^2$, $mn = ((ns)^2)^2$.

....

22. 我々は [次のような] 立方数を見つけたい．それを 2 つの置かれた数に掛けると，立方 [数] とその立方 [数] の辺がある． 582

... 訳注 ....
問題 4.22.
$$\begin{cases} ma^3 = c^3 \\ na^3 = c. \end{cases}$$
求めるのは a^3．

....

 2 つの置かれた数の特徴を最初に見つければよい．我々は言う．求められる立方 [数] を 1 立方と置き，それを 2 つの置かれた数の各々に掛けると，2 つの積の各々は立方 (pl.) であり，これら 2 つの積の一方は〈他方の〉積である辺から成る立方 [数] である．2 つの積のうち立方 [数] である立方 (pl.) が 2 つの [積] うち辺である立方 (pl.) で割られると，割り算から生じるのは辺である[1)]立方 (pl.) の平方に等しい数になる．それ故，それの辺が辺である立方 (pl.) に等しくなるためには，割り算から生じる数が平方 [数] になればよい．だから[2)]，2 つの置かれた数を，両者のうち一方が他方で割られると商が平方 [数] になるように置く．また，割り算から生じる平方数の辺である数 ($\sqrt{m/n}$) が辺である立方 (pl.) に等しく，そしてそれの数が 2 つの置かれた数のうち除数に等しくなるときに，1 立方が立方数に等しくなるためには，この数 ($\sqrt{m/n}$) が〈それに〉[3)]等しい立方 (pl.) 〈の数 (n)〉[4)]で割られると商が立方 [数] になればよい．よってこれら 2 つの数の特徴は完成した．それ 584

────────────────────────

[1)] الضلع] SR, الملع M. S と R は同じ読み替えをしている．
[2)] S は فمن اجل ذلك فمن と読むように提案する．
[3)] ‹له›] S, om. RM
[4)] M الكعاب S, الكعاب R, ‹عدد› الكعاب]

（特徴）とは[1]，両者のうち一方が他方で割られると商は平方［数］になり，この平方［数］の辺が除数で割られると商は立方［数］になることである．

⋯ 訳注 ⋯⋯⋯⋯⋯⋯⋯⋯⋯⋯⋯⋯⋯⋯⋯⋯⋯⋯⋯⋯⋯⋯⋯⋯⋯⋯⋯⋯⋯⋯⋯
$a^3 = s^3$ と置く．

$$\begin{cases} ms^3 = c^3 \\ ns^3 = c. \end{cases}$$

$\frac{m}{n} = c^2$, $\sqrt{\frac{m}{n}} = ns^3 = c$, $\frac{\sqrt{m/n}}{n} = s^3$.

⋯⋯⋯⋯⋯⋯⋯⋯⋯⋯⋯⋯⋯⋯⋯⋯⋯⋯⋯⋯⋯⋯⋯⋯⋯⋯⋯⋯⋯⋯⋯⋯⋯⋯⋯

600　これら2つの数を導出すればよい[2]．両者のうち一方を2単位と置く．他方の数を我々は見つけたい．これら2つの数のうち一方が他方で割られると平方［数］—それの辺が除数で割られると商が立方になる—があるので，2で割ると立方［数］があるような数を探求すればよい．それは6単位と1/2と1/4である．そして6単位と1/2と1/4は2つの数のうち一方の他方による割り算から生じる平方［数］の辺である．6と1/2と1/4から生じる平方［数］は45と1/2と1/8の1/2である．そしてそれの2による割り算から成る数—これは我々が述べた数である[3]—は91と1/8である[4]．よって我々が探す他方の数は91と1/8である．このやり方と同じようにして，前の問題において置かれた数のために述べられた特徴が知られ，それ（特徴）の発見がある．

⋯ 訳注 ⋯⋯⋯⋯⋯⋯⋯⋯⋯⋯⋯⋯⋯⋯⋯⋯⋯⋯⋯⋯⋯⋯⋯⋯⋯⋯⋯⋯⋯⋯⋯
$n = 2$ と置く．$\sqrt{\frac{m}{n}} = 6 + \frac{1}{2} + \frac{1}{4}$, $[\frac{\sqrt{m/n}}{2} = 3 + \frac{1}{4} + \frac{1}{8} = \frac{27}{8} = (\frac{3}{2})^3,]$ $(6 + \frac{1}{2} + \frac{1}{4})^2 [= \frac{729}{16}] = 45 + \frac{1}{2} + \frac{1}{8} \cdot \frac{1}{2} = \frac{m}{n}$, $(45 + \frac{1}{2} + \frac{1}{8} \cdot \frac{1}{2}) \cdot 2 = 91 + \frac{1}{8} = m$.

⋯⋯⋯⋯⋯⋯⋯⋯⋯⋯⋯⋯⋯⋯⋯⋯⋯⋯⋯⋯⋯⋯⋯⋯⋯⋯⋯⋯⋯⋯⋯⋯⋯⋯⋯

611　置かれた2つの数のうち一方は2で，他方の数は91と1/8であり，91と1/8に掛けると立方［数］があり，2に掛けるとその立方［数］の辺があるよ

---

[1] هى] R, هو S, هو <و> M
[2] ينبغى] S, سعى R, سعى <و> M
[3] Sは「これは我々が述べた数である」を後世の挿入とする．
[4] この文章の解釈については Sesiano [1982: 103, fn. 49] と Christianidis and Oaks [2023: 347, fn. 41] 参照．

うな数を我々は見つけたいので[5]，立方［数］を1立方と置く．そして前の問題で計算したように計算する．すると求められる立方［数］が3単位と3/8であると知る．

⋯ 訳注 ⋯⋯⋯⋯⋯⋯⋯⋯⋯⋯⋯⋯⋯⋯⋯⋯⋯⋯⋯⋯⋯⋯⋯⋯⋯⋯⋯⋯⋯⋯⋯⋯
$n = 2$, $m = 91 + \frac{1}{8}$, $a^3 = s^3$ と置く．

$$\begin{cases} (91 + \frac{1}{8})s^3 = c^3 \\ 2s^3 = c. \end{cases}$$

$[(2s^3)^3 = (91 + \frac{1}{8})s^3,\ s^3 s^3 = \frac{729}{8 \cdot 8},\ ]\ s^2 = a^3 [= \frac{27}{8}] = 3 + \frac{3}{8}$.
⋯⋯⋯⋯⋯⋯⋯⋯⋯⋯⋯⋯⋯⋯⋯⋯⋯⋯⋯⋯⋯⋯⋯⋯⋯⋯⋯⋯⋯⋯⋯⋯⋯⋯⋯⋯⋯

そしてそれが91と1/8に掛けられると，立方［数］，すなわち307単位と64部分のうちの35部分，がある．また2に掛けられると，6単位と1/2と1/4単位がある．そしてそれは立方［数］，すなわち307単位と64部分のうちの35部分，の辺である．

⋯ 訳注 ⋯⋯⋯⋯⋯⋯⋯⋯⋯⋯⋯⋯⋯⋯⋯⋯⋯⋯⋯⋯⋯⋯⋯⋯⋯⋯⋯⋯⋯⋯⋯⋯
検算．$(3 + \frac{3}{8})(91 + \frac{1}{8}) = 307 + \frac{35}{64} = (2a^3)^3 = (6 + \frac{1}{2} + \frac{1}{4})^3$.
⋯⋯⋯⋯⋯⋯⋯⋯⋯⋯⋯⋯⋯⋯⋯⋯⋯⋯⋯⋯⋯⋯⋯⋯⋯⋯⋯⋯⋯⋯⋯⋯⋯⋯⋯⋯⋯

ゆえに我々に条件付けられた条件に合う立方数を我々は見つけた．そしてそれが我々が見つけたかったものである．

23. 我々は［次のような］2つの平方数を見つけたい．両者の平方が足されると立方［数］になる．

⋯ 訳注 ⋯⋯⋯⋯⋯⋯⋯⋯⋯⋯⋯⋯⋯⋯⋯⋯⋯⋯⋯⋯⋯⋯⋯⋯⋯⋯⋯⋯⋯⋯⋯⋯
問題 4.23.
$$(a^2)^2 + (b^2)^2 = c^3.$$

求めるのは a^2 と b^2．ただし $a^2 < b^2$．
⋯⋯⋯⋯⋯⋯⋯⋯⋯⋯⋯⋯⋯⋯⋯⋯⋯⋯⋯⋯⋯⋯⋯⋯⋯⋯⋯⋯⋯⋯⋯⋯⋯⋯⋯⋯⋯

2つの平方［数］のうち一方を1財，他の平方［数］を望むだけの物 (pl.) で

---

[5] M فلاس, S فاذا, R [فلأن

ある辺から成ると置く．それを2物である辺から成ると置こう．すると4財がある．これら2つの平方［数］の平方は，小さい方に関しては財財であり，大きい方に関しては16財財である．両者の和は17財財である．そしてそれが立方数に等しい．その立方［数］を3物である辺から成るとする．すると27立方になる．27立方に等しい17財財がある[1]．それ故，27単位に等しい17物がある．よって1物は単位の17部分のうちの27部分である．

... 訳注 ....

$a^2 = s^2$, $b = 2s$ と置く．$b^2 = 4s^2$, $(a^2)^2 + (b^2)^2 = s^2s^2 + 16s^2s^2 = 17s^2s^2 = c^3$. $c = 3s$ とする．$17s^2s^2 = 27s^3$, $17s = 27$, $s = \frac{27}{17}$.

....

631　我々は小さい平方［数］を1物である辺から成ると置いたので，それの辺は17部分のうちの27部分になる．そして小さい平方［数］は単位の289部分のうちの729部分になる．我々は大きい平方［数］を2物である辺から成ると置いたので，大きい平方［数］の辺は17部分のうちの54部分になる．そして大きい平方［数］は単位の289部分のうちの2,916部分である．

... 訳注 ....

$a = s = \frac{27}{17}$, $a^2 = \frac{729}{289}$. $b = 2s = \frac{54}{17}$, $b^2 = \frac{2916}{289}$.

....

637　そのことからまた，小さい平方［数］の平方は単位の〈83,5〉21部分〈のうちの〉5〈31,441部分〉[2]になる．大きい平方［数］の平方に関しては，単位の83,521部分のうちの8,503,056部分になる．これら2つの平方［数］の和は単位の83,521部分のうちの9,034,497部分であり，それはまた，単位の4,913部分のうちの531,441部分である．そしてそれはそれの辺が単位の17部分のうちの81部分である立方［数］である．

---

[1] M مكون R, فتكون S,] فيكون
[2] ⟨الف وأحد وثلثين الفا واربع مائة وأحد واربعين جزءا من ثلثة وثمنين الفا وخمس خمس مائة
⟨خمسمائة وواحدا وثلثين ألفا وأربعمائة وواحدا وأربعين من ثلاثة وثمانين ألفا و⟨مائة] S,
خمس ماه R, خمسمائة M

・・・訳注 ・・
検算. $(a^2)^2 + (b^2)^2 = (\frac{729}{289})^2 + (\frac{2916}{289})^2 = \frac{531441}{83521} + \frac{8503056}{83521} = \frac{9034497}{83521} = \frac{531441}{4913} = (\frac{81}{17})^3$.
・・・

ゆえに我々に条件付けられた条件に合う 2 つの平方数を我々は見つけた．そ 648
れらは［289 部分のうちの］729 部分と 289 部分のうちの 2,916 部分である．
そしてそれが我々が見つけたかったものである．

24. 我々は［次のような］2 つの平方数を見つけたい．両者の平 651
方の相互超過が立方数になる．

・・・訳注 ・・
問題 4.24.
$$(a^2)^2 - (b^2)^2 = c^3.$$
求めるのは a^2 と b^2．ただし $a^2 > b^2$．
・・・

小さい平方［数］を 1 物である辺から成り，大きい平方［数］を 2 物である 652
辺から成ると置く．すると小さい［平方数］は 1 財になり，大きい［平方数］
は 4 財になる．両者の平方の相互超過は 15 財財になり，それは立方［数］で
ある．それを 5 物である辺から成ると置こう．それの辺で割られる全ての立
方［数］については，割り算から生じるものはそれの辺の平方に等しい．15 財
財，すなわち立方［数］——それの辺は 5 物—，があり[1]，［それが］それの辺，
すなわち 5 物，で割られると，商は 3 立方になる．よって 3 立方はそれの辺が
5 物である平方［数］である．5 物から生じる平方［数］は 25 財である．よっ
て 3 立方が 25 財に等しい．両者を両辺のうちの低い方にある財で割ると，3
物が 25 単位に等しくなる．1 物は 8 単位と 1/3〈単位〉[2]に等しい．

・・・訳注 ・・

---

[1] ويكون | R, وتكون ;M وبكون ,R مكعّب | S, <و> مكعّب ;M مكعّب R, مكعّب M
[2] <واحد> | S وثلث ;R وثلثا ,M ولب

$b = s$, $a = 2s$ と置く．$b^2 = s^2$, $a^2 = 4s^2$, $((2s)^2)^2 - (s^2)^2 = 15s^2s^2 = c^3$. $c = 5s$ と置く．一般に，$c^3 \div c = c^2$. $15s^2s^2 = (5s)^3$, $3s^3 = (5s)^2 = 25s^2$, $3s = 25$, $s = 8 + \frac{1}{3}$.

....

662　我々は小さい平方［数］を1物である辺から成り，大きい平方［数］を2物である辺から成ると置いたから，小さい平方［数］の辺は8単位と1/3〈単位〉になり[1])，大きい平方［数］の辺は16単位と2/3単位になる．そして小さい平方［数］は69と4/9になり，大きい平方［数］は277と7/9になる．

··· 訳注 ··
$b = s = 8 + \frac{1}{3}$, $a = 2s = 16 + \frac{2}{3}$, $b^2 = 69 + \frac{4}{9}$, $a^2 = 277 + \frac{7}{9}$.

....

666　小さい平方［数］の平方は4,822と単位の81部分のうちの43部分であり，大きい平方［数］の平方は77,160と単位の81部分のうちの40部分である．これら2つの平方［数］の相互超過は72,337と単位の81部分のうちの78部分，すなわち[2])単位の27部分のうちの26部分，である．そしてそれはそれの辺が41と2/3単位である立方［数］である．

··· 訳注 ··
検算．$(b^2)^2 = 4822 + \frac{43}{81}$, $(a^2)^2 = 77160 + \frac{40}{81}$, $(a^2)^2 - (b^2)^2 = 72337 + \frac{78}{81} = 72337 + \frac{26}{27} = (41 + \frac{2}{3})^3$.

....

674　ゆえに我々に条件付けられた条件に合う2つの〈平方〉[3])数を我々は見つけた．その両者は69と4/9および277と7/9である．そしてそれが我々が見つけたかったものである．

....

677　**25. 我々は［次のような］平方数と立方数を見つけたい．両者の平方が足されると平方［数］になる．**

---

[1]) وثلث <واحد> S, وثلثا R, وملب M
[2]) هى <اثنان وسبعون ألفا وثلاثمائة وسبعة وثلاثون و> SM, هى R
[3]) <مربعين> S, om. RM

・・・・・・ 訳注 ・・
問題 4.25.
$$(a^3)^2 + (b^2)^2 = c^2.$$

求めるのは a^3 と b^2. この問題は問題 6.1 でも論じられている.
・・

立方［数］を 1 物である辺から成ると置く. すると 1 立方になる. 平方［数］を望むだけの物（pl.）である辺から成ると置く. それを 2 物である辺から成ると置こう. すると 4 財がある. 両者の平方は, 立方［数］の平方に関しては 1 立方立方, 平方［数］の平方に関しては 16 財財である. 両者の和は 1 立方立方と 16 財財である. そしてそれが平方数に等しい. この平方［数］の辺である数を見つければよい. 我々は言う. もしこの辺を財（pl.）と置いたら, 1 立方立方と 16 財財に等しい平方［数］は財財（pl.）になる. 両辺に共通の 16 財財を引くと[1], 立方立方に等しい財財（pl.）が残る. 両辺のうち低い方である 1 財財で両者を割ると, それから数に等しい財がある. この数 ($m^2 - 16$) が平方［数］であればよい. というのもそれが 1 財に等しいから. しかしこの数 ($m^2 - 16$) は財財（pl.）〈の数 (m^2)〉[2], すなわち平方数, の 16 に対する増分である[3]. それ故, 財財（pl.）の数 (m^2), すなわち平方数, は 16 に対して平方数だけ増加すればよい. そのことから, 両者の相互超過が 16 である 2 つの平方数を探すことになる. 大きい平方［数］を 25, 小さい平方［数］を 9 単位と我々は見つけた. 立方立方と 16 財財に等しい平方［数］を 5 財である辺から成る 25 財財とする. 共通の 16 財財を両辺の各々[4]から突き合わせる. 9 財財に等しい立方立方が残る. それ故, 1 財は 9 単位に等しくなる. そして 1

679

---

[1] على] RM, من كل S. S の読みをとれば「共通の 16 財財を両辺の各々から引くと」となる.

[2] اموال الاموال SM] R, <عدد> أموال الأموال

[3] ここでは $m^2 = s^2 + 16$ という関係式があり, $m^2 - 16 = s^2$ において「$m^2 - 16$ は m^2 の 16 に対する増分」と表現されている. このことから一般に, $a = b + c$ のとき, $a - b = c$ において「$a - b$ は a の b に対する増分」と表現されることになる. 以下同様.

[4] كلى] SM, كلتا R

財は 1 物である辺〈から成る〉[5]平方［数］であり，9 単位はそれの辺が 3 単位である平方［数］である．よって 1 物は 3 単位である．

······ 訳注 ······

$a = s$ と置くと，$a^3 = s^3$．$b = 2s$ と置くと，$b^2 = 4s^2$．$(a^3)^2 + (b^2)^2 = (s^3)^2 + (4s^2)^2 = s^3 s^3 + 16 s^2 s^2 = c^2$．$c = ms^2$ と置く．$s^3 s^3 + 16 s^2 s^2 = m^2 s^2 s^2$，$s^3 s^3 = (m^2 - 16) s^2 s^2$，$s^2 = m^2 - 16$，$m^2 = s^2 + 16$．[ここで問題 2.10 により，$m^2 - s^2 = 16$ における m^2 と s^2 を探す．$m = s + h$ と置く．$(s+h)^2 - s^2 = 16$，$s^2 + 2sh + h^2 - s^2 = 16$，$s = \frac{16 - h^2}{2h}$ ($h^2 < 16$)．ここで $h = 2$ と置く．$s = 3$，$]s^2 = 9$，$[m = s + h = 5,]$ $m^2 = 25$．$s^3 s^3 + 16 s^2 s^2 = 25 s^2 s^2 = (5s^2)^2$，$s^3 s^3 = 9 s^2 s^2$，$s^2 = 9$，$s = 3$．

······

699　立方［数］を 1 物である辺から成ると置いたから，それの辺は 3 単位になる．そしてそれ（立方数）は 27 である．平方［数］を 2 物である辺から成ると置いたから，それの辺は 6 単位である．そしてそれ（平方数）は 36 である．

······ 訳注 ······

$a = s = 3$，$a^3 = 27$．$b = 2s = 6$，$b^2 = 36$．

······

702　両者の平方は，27 の平方に関しては 729 であり，36 の平方に関しては 1,296 である．両者の和は 2,025 である．そしてそれはそれの辺が 45 である平方［数］である．

······ 訳注 ······

検算．$(a^3)^2 = 27^2 = 729$，$(b^2)^2 = 36^2 = 1296$，$(a^3)^2 + (b^2)^2 = 729 + 1296 = 2025 = 45^2$．

······

706　ゆえに我々は［次のような］平方数と立方数を見つけた．両者の平方が足されると平方［数］である．その両者は 27 と 36 である．そしてそれが我々が見つけたかったものである．

708　**26. 我々は［次のような］立方数と平方数とを見つけたい．両者**

---

[5] <من>] S, om. RM

の平方の相互超過が平方数になる．

・・・訳注・・
問題 4.26.
$$(a^3)^2 - (b^2)^2 = c_1^2,$$
または
$$(b^2)^2 - (a^3)^2 = c_2^2.$$

求めるのは a^3 と b^2.
・・

　立方［数］を 1 立方，平方［数］を 4 財と置く[1]．立方［数］の平方は立方立方になり，平方［数］の平方は 16 財財になる．両者の相互超過が平方数になることを望む．最初に，立方［数］の〈平方〉が平方［数］の〈平方〉を平方数だけ増加する［場合］を探そう．我々は言う．立方立方引く 16 財財が平方数に等しい[2]．この問題に先行する問題においてそれの言及が先行したのと同様に[3]，［次のような］財（pl.）を我々は探す．［その財は］この平方［数］に対して辺として置かれればよい．それを 3 財と見つけた．そして両者の［平方の］間に[4]ある平方［数］は 9 財財である．よって立方立方引く 16 財財が 9 財財に等しい[5]．16 財財を共通に[6]両辺に加える．立方立方は 25 財財に等しくなる．それ故，1 財は 25 単位に等しくなる．財はそれの辺が 1 物である平方［数］であり，25 はそれの辺が 5 単位である平方［数］である．よって 1 物は 5 単位に等しい．

・・・訳注・・
ケース 1. $(a^3)^2 - (b^2)^2 = c_1^2$. $a^3 = s^3$, $b^2 = 4s^2$ と置く. $(a^3)^2 - (b^2)^2 = s^3 s^3 - 16 s^2 s^2 = c_1^2$. $c_1 = ms^2$ と置く. [$s^3 s^3 - 16 s^2 s^2 = m^2 s^2 s^2$, $s^3 s^3 = 16 s^2 s^2 + m^2 s^2 s^2$, $s^2 = 16 + m^2$, $s^2 - m^2 = 16$. 問題 2.10 より, $m = 3$.] $c_1 = 3s^2$, $c_1^2 = 9 s^2 s^2$,

---

[1] これはケース 1. 以下の訳注参照.
[2] تعادل] S, يعادل R, تعادل M
[3] 問題 2.10.
[4] بينهما] R, منها S, سهما M
[5] تعادل] S, يعادل R, تعادل M
[6] مشتركا] R, مشتركة S, مسركا M

$s^3 s^3 - 16 s^2 s^2 = 9 s^2 s^2, \ s^3 s^3 = 25 s^2 s^2, \ s^2 = 25, \ s = 5.$

721　立方［数］を 1 物である辺から成ると置いたから，それの辺は 5 単位になる．そしてそれ（立方数）は 125 になる．平方［数］を 2 物である辺から成ると置いたから，それの辺は 10 単位になる．そしてそれ（平方数）は 100 になる．

··· 訳注 ··

$a = s = 5, \ a^3 = 125. \ b = 2s = 10, \ b^2 = 100.$

724　両者の平方は，125 の平方に関しては 15,625 であり，100 の平方に関しては 10,000 である．両者の相互超過は 5,625 である．そしてそれはそれの辺が 75 である平方［数］である．

··· 訳注 ··

検算．$(a^3)^2 = (125)^2 = 15625, \ (b^2)^2 = (100)^2 = 10000, \ (a^3)^2 - (b^2)^2 = 15625 - 10000 = 5625 = (75)^2.$ ［この問題は問題 6.2 でも論じられている．］

728　ゆえに我々は［次のような］立方数と平方数を見つけた．立方［数］の〈平方〉の，平方［数］の〈平方〉に対する増分が平方数である．その両者は 100 と 125 である．

730　また，平方［数］の平方の，立方［数］の平方に対する増分が平方［数］になる［場合］を探そう．立方［数］を 1 立方，平方［数］を 5 物である辺から成ると置く．すると，平方数に等しい 625 財財引く 1 立方立方が我々と共にある[1]．この平方［数］の辺を探そう．我々は言う．〈それを〉財 (pl.) と置く[2]．625 財財引く立方立方に等しいそれの平方は財財 (pl.) になる[3]．両

---

[1] يكون] S, تكون R, ںكوں M
[2] فرضناه] S, ورصا R, فرضناه M
[3] كعب كعب إذن يعادل عددا مربعا. فلنطلب ضلع هذا المربع [مربعا]، وإنا إن] S, كعب كعب ادا يعادل عددا مربعا فلتطلب صلع هذا المربع مربع وادا ان R, فرضناه أموالا يكون مربعه M ورصاه اموال يكون مربعه M. R に従うと「625 財財引く立方立方に等しいそれの平方は，だから，平方数に等しい．この平方の辺を探そう．それを財 (pl.) と置くと，それの平方は財財 (pl.) になる．」となる．S は下線部を余分だと考えて削除する．

辺の各々に共通に立方立方を加えると[4]，625 財財が立方立方と財財（pl.）に等しくなる[1]．〈鉢合わせと〉[2]割り算の後で，数に等しい財が残る．この数 $(625 - m^2)$ が平方［数］になればよい．しかし，この数 $(625 - m^2)$ は 25 と〈それ自身との〉積の，財財の数 (m^2)，すなわち求められる辺の平方，に対する増分である[3]．よって 625，すなわち平方数，が第 2 巻で述べた［方法］で 2 つの平方数に分割されればよい[4]．分割の一方を 400，他方を 225 とせよ．625 財財引く立方立方に等しい平方［数］を，これら 2 つの分割のうちの一方に等しい財財（pl.）と置く．それを 225 財財と置こう．埋め合わせと鉢合わせと割り算の後で，400 に等しい財が残る．それ故，我々が立方［数］の辺と置いた物は 20 になる．

⋯ 訳注 ⋯⋯⋯⋯⋯⋯⋯⋯⋯⋯⋯⋯⋯⋯⋯⋯⋯⋯⋯⋯⋯⋯⋯⋯⋯⋯⋯⋯⋯⋯⋯

ケース 2. $(b^2)^2 - (a^3)^2 = c_2^2$. $a^3 = s^3$, $b^2 = (5s)^2$ と置く．$((5s)^2)^2 - (s^3)^2 = 625s^2s^2 - s^3s^3 = c_2^2$. $c_2 = ms^2$ と置く．$625s^2s^2 - s^3s^3 = (ms^2)^2 = m^2s^2s^2$, $625s^2s^2 = s^3s^3 + m^2s^2s^2$, $s^2 = 625 - m^2$, $s^2 + m^2 = 625$. ここで問題 2[.8] により，[s^2 と m^2 を探す．$m^2 = 625 - s^2$. $m = ns - 25$ で $n = 2$ と置く．すると，$m^2 = 4s^2 - 100s + 625$ だから，$4s^2 - 100s + 625 = 625 - s^2$, $5s^2 = 100s$, $5s = 100$, $s = 20$,] $s^2 = 400$. [$m = ns - 25 = 15$,] $m^2 = 225$. $625s^2s^2 - s^3s^3 = 225s^2s^2$, $400 = s^2$, $a = s = 20$.

⋯⋯⋯⋯⋯⋯⋯⋯⋯⋯⋯⋯⋯⋯⋯⋯⋯⋯⋯⋯⋯⋯⋯⋯⋯⋯⋯⋯⋯⋯⋯⋯⋯⋯⋯

そしてそれ（立方数）は 8,000 になる．平方［数］の〈辺〉は，我々はそれを 5 物と置いたから，100 になる．そしてそれ（平方数）は 10,000 である．

---

[4] R كلتا SM, [كلى M; ارداناا R, اردنا S, [زدنا

[1] وأموال مال SM, <فإذا نقصنا الأموال المشتركة على الناحيتين بقيت ستمائة وخمسة وعشرون مال مال إلا أموال مال> R. R は「両辺に共通の財財 (pl.) を引くと，立方立方に等しい 625 財財引く財 (pl.) が残る．」と補う．

[2] <والمقابلة>] S, om. RM

[3] <في مثلها>] S, <ما اجتمع من> زيادة M; رياده R, في S, في R, <في مثلها>] S, زيادة] S, om. RM

[4] 問題 2.8. تقسم] S, نقسم R, يقسم M; والعشرون] S, والعشرين R, والعسرون M

104 　『算術』第 4 巻

　　　⋯ 訳注 ⋯⋯⋯⋯⋯⋯⋯⋯⋯⋯⋯⋯⋯⋯⋯⋯⋯⋯⋯⋯⋯⋯⋯⋯⋯⋯⋯⋯⋯⋯
　　　$a^3 = 8000$. $b = 5s = 100$, $b^2 = 10000$.
　　　⋯⋯⋯⋯⋯⋯⋯⋯⋯⋯⋯⋯⋯⋯⋯⋯⋯⋯⋯⋯⋯⋯⋯⋯⋯⋯⋯⋯⋯⋯⋯⋯⋯⋯

748　両者の平方は，立方［数］，すなわち 8,000，の平方に関しては 64,000,000 であり，平方［数］，すなわち 10,000，の平方に関しては 100,000,000 である．両者の相互超過は 36,000,000 である．そしてそれはそれの辺が 6,000 である平方［数］である．

　　　⋯ 訳注 ⋯⋯⋯⋯⋯⋯⋯⋯⋯⋯⋯⋯⋯⋯⋯⋯⋯⋯⋯⋯⋯⋯⋯⋯⋯⋯⋯⋯⋯⋯
　　　検算．$(b^2)^2 - (a^3)^2 = 10000^2 - 8000^2 = 100000000 - 64000000 = 36000000 = 6000^2$．［この問題は問題 6.3 でも論じられている．］
　　　⋯⋯⋯⋯⋯⋯⋯⋯⋯⋯⋯⋯⋯⋯⋯⋯⋯⋯⋯⋯⋯⋯⋯⋯⋯⋯⋯⋯⋯⋯⋯⋯⋯⋯

752　ゆえに我々は［次のような］立方数と平方数を見つけた．平方［数］の平方は立方［数］の平方に対して平方数だけ増加する．その両者は 10,000 と 8,000 である．そしてそれが我々が見つかったものである．

755　27. 我々は［次のような］立方数と平方数とを見つけたい．立方［数］の平方が平方数に対して置かれた倍（pl.）と共に平方数になる．

　　　⋯ 訳注 ⋯⋯⋯⋯⋯⋯⋯⋯⋯⋯⋯⋯⋯⋯⋯⋯⋯⋯⋯⋯⋯⋯⋯⋯⋯⋯⋯⋯⋯⋯
　　　問題 4.27.
$$(a^3)^2 + mb^2 = c^2.$$
　　　求めるのは a^3 と b^2．
　　　⋯⋯⋯⋯⋯⋯⋯⋯⋯⋯⋯⋯⋯⋯⋯⋯⋯⋯⋯⋯⋯⋯⋯⋯⋯⋯⋯⋯⋯⋯⋯⋯⋯⋯

757　立方［数］を 1〈立方〉と置く．それをそれ自身に掛ける．1 立方立方になる．平方［数］を望むだけの財（pl.）である辺から成ると置く．それを 2 財である辺から成ると置こう．それは 4 財財になる．置かれた倍を 5 とせよ．4 財財を 5 に掛けると 20 財財になる．それを 1 立方立方に加える．立方立方と 20 財財になる[1)]．そしてそれが平方［数］である．両者の相互超過が 20 であ

――――――――――――――――――――――――――――――――――――――
　　　[1)] M مكون, S فيكون, R [فتكون

る 2 つの平方［数］を探そう．その両者は 36 と 16 である．平方［数］，すなわち立方立方と 20 財財，を 36 財財に等しいとする．共通の 20 財財を両辺の各々[1]から引く．立方立方に等しい 16 財財が残る．それの全体を財財で割ろう．16 が財に等しくなる[2]．16 はそれの辺が 4 単位である平方［数］である．よって 4 が財の辺，すなわち 1 物，に等しい．

⋯ 訳注 ⋯⋯⋯⋯⋯⋯⋯⋯⋯⋯⋯⋯⋯⋯⋯⋯⋯⋯⋯⋯⋯⋯⋯⋯⋯⋯⋯⋯⋯

$a^3 = s^3$ と置くと，$(a^3)^2 = s^3 s^3$．$b = 2s^2$ と置くと，$b^2 = 4s^2 s^2$．$m = 5$ とすると，$s^3 s^3 + 20 s^2 s^2 = c^2$．[$c = ns^2$ と置くと，$s^3 s^3 = (n^2 - 20) s^2 s^2$, $n^2 - 20 = s^2$,] $n^2 - s^2 = 20$．［問題 2.10 より，］$n^2 = 36$, $s^2 = 16$．$c^2 = s^3 s^3 + 20 s^2 s^2 = 36 s^2 s^2$, $s^3 s^3 = 16 s^2 s^2$, $s^2 = 16$, $s = 4$．

⋯⋯⋯⋯⋯⋯⋯⋯⋯⋯⋯⋯⋯⋯⋯⋯⋯⋯⋯⋯⋯⋯⋯⋯⋯⋯⋯⋯⋯⋯⋯⋯⋯

立方［数］を 1 立方と我々は置いたから，それの辺は 4 単位になる．そしてそれ（立方数）は 64 になる．平方［数］の辺を 2 財と我々は置いたから，それの辺は 32 になる．そしてそれ（平方数）は 1,024 になる． 767

⋯ 訳注 ⋯⋯⋯⋯⋯⋯⋯⋯⋯⋯⋯⋯⋯⋯⋯⋯⋯⋯⋯⋯⋯⋯⋯⋯⋯⋯⋯⋯⋯

$a = s = 4$, $a^3 = s^3 = 64$．$b = 2s^2 = 32$, $b^2 = 1024$．

⋯⋯⋯⋯⋯⋯⋯⋯⋯⋯⋯⋯⋯⋯⋯⋯⋯⋯⋯⋯⋯⋯⋯⋯⋯⋯⋯⋯⋯⋯⋯⋯⋯

それの 5 倍は 5,120 である．それを立方数に加える．5,184 になる．そしてそれはそれの辺が 72 である平方数である． 770

⋯ 訳注 ⋯⋯⋯⋯⋯⋯⋯⋯⋯⋯⋯⋯⋯⋯⋯⋯⋯⋯⋯⋯⋯⋯⋯⋯⋯⋯⋯⋯⋯

検算．$64 + 5 \cdot 1024 = 64 + 5120 = 5184 = 72^2$．［これは $a^3 + 5b^2$ の値．問うているのは $(a^3)^2 + 5b^2$ だから，$64^2 + 5 \cdot 1024 = 4096 + 5120 = 9216 = 96^2$ とすべきである．］

⋯⋯⋯⋯⋯⋯⋯⋯⋯⋯⋯⋯⋯⋯⋯⋯⋯⋯⋯⋯⋯⋯⋯⋯⋯⋯⋯⋯⋯⋯⋯⋯⋯

ゆえに我々は［次のような］立方数と平方数を見つけた．立方［数］の平方は平方数の 5 倍と共に平方数である．その両者は 64 と 1,024 である．そしてそれが我々が見つけたかったものである． 773

---

[1] كلى] SM, كلتا R
[2] فتكون] R, فيكون S, فىكون M

776 **28.** 我々は［次のような］立方数と平方数を見つけたい．平方［数］の平方が立方数に対して置かれた倍（pl.）と共に平方数になる．

..... 訳注 ....
問題 4.28.
$$(b^2)^2 + ma^3 = c^2.$$

求めるのは a^3 と b^2．
....

778 　置かれた倍を10倍とせよ．立方［数］を1立方とする．それを10に掛ける．10立方になる．平方［数］の辺を2物と置く．〈平方［数］は〉[1)] 4財になる．それの平方は16財財である．それを10立方に加える．それは16財財と10立方になる．それが平方数に等しい．平方［数］を6財である辺から成ると置く．それの辺で割られる全ての平方［数］については，割り算から生じるのはそれの辺に等しくなる．16財財と10立方を6財で割る．2財と2/3財と1物と2/3物になる[2)]．それが6財に等しい．共通の2財と2/3財を両辺の各々から引く[3)]．1物と2/3物に等しい3財と1/3〈財〉[4)] が残る．それ故，3物と1/3〈物〉は1単位と2/3単位に等しくなる[5)]．1物は1/2に等しくなる．

..... 訳注 ....
$m = 10$, $a^3 = s^3$, $b = 2s$ と置く．$(b^2)^2 = (4s^2)^2 = 16s^2s^2$, $16s^2s^2 + 10s^3 = c^2$. $c = 6s^2$ と置く．$(2+\frac{2}{3})s^2 + (1+\frac{2}{3})s = 6s^2$, $(1+\frac{2}{3})s = 3s^2 + \frac{1}{3}s^2$, $(3+\frac{1}{3})s = 1 + \frac{2}{3}$, $s = \frac{1}{2}$.
....

788 　立方［数］を1物である辺から成ると我々は置いたので，それの辺は1/2に

[1)] 〈المربع〉] S, om. RM
[2)] مكون M, فيكون R, فتكون] S
[3)] فننقص] S, فنلقى R, ممصم M (R に従うと「突き合わせる」になり，M に従うと「割る」になる); المشتركة] S, المشترك R, المسرك M; كلى] SM, كلتا R
[4)] 〈مال〉] S, om. RM
[5)] تكون] R, يكون S, نكون M; 〈شىء〉] S, om. RM

なる．立方 [数] は 1/8 になる．それの 10 倍は 1 単位と 1/4 である．平方 [数] を 2 物である辺から成ると我々は置いたので，その辺は 1 単位になる．それ（平方数）も 1 単位になる．⟨平方 [数] の平方も 1 単位になる．⟩[1]

··· 訳注 ···
$a = s = \frac{1}{2}$, $a^3 = \frac{1}{8}$, $10a^3 = 1 + \frac{1}{4}$. $b = 2s = 1$, $b^2 = 1$, $(b^2)^2 = 1$.
··

それを 1 単位と 1/4，すなわち立方 [数] の 10 倍，に加えたら，それは平方数になる．⟨そして⟩[2]それは 2 と 1/4 であり，その辺は 1 単位と 1/2 である．

··· 訳注 ···
検算．$(b^2)^2 + 10a^3 = 1 + (1 + \frac{1}{4}) = 2 + \frac{1}{4} = (1 + \frac{1}{2})^2$．
··

ゆえに我々は [次のような] 立方数と平方数とを見つけた．平方 [数] の平方は立方数の 10 倍と共に平方数である．その両者は 1 単位と 1/8 単位とである．そしてそれが我々が見つけたかったものである．

29. 我々は [次のような] 立方数と平方数とを見つけたい．立方 [数] の立方と平方 [数] の平方とが足されて平方数になる．

··· 訳注 ···
問題 4.29.
$$(a^3)^3 + (b^2)^2 = c^2.$$
求めるのは a^3 と b^2．
··

立方 [数] を 1 立方と置く．⟨すると⟩それの立方は立方立方掛け[3]立方 ⟨になる⟩[4]．それは立方立方立方と呼ばれる．平方 [数] ⟨の辺⟩を望むだけの

---

[1] ⟨ويكون مربع المربع أيضا واحدا.⟩] R, om. SM
[2] ⟨و⟩] S, om. RM
[3] この「掛け」には定動詞ではなく，في という前置詞が用いられている．以下同様．
[4] ⟨حتى يكون⟩] S, ⟨فيكون⟩] R, om. M

財（pl.）と置く．それを 2 財と置こう．すると平方［数］は 4 財財になる．それの平方は 16 財財〈掛け〉財〈財〉[1)]になる．それは財に掛けられた 16 立方立方に等しい．それの一つは立方立方財と呼ばれる[2)]．よって立方立方立方は 16 立方立方財と共に平方数に等しい[3)]．それの辺をまた望むだけの財財（pl.）と置こう．それを 6 財財である辺から成ると置く．それをそれ自身に掛ける．36 財財〈掛け財〉財，つまり 36 立方立方財，になる[4)]．よって立方立方立方は 16 立方立方財と共に 36 立方立方財に等しい[5)]．共通の 16 立方立方財を両辺の各々から[6)]突き合わせよう．20 立方立方財に等しい立方立方立方が残る．両者の各々を両辺のうち低い方の一つ，すなわち立方立方財，で割る．よって 20 立方立方財が立方立方財で割られると，20 単位になる．立方立方立方とは立方〈立方〉と立方との[7)]掛け算から生じたものに他ならない．そしてそれはまた，立方立方財と物との掛け算から生じたものである[8)]．よって立方立方立方が立方立方財で割られると，商は 1 物になる．よって 1 物は 20 単位に等しい．

・・・ 訳注 ・・・

$a^3 = s^3$ と置くと，$(a^3)^3 = s^3 s^3 \cdot s^3 = s^3 s^3 s^3$．$b = 2s^2$ と置くと，$b^2 = 4s^2 s^2$，$(b^2)^2 = 16s^2 s^2 \cdot s^2 s^2 = 16s^3 s^3 \cdot s^2 = 16s^3 s^3 s^2$，$(a^3)^3 + (b^2)^2 = s^3 s^3 s^3 + 16s^3 s^3 s^2 = c^2$．$c = 6s^2 s^2$ と置く．$c^2 = 36s^2 s^2 \cdot s^2 s^2 = 36s^3 s^3 s^2$，$s^3 s^3 s^3 + 16s^3 s^3 s^2 = 36s^3 s^3 s^2$，$s^3 s^3 s^3 = 20s^3 s^3 s^2$，$s = 20$.

・・

814　立方［数］の辺を 1 物と我々は置いたから，立方［数］の辺は 20 単位にな

[1)] M مال مال مال مال مال R, مال مال مال <مال> S, [مال مال <في> مال]
[2)] ここで意図されているのは，$16s^3 s^3 \cdot s^2$ のうちの 1 個分，すなわち $s^3 s^3 s^2$．
[3)] M عدل R, يعادل S,] تعادل [
[4)] R, مال مال مال <مال> S, [مال مال <في> مال] M; مال فيكون R, فمكون S,] فتكون [M مال مال مال
[5)] M عدل R, يعدل S,] تعدل [
[6)] M المسرك من كلي R, المشتركة من كلتا S,] المشتركة من كلي [
[7)] M كعب في كعب R, كعب في كعب <كعب> S,] كعب <كعب> في كعب [
[8)] ここで意図されているのは，$s^3 s^3 s^3 = s^3 s^3 \cdot s^3 = s^3 s^3 s^2 \cdot s$.

り，立方［数］は 8,000 になる．平方［数］を 2 財である辺から成ると我々は置き，そして財は 400 であるから[1]，〈平方［数］の〉辺は 800 になり，平方［数］は 640,000 になる．

・・・ 訳注 ・・
$a = s = 20,\ a^3 = 8000.\ b^2 = (2s^2)^2 = (2 \cdot 400)^2 = (800)^2 = 640000.$
・・・

立方［数］の立方は 512,000,000,000 になり，平方［数］の平方は 409,600,000,000 になる．両者の和は 921,600,000,000 である．それはそれの辺が 960,000 である平方数である．

・・・ 訳注 ・・
検算．$(a^3)^3 + (b^2)^2 = 512000000000 + 409600000000 = 921600000000 = (960000)^2$．
・・・

ゆえに我々は［次のような］立方数と平方数を見つけた．立方［数］の立方は平方［数］の平方と共に足されて平方数である．その両者は 8〈,000〉と 640,000 である．そしてそれが我々が見つけたかったものである．

30. 我々は［次のような］立方数と平方数とを見つけたい．立方［数］の立方の，平方［数］の平方に対する増分が平方数になる．

・・・ 訳注 ・・
問題 4.30．
$$(a^3)^3 - (b^2)^2 = c^2.$$
求めるのは a^3 と b^2．
・・・

立方［数］を 1 立方と置く．するとそれの立方は立方立方掛け立方，つまり立方立方立方と呼ばれる〈もの〉[2]，になる．平方［数］を 2 財である辺から成ると置く．すると平方［数］は 4 財財になる．そしてそれの平方は 16 財財

---
[1] M وادا R, وإذا S, [ولاتا
[2] <الذي>] S, <ما> R, om. M

掛け財財，つまり 16 立方立方財，になる．よって立方立方立方引く 16 立方立方財が平方数に等しい[1]．それの辺を 2 財財と置こう．するとそれの平方は 4 財財掛け財財，つまり 4 立方立方財，になる．よって立方立方立方引く 16 立方立方財が 4 立方〈立方〉財に等しい[2]．16 立方立方財を共通に両辺に加えよう．立方立方立方は 20 立方立方財に等しくなる．全体を立方立方財，すなわち両辺のうち低いものの一つ，で割ろう．割り算の後で，1 物は 20 単位に等しくなる．

⋯ 訳注 ⋯⋯⋯⋯⋯⋯⋯⋯⋯⋯⋯⋯⋯⋯⋯⋯⋯⋯⋯⋯⋯⋯⋯⋯⋯⋯⋯⋯⋯⋯⋯⋯

$a^3 = s^3$ と置く．$(a^3)^3 = s^3 s^3 \cdot s^3 = s^3 s^3 s^3$．$b = 2s^2$ と置く．$b^2 = 4s^2 s^2$, $(b^2)^2 = (4s^2 s^2)^2 = 16 s^2 s^2 \cdot s^2 s^2 = 16 s^3 s^3 s^2$, $(a^3)^3 - (b^2)^2 = s^3 s^3 s^3 - 16 s^3 s^3 s^2 = c^2$．$c = 2s^2 s^2$ と置く．$c^2 = 4s^2 s^2 \cdot s^2 s^2 = 4 s^3 s^3 s^2$, $s^3 s^3 s^3 - 16 s^3 s^3 s^2 = 4 s^3 s^3 s^2$, $s^3 s^3 s^3 = 20 s^3 s^3 s^2$, $s = 20$.

⋯⋯⋯⋯⋯⋯⋯⋯⋯⋯⋯⋯⋯⋯⋯⋯⋯⋯⋯⋯⋯⋯⋯⋯⋯⋯⋯⋯⋯⋯⋯⋯⋯⋯⋯⋯⋯

838　立方［数］の辺を 1 物と我々は置いたので，それの辺は 20 になり，それ（立方数）は 8,000 になる．平方［数］の辺を 2 財と我々は置き，財は 400 なので，平方［数］の辺は 800 になり，平方［数］は 640,000 になる．

⋯ 訳注 ⋯⋯⋯⋯⋯⋯⋯⋯⋯⋯⋯⋯⋯⋯⋯⋯⋯⋯⋯⋯⋯⋯⋯⋯⋯⋯⋯⋯⋯⋯⋯⋯

$a = s = 20$, $a^3 = 8000$．$b = 2s^2 = 2 \cdot 400 = 800$, $b^2 = 640000$.

⋯⋯⋯⋯⋯⋯⋯⋯⋯⋯⋯⋯⋯⋯⋯⋯⋯⋯⋯⋯⋯⋯⋯⋯⋯⋯⋯⋯⋯⋯⋯⋯⋯⋯⋯⋯⋯

841　立方［数］の立方に関しては，それが 512,000,000,000 であることは［問題 4.29 で］明らかである．平方［数］の平方に関しては，それは 409,600,000,000 である．両者の相互超過，つまり立方［数］の立方の平方［数］の平方に対する増分，は 102,400,000,000 である．そしてそれはそれの辺が 320,000 である平方数である．これら 2 つの数の和もまた平方数であることは前の問題（問題 4.29）において既に明らかである．

⋯ 訳注 ⋯⋯⋯⋯⋯⋯⋯⋯⋯⋯⋯⋯⋯⋯⋯⋯⋯⋯⋯⋯⋯⋯⋯⋯⋯⋯⋯⋯⋯⋯⋯⋯

───────────────────────────────────

[1] M معادل R, S [يعادل تعادل
[2] M <كعاب> كعاب اربعة تعادل S [أربعة يعادل R كعاب <كعاب> اربعة يعادل

検算．$(a^3)^3 - (b^2)^2 = 512000000000 - 409600000000 = 102400000000 = (320000)^2$．

....

ゆえに我々は［次のような］立方数と平方数とを見つけた．立方［数］の立方の，平方［数］の平方に対する増分が平方数である．その両者は 8,000 と 640,000 である．そしてそれが我々が見つけたかったものである． 848

このことから［次のことも］明らかになる．我々はまた［次のような］立方数と平方数とを見つけた．立方［数］の立方に平方［数］の平方が加えられると，そこから生じるのは平方数になり，立方［数］の立方から平方［数］の平方が引かれると，残りは平方数である．その両者がまたこれら 2 つの数である． 851

... 訳注 ....
問題 4.42 で求められる

$$\begin{cases} (a^3)^3 + (b^2)^2 = c_1^2 \\ (a^3)^3 - (b^2)^2 = c_2^2 \end{cases}$$

を意図している．ここでも $a^3 = 8000$, $b^2 = 640000$．

....

31. 我々は［次のような］平方数と立方数とを見つけたい．平方［数］の平方の，立方［数］の立方に対する増分が平方数になる． 855

... 訳注 ....
問題 4.31.
$$(b^2)^2 - (a^3)^3 = c^2.$$

求めるのは b^2 と a^3．

....

立方［数］を 1〈立方〉と置く．それの立方は立方立方掛け立方になる．それは立方立方立方と呼ばれる．平方［数］の辺を 2 財と置く．平方［数］は 4 財財になる．そしてそれの平方は 16 財財掛け財〈財〉になる．それは立方立方財と呼ばれる．よって 16 立方立方財，すなわち平方数の平方，が立方立方〈立方〉に対して平方数だけ増加する．その平方［数］の辺を 2 財財と置こう．それの辺で割られる全ての平方［数］については，割り算から生じるのはそれ 857

の辺に等しくなる．よって 16 立方立方財引く立方立方立方を 2 財財で割ると，割り算から生じるのは 2 財財に等しくなる．しかし，16 立方立方財引く立方立方立方が 2 財財で割られると，16 立方立方財〈に関しては〉，それが 16 財財を財財に掛けることから生じたので[1]，2 財財で割られると商は 8 財財になる．立方立方立方に関しては，立方立方を立方に掛けることから生じたのであり，立方立方は財財を財に掛けることから生じたので，立方立方立方は財財を財立方に掛けることから生じたから[2]，立方立方立方が 2 財財で割られると，商は 1/2 財立方になる．よって割り算から生じるのは 8 財財引く 1/2 財立方である．そしてそれが 2 財財に等しい．1/2 財〈立方〉を共通に両辺の各々に加えると[3]，8 財財は 2 財財と 1/2 財立方に等しくなる．共通の 2 財財を両辺の各々[4]から突き合わせよう．6 財〈財〉[5]に等しい 1/2 財立方が残る．割り算の後で 6 単位に等しい 1/2 物が残る．よって 1 物は 12 単位に等しい．

⋯ 訳注 ⋯⋯⋯⋯⋯⋯⋯⋯⋯⋯⋯⋯⋯⋯⋯⋯⋯⋯⋯⋯⋯⋯⋯⋯⋯⋯⋯⋯⋯⋯⋯⋯⋯⋯⋯

$a^3 = s^3$ と置く．$(a^3)^3 = s^3 s^3 \cdot s^3 = s^3 s^3 s^3$．$b = 2s^2$ と置く．$(b^2)^2 = (4s^2 s^2)^2 = 16 s^2 s^2 \cdot s^2 s^2 = 16 s^3 s^3 s^2$，$16 s^3 s^3 s^2 = c^2 + s^3 s^3 s^3$，$[(b^2)^2 - (a^3)^3 = 16 s^3 s^3 s^2 - s^3 s^3 s^3 = c^2$．$]$ $c = 2s^2 s^2$ と置く．$16 s^3 s^3 s^2 - s^3 s^3 s^3 = (2 s^2 s^2)^2$，$8 s^2 s^2 - \frac{1}{2} s^2 s^3 = 2 s^2 s^2$，$8 s^2 s^2 = 2 s^2 s^2 + \frac{1}{2} s^2 s^3$，$6 s^2 s^2 = \frac{1}{2} s^2 s^3$，$6 = \frac{1}{2} s$，$s = 12$.

⋯⋯⋯⋯⋯⋯⋯⋯⋯⋯⋯⋯⋯⋯⋯⋯⋯⋯⋯⋯⋯⋯⋯⋯⋯⋯⋯⋯⋯⋯⋯⋯⋯⋯⋯⋯⋯⋯⋯

878　立方［数］の辺を 1 物と我々は置いたので，それの辺は 12 になり，立方［数］は 1,728 になる．平方［数］の辺を 2 財と我々は置き，財は 144 なので——というのも 1 物は 12 だから——，平方［数］の辺は 288 になる．平方［数］は 82,944 になる．

⋯ 訳注 ⋯⋯⋯⋯⋯⋯⋯⋯⋯⋯⋯⋯⋯⋯⋯⋯⋯⋯⋯⋯⋯⋯⋯⋯⋯⋯⋯⋯⋯⋯⋯⋯⋯⋯⋯

$a = s = 12$，$a^3 = 1728$．$b = 2s^2 = 2 \cdot 144 = 288$，$b^2 = 82944$．

⋯⋯⋯⋯⋯⋯⋯⋯⋯⋯⋯⋯⋯⋯⋯⋯⋯⋯⋯⋯⋯⋯⋯⋯⋯⋯⋯⋯⋯⋯⋯⋯⋯⋯⋯⋯⋯⋯⋯

---

[1] فلا تّها] S, فإنها R, فانها M
[2] ここで意図されているのは，$s^3 s^3 s^3 = s^3 s^3 \cdot s^3 = s^2 s^2 \cdot s^2 \cdot s^3 = s^2 s^2 \cdot s^2 s^3$.
[3] مزیده] S, نزیده R, مرده M; كلی] SM, كلتا R
[4] مالی مال] SM, مالی المال R; كلی] SM, كلتا R
[5] <اموال>] S, <مال> R, om. M

立方［数］の立方に関しては 5,159,780,352，平方［数］の平方に関しては 6,879,707,136 になる．この数の，立方［数］の立方[1]に対する増分は 1,719,926,784 になる．それはそれの辺が 41,472 である平方数である．

⋯ 訳注 ⋯⋯⋯⋯⋯⋯⋯⋯⋯⋯⋯⋯⋯⋯⋯⋯⋯⋯⋯⋯⋯⋯⋯⋯⋯⋯⋯⋯⋯⋯⋯⋯
検算．$(b^2)^2 - (a^3)^3 = 6879707136 - 5159780352 = 1719926784 = (41472)^2$.
⋯⋯⋯⋯⋯⋯⋯⋯⋯⋯⋯⋯⋯⋯⋯⋯⋯⋯⋯⋯⋯⋯⋯⋯⋯⋯⋯⋯⋯⋯⋯⋯⋯⋯⋯⋯⋯

ゆえに我々が望んだ条件に合う 2 つの数を我々は見つけた．その両者は 1,728 と 82,944 である．そしてそれが我々が見つけたかったものである．

32. 我々は［次のような］立方数と平方数とを見つけたい．立方［数］の立方が平方［数］と立方［数］との積から生じるものに対して置かれた倍（pl.）と共に平方数になる．

⋯ 訳注 ⋯⋯⋯⋯⋯⋯⋯⋯⋯⋯⋯⋯⋯⋯⋯⋯⋯⋯⋯⋯⋯⋯⋯⋯⋯⋯⋯⋯⋯⋯⋯⋯
問題 4.32.
$$(a^3)^3 + ma^3 b^2 = c^2.$$
求めるのは a^3 と b^2.
⋯⋯⋯⋯⋯⋯⋯⋯⋯⋯⋯⋯⋯⋯⋯⋯⋯⋯⋯⋯⋯⋯⋯⋯⋯⋯⋯⋯⋯⋯⋯⋯⋯⋯⋯⋯⋯

置かれた倍を 5 とせよ．立方［数］を 1 立方と置く．それの立方は立方立方立方になる．平方［数］を 2 立方である辺〈から成る〉と置く．平方［数］は 4 立方立方になる．それを我々が 1 立方と置いた立方数に掛ける．そこから 4 立方立方立方が出てくる．それの 5 倍は 20 立方立方立方である．それを立方［数］の立方に加える．そこから 21 立方立方立方が出てくる．そしてそれが平方数に等しい．それの辺を 7 財財と置こう．平方は 49 立方立方掛け財になる．そしてそれが 21 立方立方立方に等しい．両者の各々を立方立方財で割ろう．21 物は 49 単位に等しくなる[2]．1 物は 2 と 1/3〈単位〉に等しい[3]．

⋯ 訳注 ⋯⋯⋯⋯⋯⋯⋯⋯⋯⋯⋯⋯⋯⋯⋯⋯⋯⋯⋯⋯⋯⋯⋯⋯⋯⋯⋯⋯⋯⋯⋯⋯

---

[1]) M كعب, S مكعّب, R] مكعّب.
[2]) M معدل, R يعادل, S] تعادل.
[3]) M ولس, R وثلثا, S] وثلث ⟨واحد⟩.

$m = 5$ とする. $a^3 = s^3$ と置く. $(a^3)^3 = s^3 s^3 s^3$. $b = 2s^3$ と置く. $b^2 = 4s^3 s^3$, $(a^3)^3 + 5 \cdot a^3 b^2 = (s^3)^3 + 5 \cdot s^3 \cdot 4s^3 s^3 = (s^3)^3 + 5 \cdot 4s^3 s^3 s^3 = s^3 s^3 s^3 + 20 s^3 s^3 s^3 = 21 s^3 s^3 s^3 = c^2$. $c = 7s^2 s^2$ と置く. $c^2 = 49 s^3 s^3 \cdot s^2 = 21 s^3 s^3 s^3$, $21s = 49$, $s = 2 + \frac{1}{3}$.

....

904　立方［数］を 1 物である辺から成ると我々は置いたので，立方［数］の辺は 2 と 1/3 単位になる．それの辺が 7/3 だから，立方［数］は 27 部分のうちの 343 部分になる．平方［数］の辺を 2 立方と我々は置いたから，平方［数］の辺は単位の 27 部分のうちの 686 部分になる．平方［数］は単位の 729 部分のうちの 470,596 部分になる．

・・・ 訳注 ・・

$a = s = 2 + \frac{1}{3}$, $a^3 = s^3 = \frac{343}{27}$. $b = 2s^3 = \frac{686}{27}$, $b^2 = (2s^3)^2 = \frac{470596}{729}$.

....

910　立方［数］の立方に関しては，それは単位の 19,683 部分のうちの 40,353,607 部分になる．平方数と立方数との掛け算から出てくるものに関しては，それは単位の 19,683 部分のうちの 161,414,428 部分になる．それの 5 倍は〈単位の 19,683 部分のうちの〉[1] 807,072,140 部分である．それを立方［数］の立方に加えると[2]，その両者から出てくるのは単位の 19,683 部分のうちの 847,425,747 部分であり，それはまた，単位の 6,561 部分のうちの 282,475,249 部分である．そしてそれはそれの辺が単位の 81 部分のうちの 16,807 部分である平方数である．

・・・ 訳注 ・・

検算. $(a^3)^3 = \frac{40353607}{19683}$, $5a^3b^2 = 5 \cdot \frac{161414428}{19683} = \frac{807072140}{19683}$, $(a^3)^3 + 5a^3b^2 = \frac{847425747}{19683} = \frac{282475249}{6561} = (\frac{16807}{81})^2$.

....

925　ゆえに我々が条件付けた条件に合う 2 つの数を我々は見つけた．その両者は単位の 27 部分のうちの 343 部分と単位の 729 部分のうちの 470,596 部分であ

---

[1] <من تسعة عشر ألفا وستمائة وثلاثة وثمانين جزءا من واحد>] R, om. SM
[2] اردنا M, أزدنا R, زدنا S

る．そしてそれが我々が見つけたかったものである．

33. 我々は［次のような］立方数と平方数とを見つけたい．立方［数］の立方が平方数と立方数との積から出てくるものに置かれた倍（pl.）に対して平方数だけ増加する．

・・・ 訳注 ・・
問題 4.33.
$$(a^3)^3 - ma^3b^2 = c^2.$$
求めるのは a^3 と b^2．
・・・

置かれた倍を3倍とせよ．立方［数］を1立方と置く．それの立方は立方立方立方になる．平方［数］を1/2立方である辺から成ると置く．平方［数］は1/4立方立方になる．それを我々が1立方と置いた立方数に掛ける．そこから1/4立方立方立方が出てくる．それの3倍は3/4立方立方立方になる[1]．それを立方［数］の立方から引く．平方数に等しい1/4立方立方立方が残る．それの辺を望むだけの財財（pl.）と置こう．それを1財財と置こう．立方立方財が1/4立方立方立方に等しくなる．割り算の後で1/4物が1単位に等しくなる．よって物全体は4単位に等しい．

・・・ 訳注 ・・・
$m=3$ とする．$a^3 = s^3$ と置く．$(a^3)^3 = s^3s^3s^3$．$b = \frac{1}{2}s^3$ と置く．$b^2 = \frac{1}{4}s^3s^3$，$(a^3)^3 - 3a^3b^2 = s^3s^3s^3 - 3 \cdot s^3 \cdot \frac{1}{4}s^3s^3 = s^3s^3s^3 - 3 \cdot \frac{1}{4}s^3s^3s^3 = s^3s^3s^3 - \frac{3}{4}s^3s^3s^3 = \frac{1}{4}s^3s^3s^3 = c^2$．$c = s^2s^2$ と置く．$\frac{1}{4}s^3s^3s^3 = s^3s^3s^2$，$\frac{1}{4}s = 1$，$s = 4$．
・・・

立方［数］の辺を1物と我々は置いたので，それの辺は4単位になる．立方［数］は64になる．平方［数］を1/2立方である[2]辺から成ると我々は置いたので，平方［数］の辺は32になる．平方［数］は1,024になる．

・・・ 訳注 ・・・

---

[1] M يكون R, يكون S, [تكون
[2] M المكعب S, كعب R, [المكعب

$a = s = 4$, $a^3 = s^3 = 64$. $b = \frac{1}{2}s^3 = 32$, $b^2 = 1024$.

....

943　立方［数］の立方に関しては 262,144 になる．平方数と立方数との掛け算から出てくるものに関しては 65,536 になる．〈それの〉3 倍は[1] 196,608 になる．それを立方［数］の立方から引くと 65,536 が残る．そしてそれは 256 である辺から成る平方［数］である．

　　… 訳注 ………………………………………………………………

　　検算．$(a^3)^3 - 3a^3b^2 = 262144 - 3 \cdot 65536 = 262144 - 196608 = 65536 = (256)^2$．

....

949　ゆえに我々が条件付けた条件に合う 2 つの数を見つけた．その両者は 64 と 1,024 である．そしてそれが我々が見つけたかったものである．

951　既に記述したのと同じように，この型 (fann) に属する諸部分から残った諸問題を見つける．たとえば，［次のような］立方数と平方数とを見つける．平方［数］の平方が平方数と立方数との掛け算から出てくるものに対して置かれた倍と共に平方数になる．また平方［数］の立方が平方数と立方数との掛け算から出てくるものに対して置かれた倍と共に平方数になる[2]．それの逆とそれに類似するものも．

　　… 訳注 ………………………………………………………………

　　$(b^2)^2 + ma^3b^2 = c^2$，$(b^2)^3 + ma^3b^2 = c^2$．Sesiano [1982: 205] に従うと，「それの逆」とは $(a^3)^2 + ma^3b^2 = c^2$，「それに類似するもの」とは $(b^2)^2 - ma^3b^2 = c^2$ などを指す．なお，問題 4.14 の line 328 では，係数を入れ換えることを「問題の逆」と表現している．

....

956　**34. 我々は［次のような］立方数と平方数とを見つけたい．立方［数］に平方［数］が加えられると平方数が出てきて，それ（立方数）から平方［数］が引かれても平方数が残る．**

---

[1] M امال R, أمثاله S, أمثال] S, <ذلك>
[2] M عددا مربعا S عدد مربّع R,] عددا مربعا

... 訳注 ....
問題 4.34.
$$\begin{cases} a^3 + b^2 = c_1^2 \\ a^3 - b^2 = c_2^2. \end{cases}$$

求めるのは a^3 と b^2.

....

　立方［数］を1立方と置く．平方［数］を4財と置く．立方と4財が平方数に等しくなる[1]．そして立方引く4財も平方数に等しくなる[2]．そこにおいて二連等式（al-musāwāt al-mutannāt）[3] の計算で計算する．これら2つの平方［数］の超過（差）をとる．それは8財である．一方と他方との積が8財になる2つの数を探す．その両者は2物と4物である．両者の相互超過は2物である．2物の半分は1〈物〉である．それの平方は1財である．それが立方引く4財に等しい．4財を共通に両辺の各々[4] に加えると，5財に等しい1立方がある．また，2物を4物に加えると，それは6物になる．その半分は3物である．3物の平方は9財である．それは立方と4財に等しい．共通の4財を両辺の各々[5] から突き合わせる．5財に等しい1立方が残る．2つの各々[6] の方法で方程式は互いに同じになった．そして［方程式は］各々［の方法］において5財に等しい立方に到達した．それの全体を財で割ろう．1物は5単位に等しくなる[7]．

958

... 訳注 ....

---

[1] سعادل M, يعادل R, تعادل S] تعادل
[2] سعادل M, يعادل R, تعادل S] تعادل
[3] 問題 2.11. al-musāwāt al-mutannāt はギリシア語の $διπλοισότης$ の訳．Sesiano [1982: 110] は "the double-equation", Rashed [1984: 110] は "la double équation", Christianidis and Oaks [2023: 357] は "the double equality" とそれぞれ訳す．
[4] كلى] SM, كلتا R
[5] كلى] SM, كلتا R
[6] كلى] SM, كلا R
[7] سا واحدا يعادله M, شىء واحد يعادل R, شيئًا واحدا يعادله]

解法 1. $a^3 = s^3$, $b^2 = 4s^2$ と置く.

$$\begin{cases} s^3 + 4s^2 = c_1^2 \\ s^3 - 4s^2 = c_2^2. \end{cases}$$

$c_1^2 - c_2^2 = 8s^2 = 2s \cdot 4s$, $(\frac{1}{2}(4s - 2s))^2 = (\frac{2s}{2})^2 = s^2 [= c_2^2] = s^3 - 4s^2$, $s^3 = 5s^2$, $(\frac{1}{2}(4s + 2s))^2 = (\frac{6s}{2})^2 = (3s)^2 = 9s^2 [= c_1^2] = s^3 + 4s^2$, $s^3 = 5s^2$, $s = 5$.
....

971 それ故, 立方［数］の辺は 5 単位になる. 立方［数］は 125 になる. 平方［数］の辺は 10 単位になる. 平方［数］は 100 になる.

… 訳注 ………………………………………………………………………
$a = s = 5$, $a^3 = 125$. $b[= 2s] = 10$, $b^2 = 100$.
....

973 それが立方数に加えられると 225 が出てくる. それはそれの辺が 15 である平方数である. もし［平方数が］立方数から引かれると 25 が残る. それはそれの辺が 5 単位である平方［数］である.

… 訳注 ………………………………………………………………………
検算. $a^3 + b^2 = 125 + 100 = 225 = (15)^2$, $a^3 - b^2 = 125 - 100 = 25 = 5^2$.
[問題 2.11 には, 2 にある数 s が加えられると平方数になり, 3 に同じ s が加えられても平方数になるという例がある.

$$\begin{cases} 2 + s = c_1^2 \\ 3 + s = c_2^2. \end{cases}$$

c_2^2 から c_1^2 を引き $c_2^2 - c_1^2 = (c_2 + c_1)(c_2 - c_1) = 1$ とし, 1 を 4 と $\frac{1}{4}$ の積で表す. そして $c_2 + c_1 = 4$, $c_2 - c_1 = \frac{1}{4}$ とする. すると $c_2 = \frac{1}{2}(4 + \frac{1}{4})$, $c_1 = \frac{1}{2}(4 - \frac{1}{4})$. $c_2^2 = \frac{289}{64} = s + 3$ あるいは $c_1^2 = \frac{225}{64} = s + 2$ になる. いずれの式からも $s = \frac{97}{64}$ が求まる. Christianidis and Oaks [2013: 131, fn. 7] は二連等式を, 平方の差が和と差の積であることを利用して問題を解く方法とする. 序論 §7.6 参照. ］
....

977 また, それを〈二連〉[1] 等式以外の計算で計算する. 我々は言う. 立方と 4

---

[1] <الشّاة>] S, om. RM

財が平方数に等しいから[1]，それの辺を物 (pl.) と我々は置くと，平方は立方と 4 財に等しい財 (pl.) になる．共通の 4 財を両辺の各々[2]から引くと，財 (pl.) に等しい立方が残る．その両者を財で割ると，立方に関しては物になり，財 (pl.) に関しては財 (pl.) の数に等しい数になる[3]．それ故，問題において 1 物と置かれた数は残りの財 (pl.) の数に等しくなる．また，立方引く 4 財が平方数に等しい[4]ので，それの辺もまた物 (pl.) と我々は置くと，平方は財 (pl.) になる．4 財を共通に両辺の各々[5]に加えると，財 (pl.) に等しい立方が出てくる．それ故，問題において 1 物と置かれた数は出てきた財 (pl.) の数に等しくなる．それ故，1 番目の方程式における残りの財 (pl.) の数は 2 番目の方程式において出てきた財 (pl.) の数に等しく[6]なればよい．しかし，1 番目の方程式における残りの財 (pl.) は 4 単位を引いた後に平方数から残ったものであり，2 番目の方程式において出てきた財 (pl.) は平方数と 4 単位とから出てきた数である．それ故，両者のうち大きい方から 4 単位を引き，両者のうち小さい方に 4 単位を加えると互いに等しくなる 2 つの平方数を我々は探す．よって両者の相互超過が 8 単位である 2 つの平方数を探せばよい[7]．その両者は 12 と 1/4 および 20 と 1/4 である．立方と 4 財に等しい大きい平方 [数] を 20 財と 1/4 財とし，立方〈引く〉4[8]財に等しい小さい平方 [数] を 12 財と 1/4 財とする．2 つの方程式の各々[9]において，16 財と 1/4 財に等しい 1 立方に到達する．それ故，1 物は 16 単位と 1/4 単位に等しくなる．

… 訳注 …………………………………………………………………………
解法 2.
$$s^3 + 4s^2 = c_1^2.$$

---

[1] M معادل, R يعادل, S تعادل]
[2] R كتبا, SM كلي]
[3] M عددا مساويه لعدد الاموال, S عددا, R] عددا مساويا لعدد الأموال
[4] M معادل, R يعادل, S تعادل]
[5] R كتبا, SM كلي]
[6] RM مساو عددها مساو, S] عددها مساو
[7] 問題 2.10.
[8] M الاربعة, S الآ اربعة, R] <إلا> الأربعة
[9] R كتبا, SM كلي]

$c_1 = ms$ と置く. $c_1^2 = m^2 s^2 = s^3 + 4s^2$, $s^3 = (m^2 - 4)s^2$, $s = m^2 - 4$.

$$s^3 - 4s^2 = c_2^2.$$

$c_2 = ns$ と置く. $c_2^2 = n^2 s^2 [= s^3 - 4s^2]$, $s^3 = (n^2 + 4)s^2$, $s = n^2 + 4$. $m^2 - 4 = n^2 + 4$, $m^2 > n^2$, $m^2 - n^2 = 8$. [問題 2.10 より,]$n^2 = 12 + \frac{1}{4}$, $m^2 = 20 + \frac{1}{4}$. $s^3 + 4s^2 = (20 + \frac{1}{4})s^2$, $s^3 - 4s^2 = (12 + \frac{1}{4})s^2$, $s^3 = (16 + \frac{1}{4})s^2$, $s = 16 + \frac{1}{4}$.

··

998 立方 [数] の辺を 1 物と我々は置いたので,立方 [数] の辺は 16 と 1/4 になる.立方 [数] は 4,291 〈と〉単位の 64 部分のうちの 1 部分になる.平方 [数] の辺を 2 物と我々は置いたので,平方 [数] の辺は 32 と 1/2 になる.平方 [数] は 1,056 と 1/4 になる.

··· 訳注 ··

$a = s = 16 + \frac{1}{4}$, $a^3 = 4291 + \frac{1}{64}$. $b = 2s = 32 + \frac{1}{2}$, $b^2 = 1056 + \frac{1}{4}$.

··

1002 それを立方数に加えると,5,347 と 64 [部分] のうちの 17 部分が出てくる.そしてそれはそれの辺が 73 と 1/8 単位である平方数である.[また,]〈それを〉立方数から引くと[1]),3,234 と単位の 64 部分のうちの 49 部分が残る.そしてそれはそれの辺が 56 と 7/8 である平方 [数] である.

··· 訳注 ··
検算.
$$\begin{cases} a^3 + b^2 = 5347 + \frac{17}{64} = (73 + \frac{1}{8})^2 \\ a^3 - b^2 = 3234 + \frac{49}{64} = (56 + \frac{7}{8})^2. \end{cases}$$

··

1008 ゆえに我々は [次のような] 立方数と平方数とを見つけた.立方数に平方数が加えられると平方数が出てきて,それ (立方数) から平方数が引かれても平方数が残る.

1011 **35.** 我々は [次のような] 立方数と平方数とを見つけたい. 平方

---

[1]) ⟨ة⟩ناصقن] S, ناصقن R, ܠܡܐ M

数に立方数が加えられると平方数が出てきて，それ（平方数）から立方数が引かれると平方数が残る．

⋯ 訳注 ⋯⋯⋯⋯⋯⋯⋯⋯⋯⋯⋯⋯⋯⋯⋯⋯⋯⋯⋯⋯⋯⋯⋯⋯⋯⋯⋯⋯⋯⋯⋯⋯
問題 4.35.
$$\begin{cases} b^2 + a^3 = c_1^2 \\ b^2 - a^3 = c_2^2. \end{cases}$$

求めるのは a^3 と b^2．
⋯⋯⋯⋯⋯⋯⋯⋯⋯⋯⋯⋯⋯⋯⋯⋯⋯⋯⋯⋯⋯⋯⋯⋯⋯⋯⋯⋯⋯⋯⋯⋯⋯⋯⋯⋯

　立方［数］を 1 立方，平方［数］を 4 財と置く．4 財と立方が平方数に等しくなり，4 財引く立方が平方数に等しくなる．4 財と立方に[1]等しい平方［数］の辺を物 (pl.) と我々が置くと，平方［数］は 4 財と立方に等しい財 (pl.) になる．共通の 4 財を両辺の各々[2]から引くと，財 (pl.) に等しい立方が残る．問題において〈物と〉[3]置かれた数は残りの財 (pl.) の数に等しくなる．また 4 財引く立方に等しい平方［数］の辺を物 (pl.) と我々が置くと，平方［数］は 4 財引く立方に等しい財 (pl.) になる．立方を両辺の各々[4]に加えると，4 財に等しい財 (pl.) と立方になる．共通の財 (pl.) を両辺の各々[5]から引くと，財 (pl.) に等しい立方が残る．問題[6]において物と置かれた数も残りの財 (pl.) の数に等しくなる．1 番目の方程式における残りの財 (pl.)［の数］が 2 番目の方程式における残りの財 (pl.) の数に等しくなればよい．しかし 1 番目の方程式における残りの財 (pl.) はそこから 4 が引かれる平方数であり，2 番目の方程式における残りの財 (pl.) は 4 から引かれる平方数である．我々は言

1014

---

[1] الاربعه M, الأربعة R, للاربعة S]
[2] كلتا R, كلى SM]
[3] شيئًا] <شيئًا> في المسئلة S, في المسألة الأولى R, فى المساله الاولى M. R は「物」（شيئًا）という語を補わないが，フランス語訳では "et le nombre supposé une chose dans le premier problème" というように補って訳す．Sesiano [1982: 33] は，欄外注にあった الاولى という語を写字生が本文に挿入したと推測する．
[4] كلتا R, كلى SM]
[5] كلتا R, كلى SM]
[6] المسله M, المسألة <الثانية> R, المسئلة S]

う．平方［数］引く4単位は4単位引く別の平方［数］に等しい[1]．1番目の平方［数］から除去された4単位を両辺の各々に共通に加えると，8単位引く平方［数］に等しい平方［数］が出てくる[2]．別の平方［数］を両辺の各々[3]に共通に加えると，2つの平方［数］が出てきて，その両者［の和］が8単位に等しくなる．しかし，8は互いに等しい2つの平方数から合成される．よって第2巻で我々が明らかにしたように，8を別の2つの平方数に分ければよい[4]．2つの部分のうちの一方を単位の25〈部分〉[5]のうちの4部分とし，他方を7と単位の25部分のうちの21部分とせよ．4財と立方に[6]等しい平方［数］を7財と財の25部分のうちの21部分とし，4財引く立方に[7]等しい平方［数］を財の25部分のうちの4部分とする．2つの方程式の各々において埋め合わせと鉢合わせの後で，立方に等しい3財と財の25部分のうちの21部分に到達する．両者を財で割ると，3と4/5と1/5単位の1/5が1物に等しくなる．

··· 訳注 ································
$a^3 = s^3$, $b^2 = 4s^2$ と置く．
$$\begin{cases} 4s^2 + s^3 = c_1^2 \\ 4s^2 - s^3 = c_2^2. \end{cases}$$

$c_1 = ms$ と置く．$c_1^2 = m^2 s^2$, $4s^2 + s^3 = m^2 s^2$, $s^3 = (m^2 - 4)s^2$, $s = m^2 - 4$.
$c_2 = ns$ と置く．$c_2^2 = n^2 s^2$, $4s^2 - s^3 = n^2 s^2$, $4s^2 = s^3 + n^2 s^2$, $(4 - n^2)s^2 = s^3$, $s = 4 - n^2$. よって $m^2 - 4 = 4 - n^2$, $m^2 = 8 - n^2$, $m^2 + n^2 = 8 [= 2^2 + 2^2]$. ここで問題 2[.9] により $[m^2$ と n^2 を探す．$m = y + 2$, $n = 2 - hy$ と置く．$(y+2)^2 + (2-hy)^2 = 2^2 + 2^2$, $y^2 + 4y + 2^2 + 2^2 - 4hy + h^2 y^2 = 2^2 + 2^2$, $y^2(1+h^2) = 4y(h-1)$, $y = \frac{4(h-1)}{1+h^2}$ $(h > 1)$．$h = 2$ と置く．$y = \frac{4}{5}$, $m = y+2 = \frac{14}{5}$,] $m^2 [= \frac{196}{25}] = 7 + \frac{21}{25}$, $[n = 2 - hy = \frac{2}{5},]$ $n^2 = \frac{4}{25}$．$c_1^2 = (7 + \frac{21}{25})s^2$, $c_2^2 = \frac{4}{25}s^2$,

---

[1] عدل M, يعادل R, تعادل] S
[2] مى M, بقى R, اجتمع ;R كلتا] SM, كلى
[3] كلتا R] SM, كلى
[4] 問題 2.9.
[5] <جزءا>] R, om. SM
[6] الاربعه M, الأربعة R, للاربعة] S
[7] الاربعه M, الأربعة R, للاربعة] S

$4s^2 + s^3 = (7 + \frac{21}{25})s^2$, $4s^2 - s^3 = \frac{4}{25}s^2$, $s^3 = (3 + \frac{21}{25})s^2$, $s = 3 + \frac{4}{5} + \frac{1}{5} \cdot \frac{1}{5}$.

....

立方［数］を1物である辺から成ると我々は置いたので，立方［数］の辺は 1043
25部分のうちの96部分になる．そして立方［数］は単位の15,625部分のうちの884,736部分になる．平方［数］の辺を2物と我々は置いたので，平方［数］の辺は単位の25部分のうちの192部分になる．そして平方［数］は単位の625部分のうちの36,864部分になり，それはまた単位の15,625部分のうちの921,600部分である．

··· 訳注 ··
$a = s = \frac{96}{25}$, $a^3 = \frac{884736}{15625}$. $b = 2s = \frac{192}{25}$, $b^2 = \frac{36864}{625} = \frac{921600}{15625}$.
....

それ（平方数）を立方数に加えると，〈単位の[1])15,625部分のうちの〉1,806,336 1051
部分が出てくる．そしてそれはそれの辺が単位の125部分のうちの1,344部分である平方数である．それ（平方数）から立方数を引くと，単位の15,625部分のうちの36,864部分が残る．〈そしてそれはそれの辺が単位の125部分のうちの192部分である平方数である．〉

··· 訳注 ··
検算．
$$\begin{cases} b^2 + a^3 = \frac{1806336}{15625} = (\frac{1344}{125})^2 \\ b^2 - a^3 = \frac{36864}{15625} = (\frac{192}{125})^2 \end{cases}$$

....

ゆえに我々は［次のような］立方数と平方数とを見つけた．平方［数］に立 1059
方［数］が[2])加えられると平方数があり，それ（平方数）から立方［数］が引かれると平方数が残る．その両者は単位の15,625部分のうちの884,736部分と921,600部分である．そしてそれが我々が見つけたかったものである．

36. 我々は［次のような］立方数を見つけたい．それの辺から成 1065

---

[1]) ⟨من واحد⟩] R, om. SM
[2]) المربع R, المربع S; المكعب M; والمكعب R, والمكعب S, والمربع M

る平方［数］に対して置かれた倍（pl.）をそれ（立方数）に加えると平方数が出てきて，それの辺から成る平方［数］に対して置かれた別の倍（pl.）をそれ（立方数）から引くと平方数が残る．

………訳注………………………………………………………………………
問題 4.36.
$$\begin{cases} a^3 + ma^2 = b_1^2 \\ a^3 - na^2 = b_2^2. \end{cases}$$

求めるのは a^3.
………………………………………………………………………………………

1068　増加する倍を 4 倍，減少する倍を 5 倍とせよ．我々は［次のような］立方数を見つけたい．それの辺から成る平方［数］の 4 倍をそれ（立方数）に加えると平方数が出てきて，それの辺から成る平方［数］の 5 倍をそれ（立方数）から引くと平方数が残る．それの辺から成る平方［数］が 1 財になるために，立方［数］を 1 立方と置く．両者のうち大きい方から 4 単位を引き，両者のうち小さい方に 5 単位を加えると互いに等しくなる 2 つの平方数を探す．すなわち，両者の相互超過が 9 単位である 2 つの平方数を我々は探す，ということである．2 つの平方［数］のうち一方が 16，他の平方が 25 と我々は見つけた．それの辺とそれ自身との掛け算から成る平方［数］の 4 倍を立方［数］に加えると，1 立方と 4 財になる．そしてそれが平方数である．それ（1 立方と 4 財）に等しい平方［数］を，両者の相互超過が 9 単位である 2 つの平方［数］のうちの大きい平方［数］に等しい財（pl.），すなわち 25 財，としよう．共通の 4 財を両辺の各々[1)]から突き合わせる．21 財に等しい 1 立方が残る．また，それの辺から成る平方［数］の 5 倍，すなわち 5 財，を立方［数］から引く．立方引く 5 財が残る．それが平方数に等しい．それ（立方引く 5 財）に等しい平方［数］を，両者の相互超過が 9 単位である 2 つの平方［数］のうち小さい平方［数］に等しい財（pl.），すなわち 16 財，としよう．立方から減少する 5 財を

[1)] كلّ] SM, بكلّ R

両辺の各々[1)]に加える．1立方が21財に等しくなる．2つの方程式の各々[2)]において，21財に等しい1立方へと既に到達した．両者の各々を財で割ろう．1物が21に等しくなる．

⋯ 訳注 ⋯⋯⋯⋯⋯⋯⋯⋯⋯⋯⋯⋯⋯⋯⋯⋯⋯⋯⋯⋯⋯⋯⋯⋯⋯⋯⋯⋯⋯⋯⋯⋯⋯
$m=4, n=5$ とする．
$$\begin{cases} a^3 + 4a^2 = b_1^2 \\ a^3 - 5a^2 = b_2^2. \end{cases}$$
$a^3 = s^3$ と置く．
$$\begin{cases} s^3 + 4s^2 = b_1^2 \\ s^3 - 5s^2 = b_2^2. \end{cases}$$
[問題 4.35 のように $b_1^2 = (ms)^2$, $b_2^2 = (ns)^2$ $(m > n)$ とする．] $m^2 - 4 = n^2 + 5$ $(m^2 > n^2)$, $m^2 - n^2 = 9$. [問題 2.10 より，] $n^2 = 16$, $m^2 = 25$. $b_1^2 = s^3 + 4s^2 = 25s^2$, $s^3 = 21s^2$. あるいは，$b_2^2 = s^3 - 5s^2 = 16s^2$, $s^3 = 21s^2$, $s = 21$.
⋯⋯⋯⋯⋯⋯⋯⋯⋯⋯⋯⋯⋯⋯⋯⋯⋯⋯⋯⋯⋯⋯⋯⋯⋯⋯⋯⋯⋯⋯⋯⋯⋯⋯⋯⋯⋯⋯

立方［数］の辺を1物と我々は置いたから，立方［数］の辺は21になる．そして立方［数］は9,261になる． 1088

⋯ 訳注 ⋯⋯⋯⋯⋯⋯⋯⋯⋯⋯⋯⋯⋯⋯⋯⋯⋯⋯⋯⋯⋯⋯⋯⋯⋯⋯⋯⋯⋯⋯⋯⋯⋯
$a = s = 21$, $a^3 = 9261$.
⋯⋯⋯⋯⋯⋯⋯⋯⋯⋯⋯⋯⋯⋯⋯⋯⋯⋯⋯⋯⋯⋯⋯⋯⋯⋯⋯⋯⋯⋯⋯⋯⋯⋯⋯⋯⋯⋯

それの辺とそれ自身の掛け算から成る平方［数］は44[3)]1であり，それの4倍は〈1,〉[4)]76[5)]4である．それを立方数に加えると11,025が出てくる．それはそれの辺が105単位である平方［数］である．立方［数］の辺の平方の5倍は2,205単位である．それを立方数から引くと7,056が残る．それはそれの辺が84である平方数である． 1090

⋯ 訳注 ⋯⋯⋯⋯⋯⋯⋯⋯⋯⋯⋯⋯⋯⋯⋯⋯⋯⋯⋯⋯⋯⋯⋯⋯⋯⋯⋯⋯⋯⋯⋯⋯⋯

[1)] كلى] SM, كلتا R
[2)] كلى] SM, كلتا R
[3)] M واربعس, R وأربعين, S] واربعون
[4)] <ألفا و> S,] <الف و> R, om. M
[5)] M وسس, R وستين, S] وستّون

検算.
$$\begin{cases} a^3 + 4a^2 = 9261 + 4 \cdot 441 = 9261 + 1764 = 11025 = (105)^2 \\ a^3 - 5a^2 = 9261 - 5 \cdot 441 = 9261 - 2205 = 7056 = (84)^2. \end{cases}$$

....

1096 ゆえに我々は［次のような］立方数を見つけた．それの辺から成る平方［数］の4倍をそれ（立方数）に加えると平方数が出てきて，それの辺から成る平方［数］の5倍を〈それ（立方数）から〉[1)]引くと平方数が残る．それは9,261である．そしてそれが我々が見つけたかったものである．

1100 また［次のことを］我々は明らかにする．増加する倍が5，減少する倍が4になることを我々が望むなら，立方［数］の辺は20になり[2)]，立方［数］は8,000である．

・・・訳注・・・・・・・・・・・・・・・・・・・・・・・・・・・・・・・・・・・・・・・
$m = 5$, $n = 4$ とする．
$$\begin{cases} a^3 + 5a^2 = b_1^2 \\ a^3 - 4a^2 = b_2^2. \end{cases}$$

$a = 20$, $a^3 = 8000$.

....

1101 それの辺から成る平方［数］の5倍，すなわち2,000，をそれ（立方数）に加えると10,000が出てくる．それはそれの辺が100である平方数である．それの辺から成る平方［数］の4倍，すなわち1,600，をそれ（立方数）から引くと6,400が残る．それはそれの辺が80である平方数である．

・・・訳注・・・・・・・・・・・・・・・・・・・・・・・・・・・・・・・・・・・・・・・
検算.
$$\begin{cases} a^3 + 5a^2 = 8000 + 2000 = 10000 = (100)^2 \\ a^3 - 4a^2 = 8000 - 1600 = 6400 = (80)^2. \end{cases}$$

....

[1)] <منه>] S, om. RM
[2)] ان] S, فإن R, اى M

37. 我々は［次のような］立方数を見つけたい．それの辺から成る平方［数］を 2 つの置かれた数に掛け，両者の各々から出てくるものを立方数に加えると平方数が出てくる．

……訳注……………………………………………………………………
問題 4.37.
$$\begin{cases} a^3 + ma^2 = b_1^2 \\ a^3 + na^2 = b_2^2. \end{cases}$$

求めるのは a^3．
………………………………………………………………………………

2 つの数のうち一方を 5，他方を 10 とせよ．我々は［次のような］立方数を見つけたい．それの辺の平方を 5 と 10 に掛け，それ（平方）と両者の各々の掛け算から出てくるものを立方数に加えると，平方数が出てくる．立方［数］を 1 立方と置く．それの辺の平方，すなわち 1 財，を 5 と 10 に掛ける．5 財と 10 財がある．両者の各々を立方に加える．立方と 5 財が平方数に等しくなる[1]．立方と 10 財が［他の］平方数に等しくなる[2]．立方と 5 財である平方［数］の辺を物（pl.）とすると，それの平方は財（pl.）になる．次に共通の 5 財を両辺の各々[3]から引くと，財（pl.）に等しい立方が残る．この問題において物と[4]置かれた数が残りの財の数に等しいことはわかっている．また，立方と 10 財である平方［数］の辺を物（pl.）とすると，それの平方は財（pl.）である．共通の 10 財を両辺の各々[5]から引くと，財（pl.）に等しい立方が残る．それ故，この解析において物と置かれた数は残りの財の数に等しい．よって 1 番目の方程式における残りの財（pl.）が 2 番目の方程式における残りの財（pl.）に[6]等しくなればよい．しかし，1 番目の方程式における残りの財（pl.）［の

──────────────────────────────
[1] M تعادل, R يعادل, S تعادل
[2] M تعادل, R يعادل, S تعادل
[3] SM كلى] R كلتا
[4] M شيء, R شىء, S سى] شيئا
[5] SM كلى] R كلتا
[6] RM الأموال, S] للاموال

数］は[1]平方数引く 5 単位であり，2 番目の方程式における残りの財（pl.）［の数］は[2]平方［数］引く 10 単位である．よって我々は［次のような］2 つの平方数を探せばよい．両者のうち大きい方から 10 単位を，両者のうち小さい方から 5 単位を引くと，両者は互いに等しい．我々は言う．平方［数］引く 5 単位は別の平方［数］引く 10 単位に等しい．10 単位を共通に両辺の各々[3]に加える．平方［数］に等しい[4]平方［数］と 5 単位が出てくる．両者の相互超過が 5 単位であり，そして両者のうち小さい方が 5 単位より大きい 2 つの平方［数］を我々は探せばよい．小さい平方［数］を 53 と 7/9，それの辺を 7 単位と 1/3 単位，大きい平方［数］を 58 と 7/9，それの辺を 7 単位と 2/3 単位とせよ．立方と 5 財に等しい平方［数］を 53 財と 7/9 財とする．そして立方と 10 財に等しい平方［数］を 58 財と 7/9 財とする．2 つの方程式の各々において，48 財と 7/9 財に等しい 1 立方に到達する．両者を 1 財で割ると，1 物は 48 単位と 7/9 単位に等しくなる．

⋯ 訳注 ⋯⋯⋯⋯⋯⋯⋯⋯⋯⋯⋯⋯⋯⋯⋯⋯⋯⋯⋯⋯⋯⋯⋯⋯⋯⋯⋯
$m = 5$, $n = 10$ とする．
$$\begin{cases} a^3 + 5a^2 = b_1^2 \\ a^3 + 10a^2 = b_2^2. \end{cases}$$

$a^3 = s^3$ と置く．$a^2 = s^2$,
$$\begin{cases} s^3 + 5s^2 = b_1^2 \\ s^3 + 10s^2 = b_2^2. \end{cases}$$

$b_1 = ps$ とすると，$s^3 + 5s^2 = p^2 s^2$, $s^3 = (p^2 - 5)s^2$. よって $s = p^2 - 5$. $b_2 = qs$ とすると，$s^3 + 10s^2 = q^2 s^2$, $s^3 = (q^2 - 10)s^2$. よって $s = q^2 - 10$. $p^2 - 5 = q^2 - 10$. ただし $q^2 > p^2$. $q^2 = p^2 + 5$, $q^2 - p^2 = 5$. ただし $p^2 > 5$. ［問題 2.10 より，］$p^2 = 53\frac{7}{9} = (7\frac{1}{3})^2$, $q^2 = 58\frac{7}{9} = (7\frac{2}{3})^2$. $b_1^2 = s^3 + 5s^2 = 53s^2 + \frac{7}{9}s^2$, $b_2^2 = s^3 + 10s^2 = 58s^2 + \frac{7}{9}s^2$, $s^3 = 48s^2 + \frac{7}{9}s^2$, $s = 48\frac{7}{9}$.
⋯⋯⋯⋯⋯⋯⋯⋯⋯⋯⋯⋯⋯⋯⋯⋯⋯⋯⋯⋯⋯⋯⋯⋯⋯⋯⋯⋯⋯⋯⋯⋯

---

[1] الاموال] SM, الأموال <عدد> R
[2] الاموال] SM, الأموال <عدد> R
[3] كلى] SM, كلتا R
[4] تعادل] S, يعادل R, عادل M

立方［数］の辺を 1 物と我々は置いたので，それの辺は 439/9 になり，立方 1138
［数］は $84,604,519/(9 \cdot 9 \cdot 9)$ になり，それは $761,440,671/(9 \cdot 9 \cdot 9 \cdot 9)$ でも
ある．

··· 訳注 ··
$a^3 = s^3 = (48\frac{7}{9})^3 = (\frac{439}{9})^3 = \frac{84604519}{9 \cdot 9 \cdot 9} = \frac{761440671}{9 \cdot 9 \cdot 9 \cdot 9}$.
···

立方［数］の辺の平方は $192,721/9 \cdot 9$ であり，それは $15,610,400/(9 \cdot 9 \cdot 9 \cdot 9)$ 1143
〈と〉$1/(9 \cdot 9 \cdot 9 \cdot 9)$ 単位でもある．それを 5 単位に掛けると $78,052,005/(9 \cdot 9 \cdot 9 \cdot 9)$
が出てくる．それを立方数に加えると $839,492,676/(9 \cdot 9 \cdot 9 \cdot 9)$ が出てくる．
〈それはそれの辺が $28,974/9 \cdot 9$ である平方［数］である．〉また，立方［数］
の辺〈の平方〉を 10 単位に掛けると $156,104,010/(9 \cdot 9 \cdot 9 \cdot 9)$ が出てくる．
それを立方数に加えると $917,544,681/(9 \cdot 9 \cdot 9 \cdot 9)$ が出てくる．それはそれの
辺が $30,291/9 \cdot 9$ である平方［数］である．

··· 訳注 ··
検算．$a^2 = (\frac{439}{9})^2 = \frac{192721}{9 \cdot 9} = \frac{15610401}{9 \cdot 9 \cdot 9 \cdot 9}$.

$$\begin{cases} a^3 + 5a^2 = \frac{761440671}{9 \cdot 9 \cdot 9 \cdot 9} + \frac{78052005}{9 \cdot 9 \cdot 9 \cdot 9} = \frac{839492676}{9 \cdot 9 \cdot 9 \cdot 9} = (\frac{28974}{9 \cdot 9})^2 \\ a^3 + 10a^2 = \frac{761440671}{9 \cdot 9 \cdot 9 \cdot 9} + \frac{156104010}{9 \cdot 9 \cdot 9 \cdot 9} = \frac{917544681}{9 \cdot 9 \cdot 9 \cdot 9} = (\frac{30291}{9 \cdot 9})^2 \end{cases}$$
···

ゆえに我々が条件付けた条件に合う立方数を我々は見つけた．そしてそれは 1157
我々が述べた数である[1]．

38. 今度は，我々は［次のような］立方数を見つけたい．それ 1159
の辺から成る平方［数］を置かれた 2 つの数に掛け，両者の各々
を[2]立方数から引くと平方数が残る．

··· 訳注 ··

---

[1] M. S وهما العددان اللدان S, وهما العددان اللذان R,] وهو العدد الذي S は最後の一文を後世の挿入とする．

[2] R< من كلّ >ما يجتمع SM,] كلّ

問題 4.38.

$$\begin{cases} a^3 - ma^2 = b_1^2 \\ a^3 - na^2 = b_2^2. \end{cases}$$

求めるのは a^3.

....

1161　2つの数のうち一方を5単位，他方を10単位とせよ．我々は［次のような］立方数を見つけたい．それの辺の平方を5と10に掛け，両者の各々から出てくるものを立方数から引くと平方数が残る．同様にまた[1]，立方［数］を1立方とする．それの辺の平方，すなわち1財，を5と10に掛ける．5財と10財がある．両者の各々を立方数から引く．立方引く5財と立方引く10財が残る．両者の各々が平方数に等しい．5財を引いた立方に等しい平方［数］の辺である物（pl.）に関しては，その平方に5財が加えられると，そこから出てくるのは財（pl.）になり，それ（財）の数は問題において物と置かれた数である．10財を引いた立方に等しい平方［数］の[2]辺である物（pl.）に関しては，その平方に10財が加えられると，そこから出てくるのは財（pl.）になり，それ（財）の数は問題において物と置かれた数である．それ故，［次のような］2つの平方数を得ればよい[3]．両者のうち大きい方に5単位を加え，両者のうち小さい方に10単位を加えると，両者は互いに等しい．我々は言う．大きい方の平方［数］と5単位とが小さい平方［数］と10単位とに等しい[4]．共通の5単位を両辺の各々[5]から引く．大きい平方［数］に等しい[6]小さい平方［数］と5単位とが残る．よって2つの平方［数］の相互超過は5単位である．2つの数がなんであれ[7]両者の相互超過が5単位である2つの平方数を探そう．両

──────────────────────────────

[1] 問題 4.1, 8–13, 20, 22, 25–37 参照.
[2] M للمربع, R للمربع, S] المربع
[3] M لحد نأخذ R, <في طلب> نأخذ, S] نأخذ
[4] M تعادل R, يعادل S] تعادل
[5] SM كلتا] R كلي
[6] M تعادل R, يعادل S] تعادل
[7] 問題 4.37 では「小さい方が5単位より大きい」という条件があるが，問題 4.38 ではそのような条件は無い．ここで意図されているのは，複数の解から任意の1組を選ぶ，ということ．

者のうち小さい方を 4 単位，大きい方を 9 単位とせよ．5 財を引いた立方に等しい平方 [数] を 9 財とし，10 財を引いた立方に等しい平方 [数] を 4 財とする．2 つの方程式の各々において 14 財に等しい立方に到達する．1 物が 14 単位に等しくなる．

⋯ 訳注 ⋯⋯⋯⋯⋯⋯⋯⋯⋯⋯⋯⋯⋯⋯⋯⋯⋯⋯⋯⋯⋯⋯⋯⋯⋯⋯⋯⋯⋯⋯⋯⋯⋯⋯
$m = 5, \ n = 10$ とする．
$$\begin{cases} a^3 - 5a^2 = b_1^2 \\ a^3 - 10a^2 = b_2^2. \end{cases}$$
$a^3 = s^3$ とする．
$$\begin{cases} s^3 - 5s^2 = b_1^2 \\ s^3 - 10s^2 = b_2^2. \end{cases}$$
$b_1 = ps$, $[s^3 =]p^2s^2 + 5s^2 = (p^2 + 5)s^2$, $s = p^2 + 5$. $b_2 = qs$, $[s^3 =]q^2s^2 + 10s^2 = (q^2 + 10)s^2$, $s = q^2 + 10$. $p^2 + 5 = q^2 + 10$. ただし $p^2 > q^2$. $p^2 = q^2 + 5$, $p^2 - q^2 = 5$. [問題 2.10 より，]$q^2 = 4$, $p^2 = 9$. $s^3 - 5s^2 = 9s^2$, $s^3 - 10s^2 = 4s^2$, $s^3 = 14s^2$, $s = 14$.
⋯⋯⋯⋯⋯⋯⋯⋯⋯⋯⋯⋯⋯⋯⋯⋯⋯⋯⋯⋯⋯⋯⋯⋯⋯⋯⋯⋯⋯⋯⋯⋯⋯⋯⋯⋯⋯⋯⋯

立方 [数] の辺を 1 物と我々は置いたから，それの辺は 14 になり，立方 [数] は 2,744 になる．

⋯ 訳注 ⋯⋯⋯⋯⋯⋯⋯⋯⋯⋯⋯⋯⋯⋯⋯⋯⋯⋯⋯⋯⋯⋯⋯⋯⋯⋯⋯⋯⋯⋯⋯⋯⋯⋯
$a = s = 14$, $a^3 = 2744$.
⋯⋯⋯⋯⋯⋯⋯⋯⋯⋯⋯⋯⋯⋯⋯⋯⋯⋯⋯⋯⋯⋯⋯⋯⋯⋯⋯⋯⋯⋯⋯⋯⋯⋯⋯⋯⋯⋯⋯

それの辺から成る平方 [数] は $19^{1)}6$ である．それを 5 単位に掛けると 980 が生じる．それを立方数から引くと 1,764 が残る．そしてそれはそれの辺が 42 である平方 [数] である．また，立方 [数] の辺の平方を 10 単位に掛けると 1,960 が出てくる．それを立方数から引くと 784 が残る．そしてそれはそれの辺が 28 である平方 [数] である．

⋯ 訳注 ⋯⋯⋯⋯⋯⋯⋯⋯⋯⋯⋯⋯⋯⋯⋯⋯⋯⋯⋯⋯⋯⋯⋯⋯⋯⋯⋯⋯⋯⋯⋯⋯⋯⋯
検算．
$$\begin{cases} s^3 - 5s^2 = 2744 - 5 \cdot 196 = 2744 - 980 = 1764 = (42)^2 \\ s^3 - 10s^2 = 2744 - 1960 = 784 = (28)^2. \end{cases}$$

---

1) M وسعس R, وتسعين S, | وتسعون

1192 ゆえに我々が条件付けた条件に合う立方数を我々は見つけた．それは 2,744 である．そしてそれが我々が見つけたかったものである．

1194 **39．我々は［次のような］立方数を見つけたい．それの辺の平方を2つの置かれた数に掛け，両者の各々から**[1]**立方［数］を引くと，両者の各々から平方数が残る．**

… 訳注 ………………………………………………………………
問題 4.39．
$$\begin{cases} ma^2 - a^3 = b_1^2 \\ na^2 - a^3 = b_2^2. \end{cases}$$

求めるのは a^3．
………………………………………………………………………

1197 2つの置かれた数を3と7とせよ．我々は［次のような］立方数を見つけたい．それの辺の平方を3と7に掛け，2つの積の各々から[2]立方［数］を引くと，両者の各々から平方数が残る．立方［数］を1立方と置こう．それの辺の平方，すなわち1財，を3と7に掛け，両者の各々から立方を引くと[3]，平方［数］に等しい3財引く立方と，［他の］平方［数］に等しい7財引く立方が残る．立方を引いた3財に等しい平方［数］の辺を物 (pl.) とする．それをそれ自身に掛ける．立方を欠いた3財に等しい財 (pl.)[4] になる．立方を共通に両辺の各々[5]に加える．財 (pl.) と立方は3財に等しくなる[6]．共通の財 (pl.) を3財から引くと，財 (pl.) に等しい立方が残る．物は残りの財 (pl.) の数に

---

1) M مس كل R, <من المجتمع> من كل S, [من كل
2) M مس كل R, من <المجتمع من ضرب مربع ضلعه في> كل S, [من كل
3) M مس كل R, من <المجتمع من> كل S, [من كل
4) RM الأموال S, اموال R; أموال SM, [اموالا
5) R كلتا SM, [كلي
6) M قصر S, فيصير R, [فتصير

第 II 部　和訳　133

等しい．また，立方を引いた 7 財に等しい平方［数］の辺を物 (pl.) とし，それをそれ自身に掛け，埋め合わせと鉢合わせをすると，7〈財〉[1)]の残りに等しい 1 立方がまた残る．物はまた 7 の[2)]〈残りに〉等しくなる．それ故，3 財からの残りの財は 7 財からの残りの財に[3)]等しくなければならない．しかし，3 財からの残りは[4)]3 引く平方数であり，7 財からの残りは 7 引く［別の］平方数である．よって 3 引く平方数は 7 引く［別の］平方数に等しい．両辺の各々[5)]に共通に 2 つの平方［数］の各々を加える．3 と大きい平方［数］に等しい 7 と小さい平方［数］が出てくる[6)]．共通の 3 を突き合わせる．小さい平方［数］と 4 単位に等しい大きい平方［数］が残る．それ故，両者の相互超過が 4 単位である 2 つの平方数を探せばよい．両者のうち小さい方を 3 単位より少ないとせよ．両者は 2 と 1/4 および 6 単位と 1/4 である．立方を引いた 3 財に等しい平方［数］を 2 財と 1/4 財[7)]とする．立方を引いた 7 財に等しい平方［数］を 6 財と 1/4 財[8)]とする．2 つの方程式の各々において 3/4 財に等しい立方に到達する．それ故，物は 3/4 単位になる．

……訳注……………………………………………………………………

$m = 3$, $n = 7$ とする．
$$\begin{cases} 3a^2 - a^3 = b_1^2 \\ 7a^2 - a^3 = b_2^2. \end{cases}$$

$a^3 = s^3$ とする．
$$\begin{cases} 3s^2 - s^3 = b_1^2 \\ 7s^2 - s^3 = b_2^2. \end{cases}$$

$b_1 = ps$ とする．$3s^2 - s^3 = p^2 s^2$, $p^2 s^2 + s^3 = 3s^2$, $s^3 = (3 - p^2)s^2$, $s = 3 - p^2$.

$b_2 = qs$ とする．$7s^2 - s^3 = q^2 s^2$, $s^3 = 7s^2 - q^2 s^2$, $[s^3 = (7 - q^2)s^2,$ $]s = 7 - q^2$.

───────────────────────────────────────

[1)] ⟨الاموال⟩] S, om. RM
[2)] M لسعه R, السبعة ⟨الأموال⟩] S, السبعة
[3)] RM الأموال] S, للاموال
[4)] M الناقصه R, ⟨الأموال⟩ الباقية] S, الباقية
[5)] R كلتا] SM, كلي
[6)] M فيجتمع] S, فتبقى R, مسفى
[7)] M وربع مال] S, وربعا R. وربعا
[8)] M وربع مال] S, وربعا R. وربعا

$(3-p^2)s^2 = (7-q^2)s^2$, $3-p^2 = 7-q^2$, $3+q^2 = 7+p^2$. ただし $q^2 > p^2$. $q^2 = p^2+4$, $q^2-p^2 = 4$. ただし $p^2 < 3$. [問題 2.10 より、]$p^2 = 2\frac{1}{4}$, $q^2 = 6\frac{1}{4}$. $3s^2-s^3 = 2\frac{1}{4}s^2$, $7s^2-s^3 = 6\frac{1}{4}s^2$, $s^3 = \frac{3}{4}s^2$, $s = \frac{3}{4}$.

....

1222　立方［数］は $27/(8\cdot 8)$ になる．

　　　… 訳注 ……………………………………………………………………

$a^3 = s^3 = \frac{27}{8\cdot 8}$.

....

1223　立方［数］の辺の平方は $36/(8\cdot 8)$〈になる〉[1]．それ（$36/(8\cdot 8)$）を 3 に掛けると，$108/(8\cdot 8)$ が出てくる．それ（$36/(8\cdot 8)$）から立方数を引くと，$81/(8\cdot 8)$ が残る．そしてそれはそれの辺が $9/8$ である平方［数］である．また立方［数］の辺の平方，すなわち $36/(8\cdot 8)$，を 7 単位に掛けると，$252/(8\cdot 8)$ が出てくる．それ（$252/(8\cdot 8)$）から立方数を引くと，$225/(8\cdot 8)$ が残る．そしてそれはそれの辺が $15/8$ である平方数である．

　　　… 訳注 ……………………………………………………………………
検算．$a^2 = \frac{36}{8\cdot 8}$, $3a^2 = \frac{108}{8\cdot 8}$.

$$\begin{cases} 3a^2 - s^3 = \frac{108}{8\cdot 8} - \frac{27}{8\cdot 8} = \frac{81}{8\cdot 8} = (\frac{9}{8})^2 \\ 7a^2 - a^3 = \frac{252}{8\cdot 8} - \frac{27}{8\cdot 8} = \frac{225}{8\cdot 8} = (\frac{15}{8})^2. \end{cases}$$

....

1230　ゆえに我々が条件付けた条件に合う立方数を我々は見つけた．それは $27/(8\cdot 8)$ である．そしてそれが我々が見つけたかったものである．

1232　**40.** 我々は［次のような］平方数と立方数とを見つけたい．平方［数］の平方に立方［数］が加えられると平方数が出てきて，それ（平方数の平方）から立方［数］が引かれると平方数が残る．

　　　… 訳注 ……………………………………………………………………

────────────────────────────────

[1] <يكون>] S, om. RM

問題 4.40.
$$\begin{cases} (a^2)^2 + b^3 = c_1^2 \\ (a^2)^2 - b^3 = c_2^2. \end{cases}$$

求めるのは a^2 と b^3.

....

　平方［数］を2物である辺から成ると置こう．平方［数］は4財になる．それの平方は16財財になる．立方［数］を望むだけの物（pl.）である辺から成ると置こう．それを4物である辺から成ると置こう．立方［数］は64立方になる．この立方［数］を16財財に加える．それ（16財財）からそれ（64立方）を引く．16財財と64立方が平方数に等しくなり[1]，16財財引く64立方が［別の］平方数に等しくなる．次に，我々が前に計算したことに基づき2つの式の方程式を等しくする物を探し始める[2]．我々は言う．16財財と64立方に等しい平方［数］の辺を財（pl.）と置くと，それの平方は16財財と64立方に等しい財財（pl.）になる．共通の16財財を両辺の各々[3]から引くと，財財（pl.）に等しい64立方が残る．それの全体を立方で割ると，物（pl.）は64単位に等しくなる．それ故，問題において〈物と〉置かれた数は，立方の数，すなわち64，を残りの財財（pl.）の数で割ることから生じるものに等しくなる．また，16財財引く64立方に等しい平方［数］の辺を財（pl.）と置くと，それの平方は16財財引く64立方に等しい財財（pl.）になる．引いた立方（pl.）を共通に両辺の各々[4]に加えると，16財財に等しい財財（pl.）と64立方になる．共通の財財（pl.）を引くと，財財（pl.）に等しい64立方が残る．それの全体を立方で割ると，64単位は物（pl.）に等しくなる．それ故，物は64を残りの〈財〉財（pl.）の数で割ることから生じる数である．それ故，1番目の等式における残りの〈財〉財（pl.）の数は2番目の等式における残りの〈財〉財（pl.）の数に等しくなる．しかし，1番目の等式における残りの〈財〉財（pl.）の数

1235

---

[1] M مسكون, S فيكون, R] فتكون
[2] ここで意図されているのは「s に関して m の方程式と n の方程式を作り，等式にして m と n の値を求め，s の値を決定する」ということ．
[3] كلى] SM, كلتا R
[4] كلى] SM, كلتا R

は平方数引く 16 であり，2 番目の等式における残りの〈財〉財（pl.）〈の数〉は[1]16 引く平方数である．よって大きい平方数引く 16 は 16 引く小さい平方数に等しい[2]．小さい平方［数］を共通に加え，また大きい平方［数］から引いた 16 を共通に両辺の各々に[3]加えると，32 単位に等しい大きい平方［数］と小さい平方［数］と［の和］が出てくる[4]．32 は互いに等しい 2 つの平方［数］から合成されるが[5]，互いに異なる 2 つの平方数に分割する[6]ことは可能である．分割しよう[7]．2 つの平方［数］の一方を $16/(5 \cdot 5)$ とし，他の平方［数］を 31 と $9/(5 \cdot 5)$ とせよ．16 財財と 64 立方に等しい平方［数］を 31 財財と $9/(5 \cdot 5)$ 財財とし，$16^{8)}$ 財財引く 64 立方に等しい平方［数］を $16/(5 \cdot 5)$ 財財とする．2 つの等式の各々において 15 財財と $9/(5 \cdot 5)$〈財〉財[9]に等しい 64 立方に到達する．それの全体を立方で割る．15 物と $9/(5 \cdot 5)$ 物は 64 単位に等しくなる．1 物は 1,600 を 384 で割ることから生じるもの，すなわち 4 単位と $1/6$ 単位，である．

··· 訳注 ··

$a = 2s$ と置くと，$(a^2)^2 = (4s^2)^2 = 16s^2 s^2$．$b = 4s$ と置くと，$b^3 = 64s^3$．

$$\begin{cases} 16s^2 s^2 + 64s^3 = c_1^2 \\ 16s^2 s^2 - 64s^3 = c_2^2. \end{cases}$$

$c_1 = ms^2$ と置く．$16s^2 s^2 + 64s^3 = m^2 s^2 s^2$，$64s^3 = (m^2 - 16)s^2 s^2$，$64 = (m^2 - 16)s$，$s = \frac{64}{m^2 - 16}$．$c_2 = ns^2$ と置く．$16s^2 s^2 - 64s^3 = n^2 s^2 s^2$，$16s^2 s^2 = n^2 s^2 s^2 + 64s^3$，$(16 - n^2)s^2 s^2 = 64s^3$，$(16 - n^2)s = 64$，$s = \frac{64}{16 - n^2}$．$m^2 - 16 = 16 - n^2$．ただし $m^2 > n^2$．$m^2 + n^2 = 32 = 4^2 + 4^2$．[問題 2.9 より，]$n^2 = \frac{16}{5 \cdot 5}$，$m^2 = 31\frac{9}{5 \cdot 5}$ と

---

1) SM هى R, [M هو; S الاموال, ⟨اموال⟩ R, [⟨عدد أموال⟩ الأموال
2) M يعادل R, يعادل S, [تعادل
3) M فى كلى R, فى كلتا S, [على كلى
4) M هى R, بقى S, [اجتمع
5) M مولف R, مءولف S, [مءولّفة
6) M يقسم S, تقسم R, [نقسم
7) M فلمعسم S, فلتقسم R, [فلنقسم
8) M للسه عسر R, السته عشر S, [للستّة عشر
9) M مال R, ⟨مال⟩ مال S, مال [⟨مال⟩

する. $16s^2s^2 + 64s^3 = 31\frac{9}{5\cdot 5}s^2s^2$, $16s^2s^2 - 64s^3 = \frac{16}{5\cdot 5}s^2s^2$, $64s^3 = 15\frac{9}{5\cdot 5}s^2s^2$, $15\frac{9}{5\cdot 5}s = 64$, $s[= \frac{64}{15\frac{9}{5\cdot 5}}] = \frac{1600}{384} = 4\frac{1}{6}$.

　我々は平方 [数] の辺を 2 物と置いたから[1]，平方 [数] の辺は 8 単位と 1/3 単位になり，平方 [数] は 69 単位と 4/9 単位になる．平方 [数] の平方は 4,822 と 4/9 と 7/(9·9) である．我々は立方 [数] の辺を 4 物と置いたから，立方 [数] の辺は 16 単位と 2/3 単位になり，立方 [数] は 4,629 と 5/9 と 1/9 の 2/3 になる．

··· 訳注 ···
$a = 2s = 8\frac{1}{3}, a^2 = 69\frac{4}{9}, (a^2)^2 = 4822 + \frac{4}{9} + \frac{7}{9\cdot 9}$. $b = 4s = 16\frac{2}{3}, b^3 = 4629 + \frac{5}{9} + \frac{2}{3}\cdot\frac{1}{9}$.

....

　それが平方数とそれ自身との掛け算から出てくる数に加えられると，9,452 と 1/9 と 1/9 の 4/9 が出てくる．そしてそれはそれの辺が 97 単位と 2/9 単位である平方数である．この数（立方数）が平方数の平方から引かれると，192 と 8/9 と 1/9 の 1/9 が残る．そしてそれはそれの辺が 13 単位と 8/9 単位である平方数である．

··· 訳注 ···
検算．
$$\begin{cases} (a^2)^2 + b^3 = 9452 + \frac{1}{9} + \frac{4}{9}\cdot\frac{1}{9} = (97\frac{2}{9})^2 \\ (a^2)^2 - b^3 = 192 + \frac{8}{9} + \frac{1}{9}\cdot\frac{1}{9} = (13\frac{8}{9})^2 \end{cases}$$

この問題 4.40 では本来 s^2s^2 と書かれるべき語が s^2 としか書かれていない部分が繰り返されている．Sesiano [1982: 63] は，この誤りは写字生のものでもディオファントスのものでもなく，注釈者によるものと主張する．問題 4.41 の解法部分についても同様である．

....

　ゆえに我々が条件付けた条件に合う 2 つの数を我々は見つけた．その両者は我々が確立した 2 つの数である．

───

[1] فلاثًا S, وأنّا R, ملاثا M

1288 **41.** 我々は［次のような］別の[2]立方数と平方数とを見つけたい．立方数に平方［数］の平方が加えられると平方数が出てきて，それ（立方数）から平方［数］の平方が引かれると平方数が残る．

......訳注..
問題 4.41.
$$\begin{cases} b^3 + (a^2)^2 = c_1^2 \\ b^3 - (a^2)^2 = c_2^2. \end{cases}$$

求めるのは a^2 と b^3．
....

1291 我々が記述したのと同じ様に[1]，［平方数の辺を 2 物，立方数の辺を 4 物と置く．］我々は言う．64 立方と 16 財財が平方数に等しい．それの辺を財（pl.）とすると，平方［数］は 64 立方と 16 財財に等しい[2]財財（pl.）になる．共通の 16 財財を両辺の各々[3]から引くと，財財（pl.）に等しい 64 立方が残る．両者を立方で割ると，64 単位は物（pl.）に等しくなる．よって物は 64 を残りの財財（pl.）の数で割ることから生じるものである．また，64 立方引く 16 財財が平方数に等しい．それの辺を財（pl.）とすると，それの平方は 64 立方引く 16 財財に等しい財財（pl.）になる．16 財財を共通に両辺の各々[4]に加えると，64 立方に等しい財財（pl.）が出てくる．両者を立方で割ると，物（pl.）は 64 単位に等しくなる．物はここでも 64 を〈財〉財全体の数で割ることから生じるものである．1 番目の方程式における残りの〈財〉財（pl.）の数，すなわち[5]平方数引く 16，が 2 番目の方程式における〈財〉財全体の数，すなわち平方数と 16，に等しくなればよい．よって平方数引く 16 は別の平方［数］と 16

---

[2] 問題 4.40 では $(a^2)^2 - b^3 = c_2^2$ なので，それとは「別の」解を見つける．
[1] 問題 4.40 参照．
[2] تعدل] S, يعدل R, عدل M
[3] كلي] SM, كلتا R
[4] كلي] SM, كلتا R
[5] وهو] R, وهي SM

とに等しい[6]．引いている 16 を共通に両側の各々[7]に加えると，大きい平方［数］に等しい[1]平方［数］と 32 単位が出てくる．それ故，両者の相互超過が 32 単位である 2 つの平方数を我々は探す．両者のうち大きい平方［数］は 16 より大きい．小さい平方［数］を 4 単位，大きい平方［数］を 36 とせよ．64 立方と 16 財財に等しい〈平方［数］〉[2]を 36 財財，64 立方引く 16 財財に等しい平方［数］を 4 財財と置く．2 つの方程式の各々において 20 財財に等しい 64 立方に到達する．両者の各々を立方で割ろう．20 物は 64 単位に等しくなる．1 物は 3 単位と 1/5 単位になる．

…訳注………………………………………………………………………
$a = 2s,\ b = 4s$ と置く．
$$\begin{cases} 64^3 + 16s^2s^2 = c_1^2 \\ 64^3 - 16s^2s^2 = c_2^2 \end{cases}$$
$$64s^3 + 16s^2s^2 = c_1^2.$$
$c_1 = ms^2$ とする．$64s^3 + 16s^2s^2 = m^2s^2s^2$, $64s^3 = (m^2-16)s^2s^2$, $64 = (m^2-16)s$，$s = \frac{64}{m^2-16}$．
$$64s^3 - 16s^2s^2 = c_2^2.$$
$c_2 = ns^2$ とする．$64s^3 - 16s^2s^2 = n^2s^2s^2$, $64s^3 = (16+n^2)s^2s^2$, $64 = (n^2+16)s$, $s = \frac{64}{n^2+16}$．$m^2 - 16 = n^2 + 16$, $m^2 = n^2 + 32$．ただし $m^2 > n^2$．$m^2 - n^2 = 32$．ただし $m^2 > 16$．［問題 2.10 より］$m^2 = 36,\ n^2 = 4$．$64s^3 + 16s^2s^2 = 36s^2s^2$, $64s^3 - 16s^2s^2 = 4s^2s^2$, $64s^3 = 20s^2s^2$, $64 = 20s$, $s = 3\frac{1}{5}$．
………………………………………………………………………………

我々は平方［数］を 2 物である辺から成ると置いたので，〈それの辺は〉[3] 6 単位と 2/5 単位になる．平方［数］は 40 単位と 4/5 単位と 4/(5·5) 単位になる．平方［数］の平方は 1,677 と単位の 625 部分のうちの 451[4] 部分になる．

──────────────────────────────────────

[6] تعادل S, يعادل R, معادل M
[7] كلى] SM, كلتا R
[1] تعادل] S, يعادل R, معادل M
[2] المعادل الاربعه M المعادل الأربعة R, ⟨المربع⟩ المعادل للاربعة] S
[3] ⟨ضلعه⟩] S, om. RM
[4] وأحد] R, وأحد SM

我々は立方[数]の辺を4物と置いたので，立方[数]の辺は12と4/5になる．立方[数]は2,097と単位の625部分のうちの95部分になる．

⋯ 訳注 ⋯⋯⋯⋯⋯⋯⋯⋯⋯⋯⋯⋯⋯⋯⋯⋯⋯⋯⋯⋯⋯⋯⋯⋯⋯⋯⋯⋯⋯⋯⋯
$a = 2s = 6\frac{2}{5}$, $a^2 = 40\frac{4}{5} + \frac{4}{5} \cdot \frac{1}{5}$, $(a^2)^2 = 1677\frac{451}{625}$. $b = 4s = 12\frac{4}{5}$, $b^3 = 2097\frac{95}{625}$.
⋯⋯⋯⋯⋯⋯⋯⋯⋯⋯⋯⋯⋯⋯⋯⋯⋯⋯⋯⋯⋯⋯⋯⋯⋯⋯⋯⋯⋯⋯⋯⋯⋯⋯⋯⋯⋯

1323 それに平方[数]の平方が加えられると，3,774と単位の625部分のうちの546部分が出てくる．それはそれの辺が61と単位の25部分のうちの11部分である平方[数]である．この立方[数]から平方数の平方が引かれると，419単位と単位の625部分のうちの269部分が残る．それはそれの辺が20単位と単位の25部分のうちの12部分である平方数である．

⋯ 訳注 ⋯⋯⋯⋯⋯⋯⋯⋯⋯⋯⋯⋯⋯⋯⋯⋯⋯⋯⋯⋯⋯⋯⋯⋯⋯⋯⋯⋯⋯⋯⋯
検算．
$$\begin{cases} b^3 + (a^2)^2 = 3774\frac{546}{625} = (61\frac{11}{25})^2 \\ b^3 - (a^2)^2 = 419\frac{269}{625} = (20\frac{12}{25})^2. \end{cases}$$

⋯⋯⋯⋯⋯⋯⋯⋯⋯⋯⋯⋯⋯⋯⋯⋯⋯⋯⋯⋯⋯⋯⋯⋯⋯⋯⋯⋯⋯⋯⋯⋯⋯⋯⋯⋯⋯

1331 ゆえに我々が条件付けた条件に合う2つの数を我々は見つけた．その両者は我々が確立した2つの数である．そしてそれが我々が見つけたかったものである．

⋯ 訳注 ⋯⋯⋯⋯⋯⋯⋯⋯⋯⋯⋯⋯⋯⋯⋯⋯⋯⋯⋯⋯⋯⋯⋯⋯⋯⋯⋯⋯⋯⋯⋯
問題4.40と問題4.41は次の問題4.42のように一つにまとめることができる．問題4.26参照．
⋯⋯⋯⋯⋯⋯⋯⋯⋯⋯⋯⋯⋯⋯⋯⋯⋯⋯⋯⋯⋯⋯⋯⋯⋯⋯⋯⋯⋯⋯⋯⋯⋯⋯⋯⋯⋯

1333 **42. 我々は[次のような]立方数と平方数とを見つけたい．立方[数]の立方と平方[数]の平方とが合わされて平方数[1]になり，両者の相互超過が平方数[2]になる．**

---

[1] M عددا مربعا, S عدد مربّع, R. [عددا مربعا
[2] M عددا مربعا, S عدد مربّع, R. [عددا مربعا

··· 訳注 ···
問題 4.42.
ケース 1.
$$\begin{cases} (a^3)^3 + (b^2)^2 = c_1^2 \\ (a^3)^3 - (b^2)^2 = c_2^2. \end{cases}$$

ケース 2.
$$\begin{cases} (b^2)^2 + (a^3)^3 = c_3^2 \\ (b^2)^2 - (a^3)^3 = c_4^2. \end{cases}$$

求めるのは a^3 と b^2．
···

立方［数］の辺を望むだけの物（pl.）と置く．それを 2 物と置こう．〈立方数は〉[1] 8 立方になる．この立方［数］の立方は 512 立方立方立方である．また，平方［数］を望むだけの財（pl.）である辺から成ると置く．それを 4 財である辺から成ると置こう．すると平方［数］は 16 財財になり，平方［数］の平方は 256 財財掛け財財――つまり，その一つは 1 立方立方財と呼ばれる[2]――になる． 1335

··· 訳注 ···
$a = 2s$ と置くと，$(a^3)^3 = (8s^3)^3 = 512 s^3 s^3 s^3$．$b = 4s^2$ と置くと，$(b^2)^2 = (16s^2 s^2)^2 = 256 s^2 s^2 \cdot s^2 s^2 = 256 s^3 s^3 s^2$．
···

最初に，立方［数］の立方に平方［数］の平方が加えられると平方［数］になり，それ（立方数の立方）から平方［数］の平方が引かれると平方［数］が残る［場合の立方数と平方数を］探そう．前に述べたところで，この特性の上に，一致の道の上を，それ（特性）を見つけるために意図することなく，我々は既に 2 つの数を見つけた[3]．ここでその 2 つを見つけることになる方法に言 1341

---

[1] <الكعب>] S, om. RM
[2] ここで意図されているのは，$256 s^2 s^2 \cdot s^2 s^2$ のうちの 1 個分，すなわち $s^3 s^3 s^2$．問題 4.29 参照．
[3] この文章は問題 4.29 と 4.30 で $a^3 = s^3$, $b = 2s^2$ と置き，$s = 20$ を得て $a^3 = 8000$, $b^2 = 640000$ を得たことを指すのだろう．

及したい．我々は言う．512 立方立方立方と 256 立方立方財とが平方数に等しい．また，512 立方立方立方引く 256 立方立方財が平方［数］に等しい．

⋯ 訳注 ⋯⋯⋯⋯⋯⋯⋯⋯⋯⋯⋯⋯⋯⋯⋯⋯⋯⋯⋯⋯⋯⋯⋯⋯⋯⋯⋯⋯

ケース 1.
$$\begin{cases} 512s^3s^3s^3 + 256s^3s^3s^2 = c_1^2 \\ 512s^3s^3s^3 - 256s^3s^3s^2 = c_2^2. \end{cases}$$

以下では 3 通りの解法を述べている．
⋯⋯⋯⋯⋯⋯⋯⋯⋯⋯⋯⋯⋯⋯⋯⋯⋯⋯⋯⋯⋯⋯⋯⋯⋯⋯⋯⋯⋯⋯⋯⋯

1348　望むなら我々はそれを二連等式の方法で計算する[1]．すなわちこれら 2 つの平方数の超過（差），すなわち 512 財財掛け財財，をとる．我々は［次のような］財財（pl.）から成る 2 つの数を探す．両者のうちの一方を他方に掛けると，掛け算から出てくるものは 512 財財掛け財財になる．その 2 つの数の和の半分をとり，出てきたものをそれ自身に掛け，それを大きい平方［数］，すなわち 512 立方立方立方と 256 立方立方財，に鉢合わせ，次に 2 つの数の超過（差）〈の半分〉をとり，生じたものをそれ自身に掛け，それを小さい平方［数］，すなわち 512 立方立方立方引く 256 財財掛け財財，に鉢合わせると，2 つの鉢合わせの[2]各々において立方立方財自体の数に等しい 512 立方立方立方に到達する．両者の各々を両者のうち低い方の一つ，すなわち立方立方財，で割ると，数に等しい 512 物になる．それから物［の値］を知る．物を知ると，我々が確立した[3]原理（pl.）へと戻る．そして物を知った後，問題における全てを総合する[4]．

⋯ 訳注 ⋯⋯⋯⋯⋯⋯⋯⋯⋯⋯⋯⋯⋯⋯⋯⋯⋯⋯⋯⋯⋯⋯⋯⋯⋯⋯⋯⋯
$c_1^2 - c_2^2 = 512s^2s^2 \cdot s^2s^2$, $512s^2s^2 \cdot s^2s^2 = (ms^2s^2)(ns^2s^2)$.
$$\begin{cases} c_1^2 = \left(\tfrac{1}{2}(ms^2s^2 + ns^2s^2)\right)^2 \\ c_2^2 = \left(\tfrac{1}{2}(ms^2s^2 - ns^2s^2)\right)^2. \end{cases}$$

---

[1] 問題 4.34 参照．
[2] المتقابلتين] R, المعادلتين S, المقابلس M. S は「2 つの方程式の」と読む．Rashed [1984: Tome 3, 83] はテキストは変えずに "des deux équations" と訳す．
[3] ثبتنا] S, بنينا R, سس M
[4] S は「それから〜総合する」という文章を段落の最後に置くが，R は次の段落の冒頭に置く．

$$\begin{cases} 512s^3s^3s^3 + 256s^3s^3s^2 = \left(\frac{1}{2}(m+n)\right)^2 s^3s^3s^2 \\ 512s^3s^3s^3 - 256s^3s^3s^2 = \left(\frac{1}{2}(m-n)\right)^2 s^3s^3s^2. \end{cases}$$

$$\begin{cases} 512s^3s^3s^3 = \left\{\left(\frac{1}{2}(m+n)\right)^2 - 256\right\} s^3s^3s^2 \\ 512s^3s^3s^3 = \left\{\left(\frac{1}{2}(m+n)\right)^2 + 256\right\} s^3s^3s^2. \end{cases}$$

$$\begin{cases} 512s[= \left(\frac{1}{2}(m+n)\right)^2 - 256 = \frac{1}{4}(m^2+n^2+2mn) - 256 = \frac{1}{4}(m^2+n^2) + \frac{1}{2}mn - 256] \\ 512s[= \left(\frac{1}{2}(m-n)\right)^2 + 256 = \frac{1}{4}(m^2+n^2-2mn) + 256 = \frac{1}{4}(m^2+n^2) - \frac{1}{2}mn + 256] \end{cases}$$

$$\begin{cases} = \frac{1}{4}(m^2+n^2) \\ = \frac{1}{4}(m^2+n^2). \end{cases}$$

両方の方程式から $512s = \frac{1}{4}(m^2+n^2)$ が得られる.

....

望むなら先行する問題において述べたように，両側の方程式を等しくする探求の計算で計算する[1]．すなわち我々は言う．我々は大きい平方［数］の辺を財財（pl.）とすると，それの平方は大きい平方［数］に等しい立方立方財になる．共通の 256 立方立方財を両辺の各々[2]から引くと，立方立方財に等しい 512 立方立方立方が残る．両者を立方立方財で割ると，512 物は数に等しくなる．それ故[3]，残りの立方立方財の数に等しい数が 512 で割られると，生じるのは問題において物と置かれた数である．また，我々は小さい平方［数］の辺を財財（pl.）と置くと，それの平方は小さい平方［数］に等しい[4]立方立方財である．256 立方立方財を共通に両側の各々[5]に加えると，512 立方立方立方に等しい立方立方財が出てくる．両者が両辺の低い方，すなわち立方立方財，で割られると[6]，512 物は数に等しくなる．それ故，この数が 512 で割られると，割り算から生じる数は問題において物と置かれた〈数〉[7]である．1 番目

1363

---

[1] 問題 4.34 の後半と問題 4.35–41.
[2] كلى] SM, كلتا R
[3] ولذالك] S, وكذالك RM
[4] تعادل] S, يعادل R, معادل M
[5] كلى] SM, كلتا R
[6] قسما] S, قسمت R, فسمـ M
[7] ⟨العدد⟩] S, om. RM

の方程式における残りの立方立方財の数は2番目の方程式における立方立方財全体の数に等しくなればよい．しかし，〈1番目の〉方程式における残りの立方立方財の数は〈平方数引く256であり〉，2番目の〈方程式における立方立方財全体の数は〉[1]平方数と256である．それ故，両者の相互超過が256の2倍，つまり512，である2つの〈平方〉数を[2]探せばよい．[その]2つを見つけたら，両者のうち大きい方を立方立方財とし，大きい平方[数]に等しくする．そして両者のうち小さい方を立方立方財とし，小さい平方[数]に等しくする．その後2つの方程式の各々において1つの[同じ]数に等しい512物に到達する．それから，その量を我々が知ろうとした物[の値]を知り，戻り，そして問題の総合に〈取り掛かる〉[3]．

… 訳注 …………………………………………………………………

$c_1 = ps^2s^2$, $c_1^2 = p^2s^3s^3s^2[= 512s^3s^3s^3 + 256s^3s^3s^2]$, $512s^3s^3s^3 = (p^2 - 256)s^3s^3s^2$, $512s = p^2 - 256$, $s = \frac{p^2-256}{512}$. $c_2 = qs^2s^2$, $c_2^2 = q^2s^3s^3s^2[= 512s^3s^3s^3 - 256s^3s^3s^2]$, $512s^3s^3s^3 = (q^2 + 256)s^3s^3s^2$, $512s = q^2 + 256$, $s = \frac{q^2+256}{512}$. $p^2 - 256 = q^2 + 256$, $p^2 - q^2 = 256 \cdot 2 = 512$. [問題4.41で $m^2 - n^2 = 32$ に対して $m^2 = 36$, $n^2 = 4$ の解を得ている．これを利用すれば $512 = 32 \cdot 4^2$ なので，$p^2 = 36 \cdot 4^2 = 576$, $q^2 = 4 \cdot 4^2 = 64$ の解を得る．よって $512s^3s^3s^3 = (p^2 - 256)s^3s^3s^2 = 320s^3s^3s^2$ あるいは $512s^3s^3s^3 = (64 + 256)s^3s^3s^2 = 320s^3s^3s^2$ になる．] 両者の各々から $512s = 320$ に到達する．これから s の値を得て，平方数と立方数を求める．

…………………………………………………………………

[1]⟨الاوّلة هو عدد مربّع الّا مأتين وستّة وخمسين وعدد كعاب كعاب⟩
لكن عدد كعاب كعاب المال الباقية فى المعادلة
د كعاب كعاب المال الباقية فى المعادلة الأولى هو عدد مربع إلا S,[المال المجتمعة فى المعادلة⟩ الثانية
لكن
R, مائتين وستة وخمسين و⟨ عدد كعاب كعاب المال الباقية فى المعادلة الثانية
لكن عدد كعاب كعاب المال الدافه
M فى المعادله الدائه
[2]⟨مربعين⟩ عددين] R, عددين S, عددس M
[3]⟨ونأخذ⟩] S, om. R.M. Cf. line 1240. R は「問題の総合へと戻る」と読む．

望むなら，我々は言った．512立方立方立方と256立方立方財とが平方［数］ 1391
に等しく，512立方立方立方引く256立方立方財が平方［数］に等しい．全て
の平方［数］は平方［数］で割られると，割り算から生じるのは平方［数］に
なる．512立方立方立方と256立方立方財とを平方［数］で，すなわち立方
立方財，あるいは4立方立方財，あるいは9立方立方財，あるいは16立方立方
財，あるいは望みの平方数（pl.）——それらのうちの各々を立方立方財[1]とし
た後に——で割ると，立方立方財に関しては立方立方財による割り算から数が生
じ，立方立方立方に関しては物（pl.）が生じる．両者を16立方立方財で割る
と仮定しよう[2]．割り算からは32物と16単位とが生じる．この平方［数］を
割ったのと同じもので他の平方［数］，すなわち512立方立方立方引く256立
方立方財，を割ろう．32物引く16単位になる．32物と16単位とが平方［数］
であり，32物引く16単位が平方［数］である．［次のような］数を探そう．置
かれた数，すなわち16，をそれ（数）に加えると平方［数］になり，置かれた
数，すなわち16，をそれ（数）から引くと平方［数］になる．その数を見つけ
たら，それを32で割ると，割り算から生じるのが物［の値］である．それを
知ったなら戻り，解析において既に確立したやり方で問題を[3]総合する．

···訳注···

$$\begin{cases} 512s^3s^3s^3 + 256s^3s^3s^2 = c_1^2 \\ 512s^3s^3s^3 - 256s^3s^3s^2 = c_2^2. \end{cases}$$

$$\begin{cases} 32s + 16 = c_1'^2 \\ 32s - 16 = c_2'^2. \end{cases}$$

［問題4.41のように，$32s+16 = t^2$, $32s-16 = u^2$ と置くと，$32s = t^2-16 = u^2+16$
になり，$t^2-16 = u^2+16$ から $t^2-u^2 = 32$ となる．$t^2 = 36$, $u^2 = 4$ を解とすると
$32s = 20$ となり，］s の値が求まる．

···

このような既に述べた2つの式を持つ（連立方程式）問題の多くは，我々が 1410

[1)] M كعب كعب مال R, كعب كعب مال ,S] كعاب كعاب مال
[2)] M فلسرل R, فلنفرض ,S] فلنـنزل
[3)] M سا R, سا بنينا ,S] ثبتنا

述べたこの〈方法〉で計算することができる．

1412 平方［数］の平方に立方［数］の立方が加えられると平方［数］になり，それ（平方数の平方）から立方［数］の立方が引かれると平方数が残る［場合の立方数と平方数とを］探そう．

⋯ 訳注 ⋯⋯⋯⋯⋯⋯⋯⋯⋯⋯⋯⋯⋯⋯⋯⋯⋯⋯⋯⋯⋯⋯⋯⋯⋯⋯⋯⋯⋯⋯
ケース 2．
$$\begin{cases} (b^2)^2 + (a^3)^3 = c_3^2 \\ (b^2)^2 - (a^3)^3 = c_4^2. \end{cases}$$

［求めるのは a^3 と b^2．］
⋯⋯⋯⋯⋯⋯⋯⋯⋯⋯⋯⋯⋯⋯⋯⋯⋯⋯⋯⋯⋯⋯⋯⋯⋯⋯⋯⋯⋯⋯⋯⋯⋯⋯

1414 同様に前に言ったように言おう．256 立方立方財と 512 立方立方立方とは平方［数］に等しく，256 立方立方財引く 512 立方立方立方は平方［数］に等しい．そこでは，この種の問題において[1]前述した箇所で述べたように，2つの式の各々[2]において方程式を等しくすることを探究することにより計算する[3]．256，すなわち平方数，の 2 倍である 512 を 2 つの異なる平方数に分割することに到達する．2 つの平方数のうち小さい方を 10 単位と単位の 25 部分のうちの 6 部分とせよ．それの辺は 3 単位と 1/5 単位である．両者のうち大きい平方数は 501 と単位の 25 部分のうちの 19 部分である．それの辺は 22 と 2/5 単位である．これら 2 つの平方［数］のうち小さい方を最初の 2 つの平方［数］のうち小さい方に等しくし，両者のうち大きい方を最初の 2 つの平方［数］のうち[4]大きい方に等しくすると，2 つの方程式の各々において 245 立方立方財と 1〈立方立方財〉の 25 部分のうちの 19 部分とに等しい 512 立方立方立方に到達する[5]．両者の各々を[6]立方立方財で割ろう．512 物は 245 単

---

[1] في هذا] R, من هذا S, و هذا M
[2] كلاّ R, كلّ] SM
[3] 問題 4.34 の 2 番目の解法と問題 4.35–41 参照．
[4] المربعين الاولين] S, om. R, المربع الاول M. S はこの部分を後世の挿入とし，R は削除する．
[5] فتنتهى] S, ننتهى R, مسهى M; واحد 〈كعب كعب مال〉] R, من كعب كعب مال S, من واحد M
[6] 〈واحد〉 كلّ] S, كلاّ R, كلّ M

位と単位の 25 〈部分〉7) のうちの 19 部分とに等しくなる．それ故，1 物は 25 [部分] のうちの 12 部分になる．

⋯ 訳注 ⋯⋯⋯⋯⋯⋯⋯⋯⋯⋯⋯⋯⋯⋯⋯⋯⋯⋯⋯⋯⋯⋯⋯⋯⋯⋯⋯⋯⋯⋯

$$\begin{cases} 256s^3s^3s^2 + 512s^3s^3s^3 = c_3^2 \\ 256s^3s^3s^2 - 512s^3s^3s^3 = c_4^2. \end{cases}$$

$[c_3 = ms^2s^2,\ c_3^2 = m^2s^3s^3s^2,\ 256s^3s^3s^2 + 512s^3s^3s^3 = m^2s^3s^3s^2.\ c_4 = ns^2s^2,\ c_4^2 = n^2s^3s^3s^2,\ 256s^3s^3s^2 - 512s^3s^3s^3 = n^2s^3s^3s^2.\ 512s^3s^3s^3 = (m^2+n^2)s^3s^3s^2,]$ $m^2 + n^2 = 512$．ただし $m^2 > n^2$．[問題 4.40 で，$m^2+n^2 = 32$（ただし $m^2 > n^2$）に対して $n^2 = \frac{16}{5 \cdot 5},\ m^2 = 31\frac{9}{5 \cdot 5}$ の解を得ている．これを利用すれば $512 = 32 \cdot 4^2$ なので，$n^2 = \frac{16}{5 \cdot 5} \cdot 4^2,\ m^2 = 31\frac{9}{5 \cdot 5} \cdot 4^2 = (\frac{28}{5})^2 \cdot 4^2 = (\frac{112}{5})^2,]$ $n^2 = 10\frac{6}{25} = (3\frac{1}{5})^2,\ m^2 = 501\frac{19}{25} = (22\frac{2}{5})^2.\ 256s^3s^3s^2 - 512s^3s^3s^3 = 10\frac{6}{25}s^3s^3s^2,\ 256s^3s^3s^2 + 512s^3s^3s^3 = 501\frac{19}{25}s^3s^3s^2,\ 512s^3s^3s^3 = (245+\frac{19}{25})s^3s^3s^2,\ 512s = 245 + \frac{19}{25},\ s = \frac{12}{25}$．

⋯⋯⋯⋯⋯⋯⋯⋯⋯⋯⋯⋯⋯⋯⋯⋯⋯⋯⋯⋯⋯⋯⋯⋯⋯⋯⋯⋯⋯⋯⋯⋯⋯

我々は立方 [数] の辺を 2 物と置いたので，立方 [数] の辺は単位の 25 部分のうちの 24 部分になる．立方 [数] は 25 の立方 [部分] のうちの 13,824 部分になる．この立方 [数] の立方は 25 の〈立方の〉立方 [部分] のうちの 2,641,807,540,224 部分になり，それはまた 625 の平方の平方 [部分] のうちの 105,672,301,608〈部分〉と 1 部分の〈25 部分のうちの〉24 部分と〈になる〉1)．我々は平方 [数] の辺を 4 財と置き，財は 625 [部分] のうちの 144 部分——それは物が 25 [部分] のうちの 12 部分だからである——だから，平方 [数] の辺は〈625 部分2) のうちの〉576 部分になり，平方 [数] は 625 の平方 [部分] のうちの 331,776 部分になる．

⋯ 訳注 ⋯⋯⋯⋯⋯⋯⋯⋯⋯⋯⋯⋯⋯⋯⋯⋯⋯⋯⋯⋯⋯⋯⋯⋯⋯⋯⋯⋯⋯⋯

———————————————————————————

7)<جزءا>] R, om. SM

1)<يكون>] S, om. RM; <مكتب>] مكتب S, <مكعب>] مكعب R, مربع M; جزءا <من>] واحد S, <من خمسة و عشرين جزءا>] من جزء واحد R, <اجزاء>] S, om. RM; من حر وواحد M <خمسة وعشرين>

2)<جزءا>] S, om. RM

$a = 2s = \frac{24}{25}$, $a^3 = (\frac{24}{25})^3 = \frac{13824}{25^3}$, $(a^3)^3 = (\frac{13824}{25^3})^3 = \frac{2641807540224}{(25^3)^3} = \frac{105672301608\frac{24}{25}}{(625^2)^2}$. $b = 4s^2 = 4 \cdot \frac{144}{625} = \frac{576}{625}$, $b^2 = (\frac{576}{625})^2 = \frac{331776}{625^2}$.

....

1446 この平方［数］の平方は 625 の平方の平方［部分］のうちの 110,075,314,176 部分になる．それに立方数の立方が[1]加えられると，625 の平方の平方部分のうちの[2] 215,747,615,784 部分と 25［部分］のうちの 24 部分が出てくる．それはそれの辺が 625 の平方［部分］のうちの 464,486 と 2/5 部分である平方［数］である．この平方［数］の平方から立方［数］の立方が[3]引かれると，625 の平方の平方部分[4]のうちの 4,403,012,567 部分と 25 部分のうちの 1 部分が残る．そしてそれはそれの辺が 62 〈5〉の平方［部分］のうちの 66,355 部分と 1/5 部分である平方［数］である．

··· 訳注 ···

検算．$(b^2)^2 = (\frac{331776}{625^2})^2 = \frac{110075314176}{(625^2)^2}$．

$$\begin{cases} (b^2)^2 + (a^3)^3 = \frac{215747615784\frac{24}{25}}{(625^2)^2} = (\frac{464486\frac{2}{5}}{625^2})^2 \\ (b^2)^2 - (a^3)^3 = \frac{4403012567\frac{1}{25}}{(625^2)^2} = (\frac{66355\frac{1}{5}}{625^2})^2 \end{cases}$$

....

1461 ゆえに我々が望んだ 2 つの数を我々は見つけた．その両者は我々が確立した 2 つの数である．そしてそれが我々が見つけたかったものである．

1463 **43. 我々は［次のような］立方数と平方数とを見つけたい．平方［数］の平方に対して置かれた倍（pl.）を立方［数］の立方に加えると平方数が出てきて，平方［数］の平方に対して置かれた倍（pl.）をそれ（立方数の立方）から引くと平方数が残る．**

··· 訳注 ···

---

[1] M كعب S, مكعب R, [كعب
[2] M من حر R,[من] جزءا <من>] S, من جزء
[3] M كعب S, مكعب R, [كعب
[4] M حر R, om. S, [جزء

問題 4.43.
$$\begin{cases} (a^3)^3 + m(b^2)^2 = c_1^2 \\ (a^3)^3 - n(b^2)^2 = c_2^2. \end{cases}$$

求めるのは a^3 と b^2．

．．

　立方［数］を 1 立方と置こう．それの立方は立方立方立方になる．平方［数］の辺を望むだけの財（pl.）と置く．それ（平方数）を 2 財である辺から成ると置こう．［平方数は］4 財財になる．平方［数］の平方は 16 立方立方財である．増加に対して置かれた倍（pl.）を 1 倍と 1/4 倍とし，減少に対して置かれた倍（pl.）を 1/2 ［倍］と 1/4 倍とせよ．立方［数］の立方に平方［数］の〈平方の〉1 倍と 1/4 倍，すなわち 20 立方立方財，を加える．立方立方立方と 20 立方立方財になる．それが平方数に等しい．立方［数］の立方から平方［数］の平方の 1/2 と 1/4，すなわち 12 立方立方財，を引こう．平方数に等しい[1])立方立方立方引く 12 立方立方財になる．立方[2])立方立方と 20 立方立方財に等しい平方［数］の辺を財財（pl.）と置くと，それの平方は財財（pl.）掛け財財（pl.），すなわちそれの一つが立方立方財と呼ばれるもの，になる．それを〈立方〉立方立方[3]) と 20 立方立方財に等しくする．次に，共通の 20 〈立方立方財〉を引く．立方立方財に等しい立方立方立方が残り，それの数は平方［数］引く 20 に等しい．そしてそれがこの計算において物と置かれた数である．また，立方立方立方引く 12 立方立方財に等しい平方［数］の辺を財財（pl.）と置くと，それの平方は立方立方財（pl.）になる．立方［数］の立方立方から減少する 12 立方立方財をそれに加え，両辺の各々に対して共通に増加させると，立方立方財に等しい立方立方立方が出てくる[4])．それの数は平方［数］と 12 とに等しい．それが問題において物と置かれた数である．よって平方［数］引く 20 は小さい平方［数］と 12 とに等しい[5])．20 を共通に両辺全体に加える．小さい平方

---

[1]) تعادل ‏‎M عادل‎‏, R ‏يعادل‎‏, S ‏|‎‏
[2]) للكعب ‏‎M لكعب‎‏, R لكعب, S ‏|‎‏
[3]) كعب كعب ‏‎M كعب كعب <الكعب>‎‏, R ‏<الكعب>‎‏, S ‏| كعب كعب‎‏
[4]) اجتمع ‏‎M سى‎‏, R بقى, S ‏|‎‏
[5]) مربّع ‏‎M عادل‎‏; تعادل ‏‎S يعادل‎‏, R عادل, M مربع <عظيم>, S ‏|‎‏

［数］と32とが大きい平方［数］に等しくなる[6]．小さい平方［数］は4単位である．それに32が加えられると36が出てくる．それが大きい平方［数］である．立方立方立方と20立方立方財とに等しい平方［数］を36立方立方財とし，他の平方［数］に等しい平方［数］を4立方立方財とする．2つの方程式の各々において，埋め合わせと鉢合わせと割り算の後で，16単位に等しい物に到達する．我々は解析〈において〉確立した[1]方法で問題を総合する．我々は立方［数］の辺を物とした．それは16単位である．

・・・訳注・・

$a^3 = s^3$ と置くと，$(a^3)^3 = s^3s^3s^3$．$b = 2s^2$ と置くと，$b^2 = 4s^2s^2$，$(b^2)^2 = 16s^3s^3s^2$．$m = 1\frac{1}{4}, n = \frac{1}{2}+\frac{1}{4}$．$(a^3)^3 + m(b^2)^2 = s^3s^3s^3 + 1\frac{1}{4}\cdot 16s^3s^3s^2 = s^3s^3s^3 + 20s^3s^3s^2 = c_1^2$，$(a^3)^3 - n(b^2)^2 = s^3s^3s^3 - (\frac{1}{2}+\frac{1}{4})16s^3s^3s^2 = s^3s^3s^3 - 12s^3s^3s^2 = c_2^2$．$c_1 = ps^2s^2$ と置く．$c_1^2 = p^2s^2s^2\cdot s^2s^2 = p^2s^2s^3s^2 = s^3s^3s^3 + 20s^3s^3s^2$，$s^3s^3s^3 = (p^2-20)s^3s^3s^2$，$s = p^2-20$．$c_2 = qs^2s^2$ と置く．$c_2^2 = q^2s^3s^3s^2 [= s^3s^3s^3 - 12s^3s^3s^2]$，$s^3s^3s^3 = (q^2+12)s^3s^3s^2$，$s = q^2+12$．$p^2 - 20 = q^2 + 12$．ただし $p^2 > q^2$．$p^2 = q^2+32, [p^2-q^2 = 32$．問題2.10より$]q^2 = 4, p^2 = 4+32 = 36$．$s^3s^3s^3 + 20s^3s^3s^2 = 36s^3s^3s^2$，$s^3s^3s^3 - 12s^3s^3s^2 = 4s^3s^3s^2$，$[s^3s^3s^3 = 16s^3s^3s^2,] s = a = 16$．

・・

1495 立方［数］は4,096である．我々は平方［数］の辺を2財と置いた．財は256である．平方［数］の辺は512である．平方［数］は262,144である．

・・・訳注・・

$a^3 = s^3 = 4096$．$s^2 = 256, 2s^2 = 512, b^2 = (2s^2)^2 = 512^2 = 262144$．

・・

1498 立方［数］の立方に関しては，68,719,476,736になる．平方［数］の平方に関しては，この数とまた同じになる．よって立方［数］の立方は〈平方〉数と平方［数］との[2]掛け算から出てくるものに等しい平方［数］である．よってそれ（平方数の平方）に平方［数］の平方倍とそれの1/4倍とが加えられると，

---

[6] تعادل ,S [يعادل ,R معادل M
[1] في< >S [ثبتنا عليه ,R سا عليه ,بيّنا عليه M
[2] في المربع ,S المربع في مثله ,R [<المربع> في المربع M

そこから出てくるのは平方［数］の平方の 2 倍[3]とそれの 1/4 倍とである．それはそれの辺が平方数の 1 倍と 1/2 である平方数である．また，それ（平方数の平方）から平方［数］の平方の 3/4 が引かれると，残りは平方数の平方の 1/4 倍になる．それはそれの辺が平方数の 1/2 である平方［数］である．

・・・訳注・・・
検算．$(a^3)^3 = 68719476736 = (b^2)^2$．

$$\begin{cases} (b^2)^2 + 1\frac{1}{4}(b^2)^2 = 2\frac{1}{4}(b^2)^2 = (1\frac{1}{2}b^2)^2 \\ (b^2)^2 - \frac{3}{4}(b^2)^2 = \frac{1}{4}(b^2)^2 = (\frac{1}{2}b^2)^2 \end{cases}$$

・・・

ゆえに我々が述べた性質に合う 2 つの数を我々は見つけた．その両者は我々が確立した 2 つの数である．そしてそれが我々が見つけたかったものである．

44. 我々は［次のような］立方数と平方数とを見つけたい．平方数の平方を〈置かれた〉2 つの数に掛け，両者の各々に立方［数］の立方を加えると[1]，両者の各々への増加から平方数が出てくる．あるいは両者の各々を立方［数］の立方から引くと，残るのは平方数になる．あるいは両者の各々から立方［数］〈の立方〉を引くと，両者の各々から残るのは平方数になる．

・・・訳注・・・
問題 4.44.

$$\begin{cases} m(b^2)^2 + (a^3)^3 = c_1^2 \\ n(b^2)^2 + (a^3)^3 = c_2^2 \end{cases} \begin{cases} (a^3)^3 - m(b^2)^2 = c_3^2 \\ (a^3)^3 - n(b^2)^2 = c_4^2 \end{cases} \begin{cases} m(b^2)^2 - (a^3)^3 = c_5^2 \\ n(b^2)^2 - (a^3)^3 = c_6^2 \end{cases}$$

求めるのは a^3 と b^2．

・・・

置かれた 2 つの数のうち一方を 3，他方を 8 とせよ．我々は［次のような］

───────────────────────────────

[3] M مثل مربع, R, مثلين لمربع, S, مثلى مربع
[1] وجدنا على مكعب المكعب ‹ما يجتمع من› كلّ, S, وجدنا مكعب المكعب على كلّ M ورداه على مكعب المكعب كلّ, R

立方数と平方数とを見つけたい．平方［数］の平方を 3 と 8 に掛け，両者の各々から出てくるものを立方［数］の立方に加えると，両者の各々の増加から平方数が出てくる．あるいは両者の各々から出てくるものを立方［数］の立方から引くと，両者の各々の減少の後，立方［数］の立方から残るのは平方数になる．あるいは立方［数］〈の立方〉を両者の各々から引くと，両者の各々から平方数が残る．

··· 訳注 ··
$m = 3, n = 8$ とする．

$$\begin{cases} 3(b^2)^2 + (a^3)^3 = c_1^2 \\ 8(b^2)^2 + (a^3)^3 = c_2^2, \end{cases} \quad \begin{cases} (a^3)^3 - 3(b^2)^2 = c_3^2 \\ (a^3)^3 - 8(b^2)^2 = c_4^2, \end{cases} \quad \begin{cases} 3(b^2)^2 - (a^3)^3 = c_5^2 \\ 8(b^2)^2 - (a^3)^3 = c_6^2. \end{cases}$$

··

1522 3 つの［場合の］うち 1 番目を探求しよう．立方［数］の辺を 1 物と置く．〈立方［数］は立方に〉[1]なる．それの立方は立方立方立方である．平方［数］を 2 財である辺から成ると置く．平方［数］は 4 財財になる．平方［数］の平方は 16 立方立方財になる．それを 3 と 8 に掛けると，両者の各々から 48 立方立方財と 128 立方立方財が出てくる．両者の各々を立方［数］の立方に加えると，立方立方立方と 48 立方立方財および立方立方立方と 128 立方立方財になる．そして両者の各々は平方［数］である．全ての平方［数］は平方［数］で割られると平方［数］になる．両者の各々を平方［数］で割ろう．その平方［数］を立方立方財とせよ．2 つの商のうち一方は物と 48 単位であり，それは平方数に等しい．というのも，それは平方［数］を平方［数］で割ることから生じるから．そして他方の商は物と 12〈8〉単位になり，それは平方数に等しい．というのも，それは平方［数］を平方［数］で割ることから生じるから．よって物は，それ（物）に 48 が加えられると平方［数］が出てきて，それ（物）に 128 が加えられると，また平方［数］になる．これら 2 つの数に加えるとそれぞれ一緒に平方［数］になる物を[2]探そう．それは 16 単位である．よって物は 16 である．

─────────────────────────────────────

[1] ⟨المكعب كعبا و⟩] S, ⟨مكعب⟩ R, om. M
[2] شيئا] R, عددا S, سا M

... 訳注 ....
ケース 1.
$$\begin{cases} 3(b^2)^2 + (a^3)^3 = c_1^2 \\ 8(b^2)^2 + (a^3)^3 = c_2^2. \end{cases}$$
$a = s$ と置くと,$a^3 = s^3$,$(a^3)^3 = s^3 s^3 s^3$. $b = 2s^2$ と置くと,$b^2 = 4s^2 s^2$,$(b^2)^2 = 16 s^3 s^3 s^2$.
$$\begin{cases} 48 s^3 s^3 s^2 + s^3 s^3 s^3 = c_1^2 \\ 128 s^3 s^3 s^2 + s^3 s^3 s^3 = c_2^2. \end{cases}$$
$s^3 s^3 s^2 = (s^2 s^2)^2$ で割る.
$$\begin{cases} s + 48 = p^2 \\ s + 128 = q^2. \end{cases}$$
[$p^2 - 48 = q^2 - 128$, $q^2 - p^2 = 80$. 問題 2.10 より,$q^2 = 144$,$p^2 = 64$. $s + 48 = 64$,$s + 128 = 144$,] $s = 16$.
....

我々は立方 [数] の辺を物と置いたから,それの辺は 16 になる.その立方 [数] は前の問題(問題 4.43)において我々が明らかにした立方数である. 1537

... 訳注 ....
問題 4.43 で [$s = 16$ のとき,] $a^3 = 4096$ [,$b^2 = 262144$].
....

またそれの立方は,前の問題(問題 4.43)におけるそれの立方である数である.同様にまた,平方 [数] の平方は立方 [数] の立方に等しい.それが 3 単位に掛けられ,立方 [数] の立方がそれに加えられると,平方 [数] の平方の 4 倍が出てくる.それはそれの辺が平方 [数] の 2 倍である平方 [数] である.また 8 単位に掛けられ,〈それが〉[1] 立方 [数] の立方に加えられると,平方 [数] の平方の 9 倍が出てくる.そしてそれはそれの辺が平方数の 3 倍である平方 [数] である. 1539

... 訳注 ....
検算.$(a^3)^3 = (b^2)^2$.
$$\begin{cases} (a^3)^3 + 3(b^2)^2 = 4(b^2)^2 = (2b^2)^2 \\ (a^3)^3 + 8(b^2)^2 = 9(b^2)^2 = (3b^2)^2. \end{cases}$$

---

[1] ذلك] S, om. RM

154　『算術』第4巻

1545　ゆえに我々は［次のような］立方数と平方数とを見つけた．平方［数］の平方を 3 と 8 に掛け，次に両者の各々を立方［数］の立方に加えると，両者の各々から平方数が出てくる．そしてその両者は立方［数］に関しては 4,096 であり，平方［数］に関しては 262,144 である．

1549　また，3つの［場合の］うちの 2 番目を探求しよう．同様に立方［数］を 1 立方とし，平方［数］を 4 財財とすれば，我々に 2 つの平方［数］が出てくる．両者のうち一方は立方立方立方引く 48 立方立方財であり，他方は立方立方立方引く 128 立方立方財である．全ての平方［数］は平方［数］で割られると，商はまた平方［数］になる．立方立方立方引く〈48 立方立方財と立方立方立方引く 128 立方立方財〉とを割る平方［数］を立方立方財，すなわち財財とそれ自身との掛け算から生じるもの，とせよ[1]．2 つの商のうち一方は物引く 48 になり，他方は物引く 128 になる．そして両者の各々は平方［数］である．それから 48 を引いたら平方数が残り，それから 128 を引いたらまた平方数が残る数を探そう．その数は問題の計算において物と置かれたものである．それは 192 である．

⋯ 訳注 ⋯⋯⋯⋯⋯⋯⋯⋯⋯⋯⋯⋯⋯⋯⋯⋯⋯⋯⋯⋯⋯⋯⋯⋯⋯⋯⋯⋯⋯⋯⋯⋯

ケース 2.

$$\begin{cases} (a^3)^3 - 3(b^2)^2 = c_3^2 \\ (a^3)^3 - 8(b^2)^2 = c_4^2. \end{cases}$$

$a^3 = s^3$, $b^2 = 4s^2s^2$ とする．

$$\begin{cases} s^3s^3s^3 - 48s^3s^3s^2 = c_3^2 \\ s^3s^3s^3 - 128s^3s^3s^2 = c_4^2. \end{cases}$$

---

[1] وليكن [S, ولأن R, ولكن M; نقسم [S, يقسم R, قسم M;
<ثمنية واربعين كعب كعب مال وكعب كعب كعب الّا مائة وثمنية وعشرين كعب كعب مال> الّا
M. R の読みに كعب كعب مال [S, [و] إلا كعاب كعب مال R, و إلا الا كعب كعب مال 従えば「立方立方立方引く立方立方財を割る平方［数］は財財とそれ自身との掛け算から生じるものであるから」となる．

$s^3 s^3 s^2 = (s^2 s^2)^2$ で割る．

$$\begin{cases} s - 48 = p^2 \\ s - 128 = q^2. \end{cases}$$

$[p^2 + 48 = q^2 + 128, p^2 - q^2 = 80.$ 問題 2.10 より，$p^2 = 144, q^2 = 64.$ $s - 48 = 144,$ $s - 128 = 64,$ $]s = 192.$

....

前の問題[1]において我々が見つけた立方［数］の辺は 16 であり，［ここでの］立方［数］の辺は 192 である[2]から，この立方［数］の辺はあの立方［数］の辺に対して 12 倍の比にある．そしてこの立方［数］はあの立方［数］に対して 12 の立方対 1 の比にある．我々は平方［数］の辺を 2 財と置き，この物は前の問題におけるあの物に対して 12 対 1 の比にあるから，この財はあの財に対して 12 の平方対 1 の比にある．［この］平方［数］の辺はあの平方［数］の辺に対しても同様である．［この］平方［数］に対する［あの］平方［数］に関しては，144〈の平方〉対 1 の比にある．この立方［数］の立方はあの立方［数］の立方に対して 12 対 1 から成る立方［数］の立方の比にある．［この］平方［数］の平方対あの平方［数］の平方に関しては，144 の平方の平方対 1 の比にある．あの平方［数］の平方はあの立方［数］の立方に等しかった．よってあの立方［数］の立方は平方［数］である．〈そして〉1 はまた，平方の立方である[3]．それ故，この立方［数］の辺は 12 になり，立方［数］は 1,728 になる．平方［数］の辺は 144 になり，平方［数］は 20,736 になる．

1560

⋯ 訳注 ⋯⋯⋯⋯⋯⋯⋯⋯⋯⋯⋯⋯⋯⋯⋯⋯⋯⋯⋯⋯⋯⋯⋯⋯⋯⋯⋯⋯⋯⋯⋯⋯⋯⋯⋯⋯

ケース 1 の $a = a_1 = 16$，ケース 2 の $a = a_2 = 192$．$a_2 : a_1 = 192 : 16 = 12 : 1$，$a_2^3 : a_1^3 = 12^3 : 1^3$．ケース 1 の $s = s_1$，ケース 2 の $s = s_2$．$s_2 : s_1 = 12 : 1$，

---

[1] 問題 4.44 ケース 1．
[2] M وهو صلع, R [هو] و صلع, S <هذا>] وهو ضلع
[3] Sesiano [1982: 124] は "Now, 1 is also a square cube" と訳し，مربّع「平方」の後に「そして」を意味する接続詞وを挿入せよ，と apparatus で述べる．Rashed [1984: 96] は "et l'unité est également un cube et un carré" と訳すが，テキストは訂正していない．Christianidis and Oaks [2023: 374] は "<and> one is also a cube (and a) square" と訳す．我々はこの部分を $1 = 1^2 = 1^3$ と解釈した．

$s_2^2 : s_1^2 = 12^2 : 1^2$. ケース 1 の $b = b_1$, ケース 2 の $b = b_2$. $b_2 : b_1 = 12^2 : 1$, $b_2^2 : b_1^2 = 144^2 : 1^2$, $(a_2^3)^3 : (a_1^3)^3 = (12^3)^3 : 1^3$, $(b_2^2)^2 : (b_1^2)^2 = (144^2)^2 : 1^2$, $(a_1^3)^3 = (b_1^2)^2$, $1 = 1^2 = 1^3$, $[(a_2^3)^3 = (12^3)^3, (b_2^2)^2 = (144^2)^2,]$ $a_2 = 12$, $a_2^3 = 1728$, $b_2 = 144$, $b_2^2 = 20736$.

....

1576　この立方 [数] の立方は 5,159,780,352 になり, この平方 [数] の平方は 429,981[1],696 になる. 平方 [数] の平方の 3 倍は 1,289,94⟨5⟩,088 になり, それを立方 [数] の立方から引くと, 3,869,835,264 が残る. それはそれの辺が 62,208 である平方 [数] である. そして平方 [数] の平方の 8 倍は 3,439,853,568 であり, それが立方 [数] の立方から引かれると, 1,719,926,784 が残る. それはそれの辺が 41,472 である平方 [数] である.

… 訳注 ……………………………………………………………………………………

検算. $(a_2^3)^3 = 5159780352$, $(b_2^2)^2 = 42981696$, $3(b_2^2)^2 = 1289945088$, $(a^3)^3 - 3(b^2)^2 = 3869835264 = 62208^2$. $8(b_2^2)^2 = 3429853568$, $(a^3)^3 - 8(b^2)^2 = 1719926784 = 41472^2$. ここでは $a_2 = 12$, $b_2 = 144$ を求める過程が完全には説明されていない. Sesiano [1982: 218] も指摘するように, テキストが破損しているか, あるいはディオファントスが説明を省いたのであろう.

....

1591　ゆえに我々は [次のような] 立方数と平方数とを見つけた. 平方 [数] の平方を 3 と 8 に掛け, 両者の各々を立方数の立方から引くと, 平方数が残る. そしてその両者は我々が見つけた 2 つの数である.

　　　今度は我々が確立した 3 つの [場合の] うちの残りの方法を探求しよう.
1594 我々は言う. 48 立方立方財引く立方立方立方が平方 [数] に等しく, 128 立方立方財引く立方立方立方が平方 [数] に等しい. 両者を立方立方財[2]で割ろう. 2 つの商のうち一方は 48 単位引く物になり, 他方は 128 単位引く物になる. そして両者の各々は平方 [数] である. 48 から引いても 128 から [引いても] 両者の各々から平方 [数] が残るような数を探そう. 47 とせよ. それは

---

[1]) وأحد M, ولحد S, وأحد R,[وأحد

[2]) مال كعب كعب كعب M, مال كعب كعب R, [كعب] S, [كعب كعب مال

この問題の計算において物と置かれた数である.

··· 訳注 ··
ケース 3.
$$\begin{cases} 3(b^2)^2 - (a^3)^3 = c_5^2 \\ 8(b^2)^2 - (a^3)^3 = c_6^2. \end{cases}$$

$[a^3 = s^3,\ b^2 = 4s^2s^2\ とする.]$
$$\begin{cases} 48s^3s^3s^2 - s^3s^3s^3 = c_5^2 \\ 128s^3s^3s^2 - s^3s^3s^3 = c_6^2. \end{cases}$$

$s^3s^3s^2$ で割る.
$$\begin{cases} 48 - s = p^2 \\ 128 - s = q^2. \end{cases}$$

$[48 - p^2 = 128 - q^2,\ q^2 - p^2 = 80.$ 問題 2.10 より, $p^2 = 1,\ q^2 = 81.$ $48 - s = 1,$ $128 - s = 81,\ ]$ $s = 47$.
··

我々は立方 [数] の辺を物と置いたから, それの辺は 47 になる. よって立方 [数] は 103,823 になる. 我々は平方 [数] の辺を 2 財と置き, 財は 2,209 単位だから, 平方 [数] の辺は 4,418 になる. 平方 [数] は 19,518,724 になる.

··· 訳注 ··
$a = s = 47,\ a^3 = 103823.$ $b = 2s^2 = 2 \cdot 2209 = 4418,\ b^2 = 19518724$.
··

立方 [数] の立方がこの平方 [数] の平方の 3 倍から引かれると, 残りはそれの辺が 4,879,681 である平方 [数] になる. [立方数の立方が] 平方 [数] の平方の 8 倍から引かれると, それの辺が 43,917,129 である平方 [数] が残る.

··· 訳注 ··
検算.
$$\begin{cases} 3(b^2)^2 - (a^3)^3 = 4879681^2 \\ 8(b^2)^2 - (a^3)^3 = 43917129^2. \end{cases}$$
··

ゆえに我々は [次のような] 立方数と平方数とを見つけた. 平方 [数] の平

方が 3 と 8 に掛けられ，両者の〈各々〉¹⁾ から立方 [数] の立方が引かれると，両者の各々から平方数が残る．そしてその両者は我々が確立した 2 つの数である．そしてそれが我々が見つけたかったものである．

1615　ディオファントスの本の第 4 巻，平方 [数] と立方 [数] について，が完了した．それは 44 の問題である．

---

1) <كلّ>] S, <كلّ> المجتمع من كلّ> R, om. M

『算術』第 5 巻

慈悲あまねく慈悲深きアッラーの御名において. 1617

アレクサンドリアの人ディオファントスの本の第 5 巻, 数的問題について[1]. 1618

1. 我々は［次のような］平方数と立方数とを見つけたい. 立方数に対して置かれた倍（pl.）を平方数の平方に加えると平方数が出てきて, 立方数に対して置かれた別の倍（pl.）をそれ（平方数の平方）から引くと平方数が残る. 1619

・・・ 訳注 ・・・
問題 5.1.
$$\begin{cases} (b^2)^2 + ma^3 = c_1^2 \\ (b^2)^2 - na^3 = c_2^2. \end{cases}$$

求めるのは b^2 と a^3.
・・・

増加する倍数を 4, 減少する［倍数］を 3 とせよ. 我々が記述したことに従って 2 つの数を見つけたい. 平方［数］が 1 財, 平方［数］の平方が 1 財財になるために我々は平方［数］の辺を 1 物とする. そしてそれはある立方［数］の 4 倍と共に平方［数］に等しく, その立方［数］の 3 倍を欠いてもまた平方［数］に等しい. よって立方［数］は［次のような］ある量に等しい. それは財財に対して［次のような］置かれた比をもつ. それの 4 倍が財財に加えられたら平方［数］になり, それの 3 倍が財財から引かれると平方［数］が残る. 我々は［次のような］3 つの平方数を探す. それらのうちの最大［の数］の中 1622

---

[1] 写本では「アレクサンドリアの〜について」は朱書きされている.

央に対する増分と中央の最小に対する増分との比が 4 対 3 の比に等しい．それらの数を 81, 49, 25 とせよ．

・・・ 訳注 ・・
$m=4$, $n=3$ とすると，
$$\begin{cases} (b^2)^2 + 4a^3 = c_1^2 \\ (b^2)^2 - 3a^3 = c_2^2. \end{cases}$$

$b=s$ とすると，$b^2 = s^2$, $(b^2)^2 = s^2 s^2$ だから
$$\begin{cases} s^2 s^2 + 4a^3 = c_1^2 \\ s^2 s^2 - 3a^3 = c_2^2. \end{cases}$$

[$a^3 = ps^2 s^2$, $c_1 = qs^2$, $c_2 = rs^2$ と置くと，]
$$\begin{cases} s^2 s^2 + 4ps^2 s^2 = q^2 s^2 s^2 \\ s^2 s^2 - 3ps^2 s^2 = r^2 s^2 s^2. \end{cases}$$

[両辺を $s^2 s^2$ で割って整理すると，
$$\begin{cases} q^2 - 1 = 4p \\ 1 - r^2 = 3p. \end{cases}$$

よって $q^2 - 1 : 1 - r^2 = 4 : 3$．ここで問題 2.19 を用いて，一般に $q^2 - t^2 : t^2 - r^2 = 4 : 3$ を満たす q^2, t^2, r^2 ($q^2 > t^2 > r^2$) を探す．$q^2 = (y+h)^2$, $t^2 = (y+1)^2$, $r^2 = y^2$ と置くと，$q^2 = t^2 + \frac{4}{3}(t^2 - r^2)$ から
$$y^2 + 2hy + h^2 = y^2 + 2y + 1 + \frac{8}{3}y + \frac{4}{3}$$
$$y\left(\frac{14}{3} - 2h\right) = h^2 - \frac{7}{3}$$
$$y = \frac{h^2 - \frac{7}{3}}{\frac{14}{3} - 2h}.$$

これが正の解をもつために，$\sqrt{\frac{7}{3}} < h < \frac{7}{3}$ を満たすような h をとる．$h=2$ とすると，$y = \frac{5}{2}$．よって，$q^2 = \frac{81}{4}$, $t^2 = \frac{49}{4}$, $r^2 = \frac{25}{4}$．整数比にするために右辺をそれぞれ 4 倍すれば，] $q^2 = 81$, $t^2 = 49$, $r^2 = 25$．$q^2 - t^2 : t^2 - r^2 [= 32 : 24] = 4 : 3$．
・・

1631　もし財財を 49 部分とするなら，それに対して比が置かれた量——すなわちそ

れの 4 倍, つまり〈財財の〉[1] 49 部分のうちの 32 部分, が財〈財〉に加えられると平方［数］になり, それの 3 倍, つまり〈財財の〉[2] 49 部分のうち 24 部分, が財財から引かれると平方［数］になる［量］——は財財の 49 部分のうちの 8 部分である. よって求められる立方［数］は財財の 49 部分のうちの 8 部分に等しい.

⋯ 訳注 ⋯⋯⋯⋯⋯⋯⋯⋯⋯⋯⋯⋯⋯⋯⋯⋯⋯⋯⋯⋯⋯⋯⋯⋯⋯⋯⋯⋯
$t^2 = 1$ の場合を求めているので, $t^2 = 1 = \frac{49}{49}$ と置くと, $q^2 = \frac{81}{49}$, $r^2 = \frac{25}{49}$ だから

$$\begin{cases} 4a^3 = q^2s^2s^2 - s^2s^2 = (q^2-1)s^2s^2 = (\frac{81}{49}-1)s^2s^2 = \frac{32}{49}s^2s^2 \\ 3a^3 = s^2s^2 - r^2s^2s^2 = (1-r^2)s^2s^3 = (1-\frac{25}{49})s^2s^2 = \frac{24}{49}s^2s^2. \end{cases}$$

よって, $a^3 = \frac{8}{49}s^2s^2$.「もし財財を 49 部分とするなら」, すなわち $s^2s^2 = \frac{1}{49}$ と置く, というのは t^2 の分母を 49 とすることを意図しているのだろう.
⋯⋯⋯⋯⋯⋯⋯⋯⋯⋯⋯⋯⋯⋯⋯⋯⋯⋯⋯⋯⋯⋯⋯⋯⋯⋯⋯⋯⋯⋯⋯⋯

立方［数］を望むだけの物である辺から成ると置こう. それを 2 物である辺から成ると置こう. すると立方［数］は 8 立方である. よって 8 立方が財財の 49 部分のうちの 8 部分に等しい. 両者の各々を立方で割ろう. すると物の 49 部分のうちの 8 部分が 8 単位に等しくなる. よって 1 物は 49 単位に等しい.

⋯ 訳注 ⋯⋯⋯⋯⋯⋯⋯⋯⋯⋯⋯⋯⋯⋯⋯⋯⋯⋯⋯⋯⋯⋯⋯⋯⋯⋯⋯⋯
$a = 2s$ と置くと, $a^3 = 8s^3 = \frac{8}{49}s^2s^2$, $\frac{8}{49}s = 8$, $s = 49$.
⋯⋯⋯⋯⋯⋯⋯⋯⋯⋯⋯⋯⋯⋯⋯⋯⋯⋯⋯⋯⋯⋯⋯⋯⋯⋯⋯⋯⋯⋯⋯⋯

それ故, 平方［数］の辺は 49 になる. 平方［数］は 2,401 になる. 我々は立方［数］の辺を 2 物と置いたから, 立方［数］の辺は 98 になり, 立方［数］は 941,192 になる.

⋯ 訳注 ⋯⋯⋯⋯⋯⋯⋯⋯⋯⋯⋯⋯⋯⋯⋯⋯⋯⋯⋯⋯⋯⋯⋯⋯⋯⋯⋯⋯
$b = s = 49$, $b^2 = 2401$. $a = 2s = 98$, $a^3 = 941192$.
⋯⋯⋯⋯⋯⋯⋯⋯⋯⋯⋯⋯⋯⋯⋯⋯⋯⋯⋯⋯⋯⋯⋯⋯⋯⋯⋯⋯⋯⋯⋯⋯

平方［数］の平方に関しては, それは 5,764,801 になる. それに立方数の 4 倍, すなわち, 3,764,768, が加えられると, 両者から 9,529,569 が出てくる.

---

[1] ⟨من مال المال⟩] R, om. SM
[2] ⟨من مال المال⟩] R, om. SM

そしてそれは，それの辺が 3,087 である平方［数］である．それ（平方数の平方）から立方数の 3 倍，すなわち 2,823,576，が引かれると，2,941,225 が残る．そしてそれはそれの辺が 1,715 である平方数である．

⋯ 訳注 ⋯⋯⋯⋯⋯⋯⋯⋯⋯⋯⋯⋯⋯⋯⋯⋯⋯⋯⋯⋯⋯⋯⋯⋯⋯⋯⋯⋯⋯⋯⋯⋯⋯⋯
検算．
$$\begin{cases} (b^2)^2 + 4a^3 = 5764801 + 3764768 = 9529569 = 3087^2 \\ (b^2)^2 - 3a^3 = 5764801 - 2823576 = 2941225 = 1715^2. \end{cases}$$

⋯⋯⋯⋯⋯⋯⋯⋯⋯⋯⋯⋯⋯⋯⋯⋯⋯⋯⋯⋯⋯⋯⋯⋯⋯⋯⋯⋯⋯⋯⋯⋯⋯⋯⋯⋯⋯⋯⋯

1655　ゆえに我々が望んだ条件に合う 2 つの数を我々は見つけた．そしてそれが我々が見つけたかったものである．

1657　**2. 我々は［次のような］平方数と立方数とを見つけたい．立方数に 2 つの知られた数を掛け，両者の各々を**[1]**平方［数］の平方に加えると，両者の各々から平方［数］が出てくる．**

⋯ 訳注 ⋯⋯⋯⋯⋯⋯⋯⋯⋯⋯⋯⋯⋯⋯⋯⋯⋯⋯⋯⋯⋯⋯⋯⋯⋯⋯⋯⋯⋯⋯⋯⋯⋯⋯
問題 5.2．
$$\begin{cases} (b^2)^2 + ma^3 = c_1^2 \\ (b^2)^2 + na^3 = c_2^2. \end{cases}$$

求めるのは b^2 と a^3．

⋯⋯⋯⋯⋯⋯⋯⋯⋯⋯⋯⋯⋯⋯⋯⋯⋯⋯⋯⋯⋯⋯⋯⋯⋯⋯⋯⋯⋯⋯⋯⋯⋯⋯⋯⋯⋯⋯⋯

1660　知られている 2 つの数を 12 単位と 5 単位とする．平方［数］の辺を 1 物と置く．すると平方［数］は 1 財になる．それの平方は 1 財財である．それが 12 立方と共に平方［数］に等しく[2]，その立方［数］の 5 倍と共にまた平方［数］に等しい[3]．それ故，財財に対して知られた比をもつ量を探そう．それの 12 倍がそれ（財財）に加えられると平方［数］になり，またそれの 5 倍が

---

[1] M كل R, <ما يجتمع من كل> S, [كل]
[2] M معادل S, تعادل R, [يعادل] (R は III 形の未完了，S は VI 形の完了で読むが，意味に違いはない．以下同様)
[3] M معادل S, تعادل R, [يعادل]

それ（財財）に加えられると平方［数］になる．それ故，［次のような］3つの平方数を探すことになる[1]．それら［3つ］のうちで最大の中央に対する増分と中央の最小に対する増分との比が 12 の 5 に対する増分と 5 との比，すなわち［1］倍と 2/5 倍との比[2]，に等しい．これらの数を 16, 9, 4 とせよ．

・・・ 訳注 ・・

$m = 12, n = 5$ とすると，

$$\begin{cases} (b^2)^2 + 12a^3 = c_1^2 \\ (b^2)^2 + 5a^3 = c_2^2. \end{cases}$$

$b = s$ と置くと，$b^2 = s^2$, $(b^2)^2 = s^2 s^2$ だから，

$$\begin{cases} s^2 s^2 + 12a^3 = c_1^2 \\ s^2 s^2 + 5a^3 = c_2^2. \end{cases}$$

$[a^3 = ps^2 s^2, c_1 = qs^2, c_2 = rs^2$ と置くと，$]$

$$\begin{cases} s^2 s^2 + 12ps^2 s^2 = q^2 s^2 s^2 \\ s^2 s^2 + 5ps^2 s^2 = r^2 s^2 s^2. \end{cases}$$

[両辺を $s^2 s^2$ で割って整理すると，

$$\begin{cases} q^2 - 1 = 12p \\ r^2 - 1 = 5p. \end{cases}$$

したがって，$q^2 - 1 : r^2 - 1 = 12 : 5$. よって，$]q^2 - r^2 : r^2 - 1 = 7 : 5$. [これは Sesiano [1982: 224–225] が注をつけているように『原論』V.17 による．[3] ここで一般に $q^2 - r^2 : r^2 - t^2 = 7 : 5$ を満たす q^2, r^2, t^2 を探す．問題 2.19 より，$]q^2 = 16$, $r^2 = 9$, $t^2 = 4$.

・・

もし財財を 4 部分とするなら[4]，［次のことが］明らかである[5]．それ（財

---

[1] نصير] S, يصير R, نصر M
[2] 比の値が $1\frac{2}{5}$ ということを意味する．
[3] 『原論』V.17 の比の分離．Heath [1956: vol. 2, 166]: "If magnitudes be proportional componendo, they will also be proportional separendo." 斎藤・三浦 [2008: 393]：「もし合併された量が比例するならば，分離されても比例することになる．」す

財）に対して知られた比をもつ量は，それに 5 倍，すなわち 5 部分，が加えられると平方［数］になり，それに 12 倍，すなわち 12 部分，が加えられると平方［数］になる．その［量］は 1/4 財財である．よって 1/4 財財は立方数に等しい．

⋯ 訳注 ⋯⋯⋯⋯⋯⋯⋯⋯⋯⋯⋯⋯⋯⋯⋯⋯⋯⋯⋯⋯⋯⋯⋯⋯⋯⋯⋯⋯⋯⋯⋯⋯⋯⋯⋯⋯
$t^2 = 1$ の場合を求めているので，$t^2 = 1 = \frac{4}{4}$ と置くと，$q^2 = \frac{16}{4}, r^2 = \frac{9}{4}$ だから
$$\begin{cases} 12a^3 = q^2s^2s^2 - s^2s^2 = (q^2-1)s^2s^2 = \frac{12}{4}s^2s^2 \\ 5a^3 = r^2s^2s^2 - s^2s^2 = (r^2-1)s^2s^2 = \frac{5}{4}s^2s^2. \end{cases}$$
よって，$a^3 = \frac{1}{4}s^2s^2$．ここでも「もし財財を 4 部分とするなら」は t^2 の分母を 4 とすることを意図しているのだろう．
⋯⋯⋯⋯⋯⋯⋯⋯⋯⋯⋯⋯⋯⋯⋯⋯⋯⋯⋯⋯⋯⋯⋯⋯⋯⋯⋯⋯⋯⋯⋯⋯⋯⋯⋯⋯⋯⋯

1672 立方［数］を 2 物である辺から成ると置こう．すると立方［数］は 8 立方になり，それが 1/4 財財に等しい．両者の各々を立方で割ろう．すると 1/4 物が 8 単位に等しくなる．それ故，物は 32 に等しくなる．

⋯ 訳注 ⋯⋯⋯⋯⋯⋯⋯⋯⋯⋯⋯⋯⋯⋯⋯⋯⋯⋯⋯⋯⋯⋯⋯⋯⋯⋯⋯⋯⋯⋯⋯⋯⋯⋯⋯⋯
$a = 2s$ と置くと，$a^3 = 8s^3 = \frac{1}{4}s^2s^2$，$\frac{1}{4}s = 8$，$s = 32$．
⋯⋯⋯⋯⋯⋯⋯⋯⋯⋯⋯⋯⋯⋯⋯⋯⋯⋯⋯⋯⋯⋯⋯⋯⋯⋯⋯⋯⋯⋯⋯⋯⋯⋯⋯⋯⋯⋯

1676 それ故，平方［数］の辺は 32 になり，平方［数］は 1,024 になり，平方［数］の平方は 1,048,576 〈になる〉[1]．我々は立方［数］の辺を 2 物と置いたから，立方［数］の辺は 64 になり，立方［数］は 〈2〉 62,144 になる．

⋯ 訳注 ⋯⋯⋯⋯⋯⋯⋯⋯⋯⋯⋯⋯⋯⋯⋯⋯⋯⋯⋯⋯⋯⋯⋯⋯⋯⋯⋯⋯⋯⋯⋯⋯⋯⋯⋯⋯
$b = s = 32$, $b^2 = 1024$, $(b^2)^2 = 1048576$．$a = 2s = 64$, $a^3 = 262144$．
⋯⋯⋯⋯⋯⋯⋯⋯⋯⋯⋯⋯⋯⋯⋯⋯⋯⋯⋯⋯⋯⋯⋯⋯⋯⋯⋯⋯⋯⋯⋯⋯⋯⋯⋯⋯⋯⋯

1680 それが 12 に掛けられると 3,145,728 が出てくる．そしてそれが平方［数］

なわち，$a : b = c : d$ ならば $(a-b) : b = (c-d) : d$．『原論』V.18 は比の合併：$(a+b) : b = (c+d) : d$．

[4] جعلنا S, <كان، جزئين المال> جعلنا R, لنا M (R の読みを採用した場合，「もし 〈財を 2 部分〉 とするなら，財財は 4 部分となる」という訳になる）

[5] فظاهر S, وظاهر R, وطاهر M

[1] <يكون>] S, om. RM

の平方に加えられると，両者から 4,194,304 が出てくる．そしてそれはそれの辺が 2,048 である平方 [数] である．また，立方数が 5 単位に掛けられると，1,310,720 が出てくる．それが平方 [数] の平方に加えられると，2,359,296 が出てくる．そしてそれはそれの辺が 1,536 である平方 [数] である．

········· 訳注 ···
検算．
$$\begin{cases} (b^2)^2 + 12a^3 = 1048576 + 3145728 = 4194304 = 2048^2 \\ (b^2)^2 + 5a^3 = 1048576 + 1310720 = 2359296 = 1536^2. \end{cases}$$

··

ゆえに我々が望んだ条件に合う 2 つの数を我々は見つけた．そしてその両者が我々が確立した 2 つの数である．

3. 我々は [次のような] 別の立方数と平方数とを見つけたい．立方数を 2 つの置かれた数に掛け，両者の各々を[1) 平方 [数] の平方から引くと，平方 [数] が残る．

········· 訳注 ···
問題 5.3.
$$\begin{cases} (b^2)^2 - ma^3 = c_1^2 \\ (b^2)^2 - na^3 = c_2^2. \end{cases}$$

求めるのは b^2 と a^3．

··

2 つの知られた数のうちの一方を 12, 他方を 7 単位とせよ．また，平方 [数] を 1 財と置く．すると平方 [数] の平方も 1 財財である．財財引く 12 立方が平方 [数] に等しくなり[2)，引く 7 立方も平方 [数] に等しくなる[3)．財財に対して知られた比をもつ [次のような] 量を探そう．財⟨財⟩からそれの 12 倍が引かれると平方 [数] が残り，それ (財財) からそれの 7 倍が引かれると

[1)] كلّ M كلّ R, ‹ما يجتمع من› كلّ S [كلّ
[2)] معادل M تعادل S, يعادل R [يعادل
[3)] معادل M تعادل S, يعادل R [يعادل

また平方［数］が残る．すなわち［次のような］3つの平方数を探すことである．それら［3つ］のうちの最大の中央に対する増分と中央の最小に対する増分との比が 7 対それの 12 からの減少との比に等しい．それらは前に述べた数である．16, 9, 4.[1]

┄ 訳注 ┄┄┄┄┄┄┄┄┄┄┄┄┄┄┄┄┄┄┄┄┄┄┄┄┄┄┄┄┄┄┄┄┄┄┄┄
$m = 12, n = 7$ とすると，

$$\begin{cases} (b^2)^2 - 12a^3 = c_1^2 \\ (b^2)^2 - 7a^3 = c_2^2. \end{cases}$$

$b = s$ と置くと，$b^2 = s^2$, $(b^2)^2 = s^2 s^2$ だから，

$$\begin{cases} s^2 s^2 - 12a^3 = c_1^2 \\ s^2 s^2 - 7a^3 = c_2^2. \end{cases}$$

[$a^3 = ps^2 s^2$, $c_1 = qs^2$, $c_2 = rs^2$ と置くと，]

$$\begin{cases} s^2 s^2 - 12 p s^2 s^2 = q^2 s^2 s^2 \\ s^2 s^2 - 7 p s^2 s^2 = r^2 s^2 s^2. \end{cases}$$

[両辺を $s^2 s^2$ で割って整理すると，]

$$\begin{cases} 1 - q^2 = 12 p \\ 1 - r^2 = 7 p. \end{cases}$$

したがって，$1 - q^2 : 1 - r^2 = 12 : 7$. 『原論』V.17 より，$r^2 - q^2 : 1 - r^2 = 5 : 7$. 『原論』V.7.系[2] より，$1 - r^2 : r^2 - q^2 = 7 : 5$. ここで一般に，］$t^2 - r^2 : r^2 - q^2 = 7 : 5$［を満たす t^2, r^2, q^2 を探す．問題 2.19 より，］$t^2 = 16, r^2 = 9, q^2 = 4$.

┄┄

1701　それ故，我々が確立した財財に対して知られた比をもつ量は財財の 16 部分のうちの ［1］部分である．よって立方［数］は[3] 財財の 16 部分のうちの ［1］部分に等しい．立方［数］の辺を 1/2 物と置く．すると立方［数］は 1/8 立

---

[1] Sesiano [1982: 128, fn. 8] はこの数値を後世の挿入と解釈する．

[2] 『原論』V.7.系．斎藤・三浦 [2008: 380]：「もし何らかの量が比例するならば，逆転されても比例することになる．」すなわち，$a : b = c : d$ ならば $b : a = d : c$.

[3] M الكعب, R الكعب, S [المكعب]

方である．1/8 立方は財財の 16 ［部分］のうちの［1］部分に等しい．よって 1/8 物の 1/2 は 1/8 単位に[4]等しくなる．それ故 1 物は 2 単位に等しい．

··· 訳注 ··
$t^2 = 1$ の場合を求めているので，$t^2 = 1 = \frac{16}{16}$ と置くと，$q^2 = \frac{4}{16}$, $r^2 = \frac{9}{16}$ だから，

$$\begin{cases} 12a^3 = s^2s^2 - q^2s^2s^2 = (1-q^2)s^2s^2 = \frac{12}{16}s^2s^2 \\ 7a^3 = s^2s^2 - r^2s^2s^2 = (1-r^2)s^2s^2 = \frac{7}{16}s^2s^2. \end{cases}$$

よって，$a^3 = \frac{1}{16}s^2s^2$．$a = \frac{1}{2}s$ と置くと，$a^3 = \frac{1}{8}s^3 = \frac{1}{16}s^2s^2$, $\frac{1}{8}s \cdot \frac{1}{2} = \frac{1}{8}$, $s = 2$.
···

それ故，平方［数］は 4 単位になり，平方［数］の平方は 16 単位である．我々は立方［数］の辺を 1/2 物と置いたから，立方［数］の辺は 1 単位になり，立方［数］も 1 単位である．

··· 訳注 ··
$[b = s = 2,] b^2 = 4$, $(b^2)^2 = 16$. $a = \frac{1}{2}s = \frac{1}{2} \cdot 2 = 1$, $a^3 = 1$.
···

それが 12 と 7 とに掛けられ，両者の各々が平方［数］の平方から引かれると，平方［数］が残る．

··· 訳注 ··
検算．
$$\begin{cases} (b^2)^2 - 12a^3 = 16 - 12 = 4 = 2^2 \\ (b^2)^2 - 7a^3 = 16 - 7 = 9 = 3^2. \end{cases}$$
···

4. 我々は［次のような］平方数と立方数とを見つけたい．平方［数］の平方へ立方［数］の立方に対して置かれた倍（pl.）を加えると両者から平方数が出てきて，それ（平方数の平方）から立方の立方に対して置かれた別の倍（pl.）を引くとまた平方数が残る．

---

[4]) M ما واحدا, S ثمن واحد, R] ثمنا واحدا

168　『算術』第 5 巻

......訳注..
問題 5.4.
$$\begin{cases}(b^2)^2 + m(a^3)^3 = c_1^2 \\ (b^2)^2 - n(a^3)^3 = c_2^2.\end{cases}$$

求めるのは b^2 と a^3. なお，問題 4.43 は $(b^2)^2$ と $(a^3)^3$ を入れ替えて

$$\begin{cases}(a^3)^3 + m(b^2)^2 = c_1^2 \\ (a^3)^3 - n(b^2)^2 = c_2^2\end{cases}$$

の a^3 と b^2 を求める問題である．
....

1714　増加する倍を 5，減少する倍を 3 とせよ．立方 [数] を 1 物である辺から成ると置こう．すると 1 立方になり，それの立方は 1 立方立方立方である．平方 [数] を 2 財である辺から成ると置く．すると平方 [数] は 4 財財になり，それの平方は 16 立方立方財である．よって，16 立方立方財と 5 立方立方立方とが平方 [数] に等しく，16 立方立方財引く 3 立方立方立方が平方 [数] に等しい．全ての平方 [数] は平方 [数] で割られる．すると商は平方 [数] である．これら 2 つの平方 [数] の各々を平方 [数]，すなわち 1 立方立方財，で割ろう．2 つの商のうち一方は 16 単位と 5 物であり，他方は 16 単位引く 3 物である．両者の各々は平方 [数] である．全ての平方数は，それにそれの 1/4 の 5 倍が加えられると平方 [数] になり，それからそれの 1/4 の 3 倍が引かれるとまた平方 [数] になる．よって 1 物は 16 の 1/4，すなわち 4 単位，である．
......訳注..
$m = 5$, $n = 3$ とすると，

$$\begin{cases}(b^2)^2 + 5(a^3)^3 = c_1^2 \\ (b^2)^2 - 3(a^3)^3 = c_2^2.\end{cases}$$

$a = s$ と置くと，$a^3 = s^3$, $(a^3)^3 = s^3 s^3 s^3$. $b = 2s^2$ と置くと，$b^2 = 4s^2 s^2$, $(b^2)^2 = 16 s^3 s^3 s^2$. したがって，

$$\begin{cases}16 s^3 s^3 s^2 + 5 s^3 s^3 s^3 = c_1^2 \\ 16 s^3 s^3 s^2 - 3 s^3 s^3 s^3 = c_2^2.\end{cases}$$

c_1^2 と c_2^2 を $s^3 s^3 s^2$ で割ると，それぞれ $16 + 5s$, $16 - 3s$. 任意の p^2 に対して

$$\begin{cases} p^2 + 5 \cdot \frac{p^2}{4} = \frac{9}{4} p^2 \\ p^2 - 3 \cdot \frac{p^2}{4} = \frac{1}{4} p^2 \end{cases}$$

はそれぞれ平方数であるから，$p^2 = 16$ とすると，$\frac{p^2}{4} = s = 4$．[この $s = 4$ は次のようにしても求まる．$16 + 5s$ と $16 - 3s$ を 4 で割り，それぞれ q^2, r^2 とすると

$$\begin{cases} 4 + \frac{5}{4} s = q^2 \\ 4 - \frac{3}{4} s = r^2. \end{cases}$$

したがって，$q^2 - 4 : 4 - r^2 = 5 : 3$．ここで一般に，$q^2 - t^2 : t^2 - r^2 = 5 : 3$ を満たす q^2, t^2, r^2 を探す．問題 2.19 より，$q^2 = 9$, $t^2 = 4$, $r^2 = 1$．求めているのは $t^2 = 4$ の場合だから，$4 + \frac{5}{4} s = q^2 = 9$ または $4 - \frac{3}{4} s = r^2 = 1$．よって $s = 4$．]

....

我々は立方［数］の辺を 1 物と置いたから，立方［数］の辺は 4 単位になり，立方［数］は 64 になる．我々は平方［数］の辺を 2 財と置き，財は 16 単位だから，平方［数］の辺は 32 になり，平方［数］は 1,024 になる．

... 訳注 ....

$a = s = 4$, $a^3 = 64$. $b = 2s^2 = 2 \cdot 16 = 32$, $b^2 = 1024$.

....

平方［数］の平方に関しては 1,048,576 になり，立方［数］の立方に関しては 262,144 になる．そしてそれの 5 倍が平方［数］の平方に加えられると，両者から 2,359,296 が出てくる．そしてそれはそれの辺が 1,536 である平方［数］である．それ（立方数の立方）の 3 倍が平方［数］の平方から引かれると，262,144 が残る．そしてそれはそれの辺が 512 単位である平方［数］である．

... 訳注 ....

検算．$(b^2)^2 = 1048576$, $(a^3)^3 = 262144$.

$$\begin{cases} (b^2)^2 + 5(a^3)^3 = 1048576 + 5 \cdot 262144 = 2359296 = 1536^2 \\ (b^2)^2 - 3(a^3)^3 = 1048576 - 3 \cdot 262144 = 262144 = 512^2. \end{cases}$$

....

ゆえに我々が条件付けた条件に合う 2 つの数を我々は見つけた．そしてその

両者が我々が確立した2つの数である．

1739 **5.** 我々は［次のような］立方数と平方数とを見つけたい．立方［数］の立方を[1]置かれた2つの数に掛け，両者の各々を[2]平方［数］の平方に加えると，平方数が出てくる．

⋯ 訳注 ⋯⋯⋯⋯⋯⋯⋯⋯⋯⋯⋯⋯⋯⋯⋯⋯⋯⋯⋯⋯⋯⋯⋯⋯⋯⋯⋯⋯⋯⋯
問題 5.5.
$$\begin{cases}(b^2)^2 + m(a^3)^3 = c_1^2 \\ (b^2)^2 + n(a^3)^3 = c_2^2.\end{cases}$$

求めるのは b^2 と a^3．
⋯⋯⋯⋯⋯⋯⋯⋯⋯⋯⋯⋯⋯⋯⋯⋯⋯⋯⋯⋯⋯⋯⋯⋯⋯⋯⋯⋯⋯⋯⋯⋯⋯⋯

1742 知られた2つの数の一方を12，他方を5単位とする．我々が記述したことに従って2つの数を見つけたい．立方［数］の辺を1物と置く．すると立方［数］は1立方になり，それの立方は1立方立方立方になる．平方［数］の辺を2財と置く．すると平方［数］は4財財になり，平方［数］の平方は16立方立方財である．それ故，16立方立方財と12立方立方立方とは平方［数］に等しく，16立方立方財と5立方立方立方とは〈平方［数］〉に等しい．全ての平方［数］は平方［数］で割られる．すると商は平方［数］である．両者の各々を平方［数］，すなわち立方立方財，で割ろう．それにより，16単位と12物および16単位と5物との各々が平方［数］になる．しかし，全ての平方［数］にそれの1/4の5倍が加えられると平方［数］になり，またそれ（全ての平方数）にそれの1/4の12倍が加えられると平方［数］になる．よって1物は16の1/4，つまり4単位，である．

⋯ 訳注 ⋯⋯⋯⋯⋯⋯⋯⋯⋯⋯⋯⋯⋯⋯⋯⋯⋯⋯⋯⋯⋯⋯⋯⋯⋯⋯⋯⋯⋯⋯
$m = 12$, $n = 5$ とすると，
$$\begin{cases}(b^2)^2 + 12(a^3)^3 = c_1^2 \\ (b^2)^2 + 5(a^3)^3 = c_2^2.\end{cases}$$

---

[1] كعب M, مكعب S, كعب] R.
[2] كل M <ما يجتمع من> كل] S, كلّ R.

$a = s$ と置くと, $a^3 = s^3$, $(a^3)^3 = s^3s^3s^3$. $b = 2s^2$ と置くと, $b^2 = 4s^2s^2$, $(b^2)^2 = 16s^3s^3s^2$. したがって,

$$\begin{cases} 16s^3s^3s^2 + 12s^3s^3s^3 = c_1^2 \\ 16s^3s^3s^2 + 5s^3s^3s^3 = c_2^2. \end{cases}$$

c_1^2 と c_2^2 を $s^3s^3s^2$ で割ると, それぞれ $16 + 12s$, $16 + 5s$. 任意の p^2 に対して

$$\begin{cases} p^2 + 12 \cdot \frac{p^2}{4} = 4p^2 \\ p^2 + 5 \cdot \frac{p^2}{4} = \frac{9}{4}p^2 \end{cases}$$

はそれぞれ平方数であるから, 問題 5.4 と同様に $p^2 = 16$ とすると, $\frac{p^2}{4} = s = 4$.

....

それ故, 立方 [数] は 64 であり, 平方 [数] は 1,024 である. 　　1754

··· 訳注 ··
$a = s$ より, $a = 4$, $a^3 = 64$. $b = 2s^2$ より, $b = 32$, $b^2 = 1024$.
....

次のことが明らかである. この平方 [数] の平方にこの立方 [数] の立方の 12 倍, すなわち 3,145,728, が加えられると, 4,194,304 単位になる. そしてそれはその辺が 2,048 である平方 [数] である. 前の問題[1]において立方 [数] の立方の 5 倍がそれ (平方数の平方) に加えられても平方 [数] になることは明らかであった. 　　1755

··· 訳注 ··
検算.

$$\begin{cases} (b^2)^2 + 12(a^3)^3 = 1048576 + 12 \cdot 262144 = 4194304 = 2048^2 \\ (b^2)^2 + 5(a^3)^3 = 1048576 + 5 \cdot 262144 = 2359296 = 1536^2. \end{cases}$$

....

6. 我々は [次のような] 立方数と平方数とを見つけたい. 立方 　　1761

---

[1] 問題 5.4 参照.

172 『算術』第5巻

[数]の立方を置かれた2つの数に掛け，両者の各々を[2)]平方[数]の平方から引くと，平方[数]が残る．

... 訳注 ....

問題 5.6.
$$\begin{cases} (b^2)^2 - m(a^3)^3 = c_1^2 \\ (b^2)^2 - n(a^3)^3 = c_2^2. \end{cases}$$

求めるのは b^2 と a^3．
....

1764　2つの置かれた数を7と4とせよ．そして立方[数]を1物である辺から成るとする．すると立方[数]は1立方になり，それの立方は1立方立方立方である．平方[数]を3財である辺から成るとする．すると平方[数]は9財財になり，平方[数]の平方は81立方立方財である．それ故，81立方立方財引く7立方立方立方は平方[数]に等しくなり[1)]，[81立方立方財]引く4立方立方立方も平方[数]に等しくなる[2)]．両者の各々を平方[数]，すなわち1立方立方財，で割ろう．すると81引く7物は平方[数]に等しくなり[3)]，81引く4物も平方[数]に等しくなる[4)]．我々は[次のような]各々の平方[数]のうち置かれた量を探そう．平方[数]からそれの7倍が引かれると平方[数]が残り，また平方[数]からそれの4倍が引かれると平方[数]が残る．それは既に述べた方法[5)]で探される．その量を 1/9 の 8/9 とせよ．81 からそれの 1/9 の 8/9 の7倍，つまり56，が引かれると平方[数]，すなわち25，が残り，それ (81) からそれの 1/9 の 8/9 の4倍，つまり32，が引かれると平方[数]，すなわち49，が残る．よって1物は81の1/9の8/9，すなわち8単位，である．

... 訳注 ....

―――――――――――――――――――――――――

[2)] M كل R, <ما يجتمع من> S,]كلّ

[1)] M معادل R, يعادل S,] تعادل
[2)] M معادل R, يعادل S,] تعادل
[3)] M معادل R, يعادل S,] تعادل
[4)] M معادل R, يعادل S,] تعادل
[5)] 問題 2.19.

$m = 7$, $n = 4$ とすると,
$$\begin{cases} (b^2)^2 - 7(a^3)^3 = c_1^2 \\ (b^2)^2 - 4(a^3)^3 = c_2^2. \end{cases}$$
$a = s$ と置くと, $a^3 = s^3$, $(a^3)^3 = s^3 s^3 s^3$. $b = 3s^2$ と置くと, $b^2 = 9s^2 s^2$, $(b^2)^2 = 81 s^3 s^3 s^2$. したがって,
$$\begin{cases} 81 s^3 s^3 s^2 - 7 s^3 s^3 s^3 = c_1^2 \\ 81 s^3 s^3 s^2 - 4 s^3 s^3 s^3 = c_2^2. \end{cases}$$
c_1^2 と c_2^2 を $s^3 s^3 s^2$ で割ると, それぞれ $81 - 7s$, $81 - 4s$. これらは二つとも平方数. 「各々の平方 [数] のうち置かれた量」を探すプロセスは以下のように推測される. 一般に
$$\begin{cases} t^2 - 7ut^2 = p^2 \\ t^2 - 4ut^2 = q^2 \end{cases}$$
となるような「各々の平方 [数]」を t^2, p^2, q^2,「置かれた量」を u とする (ただし, $t^2 > q^2 > p^2$). [上式より, $t^2 - p^2 : t^2 - q^2 = 7 : 4$. 『原論』V.17 より, $q^2 - p^2 : t^2 - q^2 = 3 : 4$. 問題 2.19 より, $t^2 = 81$, $q^2 = 49$, $p^2 = 25$. ここでも求めているのは $t^2 = 81$ の場合だから,]$u = \frac{1}{9} \cdot \frac{8}{9} = \frac{8}{81}$ とすると, $s = ut^2 = 8$.
$$\begin{cases} p^2 = 81 - 7 \cdot \frac{8}{81} \cdot 81 = 81 - 56 = 25 \\ q^2 = 81 - 4 \cdot \frac{8}{81} \cdot 81 = 81 - 32 = 49. \end{cases}$$

....

我々は立方 [数] の辺を 1 物と[1])置いたから, 立方 [数] は 512 になる. 我々は平方 [数] の辺を 3 財と置き, 財は 64 だから, 平方 [数] の辺は 192 になり, 平方 [数] は 36,864 になる.

··· 訳注 ···
$a = s = 8$ より, $a^3 = 512$. $b = 3s^2$ より, $b = 3 \cdot 64 = 192$, $b^2 = 36864$.

....

平方 [数] の平方は 1,358,954,496 になる. 立方 [数] の立方に関しては 134,217,728 になる[2]). そしてそれの 7 倍が平方 [数] の平方から引かれると

---

[1]) M سا لهذا R, شيئا ولهذا – ,S] شيئًا واحدًا
[2]) M و مابی R, و مائتين S] و مائتي ⟨الف⟩

1779

1782

419,430,400 が残る．そしてそれはそれの辺が 20,480 である平方［数］である．
それ（立方数の立方）の 4 倍が平方［数］の平方から引かれると 822,083,584
が残る．そしてそれはそれの辺が 28,672 である平方［数］である．

・・・訳注・・
検算．$(a^3)^3 = 134217728$, $(b^2)^2 = 1358954496$.

$$\begin{cases} (b^2)^2 - 7(a^3)^3 = 1358954496 - 7 \cdot 134217728 = 419430400 = 20480^2 \\ (b^2)^2 - 4(a^3)^3 = 1358954496 - 4 \cdot 134217728 = 822083584 = 28672^2. \end{cases}$$

・・・

1792　ゆえに我々が条件付けた条件に合う 2 つの数を我々は見つけた．その両者は立方［数］に関しては 512 であり，平方［数］に関しては 36,864 である．そしてそれが我々が見つけたかったものである．

1795　7. 我々は［次のような］2 つの数を見つけたい．両者の和と両者の立方の和とが置かれた 2 つの数に等しくなる[1]．

・・・訳注・・
問題 5.7.
$$\begin{cases} a + b = m \\ a^3 + b^3 = n. \end{cases}$$

求めるのは a と b. この問題はギリシア語版の問題 4.1 と同じ形式である．Sesiano [1982: 233], Christianidis and Oaks [2023: 631] 参照．
・・・

1797　次のようであればよい．2 つ［の置かれた数］のうち，2 つの数の立方の和に対して置かれた数の 4 倍は 2 つの数の和に対して置かれた数の立方をある数だけ増加し，2 つの数の和に対して置かれた数の 3 倍で割られると商は平方［数］になり，2 つの数の和に対して置かれた数の 3/4 に掛けられると平方［数］になる．これは形成的な（muhayya'）問題に属する．

・・・訳注・・

---

[1]) تكون R, يكون S, ںكوں M

$\frac{4n-m^3}{3m}$ と $(4n-m^3)\cdot\frac{3}{4}m$ とが平方数であればよい。「形成的」(muhayya') については問題 4.17 と 4.19 参照．

....

2 つの数の和に対して置かれた数を 20 単位，2 つの数の立方の和に対して〈置かれた〉数を 2,240 とせよ．我々は両者の和が 20 単位になり，両者の立方の和が 2,240 単位になる[1] 2 つの数を見つけたい．2 つの数の相互超過を 2 物とする．すると両者のうち一方は 10 単位と物になり，他方は物を欠いた 10 単位になる．そして両者の各々について立方を計算する．

··· 訳注 ··

$m=20$, $n=2240$, $a-b=2s$ と置く．$[\frac{a+b}{2}=\frac{20}{2}=10$．そこで，$\frac{a+b}{2}+\frac{a-b}{2}$ と $\frac{a+b}{2}-\frac{a-b}{2}$ を計算すると，それぞれ a, b だから，$]a=10+s$, $b=10-s$．[問題 1.27．ここで，$a=\frac{m}{2}+s$, $b=\frac{m}{2}-s$ とすると，$a^3+b^3=(\frac{m}{2}+s)^3+(\frac{m}{2}-s)^3=\frac{m^3}{4}+3ms^2$．これが n に等しいので，$\frac{m^3}{4}+3ms^2=n$．よって $\frac{4n-m^3}{3m}=(2s)^2$, $(4n-m^3)\cdot\frac{3}{4}m=(3ms)^2$．]

....

2 つの異なる種から合成される辺の立方を計算したいときはいつでも，種の多さが我々を誤りへと導かないために，［次のようで］あればよい．異なる 2 つの種の各々の立方をとり，両者の各々の平方と他の種との掛け算から出てきたものの 3 倍をその両者に付け加える．すると掛け算から[2] 集まって出てきたものが 4 つの種から合成されることになる．それが異なる 2 つの種の和から[3] 生じる立方［数］である．2 つの種があり，もし両者のうち一方が他方から除去されるなら，我々は大きい［種の］立方をとり，小さい種の平方と大きい［種］との掛け算から出てきたものの 3 倍をそれ（大きい種の立方）に付け加え，両者から小さい種の立方および大きい種の〈平方〉と小さい種との掛け算から出てきたものの 3 倍を突き合わせる（引く）．すると残るものが 2 つの異なる種の超過（差）から生じる立方［数］である．

_____

[1] تكون] R, يكون S, نكون M
[2] من الضرب] R, om. S, من الضرب M
[3] من] S, عن R, عں M

176 『算術』第 5 巻

⋯ 訳注 ⋯⋯⋯⋯⋯⋯⋯⋯⋯⋯⋯⋯⋯⋯⋯⋯⋯⋯⋯⋯⋯⋯⋯⋯⋯⋯⋯⋯⋯⋯⋯⋯⋯⋯
$(x+y)^3 = x^3 + y^3 + 3x^2y + 3y^2x$, $(x-y)^3 = x^3 + 3xy^2 - (y^3 + 3x^2y)$.
⋯⋯

1816　それ故, 10 単位と物である辺から生じる立方［数］は, 10 の立方, すなわち 1,000, と物の立方, すなわち立方, と 10 と物の平方との掛け算から出てくるものの 3 倍[1], すなわち 30 財, とまた物と 10 の平方との掛け算から出てくるものの 3 倍[2], すなわち 300 物, になる. よって 10 と物から生じる立方［数］は 1,000 単位と 1 立方と 300 物と 30 財である. また, 物を欠いた 10 単位である辺から生じる立方［数］は 10 の立方, すなわち 1,000, と 10 と物の平方, すなわち財, との掛け算から出てくるものの 3 倍—それは 30 財—引く物の立方, すなわち 1 立方, 引く物と 10 の平方との掛け算から出てくるものの 3 倍—それは 300 物—に等しい. よって物を欠いた 10 単位から生じる立方［数］は 1,000 と 30 財引く立方と 300 物である.

⋯ 訳注 ⋯⋯⋯⋯⋯⋯⋯⋯⋯⋯⋯⋯⋯⋯⋯⋯⋯⋯⋯⋯⋯⋯⋯⋯⋯⋯⋯⋯⋯⋯⋯⋯⋯⋯
$(10+s)^3 = 1000 + s^3 + 300s + 30s^2$, $(10-s)^3 = 1000 + 30s^2 - s^3 - 300s$.
⋯⋯

1828　この 2 つの立方［数］の和は 2,000 と 60 財である. そのことは, 2 つの［立方数の］うち減少する立方と 300 物があり, それを他方の立方［数］における増加する立方と 300 物が消している[3]［からである］. よって 2,000 と 60 財は 2,240 単位に等しい. 両辺のうち一方にある 2,000 を他方の辺にある数から[4]突き合わせよう. すると 240 単位に等しい 60 財が残る[5]. それ故, 1 財は 4 単位になる. 両者の各々は平方［数］である. その両辺とも互いに等しい.

---

[1]) M لله امال R, <من> ثلاثة أمثال S, ثلثة امثال
[2]) M لله امال R, <من> ثلاثة أمثال S, ثلثة امثال
[3]) M سهمها R, يتهمها S,] تذهبها. R の読みは写本に忠実であるが辞書に裏付けられない. Rashed [1984: Tome 4, 13, 121–122] はこの語を "absorbé" と訳す.
[4]) M من العدد R, <و نلقيهما> من العدد S,] من العدد
[5]) S, فيبقى ستّون مالا يعادل <و ذالك>] فيبقى ما في إحدى الناحيتين ستون مالا تعادل
R, فيسمى مالا فى احدى الناحيس سون مالا عادل M

しかし財の辺は 1 物であり，4 単位の辺は 2 単位である．よって 1 物は 2 単位である．

⋯ 訳注 ⋯⋯⋯⋯⋯⋯⋯⋯⋯⋯⋯⋯⋯⋯⋯⋯⋯⋯⋯⋯⋯⋯⋯⋯⋯⋯⋯⋯⋯
$(10+s)^3 + (10-s)^3 = 2000 + 60s^2$, $2000 + 60s^2 = 2240$, $60s^2 = 240$, $s^2 = 4$, $s = 2$.
⋯⋯⋯⋯⋯⋯⋯⋯⋯⋯⋯⋯⋯⋯⋯⋯⋯⋯⋯⋯⋯⋯⋯⋯⋯⋯⋯⋯⋯⋯⋯⋯

探されている 2 つの数のうち大きい数を 10 単位と物と我々は置いたから，この数は 12 単位になる．そして小さい数を物を欠いた 10 単位と我々は置いたから，［それは］8 単位になる．

⋯ 訳注 ⋯⋯⋯⋯⋯⋯⋯⋯⋯⋯⋯⋯⋯⋯⋯⋯⋯⋯⋯⋯⋯⋯⋯⋯⋯⋯⋯⋯⋯
$a = 10 + s = 12$, $b = 10 - s = 8$.
⋯⋯⋯⋯⋯⋯⋯⋯⋯⋯⋯⋯⋯⋯⋯⋯⋯⋯⋯⋯⋯⋯⋯⋯⋯⋯⋯⋯⋯⋯⋯⋯

そして大きい数の立方は 1,728 であり，小さい数の立方は 512 単位である．両者の和は 2,240 単位である．

⋯ 訳注 ⋯⋯⋯⋯⋯⋯⋯⋯⋯⋯⋯⋯⋯⋯⋯⋯⋯⋯⋯⋯⋯⋯⋯⋯⋯⋯⋯⋯⋯
検算．
$$\begin{cases} [a+b = 12+8 = 20] \\ a^3 + b^3 = 1728 + 512 = 2240. \end{cases}$$

⋯⋯⋯⋯⋯⋯⋯⋯⋯⋯⋯⋯⋯⋯⋯⋯⋯⋯⋯⋯⋯⋯⋯⋯⋯⋯⋯⋯⋯⋯⋯⋯

ゆえに両者の和が 20 単位で，両者の立方の和が 2,240 単位である 2 つの数を我々は見つけた．その両者は 12 単位と 8 単位である．そしてそれが我々が見つけたかったものである．

8. 我々は［次のような］2 つの数を見つけたい．両者の相互超過と両者の立方の相互超過とが置かれた 2 つの数に等しくなる．

⋯ 訳注 ⋯⋯⋯⋯⋯⋯⋯⋯⋯⋯⋯⋯⋯⋯⋯⋯⋯⋯⋯⋯⋯⋯⋯⋯⋯⋯⋯⋯⋯
問題 5.8.
$$\begin{cases} a - b = m \\ a^3 - b^3 = n. \end{cases}$$

求めるのは a と b. この問題はギリシア語版の問題 4.2 と同じ形式である. Sesiano [1982: 233], Christianidis and Oaks [2023: 631] 参照.

....

1846　次のようであればよい. 2 つの立方［数］の相互超過に対して置かれた数の 4 倍が 2 つの数の相互超過に対して置かれた数の立方をある数だけ増加し, 〈2 つの数の相互超過に対して〉置かれた数の 3 倍で割られると, ［商は］平方［数］になり, 2 つの数の相互超過に対して［置かれた］数の 3/4 に掛けられると, 平方［数］になる.

　… 訳注 …………………………………………………………………………
$\frac{4n-m^3}{3m}$ と $(4n-m^3)\cdot\frac{3}{4}m$ とが平方数であればよい. この条件は問題 5.7 に与えたものと同じ. しかし「形成的」という用語は用いられていない.

....

1850　2 つの数の相互超過に対して置かれた数を 10 単位, 2 つの立方［数］の相互超過に対して置かれた数を 2,170 単位とせよ. 我々は両者の相互超過が 10 単位であり, 両者の立方の相互超過が 2,170 単位である 2 つの数を見つけたい. 2 つの数の和を 2 物とする. すると両者のうち一方は物と 5 単位になり, 他方は物引く 5 単位になる. それは両者の相互超過が 10 単位になるためである. そして両者の各々について立方を計算する.

　… 訳注 …………………………………………………………………………
$m=10$, $n=2170$, $a+b=2s$ と置く. $[\frac{a-b}{2}=\frac{10}{2}=5$. そこで, $\frac{a+b}{2}+\frac{a-b}{2}$ と $\frac{a+b}{2}-\frac{a-b}{2}$ を計算すると, それぞれ a, b だから, ］$a=s+5$, $b=s-5$. ［問題 1.27.］

....

1855　すると, 我々が述べたように, それの辺が物と 5 単位である立方［数］は, 物の立方, すなわち立方, と 5 の立方, すなわち 125, と物の平方と 5 との掛け算から出てくるものの 3 倍, すなわち 15 財, と 5 の平方と物との掛け算から出てくるものの 3 倍, すなわち 75 物とに等しくなる. よって物と 5 単位である辺から生じる立方［数］は立方と 125 と 15 財と 75 物である. それの辺が物引く 5 単位である立方［数］は物の立方, すなわち立方, と物から減少し

ている 5 の平方と物との掛け算から出てくるものの 3 倍，すなわち 75 物，引く 5 の立方[1)]，すなわち 125，引く物の平方と 5 単位との掛け算から出てくるものの 3 倍，すなわち 15 財，に等しくなる．よって物引く 5 単位である辺から生じる立方 [数] は立方と 75 物引く 15 財引く 125 単位である．

... 訳注 ....

$(s+5)^3 = s^3 + 125 + 15s^2 + 75s, \ (s-5)^3 = s^3 + 75s - 15s^2 - 125.$

....

この立方 [数] を最初の立方 [数] から突き合わせよう（引こう）．すると残りは 250 と 30 財になる．それは [次のような] ことである．この立方 [数] にある減少する 15 財と 125 とは，減 [数] だから，他方の立方 [数] における増分である[1)]．そして立方と 75 物が両者の各々から消える[2)]．よって 250 と 30 財は 2,170 単位に等しい．両辺の各々から[3)]共通する 250 を突き合わせよう．すると 30 財に等しい 1,920 単位が残る．それ故，[1] 財は 64 になる．両者の各々は平方 [数] である．両者の辺は互いに等しい．財の辺は 1 物である．64 の辺は 8 単位である．よって 1 物は 8 単位である．

... 訳注 ....

$(s+5)^3 - (s-5)^3 = 250 + 30s^2, \ 250 + 30s^2 = 2170, \ 30s^2 = 1920, \ s^2 = 64, \ s = 8.$

....

我々は大きい数を物と 5 単位と置いたから，[それは] 13 単位になる．我々が小さい数を物引く 5 単位と置いたように．それ故，小さい [数] は 3 単位になる[4)]．

... 訳注 ....

[1)] M كعب, S كعب, R مكعّب]مكعّب
[1)] R,] زائدة في المكعب الاخر
S, زائدة ⟨وتزاد على الخمسة العشر المال والمائة والخمسة والعشرين الزائدة⟩ في المكعب الاخر
M زاىد فى المكعب الاحر
[2)] M بدهب المكعب S تذهب الكعب R,] يذهب المكعب
[3)] R كلتا SM]كلى
[4)] M يكون الاعطم سه عسر احدا و R, يكون الأعظم ثلاثة عشر أحدا و S,] يكون

$a = s+5 = 13$, $b = s-5 = 3$.

....

1881　両者の立方は，大きい［数］の立方に関しては 2,197 であり，小さい［数］の立方に関しては 27 である．そして両者の相互超過は 2,170 である．

………訳注………………………………………………………………………
検算．$a^3 = 2197$, $b^3 = 27$.

$$\begin{cases} [a-b = 13-3 = 10] \\ a^3 - b^3 = 2197 - 27 = 2170. \end{cases}$$

....

1883　ゆえに両者の相互超過が 10 単位であり，両者の立方の相互超過が〈2〉,170 である 2 つの数を我々は見つけた．その両者は 13 単位と 3 単位である．そしてそれが我々が見つけたかったものである．

1885　9. 我々は置かれた数を［次のような］2 つの部分に分けたい．両者の立方の和が両者の相互超過の平方に対して置かれた倍（pl.）になる．

………訳注………………………………………………………………………
問題 5.9.
$$\begin{cases} a+b = m \\ a^3 + b^3 = n(a-b)^2. \end{cases}$$

この問題ではある条件のもと与えられた数 m を 2 つの数 a と b とに分割する．求めるのは a と b.

....

1887　次のようであればよい．置かれた倍（pl.）は置かれた数の 3/4 よりも置かれた数の立方と共に平方数を囲む数だけ大きい．

………訳注………………………………………………………………………
以下で考察するように，$m^3(n-\frac{3}{4}m)$ が平方数であればよい．Rashed [1984: TomeIV, XXVII] は $n > \frac{3}{4}m$ を付け加える．

....

置かれた数を 20, 倍 (pl.) を 140 倍とせよ. 我々は 20 を両者の立方の和が両者の超過 (差) の平方の 140 倍になる 2 つの部分に分けたい. 2 つの部分の相互超過もまた 2 物と置こう. すると 2 つの部分のうち一方は 10 単位と物になり, 他方は 10 単位引く物になる. 先行する [問題][1])で我々が記述した方法により両者の立方の和は 2,000 単位と 60 財になる. しかし 2 つの数の相互超過の平方は 4 財である. よって 2,000 単位と 60 財は 4 財の 140 倍, つまり 560 財, に等しい. 共通の 60 財を両辺の各々[2])から突き合わせる. すると 500 財に等しい 2,000 単位が残る. それ故, 1 財は 4 単位に等しい. 財の辺は 1 物であり, 4 単位の辺は 2 単位である. よって 1 物は 2 単位に等しい.

... 訳注 ....
$m = 20$, $n = 140$ とすると,
$$\begin{cases} a + b = 20 \\ a^3 + b^3 = 140(a-b)^2. \end{cases}$$

問題 5.7 と同様に $a - b = 2s$ とすると, $a = 10 + s$, $b = 10 - s$. $(10+s)^3 + (10-s)^3 = 2000 + 60s^2$. $(a-b)^2 = 4s^2$ より, $2000 + 60s^2 = 140 \cdot 4s^2$, $2000 + 60s^2 = 560s^2$, $2000 = 500s^2$, $s^2 = 4$, $s = 2$. [ここで, $a = \frac{m}{2} + s$, $b = \frac{m}{2} - s$ とすると, $a^3 + b^3 = (\frac{m}{2} + s)^3 + (\frac{m}{2} - s)^3 = \frac{m^3}{4} + 3ms^2$. これが $n(a-b)^2 = 4ns^2$ に等しいので, $\frac{m^3}{4} + 3ms^2 = 4ns^2$. $\frac{m^3}{4(4n-3m)} = s^2$. $4m^3(4n - 3m) = \{4(4n - 3m)\}^2 s^2$. よって $m^3(n - \frac{3}{4}m) = \{(4n-3m)s\}^2$.]
....

2 つの部分の一方を 10 単位と物と我々は置いたから, 12 単位がある. 他方の部分を 10 単位引く物と我々は置いたから, 8 単位がある.

... 訳注 ....
$a = 10 + s = 12$, $b = 10 - s = 8$.
....

12 の立方に 8 の立方が加えられると 2,240 単位になる. 2 つの部分の相互

---

[1]) 問題 5.7 参照.
[2]) كل] SM, بكل R

182 　『算術』第 5 巻

超過は 4 単位であり，それの平方は 16 単位である．2,240 単位は 16 単位，すなわち我々が見つけた 2 つの部分の超過（差）の平方，の 140 倍である．

··· 訳注 ··
検算．
$$\begin{cases} [a+b = 12+8 = 20] \\ a^3 + b^3 = 12^3 + 8^3 = 2240 = 140(12-8)^2 = 140 \cdot 4^2 = 140 \cdot 16. \end{cases}$$
··

1906　ゆえに 20 を我々が望むことに従って 2 つの部分に分けた[1]．大きい部分は 12 単位であり，小さい［部分］は 8 単位である．そしてそれが我々が行いたかったことである．

1908　**10. 我々は［次のような］2 つの数を見つけたい．両者の相互超過が置かれた数であり，両者の立方の相互超過が両者の和の平方において置かれた比にある．**

··· 訳注 ··
問題 5.10．
$$\begin{cases} a - b = m \\ a^3 - b^3 = n(a+b)^2. \end{cases}$$
求めるのは a と b．
··

1910　次のようであればよい．置かれた比に対する数は，2 つの数の相互超過に対して置かれた数の 3/4 よりも，〈2 つの数の相互超過に対して置かれた数の立方と共に平方数を囲む数だけ〉[2] 大きい．

··· 訳注 ··
ここでも以下で考察するように，$m^3(n - \frac{3}{4}m)$ が平方数であればよい．
··

1913　求められている 2 つの数の相互超過に対して置かれた数を 10 単位，置かれ

---

[1] M فقد قسمنا العشره ادں R, فقد قسمنا العشرين إذن S] قد قسمنا العشرين

[2] S, om. RM] ‹بعدد يحيط مع مكعب العدد المفروض لتفاضل العددين بعدد مربع›

た比に対する数を 8 倍と 1/8 倍とせよ．我々は [次のような] 2 つの数を見つけたい．両者の相互超過が 10 単位になり，両者の立方の相互超過の，両者の和の平方に対する比は 8 と 1/8 の 1 単位に対する比である．両者の和を 2 物と我々は置く．両者の相互超過が 10 単位になるために，2 つの数の一方を物と 5 単位とし，他方を物引く 5 単位とする．両者の立方の超過（差）を我々はとる．それは 250 と 30 財である．2 つの数の和の平方は 4 財である．よって 250 と 30 財が 4 財の 8 倍と 1/8 倍に等しい．そしてそれは 32 財と 1/2 財である．両辺の各々[1])から共通の 30 財を突き合わせよう．すると 2 財と 1/2 財[2])に等しい 250 単位が残る．それ故，1 財は 100 に等しくなる．そしてそれ故，物は 10 単位になる．

······ 訳注 ··
$m = 10$, $n = 8\frac{1}{8}$ とすると，
$$\begin{cases} a - b = 10 \\ (a^3 - b^3) : (a+b)^2 = 8\frac{1}{8} : 1. \end{cases}$$
$a + b = 2s$ とすると，$a = s + 5$, $b = s - 5$．$a^3 - b^3 = 250 + 30s^2$, $(a+b)^2 = 4s^2$, $8\frac{1}{8} \cdot 4s^2 = 32\frac{1}{2}s^2$, $250 + 30s^2 = 32\frac{1}{2}s^2$, $250 = 2\frac{1}{2}s^2$, $s^2 = 100$, $s = 10$．[ここで $a = s + \frac{m}{2}$, $b = s - \frac{m}{2}$ と置く．$a^3 - b^3 = 3ms^2 + \frac{m^3}{4}$．これが $n(a+b)^2 = 4ns^2$ に等しいので，$3ms^2 + \frac{m^3}{4} = 4ns^2$, $\frac{m^3}{4} = (4n - 3m)s^2$．よって $m^3(n - \frac{3}{4}m) = \{(4n - 3m)s\}^2$．]
··

2 つの数のうち一方を物と 5 単位と我々は置いたから，15 単位がある．他方の数を物引く 5 単位と我々は置いたから，5 単位がある．

······ 訳注 ··
$a = s + 5 = 15$, $b = s - 5 = 5$．
··

15 の立方は 3,375 である[3])．5 の立方は 125 である[4])．両者の相互超過は

[1)] کلی] SM, کلتا R
[2)] نصف مال] S, نصف R, نصفا M

3,250 である．2つの数の和の平方は 400 である．3,250 の 400 に対する比は 8 倍と 1/8 倍の［1 単位に対する］比である．

......訳注......
検算．$a^3 - b^3 = 15^3 - 5^3 = 3375 - 125 = 3250$, $(a+b)^2 = 20^2 = 400$.

$$\begin{cases} [a-b = 15-5 = 10] \\ 3250 : 400 = 8\frac{1}{8} : 1. \end{cases}$$

....

1930　ゆえに両者の相互超過が 10 単位であり，両者の立方の相互超過が両者の和の平方の 8 倍と 1/8 倍である 2 つの数を我々は見つけた．そしてその両者は 15 単位と 5 単位である．そしてそれが我々が見つけたかったものである．

1933 **11. 我々は［次のような］2 つの数を見つけたい．両者の相互超過が置かれた数であり，両者の立方の和が両者の和において置かれた比にある．**

......訳注......
問題 5.11.

$$\begin{cases} a - b = m \\ a^3 + b^3 = n(a+b). \end{cases}$$

求めるのは a と b．

....

1935　次のようであればよい．置かれた比に対する数は 2 つの数の相互超過に対して置かれた数の平方の 3/4 を平方数だけ増加する．

......訳注......
ここでも以下で考察するように，$n - \frac{3}{4}m^2$ が平方数であればよい．

....

1937　2 つの数の相互超過を 4 単位，置かれた比に対する数を 28 倍とせよ．我々

---

3) M وسعس و سبعون S, R [و سبعين
4) M وعسرس و عشرون S, R [و عشرين

は［次のような］2つの数を見つけたい．両者の相互超過が4単位になり，両者の立方の和がその両者の和において28倍の比にある．2つの数の和を2物と置く．すると両者のうち一方は物と2単位になり，他方は物引く2単位になる．大きい［数］の立方は立方と8単位と6財と12物になる．小さい［数］の立方は立方と12物引く6財引く8単位である．両者の和は2立方と24物である．それは，小さい数の立方における減少する6財と8単位とを大きい数の立方における増加する8単位と6財とが埋め合わせる[1]ことである．よって2立方と24物とが2つの数の和，すなわち2物，の28倍に等しい．そしてそれは56物である．両辺の各々[2]から共通する24物を突き合わせる．すると32物に等しい2立方が残る．両者の各々を1物で割る．すると2財は32単位に等しくなる．財は16単位に等しい．そして財はそれの辺が1物である平方［数］であり，16はそれの辺が4単位である平方［数］である．よって1物は4単位に等しい．

··· 訳注 ···
$m = 4$, $n = 28$ とすると，
$$\begin{cases} a - b = 4 \\ a^3 + b^3 = 28(a+b). \end{cases}$$
$a + b = 2s$ とすると，$a = s + 2$, $b = s - 2$. $a^3 = (s+2)^3 = s^3 + 8 + 6s^2 + 12s$, $b^3 = (s-2)^3 = s^3 + 12s - 6s^2 - 8$. $a^3 + b^3 = 2s^3 + 24s$, $2s^3 + 24s = 28 \cdot 2s = 56s$, $2s^3 = 32s$, $2s^2 = 32$, $s^2 = 16$, $s = 4$. ［ここで $a = s + \frac{m}{2}, b = s - \frac{m}{2}$ と置くと，$a^3 + b^3 = 2s^3 + \frac{3}{2}m^2 s = 2ns$, $(2n - \frac{3}{2}m^2)s = 2s^3$, $n - \frac{3}{4}m^2 = s^2$.］
···

大きい数を1物と2と我々は置いたから，大きい数は6単位になる．小さい数を物引く2単位と我々は置いたから，小さい数は2単位になる．

··· 訳注 ···
$a = s + 2 = 6$, $b = s - 2 = 2$.
···

---

[1] محدرها M, تحيّزها S, تجبرها R
[2] كلّى] SM, كلتا R

1954　大きい [数] の立方は 216 単位であり，小さい [数] の立方は 8 単位である．これら 2 つの立方 [数] の和は 224 単位である．そしてそれは 2 つの数の和，すなわち 8 単位，の 28 倍である．

... 訳注 ....
検算．
$$\begin{cases} [a - b = 6 - 2 = 4] \\ a^3 + b^3 = 216 + 8 = 224 = 28(a+b) = 28 \cdot 8. \end{cases}$$

....

1958　ゆえに両者の相互超過が 4 単位であり，両者の立方の和が両者の和の 28 倍である 2 つの数を我々は見つけた．その両者は 6 単位と 2 単位である．そしてそれが我々が見つけたかったものである．

1961　**12. 我々は置かれた数を [次のような] 2 つの部分に分けたい．両者の立方の相互超過が両者の相互超過に対して置かれた倍（pl.）になる．**

... 訳注 ....
問題 5.12.
$$\begin{cases} a + b = m \\ a^3 - b^3 = n(a-b). \end{cases}$$

求めるのは a と b．

....

1963　次のようであればよい．置かれた比に対する数は置かれた数の平方の 3/4 を平方数だけまた増加する．

... 訳注 ....
ここでも以下で考察するように，問題 5.11 と同様に $n - \frac{3}{4}m^2$ が平方数であればよい．

....

1965　置かれた数を 8 単位，置かれた比に対する倍 (pl.) を 52 倍の比とせよ．我々は 8 を両者の立方の相互超過が両者の相互超過の 52 倍になる 2 つの数に分け

たい．2つの数の相互超過を2物と置く．すると大きい部分は4単位と物になり，小さい部分は4単位引く物になる．大きい部分の立方は64単位と立方と48物と12財である．小さい部分の立方は64単位と12財引く立方引く48物である．両者の相互超過は2立方と96物である．よって2立方と96物は2つの数の相互超過，すなわち2物，の52倍に等しい．そしてそれは100物と4物である．共通する96物を両辺の各々[1)]から突き合わせる．すると8物に等しい2立方が残る．両者の各々を物で割る．すると2財は8単位に等しくなる．それ故，1財は4単位に等しくなる．そして1物は2単位に等しい．
⋯訳注⋯⋯⋯⋯⋯⋯⋯⋯⋯⋯⋯⋯⋯⋯⋯⋯⋯⋯⋯⋯⋯⋯⋯⋯⋯⋯⋯⋯
$m=8$, $n=52$ とすると，
$$\begin{cases} a+b=8 \\ a^3-b^3=52(a-b). \end{cases}$$
$a-b=2s$ とすると，$a=4+s$, $b=4-s$. $a^3=(4+s)^3=64+s^3+48s+12s^2$, $b^3=(4-s)^3=64+12s^2-s^3-48s$. $a^3-b^3=2s^3+96s$, $2s^3+96s=52(a-b)=52\cdot 2s=104s$, $2s^3=8s$, $2s^2=8$, $s^2=4$, $s=2$. [ここで $a=\frac{m}{2}+s$, $b=\frac{m}{2}-s$ と置くと，$a^3-b^3=2s^3+\frac{3}{2}m^2s=2ns$, $(2n-\frac{3}{2}m^2)s=2s^3$, $n-\frac{3}{4}m^2=s^2$.]
⋯⋯⋯⋯⋯⋯⋯⋯⋯⋯⋯⋯⋯⋯⋯⋯⋯⋯⋯⋯⋯⋯⋯⋯⋯⋯⋯⋯⋯⋯⋯⋯

大きい部分を4単位と物と我々は置いたから，大きい部分は6単位になる．小さい部分を4単位引く物と我々は置いたから，小さい部分は2単位になる．
⋯訳注⋯⋯⋯⋯⋯⋯⋯⋯⋯⋯⋯⋯⋯⋯⋯⋯⋯⋯⋯⋯⋯⋯⋯⋯⋯⋯⋯⋯
$a=4+s=6$, $b=4-s=2$.
⋯⋯⋯⋯⋯⋯⋯⋯⋯⋯⋯⋯⋯⋯⋯⋯⋯⋯⋯⋯⋯⋯⋯⋯⋯⋯⋯⋯⋯⋯⋯⋯

大きい部分の立方は216単位である．小さい部分の立方は8単位である．両者の相互超過は208単位である．そしてそれは2つの部分の相互超過，すなわち4単位，の52倍である．
⋯訳注⋯⋯⋯⋯⋯⋯⋯⋯⋯⋯⋯⋯⋯⋯⋯⋯⋯⋯⋯⋯⋯⋯⋯⋯⋯⋯⋯⋯
検算．
$$\begin{cases} [a+b=6+2=8] \\ a^3-b^3=216-8=208=52(a-b)=52\cdot 4. \end{cases}$$

---

1) ىكى] SM, ىكـ R

1983　ゆえに 8 を両者の立方の相互超過が両者の相互超過の 52 倍である 2 つの異なる[1])部分に我々は分けた．その両者は 6 と 2 である．そしてそれが我々が行いたかったことである．

1985 **13. 我々は［次のような］立方数を見つけたい．それの辺の平方に対して置かれた倍（pl.）に置かれた数を加えると，それは 2 つの数の和に等しくなり，その両者の各々はその立方［数］に加えられると，［或る］立方［数］になる．**

　… 訳注 …………………………………………………………………
　問題 5.13.
$$\begin{cases} ma^2 + n = b + c \\ a^3 + b = d_1^3 \\ a^3 + c = d_2^3. \end{cases}$$

求めるのは a^3．

1988　置かれた数を 30 単位，置かれた倍を 9 倍とせよ．我々は［次のような］立方数を見つけたい．それの辺から生じる平方［数］の 9 倍を 30 単位に加えると，それは 2 つの数［の和］に[2])等しく，両者の各々がその立方数に加えられると［或る］立方［数］になる．立方［数］の辺を 1 物と置こう．すると立方［数］は 1 立方になる．それの辺から生じる平方［数］の 9 倍，すなわち 9 財，をとろう．それを 30 に加える．すると 9 財と 30 単位になる．この 9 財と 30 単位とが 2 つの数［の和］に[3])等しく，両者の各々が立方［数］，すなわち 1 立方，に加えられると［或る］立方［数］になるから，もしそれぞれ物と或る単位（pl.）である辺から成る 2 つの立方［数］を作り，そして両者の各々の立方

---

[1]) مختلفين] R, om. S, محلص M
[2]) لعددين] S, ⟨مجموعين⟩ لعددين R, لعددس M
[3]) لعددين] S, ⟨مجموعين⟩ لعددين R, لعددس M

[数] に対する増分をとり，2 つの増分を 2 つの数の代わりにし，両者を足し，両者を 9 財と 30 単位に等しくするなら，我々が求めるものに到達する．しかし両者の増分は[4]財，物，数から合成される．そして物に等しい数に到るために［次のようで］あればよい．2 つの増分にあるその財は足されると 9 財になり，そして両者と共にある数は 30 より小さい．というのも，〈2 つの立方 [数]を〉それぞれ物と数である辺から成るものとし，2 つの立方 [数] の各々にある財の和が 9 財になり，単位が置かれた数である 30 より小さくなるようにしたいのだから．しかし，2 つの立方 [数] の各々における増加する財は 2 つの立方 [数] の辺における物に対して増加する 2 つの数の各々の 3 倍であり，2 つの立方 [数] における単位の和は両者の立方の和である．よって［次のようで］あればよい．それの 3 倍が財の数，すなわち 9，になるために，物に対して増加する 2 つの数の和は 3 単位である．そして［次のようで］あればよい．3 を両者の立方の和が 30 より小さくなるような 2 つの部分に分ける．その両者は[1]2 と 1 単位である．

··· 訳注 ···

$m = 9$，$n = 30$ とすると，

$$\begin{cases} 9a^2 + 30 = b + c \\ a^3 + b = d_1^3 \\ a^3 + c = d_2^3. \end{cases}$$

$a = s$ と置くと，$a^3 = s^3$．

$$\begin{cases} 9s^2 + 30 = b + c \\ s^3 + b = d_1^3 \\ s^3 + c = d_2^3. \end{cases}$$

$d_1^3 = (s+r)^3$，$d_2^3 = (s+t)^3$ とすると，$b = (s+r)^3 - s^3$，$c = (s+t)^3 - s^3$．
$b + c = (s+r)^3 - s^3 + (s+t)^3 - s^3 = 3s^2r + 3sr^2 + r^3 + 3s^2t + 3st^2 + t^3 = 3(r+t)s^2 + 3(r^2+t^2)s + r^3 + t^3$．ここで $3(r+t) = 9$，$r^3 + t^3 < 30$ であればよい．これを満たすのは $r = 2$ と $t = 1$．

··

---

[4] تلك الزيادات هي مركّبة ,R] تينك الزيادتين هما مركّبتان ,S مركه هى الربادات لك M
[1] هما] S, هى RM

2011 2つの立方［数］のうち一方を物と2単位である辺から成るとする．すると立方と6財と12物と8単位になる．他方の立方［数］を物と1単位である辺から成るとする．すると立方と3財と3物と1単位になる．6財と12物と8単位は立方に加えられると立方［数］になり，3財と3物と1単位も同様だから，両者の和を取る．それは9財と15物と9単位である．［前に］述べたように，それは9財と30単位に等しい．両辺の各々[1)]から共通する9財を突き合わせる．すると30単位に等しい15物と9単位が残る．両辺の各々[2)]から共通する9単位を突き合わせる．すると21単位に等しい15物が残る．それ故，1物は1単位と2/5単位になる．

　… 訳注 …………………………………………………………
$d_1^3 = (s+2)^3 = s^3 + 6s^2 + 12s + 8$, $d_2^3 = (s+1)^3 = s^3 + 3s^2 + 3s + 1$. $b + c = (6s^2 + 12s + 8) + (3s^2 + 3s + 1) = 9s^2 + 15s + 9 = 9s^2 + 30$, $15s + 9 = 30$, $15s = 21$, $s = 1\frac{2}{5}$.
　………………………………………………………………………

2021 求められている立方［数］の辺を1物と我々は置いたから，7/5単位がある．そして立方［数］は2単位と単位の125部分のうちの93部分になる．

　… 訳注 …………………………………………………………
$a = s = \frac{7}{5}$, $a^3 = s^3 = 2\frac{93}{125}$.
　………………………………………………………………………

2023 立方［数］の辺の平方に関しては，それは1単位と単位の25［部分］のうちの24部分である．それの9倍は17単位と25［部分］のうちの16部分，つまり125部分のうちの80部分，である．それを30に加えると，47単位と125部分のうちの80部分になる．この集合した数の2つの部分のうちの一方を6財と12物と8単位と我々は既に置いた．6財に関しては，11単位と単位の125部分のうちの95部分になる．12物は16単位と単位の125部分のうちの100部分である．よって最初の数全体は36単位と単位の125部分のうちの70部分である．他方の数は47単位と125［部分］のうちの80部分の残りであ

―――――――――――――――――――――――――――――
1) ڪ] SM, ڪ R
2) ڪ] SM, ڪ R

り，それは 11 単位と 125［部分］のうちの 10 部分である．これら 2 つの数のうち最初の数を立方数，すなわち 2 単位と 125［部分］のうちの 93 部分に加えると，その和は 39 単位と 125 部分のうちの 38 部分である．そしてそれはそれの辺が 3 単位と 2/5 単位である立方数である．両者のうちの 2 番目の数を立方数に加えると，その和は 13 単位と単位の 125 部分のうちの 100 部分と 3 部分とである．それはそれの辺が 2 単位と 2/5 単位である立方数である．

⋯ 訳注 ⋯⋯⋯⋯⋯⋯⋯⋯⋯⋯⋯⋯⋯⋯⋯⋯⋯⋯⋯⋯⋯⋯⋯⋯⋯⋯⋯⋯⋯⋯

検算．$a^2 = 1\frac{24}{25}$, $9a^2 = 17\frac{16}{25} = 17\frac{80}{125}$.

$$\left\{ 9a^2 + 30 = 47\frac{80}{125}. \right.$$

$b = 6s^2 + 12s + 8 = 11\frac{95}{125} + 16\frac{100}{125} + 8 = 36\frac{70}{125}$, $c = 47\frac{80}{125} - 36\frac{70}{125} = 11\frac{10}{125}$.

$$\begin{cases} a^3 + b = a^3 + b = 2\frac{93}{125} + 36\frac{70}{125} = 39\frac{38}{125} = (3\frac{2}{5})^3 \\ a^3 + c = 2\frac{93}{125} + 11\frac{10}{125} = 13\frac{103}{125} = (2\frac{2}{5})^3. \end{cases}$$

⋯⋯⋯⋯⋯⋯⋯⋯⋯⋯⋯⋯⋯⋯⋯⋯⋯⋯⋯⋯⋯⋯⋯⋯⋯⋯⋯⋯⋯⋯⋯⋯⋯⋯

ゆえに我々は［次のような］立方数を見つけた．それの辺の平方の 9 倍を 30 単位に加えると，それは 2 つの数［の和］に[1]等しくなり，両者の各々が立方数に加えられると立方［数］になる．そしてそれは我々が確立した立方［数］である．そしてそれが我々が見つけたかったものである．

この問題は，倍数の 1/3 の立方が置かれた数の 4 倍より小さい時に，この計算で導かれることが知られるべきである．

⋯ 訳注 ⋯⋯⋯⋯⋯⋯⋯⋯⋯⋯⋯⋯⋯⋯⋯⋯⋯⋯⋯⋯⋯⋯⋯⋯⋯⋯⋯⋯⋯⋯

$$\begin{cases} [ms^2 + n = b + c \\ b = d_1^3 - s^3 \\ c = d_2^3 - s^3. \end{cases}$$

$d_1^3 = (s+r)^3$, $d_2^3 = (s+t)^3$ とすると，$b = (s+r)^3 - s^3$, $c = (s+t)^3 - s^3$. $b + c = (s+r)^3 - s^3 + (s+t)^3 - s^3 = 3s^2r + 3sr^2 + r^3 + 3s^2t + 3st^2 + t^3 = 3(r+t)s^2 + 3(r^2+t^2)s + r^3 + t^3 = ms^2 + n$, $r + t = \frac{1}{3}m$. $t = \frac{1}{3}m - r$ を $r^3 + t^3$

---

[1] M لعددس, R لعددين <مجموعين>] S, <لعددين

に代入すると，$r^3 + t^3 = r^3 + (\frac{1}{3}m - r)^3 = mr^2 - \frac{1}{3}m^2 r + (\frac{1}{3}m)^3$. この r の 2 次式は $r = \frac{m}{6}$ のとき，最小値 $\frac{1}{4}(\frac{m}{3})^3$ をとる．これが n より小さくなければならない．$\frac{1}{4}(\frac{m}{3})^3 < n$.］よって $(\frac{m}{3})^3 < 4n$.

....

14. 我々は［次のような］立方数を見つけたい．それの辺の平方に対して置かれた倍（pl.）から置かれた数を引くと，それは 2 つの数［の和］に[1]等しくなり，その両者の各々がその立方［数］から引かれると，［或る］立方［数］が残る．

... 訳注 ....
問題 5.14.
$$\begin{cases} ma^2 - n = b + c \\ a^3 - b = d_1^3 \\ a^3 - c = d_2^3. \end{cases}$$

求めるのは a^3.

....

置かれた数を 26，置かれた倍を 9 倍とせよ．我々が記述した［方法］で，我々は立方数を見つけたい．立方［数］の辺を 1 物と置く．すると立方［数］は 1 立方になる．立方［数］の辺の平方，すなわち財，の 9 倍をとる．それは 9 財である．それ（9 財）から置かれた数を突き合わせる（引く）．すると 9 財引く 26 単位が残る．それは 2 つの数［の和］に[2]等しく，両者の各々が立方［数］から引かれると，［或る］立方［数］が残る．先行する問題で記述したのと同じ［方法］で，2 つの立方［数］の各々を物引く数である辺から成るとしよう．すると両者にある減少する財の和は 9 財になる．この問題においては，両者にある 2 つの数の和が置かれた単位（pl.）より小さいことを我々は要求せず，任意である[3]．

... 訳注 ....

---

[1] M لعدد س R, <مجموعين> لعددين S,］لعددين
[2] M لعدد س R, <مجموعين> لعددين S,］لعددين
[3] 直訳は「それがどのように我々に起きようとも」．

$m = 9$, $n = 26$ とすると,
$$\begin{cases} 9a^2 - 26 = b + c \\ a^3 - b = d_1^3 \\ a^3 - c = d_2^3. \end{cases}$$

$a = s$ とすると, $a^3 = s^3$.
$$\begin{cases} 9s^2 - 26 = b + c \\ s^3 - b = d_1^3 \\ s^3 - c = d_2^3. \end{cases}$$

$d_1^3 = (s-r)^3$, $d_2^3 = (s-t)^3$ とすると, [$b = s^3 - (s-r)^3$, $c = s^3 - (s-t)^3$. $b+c = s^3 - (s-r)^3 + s^3 - (s-t)^3 = s^3 - (s^3 - 3s^2r + 3sr^2 - r^3) + s^3 - (s^3 - 3s^2t + 3st^2 - t^3) = 3s^2r - 3sr^2 + r^3 + 3s^2t - 3st^2 + t^3 = 3(r+t)s^2 - 3(r^2+t^2)s + r^3 + t^3 = 9s^2 - 26.$] ここで $3(r+t) = 9$. $r^3 + t^3 < 26$ は要求されない.

....

2 つの立方 [数] のうち一方を物引く 2 単位である辺から成るとしよう. するとその立方 [数] は立方と 12 物引く 6 財引く 8 単位になる. 他方を物引く 1 単位である辺から成るとしよう. すると立方 [数] は立方と 3 物引く 3 財引く 1 単位になる. 6 財と 8 単位引く 12 物を立方 [数] から引くと立方 [数] になるから, 同様に 3 財と 1 単位引く 3 物を立方 [数] から引いても立方 [数] が残るから, この 2 つの数の和を 9 財引く 26 単位に等しくしよう. しかし両者の和は 9 財と 9 単位引く 15 物である. よってそれが 9 財引く 26 単位に等しい. 両辺の各々[1]に 26 単位を, 同様に 15 物を加えよう. そして共通する 9 財を両辺の各々[2]から突き合わせる. すると埋め合わせと鉢合わせの後で, 35 単位に等しい 15 物が残る. それ故, [1] 物は 2 単位と 1/3 単位である.

2062

··· 訳注 ···

$d_1^3 = (s-2)^3 = s^3 + 12s - 6s^2 - 8$, $d_2^3 = (s-1)^3 = s^3 + 3s - 3s^2 - 1$. $s^3 - b = d_1^3$, $s^3 - c = d_2^3$ より, $b+c [= (s^3 - d_1^3) + (s^3 - d_2^3) = (6s^2 + 8 - 12s) + (3s^2 + 1 - 3s)] = 9s^2 + 9 - 15s = 9s^2 - 26$, $35 = 15s$, $s = 2\frac{1}{3}$.

....

---

1) کی] SM, کٹ R
2) کی] SM, کٹ R

194 　『算術』第 5 巻

2074 　立方［数］の辺を 1 物と我々は置いたから，立方［数］の辺は 2 単位と 1/3 単位になり，立方［数］は 12 単位と単位の 27 部分のうちの 19 部分になる．

……訳注………………………………………………………………………………
$a = s = 2\frac{1}{3}$, $a^3 = 12\frac{19}{27}$.
…………………………………………………………………………………………

2077 　立方［数］の辺の平方は 5 単位と 27 部分のうちの 12 部分である．それの 9 倍は 49 単位である．それから置かれた 26 を突き合わせよう（引こう）．すると 23 単位が残る．この 23 のうちの 2 つの部分の一方を 6 財と 8 単位引く 12 物と我々は既に置いた．しかし 6 財は 32 と 27［部分］のうちの 18 部分である．そして 12 物は 28 単位である．それ故，2 つの数のうち大きい数は 12 単位と単位の 27〈部分〉[1] のうちの 18 部分になる．そしてそれ故，小さい数は 10 単位と単位の 27 部分のうちの 9 部分になる．しかし，これら 2 つの数のうち大きい数が立方［数］——それが 12 単位と単位の 27 部分のうちの 19 部分であることを既に我々は明らかにした——から引かれると，単位の 27 部分のうちの 1 部分が残る．そしてそれはそれの辺が 1/3 単位である立方［数］である．小さい数を立方数から引くと，2 単位と単位の 27 部分のうちの 10 部分が残る．そしてそれはそれの辺が 1 単位と 1/3 単位である立方［数］である．

……訳注………………………………………………………………………………
検算．$9a^2 = 9 \cdot 5\frac{12}{27} = 49$.

$$\{9a^2 - 26 = 49 - 26 = 23.$$

$b = 6s^2 + 8 - 12s = 32\frac{18}{27} + 8 - 28 = 12\frac{18}{27}$, $c [= 23 - 12\frac{18}{27}] = 10\frac{9}{27}$.

$$\begin{cases} a^3 - b = 12\frac{19}{27} - 12\frac{18}{27} = \frac{1}{27} = (\frac{1}{3})^3 \\ a^3 - c = 12\frac{19}{27} - 10\frac{9}{27} = 2\frac{10}{27} = (1\frac{1}{3})^3. \end{cases}$$

…………………………………………………………………………………………

2092 　ゆえに我々が確立した限定に基づいて，我々は立方数を見つけた．そしてそれが我々が見つけたかったものである．

---

[1] <جزءا>] R, om. SM

15. 我々は［次のような］立方数を見つけたい．それの辺の平方に対して置かれた倍（pl.）から置かれた数を引くと，それは2つの数［の和］に¹⁾等しくなり，その両者のうち一方がその立方［数］に加えられると［或る］立方［数］になり，他方がその立方［数］から引かれるとまた［或る］立方［数］が残る．

……訳注………………………………………………………………
問題 5.15．
$$\begin{cases} ma^2 - n = b + c \\ a^3 + b = d_1^3 \\ a^3 - c = d_2^3. \end{cases}$$

求めるのは a^3．
………………………………………………………………………

置かれた倍を9倍，置かれた数を18単位とせよ．我々は［次のような］立方数を見つけたい．それの辺の平方の9倍から18単位が引かれると，それからの残りは2つの数²⁾である．両者のうち一方がその立方［数］に〈加えられると〉，両者から［或る］立方［数］が出てくる．そして他方がその立方［数］から引かれると，［或る］立方［数］が残る．立方［数］の辺を1物と置く．すると立方［数］は1立方になる．それの辺の平方の9倍，すなわち9財，をとる．それから18単位を突き合わせる（引く）．次に2つの立方［数］のうち一方の辺を物と数とし，他方の辺を物引く数とする．すると2つの立方［数］のうち一方における増加する財は他方の立方［数］における減少する財と共に9財になる．

……訳注………………………………………………………………
$m = 9$, $n = 18$ とすると，
$$\begin{cases} 9a^2 - 18 = b + c \\ a^3 + b = d_1^3 \\ a^3 - c = d_2^3. \end{cases}$$

───────────────────

1) M لعددس R, لعددين ⟨مجموعين⟩ S,] لعددين
2) M لعددس R, عددين ⟨مجموعين اذا زيد⟩ S,] عددين ⟨اذا زيد⟩

$a = s$ と置くと，$a^3 = s^3$．
$$\begin{cases} 9s^2 - 18 = b + c \\ s^3 + b = d_1^3 \\ s^3 - c = d_2^3 \end{cases}$$

$d_1^3 = (s+r)^3$, $d_2^3 = (s-t)^3$ とすると，$[b = (s+r)^3 - s^3$, $c = s^3 - (s-t)^3$．
$b + c = (s+r)^3 - s^3 + s^3 - (s-t)^3 = (s^3 + 3s^2r + 3sr^2 + r^3) - (s^3 - 3s^2t + 3st^2 - t^3) = 3s^2r + 3sr^2 + r^3 + 3s^2t - 3st^2 + t^3 = 3(r+t)s^2 + 3(r^2-t^2)s + r^3 + t^3 = 9s^2 - 18.$]
ここで $3(r+t)s^2 = 9s^2$．

....

2105 最初の立方 [数] を〈物〉引く 2 単位である辺から成るとせよ．すると立方と 12 物引く 8 単位引く 6 財になる．立方と 3 財と 3 物と 1 単位になるために，他方の立方 [数] を物と 1 単位である辺から成るとせよ．6 財と 8 単位引く 12 物を求められている立方 [数]，すなわち 1 立方，から引く[1)]と残りは立方 [数] になり，3 財と 1 単位と 3 物が求められている[2)]立方 [数] に加えられると両者から立方 [数] が出てくるから，これら 2 つの数の和を 9 財引く 18 単位に等しくしよう．しかし両者の和は 9 財と 9 単位引く 9 物である．よってそれが 9 財引く 18 単位に等しい．それを埋め合わせよう．そしてそれを鉢合わせる．すると埋め合わせと鉢合わせの後で，9 物に等しい 27 単位が残る．よって 1 物は 3 単位に等しい．

… 訳注 …………………………………………………………………

$d_1^3 = (s-2)^3 = s^3 + 12s - 8 - 6s^2$, $d_2^3 = (s+1)^3 = s^3 + 3s^2 + 3s + 1$, $s^3 - (6s^2 + 8 - 12s) = d_1^3$, $s^3 + (3s^2 + 3s + 1) = d_2^3$. $b + c = [(d_1^3 - s^3) + (s^3 - d_2^3) = (3s^2 + 3s + 1) + (6s^2 - 12s + 8) =]9s^2 + 9 - 9s = 9s^2 - 18$, $27 = 9s$, $s = 3$．

....

2116 我々は立方 [数] の辺を 1 物と置いたので，立方 [数] の辺は 3 単位である．

1) نقصناها من المكعب المفروض S，] نقصنا⟨ها⟩ من المكعّب المطلوب R, عصما من المكعب المفروض M. R の読みを採ると，「求められている立方 [数]」ではなく「置かれた立方 [数]」となり，s^3 ではなく m^3 または n^3 を指す．R は写本通りに読むが，S はそれを校訂している．

2) المطلوب S, المفروض R, المفروض M. 上述と同様．

そして立方［数］は 27 になる．

⋯ 訳注 ⋯⋯⋯⋯⋯⋯⋯⋯⋯⋯⋯⋯⋯⋯⋯⋯⋯⋯⋯⋯⋯⋯⋯⋯⋯⋯⋯⋯⋯
$a = s = 3$, $a^3 = s^3 = 27$.
⋯⋯⋯⋯⋯⋯⋯⋯⋯⋯⋯⋯⋯⋯⋯⋯⋯⋯⋯⋯⋯⋯⋯⋯⋯⋯⋯⋯⋯⋯⋯⋯⋯

立方の辺の平方は 9 単位になる．それの 9 倍は 81 である．それから置かれた数，すなわち 18 単位，を突き合わせよう（引こう）．すると 63 が残る．2 つの数のうち一方を 6 財と 8 単位引く 12 物と我々は既に置いた．それ故，［それは］26 単位になる．他方の数は 63 の残り，すなわち 37 単位，である．26 が立方［数］，すなわち 27，から引かれると，1 単位が残る．そしてそれは立方［数］である．37 が立方［数］，すなわち 27，に加えられると，64 が出てくる．そしてそれは立方［数］であり，それの辺は 4 単位である．

⋯ 訳注 ⋯⋯⋯⋯⋯⋯⋯⋯⋯⋯⋯⋯⋯⋯⋯⋯⋯⋯⋯⋯⋯⋯⋯⋯⋯⋯⋯⋯⋯
検算．$9a^2 = 9 \cdot 9 = 81$.
$$\{9a^2 - 18 = 81 - 18 = 63.$$
$c = 6s^2 + 8 - 12s = 26$, $b = 63 - 26 = 37$.
$$\begin{cases} a^3 - c = 27 - 26 = 1 = 1^3 \\ a^3 + b = 27 + 37 = 64 = 4^3. \end{cases}$$
⋯⋯⋯⋯⋯⋯⋯⋯⋯⋯⋯⋯⋯⋯⋯⋯⋯⋯⋯⋯⋯⋯⋯⋯⋯⋯⋯⋯⋯⋯⋯⋯⋯

ゆえに我々が条件付けた条件に合う立方［数］を我々は見つけた．そしてそれが我々が見つけたかったものである．

16. 我々は［次のような］立方数を見つけたい．それの辺の平方に対して置かれた倍（pl.）から置かれた数を引くと，それからの残りは 2 つの数［の和］に[1]等しくなり，その両者のうち一方がその立方［数］から引かれると［或る］立方［数］が残り，その立方［数］が他方の数から引かれると［或る］立方［数］が残る．

[1)] M لعددس, R لعددين ⟨مجموعين⟩, S,] لعددين

198 『算術』第 5 巻

… 訳注 ………………………………………………………………………
問題 5.16.
$$\begin{cases} ma^2 - n = b + c \\ a^3 - b = d_1^3 \\ c - a^3 = d_2^3. \end{cases}$$

求めるのは a^3.
………………………………………………………………………………

2132　置かれた倍をまた 9 倍, そして置かれた数を 16 とせよ. 我々は［次のような］立方数を見つけたい. それの辺の平方の 9 倍から 16 単位を引くと, そこから残るのは 2 つの数［の和］に[1]等しくなり, 両者のうち一方が立方［数］から引かれると［或る］立方［数］が残り, 立方［数］が他方の数から引かれると［或る］立方［数］が残る. 立方［数］をまた 1 立方とする. そしてそれの辺の平方の 9 倍から 16 単位を引く. ［残った］2 つの立方［数］のうち, 一方の辺を物引く数とし, 他方の辺を数引く物とする. 両者に起こる財を 9 財とせよ. 2 つの立方［数］のうち一方を物引く 1 単位である辺から成るとする. すると立方と 3 物引く 3 財引く 1 単位になる. 他方の立方［数］を 2 単位引く物である辺から成るとする. すると 8 単位と 6 財引く立方引く 12 物になる. 3 財と 1 単位引く 3 物が立方から引かれると立方［数］[2]—それは我々が述べたように立方と 3 物引く 3 財引く 1 単位である—が残り, 6 財と 8 単位引く 12 物から立方［数］, すなわち 1 立方, が引かれると立方［数］—それは我々が述べたように, また 8 単位と 6 財引く 12 物引く立方である—が残るから, 両者の和を 9 財引く 16 に等しくしよう. しかし両者の和は 9 財と 9 単位引く 15 物である. よってそれは 9 財引く 16 単位に等しい. そしてそれを埋め合わせて鉢合わせよう. 埋め合わせと鉢合わせの後で, 25 単位に等しい 15 物に至る. それ故, 1 物は 1 単位と 2/3 単位である.

… 訳注 ………………………………………………………………………

1) لعددس M ,لعددين R, ⟨مجموعين⟩ S,] لعددين
2) M كعب R, كعب S,] مكعب

$m=9$, $n=16$ とすると,
$$\begin{cases} 9a^2 - 16 = b+c \\ a^3 - b = d_1^3 \\ c - a^3 = d_2^3. \end{cases}$$

$a^3 = s^3$ とすると,
$$\begin{cases} 9s^2 - 16 = b+c \\ [s^3 - b = d_1^3 \\ c - s^3 = d_2^3]. \end{cases}$$

$d_1^3 = (s-r)^3$, $d_2^3 = (t-s)^3$ とすると, $[b = s^3 - d_1^3 = s^3 - (s-r)^3 = s^3 - (s^3 - 3rs^2 + 3r^2s - r^3) = 3rs^2 - 3r^2s + r^3$, $c = d_2^3 + s^3 = (t-s)^3 + s^3 = t^3 - 3t^2s + 3ts^2 - s^3 + s^3 = 3ts^2 - 3t^2s + t^3$. $b+c = 3(r+t)s^2 - 3(r^2+t^2)s + (r^3+t^3)$.] ここで $3(r+t)s^2 = 9s^2$. [$r=1$, $t=2$ とすると,] $d_1^3 = (s-1)^3 = s^3 + 3s - 3s^2 - 1$, $d_2^3 = (2-s)^3 = 8 + 6s^2 - s^3 - 12s$, $s^3 - (3s^2 + 1 - 3s) = d_1^3$, $(6s^2 + 8 - 12s) - s^3 = d_2^3$. $b+c = 9s^2 - 16 = (3s^2 + 1 - 3s) + (6s^2 + 8 - 12s) = 9s^2 + 9 - 15s$, $15s = 25$, $s = 1\frac{2}{3}$.

....

そしてそれ（1 単位と 2/3 単位）は立方［数］の辺である．それ故，立方［数］は 4 単位と単位の 27［部分］のうちの 17 部分になる． 2152

··· 訳注 ···
$a = s = 1\frac{2}{3}$, $a^3 = 4\frac{17}{27}$.
....

立方［数］の辺の平方に関しては，それは 2 単位と 27 部分のうちの 21 部分になる．それの 9 倍は 25 である．それから 16 を突き合わせよう（引こう）．すると 9 単位が残る．両者の和が 9 単位である 2 つの数のうち，立方［数］から引かれる数を 3 財と 1 単位引く 3 物と我々は既に置いた．そして 3 財は 8 単位と 1/3 であり，3 物は 5 単位である．よって我々が述べたこの数は 4 単位と 1/3 単位になる．他方の数は 9 単位からの残り，すなわち 4 と 2/3 単位，である．4 単位と 1/3 単位が立方［数］，すなわち 4 単位と 27 部分のうちの 17 部分，から引かれると，単位の 27 部分のうちの 8 部分が残る．そしてそれはそれの辺が 2/3 単位である立方［数］である．他方の数，すなわち 4 単位と 2153

2/3 単位，に関しては，それから立方［数］が引かれると，単位の 27 部分のうちの 1 部分が残る．そしてそれはそれの辺が 1/3 単位である立方［数］である．

⋯ 訳注 ⋯⋯⋯⋯⋯⋯⋯⋯⋯⋯⋯⋯⋯⋯⋯⋯⋯⋯⋯⋯⋯⋯⋯⋯⋯⋯⋯⋯⋯⋯⋯⋯⋯⋯⋯

検算．$9a^2 = 9 \cdot 2\frac{21}{27} = 25$.

$$\{9a^2 - 16 = 25 - 16 = 9.$$

$b = 3s^2 + 1 - 3s = 8\frac{1}{3} + 1 - 5 = 4\frac{1}{3}$, $c = 9 - b = 4\frac{2}{3}$.

$$\begin{cases} a^3 - b = 4\frac{17}{27} - 4\frac{1}{3} = \frac{8}{27} = (\frac{2}{3})^3 \\ c - a^3 = 4\frac{2}{3} - 4\frac{17}{27} = \frac{1}{27} = (\frac{1}{3})^3. \end{cases}$$

⋯⋯

2166　ゆえに我々が条件付けた条件に合う立方数を我々は見つけた．そしてそれが我々が見つけたかったものである．

2168　ディオファントスの本の第 5 巻，数的問題について，が完了した．そしてそれは 16 の問題である．

『算術』第 6 巻

慈悲あまねく慈悲深きアッラーの御名において．

ディオファントスの本の第 6 巻[1]．

1. 我々は［次のような］2 つの数を見つけたい．両者のうち一方は立方［数］であり，他方は平方［数］であり，両者の辺は置かれた比にあり，両者の平方が足されると[2]，〈出てくるのは〉[3]平方数である．

⋯ 訳注 ⋯⋯⋯⋯⋯⋯⋯⋯⋯⋯⋯⋯⋯⋯⋯⋯⋯⋯⋯⋯⋯⋯⋯⋯⋯⋯⋯⋯⋯⋯⋯⋯⋯⋯⋯

問題 6.1．
$$\begin{cases} a = mb \\ (a^3)^2 + (b^2)^2 = c^2. \end{cases}$$

求めるのは a^3 と b^2．この問題は問題 4.25 でも論じられている．ただし $b = 2a$ としている．Sesiano [1982: 244–249] は問題 6.1 から問題 6.11 を後世の挿入と解釈する．

⋯⋯⋯

置かれた比を 2 倍の比とせよ．我々は［次のような］2 つの数を見つけたい．両者のうち一方は立方［数］であり，他方は平方［数］であり，立方［数］の辺は平方［数］の辺の 2 倍になり，〈両者の平方が〉足されると[4]，〈出てくるの

---

[1] 写本では「ディオファントスの本の第 6 巻」は朱書きされている．

[2] ‹و›] R, إذا S, إذا M

[3] ‹المجتمع›] S, om. RM

[4] ‹و›] R, إذا S, إذا M

は〉⁵⁾平方数である．平方［数］の辺を物としよう．すると平方［数］は財になり，立方［数］の辺は 2 物になる．立方［数］は 8 立方になる．立方［数］の平方と平方［数］の〈平方から〉¹⁾出てくるのは 64 立方立方と財財になる．そして［これが］平方［数］になることを我々は要求する．そこから 64 単位が引かれると残りが平方［数］になる平方数を求めよう．それを見つけることは我々の本で既に明らかにしたことに基づき容易である²⁾．それは 100 単位である．それを〈立方立方と〉しよう．〈すると〉³⁾100 立方立方がある．それを 64 立方立方と財財と鉢合わせる．そして共通するものを突き合わせる．すると財財に等しい 36 立方立方が残る．両辺を両者のうちより低い方，すなわち財財，で割る．1 単位は 36 財に等しくなる．よって財は単位の 36 部分のうちの 1 部分であり，物は単位の 6 部分のうちの 1 部分である．

⋯ 訳注 ⋯⋯⋯⋯⋯⋯⋯⋯⋯⋯⋯⋯⋯⋯⋯⋯⋯⋯⋯⋯⋯⋯⋯⋯⋯⋯⋯⋯⋯⋯
$m = 2, b = s$ とすると，$a = 2s$, $b^2 = s^2$, $a^3 = 8s^3$. $(a^3)^2 + (b^2)^2 = 64s^3s^3 + s^2s^2 = c^2 [= n^2s^3s^3]$．ここで $n^2 - 64$ が平方数になるような n^2 を探す．[問題 2.10 より，]$n^2 = 100$. $100s^3s^3 = 64s^3s^3 + s^2s^2$, $36s^3s^3 = s^2s^2$, $36s^2 = 1$, $s^2 = \frac{1}{36}$, $s = \frac{1}{6}$.
⋯⋯⋯⋯⋯⋯⋯⋯⋯⋯⋯⋯⋯⋯⋯⋯⋯⋯⋯⋯⋯⋯⋯⋯⋯⋯⋯⋯⋯⋯⋯⋯⋯⋯

2186 そしてそれが平方数の辺である．立方数の辺はそれの 2 倍である．そしてそれは単位の 6 部分のうちの 2 部分である．そして立方［数］は単位の 216 部分のうちの 8 部分である．

⋯ 訳注 ⋯⋯⋯⋯⋯⋯⋯⋯⋯⋯⋯⋯⋯⋯⋯⋯⋯⋯⋯⋯⋯⋯⋯⋯⋯⋯⋯⋯⋯⋯
$b = s = \frac{1}{6}[, b^2 = \frac{1}{36}]$. $a = 2s = \frac{2}{6}$, $a^3 = \frac{8}{216}$.
⋯⋯⋯⋯⋯⋯⋯⋯⋯⋯⋯⋯⋯⋯⋯⋯⋯⋯⋯⋯⋯⋯⋯⋯⋯⋯⋯⋯⋯⋯⋯⋯⋯⋯

2188 それの平方，すなわち単位の 46,656 部分のうちの 64 部分，が平方数の平方，すなわち 46,656 部分のうちの 36 部分，に付け加えられると，それは 46,656

---

⁵⁾ ‹المجتمع›] S, om. RM
¹⁾ ‹مربع›] S, om. RM
²⁾ 問題 2.10.
³⁾ ‹كعاب كعاب فتكون›] S, om. RM

［部分］のうちの 100 部分である．そしてそれはそれの辺が単位の 216 部分のうちの 10 部分である平方数である．

⋯ 訳注 ⋯⋯⋯⋯⋯⋯⋯⋯⋯⋯⋯⋯⋯⋯⋯⋯⋯⋯⋯⋯⋯⋯⋯⋯⋯⋯⋯⋯⋯⋯
検算．$(a^3)^2 + (b^2)^2 = (\frac{8}{216})^2 + (\frac{1}{36})^2 = \frac{64}{46656} + \frac{36}{46656} = \frac{100}{46656} = (\frac{10}{216})^2$．以下では a^3 と分母をそろえて $b^2 = \frac{1}{36} = \frac{6}{216}$ とする．
⋯⋯⋯⋯⋯⋯⋯⋯⋯⋯⋯⋯⋯⋯⋯⋯⋯⋯⋯⋯⋯⋯⋯⋯⋯⋯⋯⋯⋯⋯⋯⋯⋯⋯⋯

ゆえに我々に対して限定付けられた限定に合う 2 つの数を我々は見つけた．そしてその両者は単位の 216 部分のうちの 8 部分と単位の 216 部分のうちの 6 部分である．そしてそれが我々が見つけたかったものである．

2194

2. 我々は［次のような］2 つの数を見つけたい．両者のうち一方は立方［数］であり，他方は平方［数］であり，両者の辺は置かれた比にあり，立方［数］の〈平方〉から平方［数］の平方が引かれると[1]，残りは平方［数］である．

2197

⋯ 訳注 ⋯⋯⋯⋯⋯⋯⋯⋯⋯⋯⋯⋯⋯⋯⋯⋯⋯⋯⋯⋯⋯⋯⋯⋯⋯⋯⋯⋯⋯⋯
問題 6.2.
$$\begin{cases} a = mb \\ (a^3)^2 - (b^2)^2 = c^2. \end{cases}$$
求めるのは a^3 と b^2．この問題は問題 4.26 ケース 1 でも論じられており，そこでは $b = 2a$．
⋯⋯⋯⋯⋯⋯⋯⋯⋯⋯⋯⋯⋯⋯⋯⋯⋯⋯⋯⋯⋯⋯⋯⋯⋯⋯⋯⋯⋯⋯⋯⋯⋯⋯⋯

置かれた比を 2 倍の比とせよ．我々は［次のような］2 つの数を見つけたい．両者のうち一方は立方［数］であり，他方は平方［数］であり，立方［数］の辺は平方［数］の辺の 2 倍になり，立方［数］の平方から平方［数］の平方が引かれると，残りは平方［数］である．平方数の辺を物とし，立方数の辺を 2 物としよう．すると平方数は財，それの平方は財財，立方数は 8 立方，それの平方は 64 立方立方になる．64 立方〈立方〉から財財を引くと，残りは 64 立方立方引く財財になる．そして［これが］平方数になることを我々は要求する．64

2200

―――――――――――――――――――――――――――――――――
[1] إذا ‹و›] R, إذا S, اذا M

からそれを引くと残りが平方数であるような平方数を求めよう．それを見つけることは，それの明らかさを既に述べたということに基づき，容易である[1]．それは 40 単位と単位の 25 部分のうちの 24 部分になる．それを立方立方としよう．すると 40 立方立方と立方立方の 25 部分のうちの 24 部分は 64 立方立方引く財財に等しい．それを鉢合わせる．そして共通するものを突き合わせる．すると財財に等しい 23 立方立方と立方立方の 25 部分のうちの 1 部分が残る．両辺を財財で割る．すると 1 単位は 23 財と財の 25 [部分] のうちの 1 部分に等しくなる．1 財は単位の 576 部分のうちの 25 部分である．そして 1 物は単位の 24 部分のうちの 5 部分である．

······ 訳注 ··
$m = 2$, $b = s$ とすると，$a = 2s$, $b^2 = s^2$, $(b^2)^2 = s^2s^2$, $a^3 = 8s^3$, $(a^3)^2 = 64s^3s^3$. $(a^3)^2 - (b^2)^2 = ((2s)^3)^2 - (s^2)^2 = 64s^3s^3 - s^2s^2 = c^2[= n^2s^3s^3]$. ここで $64 - n^2$ が平方数になるような n^2 を探す．[問題 2.8 より，]$n^2 = 40\frac{24}{25}$. $40\frac{24}{25}s^3s^3 = 64s^3s^3 - s^2s^2$, $23\frac{1}{25}s^3s^3 = s^2s^2$, $23\frac{1}{25}s^2 = 1$, $s^2 = \frac{25}{576}$, $s = \frac{5}{24}$.
··

2217　既に我々は立方数の辺を 2 物とした．そしてそれは単位の 12 部分のうちの 5 部分である．よって立方 [数] は単位の 1,728 部分のうちの 125 部分である．

······ 訳注 ··
[$b = s = \frac{5}{24}$, $b^2 = \frac{25}{576} = \frac{75}{1728}$.] $a = 2s = \frac{5}{12}$, $a^3 = \frac{125}{1728}$.
··

2220　それの平方は 2,985,984 部分のうちの 15,625 部分である．それから平方数の平方，すなわち 2,985,984 [部分] のうちの 5,625 部分，を引くと，残りは 2,985,984 部分のうちの 10,000 部分である．そしてそれは平方数であり，それの辺は 1,728 部分のうちの 100 部分である．

······ 訳注 ··
検算．$(a^3)^2 - (b^2)^2 = \frac{15625}{2985984} - \frac{5625}{2985984} = \frac{10000}{2985984} = \left(\frac{100}{1728}\right)^2$.
··

2228　ゆえに我々に対して限定付けられた限定に合う 2 つの数を我々は見つけた．

---

[1] 問題 2.8.

そしてその両者は単位の 1,728 部分のうちの 125 部分と単位の 1,728 部分のうちの 75 部分である．そしてそれが我々が見つけたかったものである．

3. 我々は［次のような］2 つの数を見つけたい．両者のうち一方は立方［数］であり，他方は平方［数］であり，両者の辺は置かれた比にあり，立方［数］の平方を平方数の平方から引くと[1]，残りは平方［数］である．

2232

········ 訳注 ··
問題 6.3.
$$\begin{cases} a = mb \\ (b^2)^2 - (a^3)^2 = c^2. \end{cases}$$

求めるのは a^3 と b^2．この問題も問題 4.26 ケース 2 でも論じられている．
··

置かれた比を 2 倍の比とせよ．我々は［次のような］2 つの数を見つけたい．両者のうち一方は立方［数］であり，他方は平方［数］であり，立方［数］の辺は平方［数］の辺に対して 2 倍の比にあり，立方数の平方が平方数の平方から引かれると残りは平方［数］になる．我々は平方数の辺を物とする．すると立方［数］の辺は 2 物，立方［数］は 8 立方，それの平方は 64 立方立方になる．平方数の辺を物と我々は既に置いた．平方［数］は財であり，それの平方は財財である．それから立方［数］の平方，すなわち 64 立方立方，を引く．すると財財引く 64 立方立方が残る．そして［これが］平方数になることを我々は要求する．それに 64 が加えられると出てくるのが平方［数］になるような平方数を求めたい．それは 36 であり，それの辺は 6 である．財財引く 64 立方立方の辺を 6 立方とする．そしてそれをそれ自身に掛ける．すると 36 立方立方になる．そしてそれが財財引く 64 立方立方に等しい．埋め合わせて鉢合わせる．財財が 100 立方立方に等しくなる．その各々を財財で割る．すると 1 単位が 100 財に等しくなる．1 財は 100［部分］のうちの 1 部分，すなわち 1/10

2235

────────────────────────────────────

[1] ‹و› إذا] R, إذا S, اذا M

の 1/10 単位，である．よって 1 物は 10 ［部分］のうちの 1 部分である．そしてそれは 1/10 単位である．

⋯ 訳注 ⋯⋯⋯⋯⋯⋯⋯⋯⋯⋯⋯⋯⋯⋯⋯⋯⋯⋯⋯⋯⋯⋯⋯⋯⋯⋯⋯⋯⋯⋯⋯⋯
$m = 2$, $b = s$ とすると，$a = 2s$, $a^3 = 8s^3$, $(a^3)^2 = 64s^3 s^3$, $b^2 = s^2$, $(s^2)^2 = s^2 s^2$. $(b^2)^2 - (a^3)^2 = s^2 s^2 - 64s^3 s^3 = c^2 [= n^2 s^3 s^3]$. ここで $64 + n^2$ が平方数になるような n^2 を探す．$n^2 = 36 = 6^2$. $s^2 s^2 - 64 s^3 s^3 = (6s^3)^2 = 36 s^3 s^3$, $s^2 s^2 = 100 s^3 s^3$, $1 = 100 s^2$, $s^2 = \frac{1}{100} = (\frac{1}{10})^2$, $s = \frac{1}{10}$.
⋯⋯⋯⋯⋯⋯⋯⋯⋯⋯⋯⋯⋯⋯⋯⋯⋯⋯⋯⋯⋯⋯⋯⋯⋯⋯⋯⋯⋯⋯⋯⋯⋯⋯⋯⋯⋯

2249 既に我々は立方［数］を 2 物である〈辺から成る〉とした[1]．よってそれの辺は 10 ［部分］のうちの 2 部分である．立方［数］は 1,000 ［部分］のうちの 8 部分になる．

⋯ 訳注 ⋯⋯⋯⋯⋯⋯⋯⋯⋯⋯⋯⋯⋯⋯⋯⋯⋯⋯⋯⋯⋯⋯⋯⋯⋯⋯⋯⋯⋯⋯⋯⋯
$[b = s = \frac{1}{10}, b^2 = \frac{1}{100} = \frac{10}{1000}.]$ $a = 2s = \frac{2}{10}$, $a^3 = \frac{8}{1000}$.
⋯⋯⋯⋯⋯⋯⋯⋯⋯⋯⋯⋯⋯⋯⋯⋯⋯⋯⋯⋯⋯⋯⋯⋯⋯⋯⋯⋯⋯⋯⋯⋯⋯⋯⋯⋯⋯

2251 それの平方は 1,000,000 ［部分］のうちの 64 部分である．それを平方数の平方，すなわち 1,000,000 ［部分］のうちの 100 部分，から引くと，残りは 1,000,000 ［部分］のうちの 36 部分である．そしてそれは平方数であり，それの辺は単位の 1,000 部分のうちの 6 部分である．

⋯ 訳注 ⋯⋯⋯⋯⋯⋯⋯⋯⋯⋯⋯⋯⋯⋯⋯⋯⋯⋯⋯⋯⋯⋯⋯⋯⋯⋯⋯⋯⋯⋯⋯⋯
検算．$(b^2)^2 - (a^3)^2 = (\frac{1}{100})^2 - ((\frac{2}{10})^3)^2 = (\frac{10}{1000})^2 - (\frac{8}{1000})^2 = \frac{100}{100000} - \frac{64}{1000000} = \frac{36}{1000000} = (\frac{6}{1000})^2$.
⋯⋯⋯⋯⋯⋯⋯⋯⋯⋯⋯⋯⋯⋯⋯⋯⋯⋯⋯⋯⋯⋯⋯⋯⋯⋯⋯⋯⋯⋯⋯⋯⋯⋯⋯⋯⋯

2255 ゆえに我々に対して限定付けられた限定に合う 2 つの数を我々は見つけた．そしてその両者は 1,000 部分のうちの 8 部分と 1,000 部分のうちの 10 部分である．そしてそれが我々が見つけたかったものである．

2257 4. 我々は［次のような］2 つの数を見つけたい．両者のうち一方

---

[1] R, جعلنا ‹ضلع› المكعب شيئين [S, جعلنا المكعب ‹من ضلع› شيئين ‹ M جعلنا المكعب سس

は立方 [数] であり，他方は平方 [数] であり，立方 [数] の辺は平方 [数] の辺に対して置かれた比にあり，両者が囲む数に立方 [数] の平方が加えられると[1]，出てくるのは平方 [数] である．

・・・訳注・・
問題 6.4.
$$\begin{cases} a = mb \\ a^3 b^2 + (a^3)^2 = c^2. \end{cases}$$

求めるのは a^3 と b^2.
・・

[置かれた] 比を 5 倍の比とせよ．我々は [次のような] 2 つの数を見つけたい．両者のうち一方は立方 [数] であり，他方は平方 [数] であり，立方 [数] の辺は平方 [数] の辺の 5 倍になり，両者が囲む数に立方数の平方が加えられると，そこから出てくるのは平方 [数] である．平方 [数] の辺を物と置こう．すると平方 [数] は財になる．立方 [数] の辺は 5 物になる．そして立方 [数] は 125 立方である．両者が囲む数は財に掛けられた 125 立方である．それに立方 [数] の平方を加える．立方 [数] の平方は 15,625 立方立方である[2]．そこから出てくるのは 15,625 立方立方と財に掛けられた 125 立方とである．[これが] 平方 [数] になることを我々は要求する．それから 15,625 を引くと残りが小さな数になるような平方数を探そう．残るのが平方数になることを我々は要求しない．その数は 15,876 である．そしてそれの辺は 126 である．それ，[すなわち] 15,625 立方立方と 125 立方に掛けられた財とのそれ（辺）[3]，を 126 立方としよう[4]．そしてそれをそれ自身に掛ける．すると 15,876 立方立方になる．それは 15,625 立方立方と財に掛けられた 125 立方とに等しい．共通する 15,625 立方立方を両辺から突き合わせよう．すると財に掛けられた 125 立方に等しい 251 立方立方が残る．両辺を財に掛けられた立

2260

───────────────────────────────

[1] إذا <و>] R, اذا S, ادا M
[2] S は「立方 [数] の平方は 15,625 立方立方である」を後世の挿入とする．
[3] S は「15,625 立方立方と 125 立方に掛けられた財とのそれ（辺）」を後世の挿入とする．
[4] فلجعله ذلك M, فلنجعل ذلك R, فلنجعل ضلع S, فلنجعله ذلك

208　『算術』第 6 巻

方で割れ．すると 125 単位は 251 物に等しくなる．よって 1 物は 251［部分］
のうちの 125 部分である．

……訳注……………………………………………………………………………

$m = 5$, $b = s$ とすると，$b^2 = s^2$, $a = 5s$, $a^3 = 125s^3$, $a^3b^2 = 125s^3s^2$. $a^3b^2 + (a^3)^2 = 125s^3s^2 + 15625s^3s^3 = c^2[= n^2s^3s^3]$. ここで $n^2 - 15625$ が正となるような最小の平方数 n^2 を探す．$n^2 = 15876 = (126)^2$. $c = 126s^3$ とすると，$15625s^3s^3 + 125s^3s^2 = 15876s^3s^3$, $125s^3s^2 = 251s^3s^3$, $125 = 251s$, $s = \frac{125}{251}$.

………………………………………………………………………………………

2282　そしてそれは平方［数］の辺である．平方［数］は 251 の平方，すなわち
63,001,［部分］のうちの 15,625 部分である．立方数の辺は平方数の辺の 5 倍
であった．そしてそれは 251［部分］のうちの 625 部分である．そして立方
［数］は 2,563,001［部分］[1]) のうちの 244,140,625 部分になる．我々はこの問
題の計算の正しさにそれに関連するものから満足している．

……訳注……………………………………………………………………………

$b = s = \frac{125}{251}$, $s^2 = b^2 = \left(\frac{125}{251}\right)^2 = \frac{15625}{63001}$. $a = 5s = \frac{625}{251}$, $a^3 = \frac{244,140,625}{2,563,001}(sic.)$. テキストでは $(251)^3$ が 15,813,251 ではなく誤って 2,563,001 となっている．Sesiano [1982: 246–247] は 2,563,001 を 251·63001 の誤記と解釈し，この誤りがギリシア語写本の段階で生じていたと推測する．Rashed [1984: Tome 4, 122–123] も同様に解釈し，テキストを 15,813,251 に修正する．検算は無い．

………………………………………………………………………………………

2290　ゆえに我々に対して限定付けられた限定に合う 2 つの数を我々は見つけた．
そしてその両者は 63,001［部分］のうちの 15,625 部分と 2,563,001［部分］
[2)] のうちの 244,140,625 部分である．そしてそれが我々が見つけたかったもの

[1)] S, [ألفى الف وخمس مائة وثلثة وستّين الفا و واحد
خمسة عشر ألف وثمانمائة ألف وثلاثة عشر ألفا ومائتين وأحد وخمسين جزءا من واحد M الفى الف وخمس مائه ويله وسس الفا و واحد ,R
[2)] S, [ألفى الف وخمس مائة وثلثة وستّين الفا و واحد
خمسة عشر ألف وثمانمائة ألف وثلاثة عشر ألفا ومائتين وأحد وخمسين جزءا من واحد M الفى الف وخمس مائه ويله وسس الفا و واحد ,R

である．

5. 我々は［次のような］2 つの数を見つけたい．両者のうち一方は立方［数］であり，他方は平方［数］であり，立方［数］の辺は平方［数］の辺に等しくなり，両者が囲む数に平方数の平方自身が加えられると[1]，そこから出てくるのは平方［数］である．

・・・訳注・・
問題 6.5.
$$\begin{cases} a = b \\ a^3b^2 + (b^2)^2 = c^2. \end{cases}$$
求めるのは a^3 と b^2．
・・

平方［数］の辺を物としよう．すると平方［数］は財になる．また立方［数］の辺は物である．立方［数］は立方である．両者が囲む数は財に掛けられた立方である．それに平方数の平方，すなわち財財，を加える．すると財に掛けられた立方と財財になる．それが平方数に等しい．それの辺を 2 財と置こう．4 財財が財財と立方に掛けられた財とに等しくなる．共通の財財を突き合わせよう．すると 3 財財に等しい立方に掛けられた財が残る．我々と共にある各々を財財で割る．すると物は[2] 3 単位に等しくなる．

・・・訳注・・
$b = s$ とすると，$b^2 = s^2$．$a = s$ より，$a^3 = s^3$．$a^3b^2 + (b^2)^2 = s^3s^2 + s^2s^2 = c^2$．$c = 2s^2$ と置くと，$s^3s^2 + s^2s^2 = 4s^2s^2$，$s^3s^2 = 3s^2s^2$，$s = 3$．
・・

そしてそれは平方［数］の辺である．そして平方［数］は 9 単位である．また既に立方［数］の辺は平方［数］の辺に等しかった．よってそれは 3 単位である．立方数は 27 単位である．

・・・訳注・・

---

[1] إذا <و>] R, اذا S, ادا M
[2] شيء] S, شيئا R, سا M

$b = s = 3 = a$, $b^2 = 9$, $a^3 = 27$.

2307　両者が囲む数は 9 掛け 27 の掛け算から［出てくる］．そしてそれは 243 である．それに平方数の平方，すなわち 81，が加えられると，そこから出てくるのは 324 である．そしてそれはそれの辺が 18 である平方数である．

… 訳注 …

検算．$a^3 b^2 + (b^2)^2 = 27 \cdot 9 + 9^2 = 243 + 81 = 324 = (18)^2$.

2311　ゆえに我々に対して限定付けられた限定に合う 2 つの数を我々は見つけた．そしてそれが我々が見つけたかったものである．

2313　6. 我々は［次のような］2 つの数を見つけたい．両者のうち一方は平方［数］であり，他方は立方［数］であり，立方［数］の辺は平方［数］の辺に等しくなり，両者が囲む数から立方数の平方を引くと，残りは平方数である．

… 訳注 …

問題 6.6.
$$\begin{cases} a = b \\ a^3 b^2 - (a^3)^2 = c^2. \end{cases}$$

求めるのは a^3 と b^2．

2316　平方数の辺を物と置こう．すると平方数は財になる．また立方数の辺は物である．立方数は立方である．立方と財とが囲む数から立方の平方を引くことを我々は要求する．しかし，立方と財とが囲む数は財に掛けられた立方である．それから立方数の平方，すなわち立方立方，を引くと，残りは財に掛けられた立方引く立方立方である．［これが］平方［数］になることを我々は要求する．それの辺を 1 立方としよう．そしてそれをそれ自身に掛ける．すると立方立方があり，それは財に掛けられた立方引く立方立方に等しい．両辺に立方立方

を加えよう．そして両辺を両辺のうちで低い方[1]，すなわち財に掛けられた立方，で割る．すると 2 物が 1 単位に等しくなる．よって 1 物は 1/2 に等しい．

······ 訳注 ······
$b = s$ と置くと，$b^2 = s^2$．$a = s$ より，$a^3 = s^3$．$s^3 s^2 - (s^3)^2 = s^3 s^2 - s^3 s^3 = c^2$．
$c = s^3$ とすると，$c^3 = s^3 s^3$，$s^3 s^2 - s^3 s^3 = s^3 s^3$，$s^3 s^2 = 2 s^3 s^3$，$1 = 2s$，$s = \frac{1}{2}$．
··························

我々は既に平方［数］の辺を物とした．よって平方［数］は 4［部分］のうちの 1 部分，すなわち 1/4 単位，になる．また立方［数］の辺は[1] 1/2 単位である．よって立方［数］は 1/8 単位である．

······ 訳注 ······
$b = s = \frac{1}{2} = a$，$b^2 = \frac{1}{4}$，$a^3 = \frac{1}{8}$．
··························

両者が囲む数は 32［部分］のうちの 1 部分だから，それから立方［数］の平方，すなわち 64 部分のうちの 1 部分，が引かれると，残りは 64［部分］のうちの 1 部分になる．それは平方［数］であり，それの辺は 8［部分］のうちの 1 部分である．

······ 訳注 ······
検算．$a^3 b^2 - (a^3)^2 = \frac{1}{32} - \frac{1}{64} = \frac{1}{64} = (\frac{1}{8})^2$．
··························

ゆえに我々に対して限定付けられた限定に合う 2 つ［の数］を我々は見つけた．その両者は 1/4 単位と 1/8 単位である．そしてそれが我々が見つけたかったものである．

7. 我々は［次のような］2 つの数を見つけたい．両者のうち一方は立方［数］であり，他方は平方［数］であり，両者の辺は互いに等しくなり，両者が囲む数から平方数の平方自身が引かれると[2]，

---

[1] S も R も قعد اقعد に読み換えている．
[1] M وصلع R，[و] ضلع S，] فضلع
[2] M إذا اذا S，[و <] R，إذا

残りは平方［数］である．

⋯ 訳注 ⋯
問題 6.7.
$$\begin{cases} a = b \\ a^3 b^2 - (b^2)^2 = c^2. \end{cases}$$

求めるのは a^3 と b^2．

2336　平方数の辺を物と置こう．すると平方数は財になる．立方［数］の辺は平方数の辺に等しいので，立方数は立方でなければならない．両者が囲む数は財に掛けられた立方である．しかしそれから平方数の平方，すなわち財財，を突き合わせる（引く）と，残りは財に掛けられた立方〈引く財財〉である．［これが］平方［数］になることを我々は要求する．それ（平方数）に対して財になる辺を置こう．そしてそれをそれ自身に掛ける．すると財財は財財が引かれた財に掛けられた立方に等しくなる．埋め合わせて鉢合わせる．すると物が 2 になる．

⋯ 訳注 ⋯
$b = s$ と置くと，$b^2 = s^2$．$a = b = s$ より，$a^3 = s^3$．$a^3 b^2 - (b^2)^2 = s^3 s^2 - s^2 s^2 = c^2$．$c = s^2$ と置くと，$s^3 s^2 - s^2 s^2 = s^2 s^2$，$[s^3 s^2 = 2 s^2 s^2,]$ $s = 2$．

2342　我々は既に平方［数］の辺を物と置いた．よってそれは 2 である．そして平方［数］は 4 単位である．また立方［数］の辺は 2 であり，立方［数］は 8 である．

⋯ 訳注 ⋯
$b = s = 2 = a$, $b^2 = 4$, $a^3 = 8$．

2344　平方［数］は 4 であり立方［数］は 8 だから，両者が囲む数は 〈3〉2 単位である．それから平方数の平方自身を引くと，残りは 16 単位である．そしてそれは平方数であり，それの辺は 4 である．

⋯ 訳注 ⋯

検算．$a^3b^2 - (b^2)^2 = 8 \cdot 4 - 4 \cdot 4 = 32 - 16 = 16 = 4^2$．

……………………………………………………………………………………

ゆえに我々に対して限定付けられた限定に合う 2 つの数を我々は見つけた．その両者は 8 単位〈と〉[1] 4 単位である．そしてそれが我々が見つけたかったものである．

8. 我々は［次のような］2 つの数を見つけたい．両者のうち一方は立方［数］であり，他方は平方［数］であり，両者が囲む数にそれの辺自身が加えられると，そこから出てくるのは平方［数］である．

… 訳注 ………………………………………………………………………
問題 6.8.
$$a^3b^2 + \sqrt{a^3b^2} = c^2.$$

求めるのは a^3 と b^2．

……………………………………………………………………………………

我々は立方数を 64 単位，平方数を財と置く．すると両者が囲む数は 64 財になる．しかし，それにそれの辺自身，すなわち 8 物，を加えると，出てくるのは 64 財と 8 物である．そして［これが］平方［数］になることを我々は要求する[2]．8〈物〉[3] より大きい［とした］後で[4]，それの辺を望むだけの物 (pl.) と置こう．〈それを〉我々が 10 物と置いたように[5]．そしてそれをそれ自身に掛ける．すると 100 財がある．それが 64 財と 8 物に等しい．両辺から 64 財を突き合わせる．すると 8 物に等しい 36 財が残る．36 財を物で割る．すると 36 物になる．8 物を物で割る．すると 8 単位がある．8 単位が 36 物に等しくなる．よって物は 9［部分］のうちの 2 部分である．

────────────────────────────────

[1] 〈و〉] R, om. SM
[2] فنجعل M محتاج S, فنجعل R ﻣﺤﻌﻞ M
[3] 〈اشياء〉] S, om. RM
[4] ここで意図されているのは「8 物より大きいという条件のもとで」．
[5] 〈ﻩ〉جعلناه] S, جعلناه R, لعلناه M．ここで意図されているのは「たとえば，我々はそれを 10 物と置く」．

··· 訳注 ···
$a^3 = 64$, $b^2 = s^2$ と置くと，$a^3b^2 = 64s^2$, $a^3b^2 + \sqrt{a^3b^2} = 64s^2 + 8s = c^2[= (ns)^2]$. $[(ns)^2 > 64s^2$ より，$]n > 8$ でなくてはならない．$c = 10s$ と置くと，$64s^2 + 8s = (10s)^2 = 100s^2$, $8s = 36s^2$, $8 = 36s$, $s = \frac{2}{9}$.
··

2361　我々は既に平方［数］の辺を物と置いた．よって平方［数］は単位の 81 部分のうちの 〈4〉 部分である．そしてそれが平方数であり，立方数は 64 単位である．

··· 訳注 ···
$b^2 = s^2 = \frac{4}{81}$, $a^3 = 64$.
··

2364　両者が囲む[1])数は単位の 81 部分のうちの 256 部分である．それにそれの辺，すなわち 9［部分］のうちの 16 部分，つまり 81［部分］のうちの 144 部分，を加えると，そこから出てくるのは 81［部分］のうちの 400 部分である[2])．そしてそれは平方数であり，それの辺は 9［部分］のうちの 20 部分である．

··· 訳注 ···
検算．$a^3b^2 + \sqrt{a^3b^2}[= 64 \cdot \frac{4}{81} + \sqrt{64 \cdot \frac{4}{81}}] = \frac{256}{81} + \frac{16}{9} = \frac{256}{81} + \frac{144}{81} = \frac{400}{81} = (\frac{20}{9})^2$.
··

2369　ゆえに我々に対して限定付けられた限定に合う 2 つの数を我々は見つけた．その両者は 64 単位 〈と〉[3]) 単位の 81 部分のうちの 4 部分である．そしてそれが我々が見つけたかったものである．

2372　**9. 我々は［次のような］2 つの数を見つけたい．両者のうち一方は立方［数］であり，他方は平方［数］であり，しかし両者が或る数を囲み，それからそれの辺が引かれると，残りは平方［数］で**

---

[1]) M محطان سبع S, يحيطان به R, [يحيطان ‹به›] ‹تسع›
[2]) M وكان R, [وكان] S, فكان
[3]) ‹و›] R, om. SM

ある．

⋯ 訳注 ⋯⋯⋯⋯⋯⋯⋯⋯⋯⋯⋯⋯⋯⋯⋯⋯⋯⋯⋯⋯⋯⋯⋯⋯⋯⋯⋯⋯⋯⋯
問題 6.9.
$$a^3b^2 - \sqrt{a^3b^2} = c^2.$$

求めるのは a^3 と b^2．
⋯⋯⋯⋯⋯⋯⋯⋯⋯⋯⋯⋯⋯⋯⋯⋯⋯⋯⋯⋯⋯⋯⋯⋯⋯⋯⋯⋯⋯⋯⋯⋯⋯

立方数を 64 単位，平方数を財と我々は置く．すると両者が囲む数は 64 財 2374
である．しかし，それからそれの辺を引く[1] と 64 財引く 8 物が残る．そして
［これが］平方［数］になる[2] ことを我々は要求する．それの辺を望むだけの物
(pl.) と置こう．しかし［それは］8 物より少ない．我々がそれを 7 物と置いた
ように[3]．そしてそれをそれ自身に掛ける．すると 49 財になる．そしてそれ
は 64 財引く 8 物に等しい．埋め合わせて鉢合わせる．15 財が 8 物に等しくな
る．それを物〈で〉割る．すると 15 物が 8 単位に等しくなる[4]．よって物は
単位の 15 部分のうちの 8 部分である．

⋯ 訳注 ⋯⋯⋯⋯⋯⋯⋯⋯⋯⋯⋯⋯⋯⋯⋯⋯⋯⋯⋯⋯⋯⋯⋯⋯⋯⋯⋯⋯⋯⋯
$a^3 = 64$, $b^2 = s^2$ と置くと，$a^3b^2 = 64s^2$, $a^3b^2 - \sqrt{a^3b^2} = 64s^2 - 8s = c^2[=(ns)^2]$．
$[(ns)^2 < 64s^2$ より，$]n < 8$ でなくてはならない．$c = 7s$ と置くと，$64s^2 - 8s = (7s)^2 = 49s^2$, $15s^2 = 8s$, $15s = 8$, $s = \frac{8}{15}$．
⋯⋯⋯⋯⋯⋯⋯⋯⋯⋯⋯⋯⋯⋯⋯⋯⋯⋯⋯⋯⋯⋯⋯⋯⋯⋯⋯⋯⋯⋯⋯⋯⋯

我々は既に平方数の辺を物と置いた．よって平方数は単位の 225 部分のう 2382
ちの 64 部分である．

⋯ 訳注 ⋯⋯⋯⋯⋯⋯⋯⋯⋯⋯⋯⋯⋯⋯⋯⋯⋯⋯⋯⋯⋯⋯⋯⋯⋯⋯⋯⋯⋯⋯
$b^2 = s^2 = \frac{64}{225}$．
⋯⋯⋯⋯⋯⋯⋯⋯⋯⋯⋯⋯⋯⋯⋯⋯⋯⋯⋯⋯⋯⋯⋯⋯⋯⋯⋯⋯⋯⋯⋯⋯⋯

両者が囲む数は[5] 225 部分のうちの 4,096 部分であるから，それからそれの 2383

---

[1] نقصنا] R, نقضنا S, عصما M
[2] تكون] S, يكون R, نكون M
[3] ここで意図されているのは「たとえば，我々はそれを 7 物と置く」．
[4] فتكون] R, فيكون S, مكون M

辺，すなわち 15 [部分] のうちの 64 部分，つまり 225 [部分] のうちの 960 部分，を引くと，残りは 225 [部分] のうちの 3,136 部分である．そしてそれは平方数であり，それの辺は 15 [部分] のうちの 56 部分である．

⋯ 訳注 ⋯⋯⋯⋯⋯⋯⋯⋯⋯⋯⋯⋯⋯⋯⋯⋯⋯⋯⋯⋯⋯⋯⋯⋯⋯⋯⋯⋯⋯⋯⋯⋯⋯⋯

検算．$a^3b^2 - \sqrt{a^3b^2}[= 64 \cdot \frac{64}{225} - \sqrt{64 \cdot \frac{64}{225}}] = \frac{4096}{225} - \frac{64}{15} = \frac{4096}{225} - \frac{960}{225} = \frac{3136}{225} = (\frac{56}{15})^2$.

⋯⋯⋯⋯⋯⋯⋯⋯⋯⋯⋯⋯⋯⋯⋯⋯⋯⋯⋯⋯⋯⋯⋯⋯⋯⋯⋯⋯⋯⋯⋯⋯⋯⋯⋯⋯⋯⋯

2390 ゆえに我々に対して限定付けられた限定に合う 2 つの数を我々は見つけた．その両者は 64 単位と単位の 15 部分のうちの 8 部分〈の平方〉[1]，つまり 225 [部分] のうちの 64 部分である[2]．そしてそれが我々が見つけたかったものである．

2393 **10. 我々は [次のような] 2 つの数を見つけたい．両者のうち一方は立方 [数] であり，他方は平方 [数] であり，両者が囲む数がそれの辺から引かれると，残りは平方数である．**

⋯ 訳注 ⋯⋯⋯⋯⋯⋯⋯⋯⋯⋯⋯⋯⋯⋯⋯⋯⋯⋯⋯⋯⋯⋯⋯⋯⋯⋯⋯⋯⋯⋯⋯⋯⋯⋯

問題 6.10.
$$\sqrt{a^3b^2} - a^3b^2 = c^2.$$

求めるのは a^3 と b^2．

⋯⋯⋯⋯⋯⋯⋯⋯⋯⋯⋯⋯⋯⋯⋯⋯⋯⋯⋯⋯⋯⋯⋯⋯⋯⋯⋯⋯⋯⋯⋯⋯⋯⋯⋯⋯⋯⋯

2395 立方数を 64 単位，平方数を財と置こう．すると両者が囲む数は 64 財である．64 財を 64 財の辺，すなわち 8 物，から引くと，残りは 8 物引く 64 財である．しかし [これが] 平方 [数] になることを我々は要求する．それの辺を望むだけの物 (pl.) とする．我々がそれを 4 物としたように[3]．すると 16 財は 8

---

[5] العدد] RM, <العدد كان احدا وستّين اربعة المكعب> S. S に従うと「〈立方〉数は〈64 単位だから〉両者が囲む〈数は〉」という訳になる．

[1] <مربع>] R, om. SM

[2] S は「つまり 225 [部分] のうちの 64 部分である」を後世の挿入とする．

[3] ここで意図されているのは「たとえば，我々はそれを 4 物とする」．

物引く 64 財に等しくなる[4]．埋め合わせて鉢合わせる．すると 8 物は 80 財に等しくなる[1]．両辺を物で割る．すると 8 単位は 80 物に等しくなる[2]．よって物は 10 ［部分］のうちの 1 部分である．

··· 訳注 ··
$a^3 = 64$, $b^2 = s^2$ と置くと，$\sqrt{a^3 b^2} - a^3 b^2 = 8s - 64s^2 = c^2$. $c = 4s$ と置くと，$8s - 64s^2 = 16s^2$, $8s = 80s^2$, $8 = 80s$, $s = \frac{1}{10}$.
··

我々は既に平方［数］の辺を物と置いた．よって平方［数］は単位の 100 部分のうちの 1 部分になる．立方数は $6^{3)}$ 4 単位である．

··· 訳注 ··
$b^2 = s^2 = \frac{1}{100}$, $a^3 = 64$.
··

両者が囲む数は 100 部分のうちの 64 部分である．しかし，それをそれの辺，すなわち 10 ［部分］のうちの 8 部分，つまり 100 ［部分］のうちの 80 部分，から引くと，残りは 100 ［部分］のうちの 16 部分である．そしてそれはそれの辺が 10 ［部分］のうちの 4 部分である平方数である．

··· 訳注 ··
検算．$\sqrt{a^3 b^2} - a^3 b^2 [= \sqrt{64 \cdot \frac{1}{100}} - 64 \cdot \frac{1}{100}] = \frac{8}{10} - \frac{64}{100} = \frac{80}{100} - \frac{64}{100} = \frac{16}{100} = (\frac{4}{10})^2$.
··

ゆえに我々に対して限定付けられた限定に合う 2 つの数を我々は見つけた．その両者は 64 単位と単位の 100 部分のうちの 1 部分である．そしてそれが我々が見つけたかったものである．

11. 我々は［次のような］立方数を見つけたい．それをそれの平

[4)] فتكون M فيكون ,S مكون] R
[1)] فتكون M فيكون ,S مكون] R
[2)] فتكون M فيكون ,S مكون] R
[3)] وستّون M وسّتين ,R وسّتون] S

方に加えると，出てくるのは平方数である．

··· 訳注 ··
問題 6.11.
$$(a^3)^2 + a^3 = c^2.$$

求めるのは a^3．
··

2412　我々は立方数を物である辺から成ると置く．すると立方数は立方になる．しかし，それをそれの平方，すなわち立方立方，に加えると，出てくるのは立方立方と立方になる．［これが］平方［数］になることを我々は要求する．それの辺を 3 立方である数[1]から成ると置こう．3 立方の平方から立方立方を引くと，残りは 8 立方立方である．そしてそれは立方数である．それに立方数を鉢合わせると，問題が出てくる[2]．そして計算は不可能ではなかった[3]．3 立方をそれ自身に掛けよう．すると 9 立方立方になり，それが立方立方と立方に等しい．共通の立方立方を突き合わせる．すると立方に等しい 8 立方立方が残る．両辺を立方で割る．1 単位に等しい 8 立方が生じる．よって立方は 1/8 単位である．

··· 訳注 ··
$a = s$ と置くと，$s^3 s^3 + s^3 = c^2$．$c = 3s^3$ と置くと，$(3s^3)^2 - s^3 s^3 = 8s^3 s^3 = s^3$，$s^3 s^3 + s^3 = (3s^3)^2 = 9s^3 s^3$，$s^3 = 8s^3 s^3$，$1 = 8s^3$，$s^3 [= a^3] = \frac{1}{8}$．
··

2421　そしてそれは 8 ［部分］のうちの 1 部分である．それにそれの平方，すなわち単位の 64 部分のうちの 1 部分，を加えると，生じるのは単位の 64 部分のうちの 9 部分である．それは平方数であり，それの辺は 8 ［部分］のうちの 3 部分である．

---

[1] ‹كعاب اذا نقصنا من مربعها كعب كعب واحد كان الباقي مكعبا وهو› RM, [عدد S. S に従うと「それの辺を〈それの平方から 1 立方立方を引くと残りが立方になるような立方〉数から成る，〈すなわち〉3 立方，と置こう」という訳になる．
[2] ここで意図されているのは「問題が成立する」．
[3] 「3 立方の〜不可能ではなかった」の意図不明．何かしらの文章が欠落している可能性がある．本来は $c = 3s^3$ と置いたことの妥当性を論じていたのかもしれない．

・・・ 訳注 ・・・
検算. $a^3 + (a^3)^2 = \frac{1}{8} + \frac{1}{64} = \frac{9}{64} = (\frac{3}{8})^2$.
・・・

ゆえに我々に対して限定付けられた限定に合う数を我々は見つけた．それは単位の 8 部分のうちの 1 部分である．そしてそれが我々が見つけたかったものである．

12. 我々は［次のような］2 つの平方数を見つけたい．両者のうち大きい［数］の小さい［数］による商が大きい［数］に加えられると出てくるのは平方［数］であり，また小さい［数］に加えられると〈出てくるのは〉[1)]平方［数］である．

・・・ 訳注 ・・・
問題 6.12.
$$\begin{cases} a^2 + \frac{a^2}{b^2} = c_1^2 \\ b^2 + \frac{a^2}{b^2} = c_2^2. \end{cases}$$
求めるのは a^2 と b^2．ただし $a^2 > b^2$．
・・・

小さい数を財と置こう．大きい［数］の小さい［数］による商を 1/2 財と 1/8 財の 1/2 とする．それを財に加えると，出てくるのは平方［数］である．大きい数は 1/2 財財と 1/8 財財の 1/2 になる．それに 1/2 財と 1/8 財の 1/2 を加えると，1/2 財財と 1/8 財財の 1/2 と 1/2 財と 1/8 財の 1/2 になる．しかし［これが］平方数になることを我々は要求する．それから 1/2 と 1/8 の 1/2 を引くと残りが平方数であるような平方数を探そう．残る平方［数］が単位より[2)]小さくなることを目指そう．それを見つけることは，それの明らかさを第 2 巻[3)]で既に述べたということに基づき，容易である．それは単位の 256

─────────────────────────────

[1)] <المجتمع>] S, om. RM
[2)] من واحد <وثمنين جزءا من مأتين وستّة وخمسين جزءا من الواحد>] R, <من واحد> S, من واحد M（S の読みを採用すれば「〈単位の 256 部分のうちの 8〉 1 〈部分〉より」という訳になる）
[3)] 問題 2.10.

部分のうちの 169 部分になる．それの辺は単位の 16 部分のうちの 13 部分である．我々は［次のような事を］既に知っている．単位の 256 部分のうちの 169 部分から 1/2 単位と 1/8 単位の 1/2，つまり 256 部分のうちの 144 部分，を引くと，残りは単位の 256 部分のうちの 25 部分である．そしてそれはそれの辺が 16 部分のうちの 5 部分である平方数である．1/2 財財と 1/8 財財の 1/2 と 1/2 財と 1/8 財の 1/2 の辺を財の 16 部分のうちの 13 部分と置こう．そしてそれをそれ自身に掛ける．すると財財の 256 部分のうちの 169 部分になる．そしてそれが 1/2 財財と 1/8 財財の 1/2 と 1/2 財と 1/8 財の 1/2 に等しい．そして共通する[1] 1/2 財財と 1/8 財財の 1/2 を突き合わせよう．すると 1/2 財と 1/8 財の 1/2 に等しい財財の 256 部分のうちの 25 部分が残る．我々と共にある各々を 10 と 25 ［部分］のうちの 6 部分に掛けよう．すると財財は 5 財と財の 25 部分のうちの 19 部分に等しくなる．両辺を財で割る．すると 5 単位と単位の 25 部分のうちの 19 部分に等しい財が生じる．

⋯ 訳注 ⋯⋯⋯⋯⋯⋯⋯⋯⋯⋯⋯⋯⋯⋯⋯⋯⋯⋯⋯⋯⋯⋯⋯⋯⋯⋯⋯⋯⋯⋯⋯⋯⋯

$b^2 = s^2$, $\frac{a^2}{b^2} = \frac{1}{2}s^2 + \frac{1}{8} \cdot \frac{1}{2}s^2 [= \frac{9}{16}s^2]$ とすると，$b^2 + \frac{a^2}{b^2} = s^2 + \left(\frac{1}{2}s^2 + \frac{1}{8} \cdot \frac{1}{2}s^2\right) = c_2^2$. $a^2 = \frac{1}{2}s^2s^2 + \frac{1}{8} \cdot \frac{1}{2}s^2s^2$, $a^2 + \frac{a^2}{b^2} = \frac{1}{2}s^2s^2 + \frac{1}{8} \cdot \frac{1}{2}s^2s^2 + \frac{1}{2}s^2 + \frac{1}{8} \cdot \frac{1}{2}s^2 = c_1^2 [= n^2s^2s^2]$. ここで問題 2[.10] により，$n^2 - \left(\frac{1}{2} + \frac{1}{8} \cdot \frac{1}{2}\right) = p^2$ となるような n^2 を探す．ただし，$p^2 < 1$ (Sesiano [1982: 250] と Christianidis and Oaks [2023: 400–401] によれば，$p^2 < \frac{81}{256}$). [$n = p + h$ と置くと，

$$n^2 - p^2 = (p+h)^2 - p^2 = 2ph + h^2 = \frac{9}{16},$$

$$p = \frac{\frac{9}{16} - h^2}{2h}.$$

ただし，$h < \frac{3}{4}$. $h = \frac{1}{2}$ とすると，$p = \frac{5}{16}$, $p^2 = \frac{25}{256}$.] $n^2 = \frac{169}{256} = \left(\frac{13}{16}\right)^2$. $\frac{169}{256} - \left(\frac{1}{2} + \frac{1}{8} \cdot \frac{1}{2}\right) = \frac{169}{256} - \frac{144}{256} = \frac{25}{256} = \left(\frac{5}{16}\right)^2$. $\frac{1}{2}s^2s^2 + \frac{1}{8} \cdot \frac{1}{2}s^2s^2 + \frac{1}{2}s^2 + \frac{1}{8} \cdot \frac{1}{2}s^2 = \left(\frac{13}{16}s^2\right)^2$ と置くと，$\frac{1}{2}s^2s^2 + \frac{1}{8} \cdot \frac{1}{2}s^2s^2 + \frac{1}{2}s^2 + \frac{1}{8} \cdot \frac{1}{2}s^2 = \frac{169}{256}s^2s^2$, $\frac{1}{2}s^2 + \frac{1}{8} \cdot \frac{1}{2}s^2 = \frac{25}{256}s^2s^2$. 両辺に $10\frac{6}{25}[=\frac{256}{25}]$ を掛ける．$s^2s^2 = 5s^2 + \frac{19}{25}s^2$, $s^2 = 5 + \frac{19}{25}$.

⋯⋯⋯⋯⋯⋯⋯⋯⋯⋯⋯⋯⋯⋯⋯⋯⋯⋯⋯⋯⋯⋯⋯⋯⋯⋯⋯⋯⋯⋯⋯⋯⋯⋯⋯⋯⋯

2454 　我々は小さい数を財と既に置いた．そしてそれは 5 単位と単位の 25 部分の

---

[1] المشتركة] S, المشتركة R, المسرك M

うちの 19 部分である．それ (5 単位) を 25 に掛けよう[2]．すると 25 部分のうちの 144 部分になる．我々は大きい数を 1/2 財財と 1/8 財財の 1/2 と置いたから，それが単位の 625 部分のうちの 11,664 部分であることを知っている．25 部分のうちの 144 部分，すなわち小さい平方 [数]，を 625 [部分] のうちの部分 (pl.) としよう．そのことはそれ (144) を 25 に掛けることである．よって小さい平方 [数] は 625 [部分] のうちの 3,600 部分になる．

・・・訳注・・
$s^2 = b^2 = 5 + \frac{19}{25} = \frac{144}{25}, a^2 = \frac{1}{2}s^2s^2 + \frac{1}{8} \cdot \frac{1}{2}s^2s^2 = \frac{11664}{625}[= (\frac{108}{25})^2], b^2 = \frac{144}{25} = \frac{3600}{625}$．
・・

大きい平方 [数] の小さい平方 [数] による商は 3 単位と単位の 25 [部分] のうちの 6 部分である．それを 625 [部分] のうちの部分 (pl.) としよう．すると 625 [部分] のうちの 2,025 部分になる．それを大きい平方 [数]，すなわち 625 [部分] のうちの 11,664 部分，に加えると，単位の 625 [部分] のうちの 13,689 部分になる．そしてそれは平方数であり，それの辺は 25 部分のうちの 117 部分である．また 625 [部分] のうちの 2,025 部分を〈小さい平方 [数]，すなわち 625 [部分] のうちの 3,600 部分，に〉加えよう．〈出てくるのは[1] 単位の 625 部分のうちの 5,625 部分になる[2]．〉それはそれの辺が 25 [部分] のうちの 75 部分である平方数である．   2463

・・・訳注・・
検算．$\frac{a^2}{b^2}[= \frac{81}{25}] = 3\frac{6}{25} = \frac{2025}{625}$．
$$\begin{cases} a^2 + \frac{a^2}{b^2} = \frac{11664}{625} + \frac{2025}{625} = \frac{13689}{625} = (\frac{117}{25})^2 \\ b^2 + \frac{a^2}{b^2} = \frac{3600}{625} + \frac{2025}{625} = \frac{5625}{625} = (\frac{75}{25})^2 \end{cases}$$
・・

ゆえに我々に対して限定付けられた限定に合う 2 つの数を我々は見つけた．   2474

---

[2] 5 · 25 の後で 19 を足す操作が抜けている．
[1] فيكون S, [الذى هو ثلثة الف وستّمائة جزء من ستّمائة وخمسة وعشرين فيكون المجتمع
R, om. M
[2] جزءا من الواحد] R, om. SM

その両者は単位の 625 部分のうちの 11,664 部分〈と〉[3] 単位の 625 部分のうちの 3,600 部分である．そしてそれが我々が見つけたかったものである．

13. 我々は［次のような］2 つの平方数を見つけたい．両者のうち大きい［数］の小さい［数］による割り算から生じるものが両者の各々から引かれると，残りは平方［数］である．

・・・ 訳注 ・・
問題 6.13.
$$\begin{cases} a^2 - \frac{a^2}{b^2} = c_1^2 \\ b^2 - \frac{a^2}{b^2} = c_2^2 \end{cases}$$

求めるのは a^2 と b^2．ただし $a^2 > b^2$．
・・・

小さい平方［数］の辺を物と置こう．小さい平方［数］は財になる．大きい平方［数］の小さい平方［数］，すなわち財，による割り算から生じるものを，〈それを〉財から引く[1] と残りが平方［数］であるものにする．また，我々が財から引くものが平方［数］になることを我々は要求する．財を 2 つの平方部分に分けよう．それは財の 25 部分のうちの 16 部分と財の 25 部分のうちの 9 部分とである．財の 25 部分のうちの 9 部分を大きい平方［数］の財による割り算から生じるものとしよう．財の 25 部分のうちの 9 部分を財に掛ける．すると財財の 25 部分のうちの 9 部分がある．そしてそれは大きい［平方］数である．明らかなことから［次のことが］ある．大きい数，すなわち財財の 25 部分のうちの 9 部分，小さい数，すなわち財，による割り算から生じるのものを引くのは，財の 25 部分のうちの 9 部分の割り算から生じるものであり，それを小さい数，つまり財，から引くと，残りは財の 25 部分のうちの 16 部分，すなわちそれの辺が 4/5[2] 物である平方［数］，である．しかし，我々は財の 25 部分のうちの 9 部分を大きい数，すなわち財財の 25 部分のうちの 9 部分，

---

[3] ‹و›] R, om. SM
[1] ‹ه›نقصناه] S, نقصناه R, عصما M
[2] اربعه احماس M, اربعه اخماس R, أربعة أخماس

から引きたい．そして平方数が残る．しかし，もし財財の〈25 部分のうちの 9 部分から財の〉25 部分のうちの 9 部分を引いたなら，残りは財財の 25 部分のうちの 9 部分引く財の 25 部分のうちの 9 部分になる．〈そしてそれが〉[1]平方数に等しい．［次のような］平方数を探そう．それを 25［部分］のうちの 9 部分から引くと，残りは平方数である．それは単位の 625 部分のうちの 81 部分である．〈それを 25［部分］のうちの 9 部分，つまり単位の 625 部分のうちの 225 部分[2]，から引いたら，〉残りは 625［部分］のうちの 144 部分である．そしてそれはそれの辺が単位の 25 部分のうちの 12 部分である平方数である．それで我々は我々が探したものに至った．

⋯ 訳注 ⋯⋯⋯⋯⋯⋯⋯⋯⋯⋯⋯⋯⋯⋯⋯⋯⋯⋯⋯⋯⋯⋯⋯⋯⋯⋯⋯⋯⋯⋯⋯⋯

$b = s$ と置くと，$b^2 = s^2$．$s^2 - \frac{a^2}{s^2} = c_2^2$ だから，s^2 を $\frac{a^2}{s^2}$ と c_2^2 との 2 つの平方数に分割する．$s^2 = \frac{16}{25}s^2 + \frac{9}{25}s^2$，$\frac{a^2}{s^2} = \frac{9}{25}s^2$ とすると，$a^2 = \frac{9}{25}s^2s^2$．$b^2 - \frac{a^2}{b^2} = s^2 - \frac{9}{25}s^2 = \frac{16}{25}s^2 = (\frac{4}{5}s)^2$，$a^2 - \frac{a^2}{b^2} = \frac{9}{25}s^2s^2 - \frac{9}{25}s^2 = c_1^2 [= n^2s^2s^2]$．$\frac{9}{25} - n^2$ が平方数になるような n^2 を探す．［問題 2.8 より，］$n^2 = \frac{81}{625}$．つまり $\frac{9}{25} - \frac{81}{625} = \frac{225}{625} - \frac{81}{625} = \frac{144}{625} = (\frac{12}{25})^2$．

⋯⋯⋯⋯⋯⋯⋯⋯⋯⋯⋯⋯⋯⋯⋯⋯⋯⋯⋯⋯⋯⋯⋯⋯⋯⋯⋯⋯⋯⋯⋯⋯⋯⋯⋯⋯⋯⋯

財財の 25 部分のうちの 9 部分引く財の 25 部分のうちの 9 部分の根を〈財の 25 部分のうちの 9 部分〉としよう．そしてそれをそれ自身に掛ける．すると財財の 625 部分のうちの 81 部分になる．そしてそれが財財の 25 部分のうちの 9 部分引く財の 25 部分のうちの 9 部分，つまり財財の 625 部分のうちの 225 部分引く財の 625 部分のうちの 225 部分，に等しい．埋め合わせて，鉢合わせる，［すなわち］共通のものを突き合わせる．すると財の〈625 部分のうちの〉225 部分に等しい財財の 625 部分のうちの 144 部分が残る[3]．両辺を財で割れ．すると単位の 625 部分のうちの 225 部分に等しい財の 625 部分のうちの 144 部分が生じる．そして財は 1 単位と単位の 144 部分のうちの 81 部分，つまり 1 単位と 16 部分のうちの 9 部分，に等しい．

---

[1] ‹وذلك›] S, ‹وهو› R, om. M

[2] ‹اعنى ماتين وخمسة وعشرين جزءا من ستّمائة وخمسة وعشرين جزءا من الواحد›] S, om. RM

[3] مسمى M, فتبقى R, فيبقى] S,

⋯ 訳注 ⋯⋯⋯⋯⋯⋯⋯⋯⋯⋯⋯⋯⋯⋯⋯⋯⋯⋯⋯⋯⋯⋯⋯⋯⋯⋯⋯⋯⋯⋯⋯⋯⋯⋯
$c_1 = \frac{9}{25}s^2$ とすると，$\frac{9}{25}s^2 s^2 - \frac{9}{25}s^2 = \frac{225}{625}s^2 s^2 - \frac{225}{625}s^2 = \frac{81}{625}s^2 s^2 = \frac{144}{625}s^2 s^2 = \frac{225}{625}s^2$, $\frac{144}{625}s^2 = \frac{225}{625}$, $s^2 = [\frac{225}{144} =] 1 + \frac{81}{144} = 1 + \frac{9}{16}$.
⋯⋯⋯⋯⋯⋯⋯⋯⋯⋯⋯⋯⋯⋯⋯⋯⋯⋯⋯⋯⋯⋯⋯⋯⋯⋯⋯⋯⋯⋯⋯⋯⋯⋯⋯⋯⋯⋯

2520　我々は既に小さい平方［数］を物と置いた．よってそれは単位の 16 部分のうちの 25 部分である．大きい数は小さい数の平方の 25 部分のうちの 9 部分である．そしてそれは単位の 256 部分のうちの 225 部分である．

⋯ 訳注 ⋯⋯⋯⋯⋯⋯⋯⋯⋯⋯⋯⋯⋯⋯⋯⋯⋯⋯⋯⋯⋯⋯⋯⋯⋯⋯⋯⋯⋯⋯⋯⋯⋯⋯
$b^2 = s^2 = \frac{25}{16}$, $a^2 = \frac{9}{25}(b^2)^2 = \frac{225}{256}$.
⋯⋯⋯⋯⋯⋯⋯⋯⋯⋯⋯⋯⋯⋯⋯⋯⋯⋯⋯⋯⋯⋯⋯⋯⋯⋯⋯⋯⋯⋯⋯⋯⋯⋯⋯⋯⋯⋯

2523　大きい数，すなわち単位の 256 部分のうちの 225 部分，の小さい数，すなわち 16 部分のうちの 25 部分，つまり単位の 256 部分のうちの 400 部分，による商は[1]1/2 単位と 1/8 単位の 1/2，つまり 256 部分のうちの 144 部分，を生じさせるものである．それを 2 つの平方［数］のうちの一方から，つまり単位の 256 部分のうちの 400 部分から，引くと，残りは 256 部分のうちの 256 部分，つまり 1 単位，である．そしてそれはそれの辺が 1 単位である平方［数］である．また割り算から生じるもの，すなわち単位の 256 部分のうちの 144 部分，を平方［数］，すなわち 256［部分］のうちの 225 部分，から引くと，残りは 256［部分］のうちの 81 部分である．そしてそれは平方［数］であり，それの辺は 16［部分］のうちの 9 部分である．

⋯ 訳注 ⋯⋯⋯⋯⋯⋯⋯⋯⋯⋯⋯⋯⋯⋯⋯⋯⋯⋯⋯⋯⋯⋯⋯⋯⋯⋯⋯⋯⋯⋯⋯⋯⋯⋯
検算．$\frac{a^2}{b^2} = \frac{225}{256} / \frac{25}{16} = \frac{225}{256} / \frac{400}{256} = \frac{1}{2} + \frac{1}{2} \cdot \frac{1}{8} = \frac{144}{256}$.

$$\begin{cases} b^2 - \frac{a^2}{b^2} = \frac{400}{256} - \frac{144}{256} = \frac{256}{256} = 1 = 1^2 \\ a^2 - \frac{a^2}{b^2} = \frac{225}{256} - \frac{144}{256} = \frac{81}{256} = (\frac{9}{16})^2. \end{cases}$$
⋯⋯⋯⋯⋯⋯⋯⋯⋯⋯⋯⋯⋯⋯⋯⋯⋯⋯⋯⋯⋯⋯⋯⋯⋯⋯⋯⋯⋯⋯⋯⋯⋯⋯⋯⋯⋯⋯

2536　ゆえに我々に対して限定付けられた限定に合う 2 つの数を我々は見つけた．

---

[1] قسمة] S, قسمة <من> R, قسمه M

その両者は単位の 256 部分のうちの 400 部分〈と〉[2] 単位の 256 部分のうちの 225 部分である．そしてそれが我々が見つけたかったものである．

　この問題において我々の目標は被除数が大きい数になることであった．計算が我々を大きい数が除数になることへと導いた．我々の計算は正しかったので，我々が示したそれ（計算）に疑いはない[1]．そして[2]，大きい平方［数］の小さい平方［数］による割り算から我々が求めることへと導く二番目の計算でこの問題を計算する．しかし，先行する計算よりも近い計算とせよ．

……………………………………… 訳注 ………………………………………
問題 6.13 の冒頭では被除数 a^2 が除数 b^2 より大きいと述べていたが，得られた解は $a^2 < b^2$ であった．
………………………………………………………………………………………

　小さい平方［数］を 1 単位と 2/3 単位である辺から成ると置く．すると平方［数］は 2 単位と 7/9 単位になる．大きい平方［数］を物である辺から成ると置く．すると大きい平方［数］は財になる．大きい平方［数］，すなわち財，を小さい平方［数］，すなわち 2 単位と 7/9 単位，で割る．すると商が財の 25 部分のうちの 9 部分を生じさせる．それを大きい平方［数］，すなわち財，から引くと，残りは財の 25 部分のうちの 16 部分である．そしてそれはそれの辺が 4/5 物である平方数である．また割り算から生じるもの，すなわち財の 25 部分のうちの 9 部分，を小さい平方［数］，すなわち 2 単位と 7/9 単位，から引く．すると 2 単位と 7/9 単位引く財の 25 部分のうちの 9 部分が残る．［それが］平方［数］になることを我々は要求する．それの辺を 1 単位と 2/3 単位引く 1 物と 1/5 物と置く．それをそれ自身に掛ける．すると 2 単位と 7/9 単位と財と財の 25 部分のうちの 11 部分引く 4 物になる．それが 2 単位と 7/9 単位引く財の 25 部分のうちの 9 部分に等しい．両者のうち各辺を引かれているものによって埋め合わせよ．それ自身を他方の辺に加えよ．共通する同じも

─────────────────────────────
[2] 〈و〉] R, om. SM
[1] لا ريب] S, ثبت ‹ما› لأن R, اساه فه س لان M (S はこの部分の読みを推測と明記する．R の読みを採用すれば「そこにおいて確立したことを我々は確立したので」となる)
[2] و] SM, [و] R

のを突き合わせよ。4 物に等しい³⁾財と 4/5 財が残る。両辺の各々を⁴⁾物で割れ。物と 4/5 物は 4 単位に等しく¹⁾なる。よって 1 物は 2 単位と 2/9 である。

······ 訳注 ··
$b = 1\frac{2}{3}$ と置くと, $b^2 = 2\frac{7}{9}$. $a = s$ と置くと, $a^2 = s^2$. $\frac{a^2}{b^2} = s^2/(2\frac{7}{9}) = \frac{9}{25}s^2$, $a^2 - \frac{a^2}{b^2} = s^2 - \frac{9}{25}s^2 = \frac{16}{25}s^2 = (\frac{4}{5}s)^2 = c_1^2$, $b^2 - \frac{a^2}{b^2} = 2\frac{7}{9} - \frac{9}{25}s^2 = c_2^2$. $c_2 = 1\frac{2}{3} - 1\frac{1}{5}s$ と置くと, $c_2^2 = 2\frac{7}{9} + s^2 + \frac{11}{25}s^2 - 4s = 2\frac{7}{9} - \frac{9}{25}s^2$, $1\frac{4}{5}s^2 = 4s$, $1\frac{4}{5}s = 4$, $s = 2\frac{2}{9}$.
···

2561　大きい平方［数］の辺は物であった。よってそれの辺は 2 単位と 2/9 である。大きい平方［数］は単位の 81 部分のうちの 400 部分である。

······ 訳注 ··
$a = s = 2\frac{2}{9}$, $a^2 = \frac{400}{81}$.
···

2563　それを小さい平方［数］, すなわち 2 単位と 7/9 単位, つまり単位の 81 部分のうちの 225 部分, で割ると, 割り算から生じるのは 1 単位と 7/9, つまり 81 部分のうちの 144 部分, である。それを大きい平方［数］, すなわち 81 部分のうちの 400 部分, から引くと, 残りは〈81 部分のうちの〉256 部分になる。そしてそれはそれの辺が 9 ［部分］のうちの 16 部分である平方数である。それ（商）を小さい平方［数］, すなわち 81 部分のうちの 225 部分, から引くと, 残りは 81 ［部分］のうちの 81 部分, つまり 1 単位, になる。そしてそれはそれの辺が 1 単位である平方［数］である。

······ 訳注 ··
検算. $\frac{a^2}{b^2} = \frac{400}{81}/2\frac{7}{9} = \frac{400}{81}/\frac{225}{81} = 1\frac{7}{9} = \frac{144}{81}$.
$$\begin{cases} a^2 - \frac{a^2}{b^2} = \frac{400}{81} - \frac{144}{81} = \frac{256}{81} = (\frac{16}{9})^2 \\ b^2 - \frac{a^2}{b^2} = \frac{225}{81} - \frac{144}{81} = \frac{81}{81} = 1 = 1^2 \end{cases}$$
···

2573　ゆえに我々に限定付けられた限定に合う 2 つの数を我々は見つけた。その両

---
³⁾ تعادل] S, يعادل R, سعادل M
⁴⁾ كلي] SM, كلتا R
¹⁾ تعادل] S, يعادل R, سعادل M

者は単位の 81 部分のうちの 400 部分〈と〉[2] 単位の 81 部分のうちの 225 部分である．そしてそれが我々が見つけたかったものである．

14. 我々は［次のような］2 つの平方数を見つけたい．両者のうち大きい［平方数］が小さい［平方数］で割られると，割り算から或るものが生じる．それから大きい平方［数］を引くと，残りは平方［数］である．またそれから小さい平方［数］を引くと，残りは平方［数］である．

⋯ 訳注 ⋯⋯
問題 6.14.
$$\begin{cases} \frac{a^2}{b^2} - a^2 = c_1^2 \\ \frac{a^2}{b^2} - b^2 = c_2^2. \end{cases}$$

求めるのは a^2 と b^2．ただし $a^2 > b^2$．
⋯⋯

大きい平方［数］の辺を物と置こう．すると大きい平方［数］は財になる．また小さい平方［数］の辺を 4/5 単位と置く．すると小さい平方［数］は単位の 25 部分のうちの 16 部分になる．明らかなことから［次のことが］ある．大きい平方［数］，すなわち財，を小さい平方［数］，すなわち単位の 25 部分のうちの 16 部分，で割ると，割り算から生じるのは財と財の 16 部分のうちの 9 部分である．それから大きい平方［数］，すなわち財，を引くと，残りは財の 16 部分のうちの 9 部分になる．そしてそれはそれの辺が 3/4 物である平方［数］である．しかし，それ（商）から小さい平方［数］，すなわち単位の 25 部分のうちの 16 部分，を突き合わせる（引く）．すると財の 16 部分のうちの 25 部分引く単位の 25 部分のうちの 16 部分が残る．そして［それが］平方［数］になる[1]ことを我々は要求する．それが 1 物と 1/4 物引く 2 単位を辺として持つと置く．それをそれ自身に掛ける．すると財の 16 部分のうちの 25 部分と 4 単位引く 5 物になる．そしてそれが財の 16 部分のうちの 25 部分引く単位の 25

───────────────────────────────

[2] ‹و›] R, om. SM
[1] يكون] R, تكون S, كون M

部分のうちの 16 部分に等しい．両辺の各々を引かれているものによって埋め合わせる．それ（引かれているもの）自身を他方の辺に加える．そして共通するものを突き合わせる．すると 4 単位と単位の 25 部分のうちの 16 部分に等しい 5 物が残る．よって 1 物は 4/5 単位と単位の ⟨1⟩[1) 25 部分のうちの 16 [部分]である．そしてそれは単位の 125 部分の ⟨うちの⟩ 116 部分である．

⋯ 訳注 ⋯⋯

$a = s$ と置くと，$a^2 = s^2$．$b = \frac{4}{5}$ と置くと，$b^2 = \frac{16}{25}$．$\frac{a^2}{b^2} = s^2 + \frac{9}{16}s^2$．$\frac{a^2}{b^2} - a^2 = s^2 + \frac{9}{16}s^2 - s^2 = \frac{9}{16}s^2 = (\frac{3}{4}s)^2 = c_1^2$，$\frac{a^2}{b^2} - b^2 = s^2 + \frac{9}{16}s^2 - \frac{16}{25} = \frac{25}{16}s^2 - \frac{16}{25} = c_2^2$．$c_2 = 1\frac{1}{4}s - 2$ と置くと，$c_2^2 = \frac{25}{16}s^2 + 4 - 5s = \frac{25}{16}s^2 - \frac{16}{25}$，$5s = 4\frac{16}{25}$，$s = \frac{4}{5} + \frac{16}{125} = \frac{116}{125}$．

⋯⋯

2597　我々は既に大きい平方[数]の辺を物と置いた．それの辺は単位の 125 部分のうちの 116 部分である．よって平方[数]は 15,625 [部分]のうちの 13,456 部分である．

⋯ 訳注 ⋯⋯

$a = s = \frac{116}{125}$，$a^2 = \frac{13456}{15625}$．

⋯⋯

2600　それを小さい平方[数]，すなわち 25 [部分]のうちの 16 部分，つまり 15,625 [部分]のうちの 10,000 部分，で割ると，1 単位と 10,000 [部分]のうちの 3,456 部分，つまり 15,625 [部分]のうちの 21,025 部分，になる[2)]．それから大きい平方[数]，すなわち[15,625 部分のうちの] 13,456 部分，を引くと，残りは 15,625 [部分]のうちの 7,569 部分である．それはそれの辺が 125 部分のうちの[3)] 87 部分である平方数である．またそれ（商）から小さい平方[数]，すなわち ⟨15,625 部分のうちの⟩[4)] 10,000 部分，を引くと，残りは 15,625 [部分]のうちの 11,025 部分である．そしてそれはそれの辺が単位の

[1)] ⟨مائة و⟩] R, om. SM
[2)] فيكون] S, يكون R, فىكون M
[3)] جزءا ⟨من⟩] R, سا S, من M
[4)] ⟨من خمسة عشر ألفا وستمائة وخمسة وعشرين جزءا⟩] R, om. SM

125 部分のうちの 105 部分である平方数である．

・・・ 訳注 ・・
検算． $\frac{a^2}{b^2} = \frac{13456}{15625} / \frac{16}{25} = \frac{13456}{15625} / \frac{10000}{15625} = 1\frac{3456}{10000} = \frac{21025}{15625}$.

$$\begin{cases} \frac{a^2}{b^2} - a^2 = \frac{21025}{15625} - \frac{13456}{15625} = \frac{7569}{15625} = (\frac{87}{125})^2 \\ \frac{a^2}{b^2} - b^2 = \frac{21025}{15625} - \frac{10000}{15625} = \frac{11025}{15625} = (\frac{105}{125})^2. \end{cases}$$
・・

ゆえに我々に限定つけられた限定に合う 2 つの数を我々は見つけた．その両者は単位の 15,625 部分のうちの 13,456 部分〈と〉[1] 単位の 15,625 部分のうちの 10,000 部分である．そしてそれが我々が見つけたかったものである．

15. 我々は［次のような］2 つの平方数を見つけたい．両者のうち大きい［平方数］の小さい［平方数］に対する超過（差）が両者の各々に加えられると，そこから出てくるものは平方［数］である．

・・・ 訳注 ・・
問題 6.15.
$$\begin{cases} a^2 + (a^2 - b^2) = c_1^2 \\ b^2 + (a^2 - b^2) = c_2^2. \end{cases}$$
求めるのは a^2 と b^2．ただし $a^2 > b^2$．
・・

大きい平方［数］の辺を物と置こう．すると大きい平方［数］は財になる．それ（大きい平方数）の小さい平方［数］に対する増分を 2 物と 1 単位とする．すると小さい［平方］数は財引く 2 物と 1 単位になる．［次のことが］明らかである．2 つの数のうち大きい［平方数］の〈小さい［平方数］に対する〉[2] 増分—それは 2 物と 1 単位である—を小さい［平方数］，すなわち財引く 2 物と 1 単位，に加えると，そこから出てくるのは財である．そしてそれは大きい平

---

[1] ‹و›] R, om. SM
[2] ‹على الاصغر›] S, om. RM

方数$^{3)}$，すなわち平方［数］，である．しかし，大きい平方［数］の小さい平方［数］に対する増分，すなわち$^{1)}$ 2 物と 1 単位，を大きい平方［数］，すなわち財，に加えると，財と 2 物と 1 単位である．そしてそれは平方数であり，それの辺は物と 1 単位である．小さい数，すなわち財引く 2 物と 1 単位，が平方［数］になることを我々は要求する．それの辺を物引く 2 単位と置こう．それをそれ自身に掛ける．すると財と 4 単位引く 4 物になる．それが財引く 2 物と 1 単位に等しい．〈4 物を〉財と 4 単位引く 4 物に加える．すると財と 4 単位になる$^{2)}$．また 4 物を財引く 2 物と 1 単位に加える．すると財と 2 物引く 1 単位になる$^{3)}$．1 単位を両辺に共に加える．そして〈一つの〉$^{4)}$ 種に等しい一つの種が残るように，共通のものを突き合わせる．すると 2 物に等しい 5 単位が残る$^{5)}$．よって 1 物は 2 単位と 1/2 である．

⋯ 訳注 ⋯⋯⋯⋯⋯⋯⋯⋯⋯⋯⋯⋯⋯⋯⋯⋯⋯⋯⋯⋯⋯⋯⋯⋯⋯⋯⋯⋯⋯⋯
$a = s$ と置くと，$a^2 = s^2$．$a^2 - b^2 = 2s+1$ とすると，$b^2 = s^2 - 2s - 1$．$b^2 + (a^2 - b^2) = (s^2 - 2s - 1) + (2s+1) = s^2 = a^2$, $a^2 + (a^2 - b^2) = s^2 + (2s+1) = s^2 + 2s + 1 = (s+1)^2$．$b^2 = s^2 - 2s - 1 = (s-2)^2$ と置くと，$s^2 + 4 - 4s = s^2 - 2s - 1$, $s^2 + 4 = s^2 + 2s - 1$, $5 = 2s$, $s = 2\frac{1}{2}$．
⋯⋯⋯⋯⋯⋯⋯⋯⋯⋯⋯⋯⋯⋯⋯⋯⋯⋯⋯⋯⋯⋯⋯⋯⋯⋯⋯⋯⋯⋯⋯⋯⋯⋯

2633　我々は既に大きい平方［数］の辺を物と置いた．よってそれの辺は 2 と 1/2 であり，大きい平方［数］は 6 単位と 1/4 である．それから 2 物と 1 単位——そしてそれは 6 単位である——を突き合わせる（引く）と，1/4 単位が残る．そしてそれが小さい平方［数］である．

⋯ 訳注 ⋯⋯⋯⋯⋯⋯⋯⋯⋯⋯⋯⋯⋯⋯⋯⋯⋯⋯⋯⋯⋯⋯⋯⋯⋯⋯⋯⋯⋯⋯
$a = s = 2\frac{1}{2}$, $a^2 = 6\frac{1}{4}$, $b^2 = s^2 - (2s+1) = 6\frac{1}{4} - 6 = \frac{1}{4}$．
⋯⋯⋯⋯⋯⋯⋯⋯⋯⋯⋯⋯⋯⋯⋯⋯⋯⋯⋯⋯⋯⋯⋯⋯⋯⋯⋯⋯⋯⋯⋯⋯⋯⋯

$^{3)}$ Sesiano [1982: 148, fn. 22] はこの部分を挿入と解釈する．
$^{1)}$ وهي S, وهو RM
$^{2)}$ فتكون M فيكون R, فيكون S, فتكون
$^{3)}$ فتكون M فيكون R, فيكون S, فتكون
$^{4)}$ ‹واحدا›] S, om. RM
$^{5)}$ فتبقى] R, فيبقى S, فسمى M

明らかなことから［次のことが］ある．大きい平方［数］，すなわち 6 単位 と 1/4 単位，の小さい平方［数］，すなわち 1/4 単位，に対する増分は 6 単位である．［6 単位が］大きい平方［数］に加えられると，そこから出てくるのは 12 と 1/4 である．そしてそれはそれの辺が 3 と 1/2 である平方数である．また，［6 単位が］小さい平方［数］に加えられると，そこから出てくるのは 6 と 1/4 である．そしてそれは平方数であり，それの辺は 2 と 1/2 である．

⋯ 訳注 ⋯⋯⋯⋯⋯⋯⋯⋯⋯⋯⋯⋯⋯⋯⋯⋯⋯⋯⋯⋯⋯⋯⋯⋯⋯⋯
検算．
$$\begin{cases} a^2 + (a^2 - b^2) = 6\frac{1}{4} + 6 = 12\frac{1}{4}[= \frac{49}{4} = (\frac{7}{2})^2] = (3\frac{1}{2})^2 \\ b^2 + (a^2 - b^2)[= \frac{1}{4} + 6] = 6\frac{1}{4}[= \frac{25}{4} = (\frac{5}{2})^2] = (2\frac{1}{2})^2. \end{cases}$$

⋯⋯⋯⋯⋯⋯⋯⋯⋯⋯⋯⋯⋯⋯⋯⋯⋯⋯⋯⋯⋯⋯⋯⋯⋯⋯⋯⋯⋯

ゆえに我々に対して限定付けられた限定に合う 2 つの数を我々は見つけた．その両者は 6 単位と 1/4 単位〈および〉[1]1/4 単位である．そしてそれが我々が見つけたかったものである．

16. 我々は［次のような］2 つの平方数を見つけたい．両者のうち大きい［平方数］の小さい［平方数］に対する増分が大きい［平方数］から引かれると残りは平方数であり，また小さい［平方数］から引かれると残りは平方数である．

⋯ 訳注 ⋯⋯⋯⋯⋯⋯⋯⋯⋯⋯⋯⋯⋯⋯⋯⋯⋯⋯⋯⋯⋯⋯⋯⋯⋯⋯
問題 6.16.
$$\begin{cases} a^2 - (a^2 - b^2) = c_1^2 \\ b^2 - (a^2 - b^2) = c_2^2. \end{cases}$$

求めるのは a^2 と b^2．ただし $a^2 > b^2$．

⋯⋯⋯⋯⋯⋯⋯⋯⋯⋯⋯⋯⋯⋯⋯⋯⋯⋯⋯⋯⋯⋯⋯⋯⋯⋯⋯⋯⋯

大きい平方［数］の辺を物と置こう．すると大きい平方［数］は財になる．それ（大きい平方数）の小さい平方［数］に対する増分を 2 物引く 1 単位とする．すると小さい平方［数］は財と 1 単位引く 2 物になる．［次のことが］明

---

[1] ‹و›] R, om. SM

らかである．大きい平方［数］の小さい平方数に対する増分，すなわち2物引く1単位，を大きい平方［数］，すなわち財，から引くと，残りは小さい平方［数］，すなわち財と1単位引く2物，である[1]．しかし大きい平方［数］の小さい平方［数］に対する増分，すなわち2物引く1単位，を小さい平方［数］，すなわち財と1単位引く2物，から引くと，残りは財と2単位引く4物である．そして［それが］平方［数］になることを我々は要求する．それの辺を物引く4単位と置こう．そしてそれをそれ自身に掛ける．すると財と16単位引く8物になる．そしてそれが財と2単位引く4物に等しい．8物を両辺に共に加える．そして共通する財と2を突き合わせる．すると14単位に等しい4物が残る．よって1物は3単位と1/2である．

・・・ 訳注 ・・

$a = s$ と置くと，$a^2 = s^2$．$a^2 - b^2 = 2s - 1$ とすると，$b^2 = s^2 + 1 - 2s$，$a^2 - (a^2 - b^2) = s^2 - (2s-1) = s^2 + 1 - 2s = b^2$，$b^2 - (a^2 - b^2) = (s^2 + 1 - 2s) - (2s - 1) = s^2 + 2 - 4s = c_2^2$．$c_2 = s - 4$ と置くと，$c_2^2 = (s-4)^2 = s^2 + 16 - 8s = s^2 + 2 - 4s$，$14 = 4s$，$s = 3\frac{1}{2}$．

・・

2657　我々は既に大きい平方［数］の辺を物と置いた．よってそれの辺は3単位と1/2であり，それの平方は12単位と1/4単位である．そしてそれから2根引く1単位自身—それは6単位である—を突き合わせる（引く）．6単位と1/4単位が残る．そしてその数は小さい平方［数］である．

・・・ 訳注 ・・

$a = s = 3\frac{1}{2}$, $a^2 [= \frac{49}{4}] = 12\frac{1}{4}$, $a^2 - (a^2 - b^2) = 12\frac{1}{4} - (2s - 1) = 12\frac{1}{4} - 6 = 6\frac{1}{4} = b^2$．

・・

[1])　R,] فإن الباقي وهو المربع الأصغر [وهو] مال و واحد إلا شيئين
S,] ان الباقي مال و واحد الّا شيئين وهو المربع الاصغر وهو<مربع>
M．Sの読みを採用すれば「残りは財と1単位引く2物である．そしてそれは小さい平方［数］である．すなわち〈平方［数］〉である」となる．問題6.15と同様に，Sesiano [1982: 149, fn. 23] は「それは小さい平方［数］である」の部分を挿入と解釈する．

大きい平方［数］の小さい平方［数］に対する増分は6単位である．6単位を大きい平方［数］から引くと，残りは6と1/4である．そしてそれはそれの辺が2単位と1/2である平方数である．また6単位を小さい平方［数］から引くと，残りは1/4単位である．そしてそれは平方数であり，それの辺は1/2単位である．

… 訳注 …………………………………………………………………………
検算．
$$\begin{cases} a^2 - (a^2 - b^2) = 12\frac{1}{4} - 6 = 6\frac{1}{4}[= \frac{25}{4} = (\frac{5}{2})^2] = (2\frac{1}{2})^2 \\ b^2 - (a^2 - b^2) = 6\frac{1}{4} - 6 = \frac{1}{4} = (\frac{1}{2})^2. \end{cases}$$

…………………………………………………………………………………

ゆえに我々に対して限定付けられた限定に合う2つの数を我々は見つけた．その両者は12単位と1/4単位〈および〉[1] 6単位と1/4単位である．そしてそれが我々が見つけたかったものである．

17. 我々は［次のような］3つの平方数を見つけたい．それらが足されると，出てくるのは平方［数］である．これらの数のうち1番目［の数］は2番目［の数］の辺に等しくなり，2番目［の数］は3番目［の数］の辺に等しい．

… 訳注 …………………………………………………………………………
問題6.17.
$$\begin{cases} a^2 + b^2 + c^2 = d^2 \\ a^2 = b \\ b^2 = c. \end{cases}$$

求めるのは a^2 と b^2 と c^2 ．

…………………………………………………………………………………

1番目［の数］を財と置こう．すると2番目［の数］は財財になる．なぜな

――――――――――――――――――――――――――――――――
[1] <و>］R, om. SM

らそれは財の平方であり，財は 2 番目［の数］の辺に等しいから[2)]．3 番目［の数］は財財財財になる．それは 2 番目［の数］の平方と同じであり，2 番目［の数］がそれの辺である．3 つの数が足される．財財財財と財財と財になる[1)]．そして［これが］平方数になる[2)]ことを我々は要求する．それが財財と 1/2 単位を辺として持つと置こう．それをそれ自身に掛ける．すると財財財財と財財と 1/4 単位がある．それが財財財財と財財と財に等しい．共通する同様なものを突き合わせる．すると 1/4 単位に等しい財が残る．

··· 訳注 ···
$a^2 = s^2$ と置くと，$b^2 = (s^2)^2 = s^2s^2$, $c^2 = (s^2s^2)^2 = s^2s^2s^2s^2$, $a^2 + b^2 + c^2 = s^2s^2s^2s^2 + s^2s^2 + s^2 = d^2$. $d = s^2s^2 + \frac{1}{2}$ と置くと，$d^2 = (s^2s^2 + \frac{1}{2})^2 = s^2s^2s^2s^2 + s^2s^2 + \frac{1}{4} = s^2s^2s^2s^2 + s^2s^2 + s^2$, $s^2 = \frac{1}{4}$.
···

2676 　我々は既に 3 つの数のうち 1 番目の数を財と置いた．よってそれは 1/4 単位である．そしてそれは 2 番目の［数の］辺に等しい．2 番目は 1/8 単位の 1/2 である．2 番目はまた 3 番目の辺に等しい．3 番目は単位の 256 部分のうちの 1 部分である．

··· 訳注 ···
$a^2 = s^2 = \frac{1}{4} = b$, $b^2 = c = \frac{1}{2} \cdot \frac{1}{8} [= \frac{1}{16}]$, $c^2 = \frac{1}{256}$.
···

2679 　これら 3 つの数が足される[3)]．すると単位の 256 部分のうちの 81 部分になる[4)]．そしてそれは平方数であり，それの辺は 16［部分］のうちの 9 部分である．

··· 訳注 ···
検算．$a^2 + b^2 + c^2 = \frac{81}{256} = (\frac{9}{16})^2$.

[2)] M لصلع المال R, لضلع المال S, ⟨مال⟩ لضلع الثاني (R の読みを採用すれば「財は〈財〉財の辺に等しいから」となる)
[1)] M مكون R, فيكون S, فتكون
[2)] M نكون R, يكون S, تكون
[3)] M محمع R, نجمع S, تجمع
[4)] M مكون R, فيكون S, فتكون

....

ゆえに我々に対して限定付けられた限定に合う 3 つの数を我々は見つけた．それらは 1/4 単位〈と〉¹⁾1/8 単位の 1/2〈と〉²⁾単位の 256 部分のうちの 1 部分である．そしてそれが我々が見つけたかったものである．

18. 我々は［次のような］3 つの平方数を見つけたい．1 番目の数を 2 番目の数に掛け，次に出てきたものを 3 番目の数に［掛け］，それが到達したものに 3 つの数全てから合成される数を加えると，そこから出てくるのは平方数である．

··· 訳注 ···
問題 6.18.
$$a^2 \cdot b^2 \cdot c^2 + (a^2 + b^2 + c^2) = d^2.$$
求めるのは a^2 と b^2 と c^2 であるが，以下では $a^2 = 1$ と $b^2 = \frac{9}{16}$ を与え，c^2 を求めている．
....

1 番目の数を 1 単位，2 番目［の数］を 1/2 単位と 1/8 単位の 1/2，3 番目［の数］を財と置こう．次に 1 番目，すなわち 1 単位，を 2 番目，すなわち 16 ［部分］のうちの 9 部分，に掛ける．すると単位の 16 部分のうちの 9 部分がある．それを 3 番目の数，すなわち財，に掛ける．すると財の 16 部分のうちの 9 部分がある．それに 3 つの数全てから合成される数——それは財と単位の 16 部分のうちの 25 部分である——を加える．そこから出てくるのは財の 16 部分のうちの 25 部分と単位の 16 部分のうちの 25 部分になる．それが平方数になることを我々は要求する．それが物と 1/4 物³⁾と 1/4 単位を辺として持つと置こう．それをそれ自身に掛ける．すると〈財〉の 16 部分のうちの 25 部分と物〈の 16 部分のうちの 10 部分〉と単位の 16 部分のうちの 1 部分になる．そしてそれが財の 16 部分のうちの 25 部分と単位の 16 部分のうちの 25 部分

---

¹⁾ ‹و›] R, om. SM
²⁾ ‹و›] R, om. SM
³⁾ وربع شيء] S, وربعا R, وربعا M

に等しい．共通する同じものを突き合わせる．すると物の 16 部分のうちの 10 部分に等しい単位の 16 部分のうちの 24 部分が残る．よって物全体は 2 単位と 2/5 単位に等しい．

··· 訳注 ··
$a^2 = 1, b^2 = \frac{1}{2} + \frac{1}{2} \cdot \frac{1}{8} [= \frac{9}{16}], c^2 = s^2$ と置くと，$a^2 \cdot b^2 \cdot c^2 = 1 \cdot \frac{9}{16} \cdot s^2 = \frac{9}{16} \cdot s^2 = \frac{9}{16}s^2$, $a^2 \cdot b^2 \cdot c^2 + (a^2 + b^2 + c^2) = \frac{9}{16}s^2 + (1 + \frac{9}{16} + s^2) = \frac{25}{16}s^2 + \frac{25}{16} = d^2$. $d = s + \frac{1}{4}s + \frac{1}{4}$ と置くと，$d^2 = \frac{25}{16}s^2 + \frac{10}{16}s + \frac{1}{16} = \frac{25}{16}s^2 + \frac{25}{16}$, $\frac{10}{16}s = \frac{24}{16}$, $s = 2\frac{2}{5}$.
··

2702　我々は既に 3 番目の数の辺を物と置いた．よってそれの辺は 2 と 2/5 単位である．そして 3 番目の数は単位の 25 部分のうちの 144 部分である．我々が既に置いたように，1 番目の数は 1 単位である．我々が既に置いたように，2 番目の数は単位の 16 部分のうちの 9 部分である．

··· 訳注 ··
$c = s = 2\frac{2}{5}$, $c^2 = \frac{144}{25}$, $a^2 = 1$, $b^2 = \frac{9}{16}$.
··

2706　1 番目の数を 2 番目の数に掛ける．さらに出てきたものを 3 番目の数に［掛ける］．単位の 25 部分のうちの 81 部分，つまり単位の 400 部分のうちの 1,296 部分，になる．それに 3 つの数から合成される数，すなわち 25 部分のうちの 144 部分と 1 単位と単位の 16 部分のうちの 9 部分，つまり 400［部分］のうちの 2,929 部分，を加える．すると出てくるのは単位の 400 部分のうちの 4,225 部分になる．そしてそれは平方数であり，それの辺は単位の 20 部分のうちの 65 部分である．

··· 訳注 ··
検算．$a^2 \cdot b^2 \cdot c^2 + (a^2 + b^2 + c^2) = \frac{81}{25} + (1 + \frac{9}{16} + \frac{144}{25}) = \frac{1296}{400} + \frac{2929}{400} = \frac{4225}{400} = (\frac{65}{20})^2$.
··

2715　ゆえに我々に対して限定付けられた限定に合う 3 つの数を我々は見つけた．それらは単位の 25 部分のうちの 144 部分と 1 単位と単位の 16 部分のうちの 9 部分である．そしてそれが我々が見つけたかったものである．

19. 我々は［次のような］3つの平方数を見つけたい．1番目［の数］が2番目［の数］に掛けられ，出てきたものが3番目［の数］に［掛けられ］，［それが］到達したものから3つの数全てから合成される数が引かれると，それからの残りは平方［数］である．

⋯ 訳注 ⋯⋯⋯⋯⋯⋯⋯⋯⋯⋯⋯⋯⋯⋯⋯⋯⋯⋯⋯⋯⋯⋯⋯⋯⋯⋯⋯
問題6.19．
$$a^2 \cdot b^2 \cdot c^2 - (a^2 + b^2 + c^2) = d^2.$$
求めるのは a^2 と b^2 と c^2 であるが，以下では $a^2 = 1$ と $b^2 = 1 + \frac{1}{16}$ を与え，c^2 を求めている．

⋯⋯⋯⋯⋯⋯⋯⋯⋯⋯⋯⋯⋯⋯⋯⋯⋯⋯⋯⋯⋯⋯⋯⋯⋯⋯⋯⋯⋯⋯⋯

1番目の数を1単位，2番目［の数］を1単位と16部分のうちの9部分，3番目［の数］を財と置こう．1番目を2番目に掛け，そして出てきたものを3番目に［掛ける］．すると財と財の16部分のうちの9部分になる．それから3つの数全てから合成される数——それは財と2単位と単位の16部分のうちの9部分である——を引く．すると残りは財の16部分のうちの9部分引く2単位と単位の16部分のうちの9部分になる．［それが］平方［数］になることを我々は要求する．それを3/4物引く1/4単位である辺から成ると置く．それをそれ自身に掛ける．すると財の16部分のうちの9部分と単位の16部分のうちの1部分引く物の16部分のうちの6部分になる．それが財の16部分のうちの9部分引く2単位と単位の16部分のうちの9部分に等しい．両辺に共に2単位と単位の16部分のうちの9部分と物の16部分のうちの6部分を加える．増加の後で，財の16部分のうちの9部分と物の16部分のうちの6部分は財の16部分のうちの9部分と2単位と単位の16部分のうちの10部分に等しくなる[1]．共通する財〈の16部分のうちの〉9部分を両辺から突き合わせる．すると物の16部分のうちの6部分に等しい[2]単位の16部分のうちの42部分が残る．よって1物は7単位に等しい．

⋯ 訳注 ⋯⋯⋯⋯⋯⋯⋯⋯⋯⋯⋯⋯⋯⋯⋯⋯⋯⋯⋯⋯⋯⋯⋯⋯⋯⋯⋯

[1] M فتكون R, فيكون S, فىكون
[2] M تعادل R, يعادل S, تعادل

$a^2=1, b^2=1+\frac{9}{16}, c^2=s^2$ と置くと, $a^2 \cdot b^2 \cdot c^2 - (a^2+b^2+c^2) = s^2+\frac{9}{16}s^2-(s^2+2+\frac{9}{16}) = \frac{9}{16}s^2-(2+\frac{9}{16}) = d^2$. $d=\frac{3}{4}s-\frac{1}{4}$ と置くと, $d^2=\frac{9}{16}s^2+\frac{1}{16}-\frac{6}{16}s = \frac{9}{16}s^2-(2+\frac{9}{16})$, $\frac{9}{16}s^2+2+\frac{10}{16}=\frac{9}{16}s^2+\frac{6}{16}s$, $\frac{6}{16}s=\frac{42}{16}$, $s=7$.

・・

2738　我々は既に3番目の平方［数］の辺を物と置いた．よってそれは7単位であり，3番目の平方［数］は49単位である．我々が置いたことに基づき，1番目の平方［数］は1単位である．我々が置いたように，2番目の平方［数］は1単位と単位の16部分のうちの9部分である．

・・・訳注・・

$c=s=7$, $c^2=s^2=49$, $a^2=1$, $b^2=1+\frac{9}{16}$.

・・

2741　1番目の平方［数］を2番目の平方［数］に掛け，次いで出てきたものを3番目の平方［数］に［掛ける］．するとそれは76単位と単位の16部分のうちの9部分に到達する．それから3つの数全てから合成される数—それは51と単位の16部分のうちの9部分である—を引くと，残りは25単位である．そしてそれは平方数であり，それの辺は5である．

・・・訳注・・

検算．$a^2 \cdot b^2 \cdot c^2 - (a^2+b^2+c^2) = 76\frac{9}{16}-51\frac{9}{16}=25=5^2$.

・・

2747　ゆえに我々に対して限定付けられた限定に合う3つの数を我々は見つけた．それらは49単位と1単位とそして1単位と単位の16部分のうちの9部分である．そしてそれが我々が見つけたかったものである．

2750　**20. 我々は［次のような］3つの平方数を見つけたい．1番目［の数］が2番目［の数］に掛けられ，出てきたものが3番目［の数］に［掛けられ］，次にそれが到達したものを3つの数全てから合成される数から引くと，残るのは平方［数］である．**

・・・訳注・・

問題 6.20.
$$(a^2 + b^2 + c^2) - a^2 \cdot b^2 \cdot c^2 = d^2.$$
求めるのは a^2 と b^2 と c^2 であるが，以下では $a^2 = 4$ と $b^2 = \frac{4}{25}$ を与え，c^2 を求めている．

....

1 番目の平方［数］を 4 単位，2 番目の平方［数］を単位の 25 部分のうちの 4 部分，3 番目の平方［数］を財と置こう．次に 1 番目の平方［数］を 2 番目の平方［数］に掛け，次に生じたものを 3 番目の平方［数］に［掛ける］．するとそれは財の 25 部分のうちの 16 部分になる．それを 3 つの数全てから合成される数，すなわち財と 4 単位と単位の 25 部分のうちの 4 部分，から引こう．残りは財の 25 〈部分〉[1]のうちの 9 部分と 4 単位と単位の 25 部分のうちの 4 部分になる．［それが］平方［数］になることを我々は要求する．それの辺を 3/5 物と 1 単位と置こう．そしてそれをそれ自身に掛ける．すると財の 25 部分のうちの 9 部分と 1 物と 1/5 物[2]と 1 単位になる．そしてそれが財の 25 部分のうちの 9 部分と単位の 25 部分のうちの 104 部分に等しい．1 つの種に等しい 1 つの種が残るために，共通する財の 25 部分のうちの 9 部分と 1 単位を［両辺から］突き合わせる．単位の 25 部分のうちの 79 部分に等しい[3]物の 25 部分のうちの 30 部分が残る．よって 1 物は単位の 30 部分のうちの 79 部分に等しい．

2753

... 訳注 ....
$a^2 = 4, b^2 = \frac{4}{25}, c^2 = s^2$ と置くと，$(a^2+b^2+c^2) - a^2 \cdot b^2 \cdot c^2 = (4 + \frac{4}{25} + s^2) - \frac{16}{25}s^2 = \frac{9}{25}s^2 + 4 + \frac{4}{25} = d^2$．$d = \frac{3}{5}s + 1$ と置くと，$d^2 = \frac{9}{25}s^2 + s + \frac{1}{5}s + 1 = \frac{9}{25}s^2 + \frac{104}{25}$，$\frac{30}{25}s = \frac{79}{25}$，$s = \frac{79}{30}$．

....

我々は既に〈3 番目の〉[4]平方数を財と置いた．よってそれの辺は単位の 30 部分のうちの 79 部分である．そして平方［数］は単位の 900 部分のうちの

2768

---

[1] <جزء>] R, om. SM
[2] خمسا] S, خمسا R, حمسا M
[3] تعادل] S, يعادل R, معادل M
[4] <الثالث>] S, om. RM

6,241 部分になる．そしてそれが 3 番目の数である．我々が置いたように，1 番目の数は 4 単位である．我々が置いたことに基づき，2 番目の数は単位の 25 部分のうちの 4 部分である．

・・・ 訳注 ・・

$c^2 = s^2 = \frac{6241}{900}$, $a^2 = 4$, $b^2 = \frac{4}{25}$.

・・・

2772　1 番目の数，つまり 4 単位，を 2 番目の数，つまり単位〈の〉[1] 25 部分のうちの 4 部分，に掛け，次に出てきたものを 3 番目の数，つまり単位の 900 部分のうちの 6,241[2] 部分，に掛けると，それは 22,500 [部分] のうちの 99,856 部分になる．それを 3 つの数から合成される数——それは 4 単位と単位の 25 部分のうちの 4 部分と単位の 900 部分のうちの 6,2[3]41 部分である——，つまり 22,500 [部分] のうちの 2〈49〉,625，から引くと，残りは〈22,500 [部分] のうちの〉[4] 149,769 になる．そしてそれは平方数であり，その辺は 150 部分のうちの 387 部分である．

・・・ 訳注 ・・

検算．$a^2 \cdot b^2 \cdot c^2 = 4 \cdot \frac{4}{25} \cdot \frac{6241}{900} = \frac{99856}{22500}$, $a^2 + b^2 + c^2 = 4 + \frac{4}{25} + \frac{6241}{900} = \frac{249625}{22500}$, $(a^2 + b^2 + c^2) - a^2 \cdot b^2 \cdot c^2 = \frac{249625}{22500} - \frac{99856}{22500} = \frac{149769}{22500} = \left(\frac{387}{150}\right)^2$.

・・・

2785　ゆえに我々に対して限定付けられた限定に合う 3 つの数を我々は見つけた．それらは 4 単位[5]，単位の 25 部分のうちの 4 部分[6]，単位の 900 部分のうちの 6,241 部分である．そしてそれが我々が見つけたかったものである．

2789　21. 我々は［次のような］2 つの平方数を見つけたい．両者の各々の平方に両者の和から合成される数が加えられると，そこか

---

[1] M ﺱ الواحد S, من الواحد R, ⟨من⟩ الواحد]
[2] RM و واحدا S, و أحد]
[3] S, وماﺋتان R, وماﺋتا M وماسا] ⟨جزء⟩
[4] S, om. RM] ⟨من اثنين وعشرين الفا وخمس ماﺋة⟩
[5] R, om. SM] ⟨و⟩
[6] R, om. SM] ⟨و⟩

ら出てくるのは平方［数］である．

⋯ 訳注 ⋯⋯⋯⋯⋯⋯⋯⋯⋯⋯⋯⋯⋯⋯⋯⋯⋯⋯⋯⋯⋯⋯⋯⋯⋯⋯⋯⋯⋯⋯⋯⋯
問題 6.21.
$$\begin{cases}(a^2)^2+(a^2+b^2)=c_1^2\\(b^2)^2+(a^2+b^2)=c_2^2.\end{cases}$$

求めるのは a^2 と b^2．
⋯⋯⋯⋯⋯⋯⋯⋯⋯⋯⋯⋯⋯⋯⋯⋯⋯⋯⋯⋯⋯⋯⋯⋯⋯⋯⋯⋯⋯⋯⋯⋯⋯⋯⋯⋯⋯

任意の平方数にそれの辺自身と 1/4 単位が加えられると，それは平方［数］になるから，2 つの数のうち一方を財と置かなければならない[1)]．それの平方は財財である．財財にそれの辺自身と 1/4 単位が加えられると，それは財財と財と 1/4 単位である．それはそれの辺が財と 1/2 単位である平方数である．2 つの数の和から合成される数が財と 1/4 単位であることは明らかである．我々は既に 2 つの数のうち一方を財と置いた．よって他方の数は 1/4 単位である．しかし，それの平方，すなわち 1/8 単位の 1/2，に 2 つの数の和から合成される数——それは財と 1/4 単位である——を加えたら，そこから出てくるのは財と単位の 16 部分のうちの 5 部分である．そして［それが］平方［数］になることを我々は要求する．それの辺を物と 1/2 単位と置く．そしてそれをそれ自身に掛ける．すると［それは］財〈と物と 1/4 単位になる．それが財〉と単位の 16 部分のうちの 5 部分に〈等しい〉．両辺から共に財と 1/4 単位を突き合わせる．すると物に等しい単位の 16 部分のうちの 1 部分が残る．よって 1 物は単位の 16 部分のうちの 1 部分である．

2791

⋯ 訳注 ⋯⋯⋯⋯⋯⋯⋯⋯⋯⋯⋯⋯⋯⋯⋯⋯⋯⋯⋯⋯⋯⋯⋯⋯⋯⋯⋯⋯⋯⋯⋯⋯
［著者の意図は次の通り．］$x^2+x+\frac{1}{4}=(x+\frac{1}{2})^2$．［この恒等式を使って平方数を得るために，$a^2=\frac{1}{4}$，］$b^2=s^2$ と置くと，$[(b^2)^2+(a^2+b^2)=]s^2s^2+s^2+\frac{1}{4}=(s^2+\frac{1}{2})^2[=c_2^2]$，$(a^2)^2+(a^2+b^2)=(\frac{1}{4})^2+s^2+\frac{1}{4}=\frac{1}{8}\cdot\frac{1}{2}+s^2+\frac{1}{4}=s^2+\frac{5}{16}=c_1^2$．$c_1=s+\frac{1}{2}$ と置くと，$c_1^2=s^2+s+\frac{1}{4}=s^2+\frac{5}{16}$，$s=\frac{1}{16}$．
⋯⋯⋯⋯⋯⋯⋯⋯⋯⋯⋯⋯⋯⋯⋯⋯⋯⋯⋯⋯⋯⋯⋯⋯⋯⋯⋯⋯⋯⋯⋯⋯⋯⋯⋯⋯⋯

[1)] この部分の意図は「$x^2+x+\frac{1}{4}=(x+\frac{1}{2})^2$ という恒等式により平方数を求めたいから，$b^2=s^2$ と置くことから始める」．そのため，前半の理由句はこれ以降の文章にもかかる．

2803 我々は既に 2 つの平方［数］の一方を財と置いた．よってそれの辺は単位の 16 部分のうちの 1 部分である．平方［数］は単位の 256 部分のうちの 1 部分である．我々が置いたように，他方の数は 1/4 単位である．

・・・ 訳注 ・・・

$b^2 = s^2 = (\frac{1}{16})^2 = \frac{1}{256}$, $a^2 = \frac{1}{4}$.

・・

2805 そしてその両者の和から合成される数は単位の 256 部分のうちの 65 部分である．［それが］2 つの数のうち一方の平方，すなわち単位の 256 ［部分］のうちの 16 部分，に加えられると，それは単位の 256 部分のうちの 81 ［部分］である．それは平方数であり，それの辺は単位の 16 部分のうちの 9 部分である．またそれ（両者の和から合成される数）を他方の数の平方，つまり 65,536 ［部分］のうちの 1 部分，に加えると，出てくるのは 65,536 ［部分］のうちの 16,641 部分である．そしてそれは平方数であり，それの辺は 256 ［部分］のうちの 129 部分である．

・・・ 訳注 ・・・

検算．

$$\begin{cases} (a^2)^2 + (a^2+b^2) = (\frac{1}{4})^2 + (\frac{1}{4}+\frac{1}{256}) = \frac{16}{256}+\frac{65}{256} = \frac{81}{256} = (\frac{9}{16})^2 \\ (b^2)^2 + (a^2+b^2) = \frac{1}{65536}+\frac{65}{256}[=\frac{1}{65536}+\frac{16640}{65536}] = \frac{16641}{65536} = (\frac{129}{256})^2. \end{cases}$$

・・

2814 ゆえに我々に対して限定付けられた限定に合う 2 つの数を我々は見つけた．その両者は 1/4 単位〈と〉[1)]単位の 256 部分のうちの 1 部分である．そしてそれが我々が見つけたかったものである．

2816 **22. 我々は［次のような］2 つの平方数を見つけたい．両者が足されると平方数であり，一方が他方に掛けられるとそれは立方数である．**

・・・ 訳注 ・・・

[1)] <و>] R, om. SM

問題 6.22.
$$\begin{cases} a^2 + b^2 = c_1^2 \\ a^2 \cdot b^2 = c_2^3. \end{cases}$$

求めるのは a^2 と b^2.

....

立方数とは［或る］数とそれ自身を掛けること[1]から成り，そしてまた出てきたものがその数自身に掛けられる[2]［ものである］から，2 つの平方数のうち一方を財と置く．そしてそれをそれ自身に掛ける．すると財財である．2 番目の数を財財と置こう．明らかなことから［次のことが］ある．2 つの数のうち一方，すなわち財，を他方の数，すなわち財財，に掛けると，それは立方立方になる．そしてそれは立方数である．というのも，それは数がそれ自身に掛けられ，そして出てきたものがその数自身に［掛けられる］ことから成るから．しかし，2 つの平方数を足すと出てくるのは財財と財である．［それが］平方［数］になることを我々は要求する．それが財と 1/4 財を辺として持つと置こう．そしてそれをそれ自身に掛ける．すると財財と財財の 16 部分のうちの 9 部分になる．それが財財と財に等しい．両辺から共通の財財を突き合わせる．すると財に等しい財財の 16 部分のうちの 9 部分が残る．両辺を財で割ろう．すると 1 単位に等しい財の 16 部分のうちの 9 部分が出てくる．よって財全体は単位の 9 部分のうちの 16 部分に等しい．

... 訳注 ....
$a^2 = s^2$ と置くと，$(a^2)^2 = s^2 s^2$. $b^2 = s^2 s^2$ と置くと，$a^2 \cdot b^2 = s^2 \cdot s^2 s^2 = s^3 s^3 = (s^2)^3 = c_2^3$. $a^2 + b^2 = s^2 + s^2 s^2 = c_1^2$. $c_1 = s^2 + \frac{1}{4} s^2$ と置くと，$c_1^2 = s^2 s^2 + \frac{9}{16} s^2 s^2 = s^2 s^2 + s^2$, $\frac{9}{16} s^2 s^2 = s^2$, $\frac{9}{16} s^2 = 1$, $s^2 = \frac{16}{9}$.

....

我々は既に 2 つの数のうち一方を財と置いた．よって 2 つの数のうち一方は単位の 9 部分のうちの 16 部分である．他方の数は単位の 81 部分のうちの 256 部分である．

---

[1] M بصاعف S, تضاعيف R, | تضاعف
[2] M ويصاعف الصا S, وايضا R, | ويضاعف أيضا

... 訳注 ....
$a^2 = s^2 = \frac{16}{9}$, $b^2[= s^2 s^2] = \frac{256}{81}$.
....

単位の 9 部分のうちの 16 部分を単位の 81 部分のうちの 256 部分に掛けると，出てくるのは単位の 729 部分のうちの 4,096 部分である．そしてそれはそれの辺が単位の 9 部分のうちの 16 部分である立方数である．また 2 つの平方数を足すと，出てくるのは 81 ［部分］のうちの 400 部分である．そしてそれは平方数であり，それの辺は 9 ［部分］のうちの 20 部分である．

... 訳注 ....
検算.
$$\begin{cases} a^2 \cdot b^2 = \frac{16}{9} \cdot \frac{256}{81} = \frac{4096}{729} = \left(\frac{16}{9}\right)^3 \\ a^2 + b^2 [= \frac{16}{9} + \frac{256}{81}] = \frac{400}{81} = \left(\frac{20}{9}\right)^2 \end{cases}$$
....

2839 ゆえに我々に対して限定付けられた限定に合う 2 つの数を我々は見つけた．その両者は 9 ［部分］のうちの 16 部分〈と〉[1] 81 ［部分］のうちの 256 部分である．そしてそれが我々が見つけたかったものである．

2842 我々はこの問題を別の計算，すなわち最初の計算よりも易しい［計算］，で計算したい．足されると出てくるのが平方［数］であるような 2 つの平方数を我々は探す．それは 16 財と 9 財である．両者のうち一方を他方に掛ける．するとそれは 144 財財になる．それが立方数に等しい．立方数を 8 立方とせよ．すると 144 財財が 8 立方に等しい．両辺の各々を[2] 立方で割る．すると 144 物が 8 単位に等しくなる[3]．よって 1 物は単位の 18 部分のうちの 1 部分である．

... 訳注 ....
別解法．$a^2 = 9s^2$, $b^2 = 16s^2$ と置くと，$a^2 \cdot b^2 = 144 s^2 s^2 = c_2^3$. $c_2^3 = 8s^3$ とすると，$144 s^2 s^2 = 8 s^3$, $144 s = 8$, $s = \frac{1}{18}$.
....

---

[1] ‹و›] R, om. SM
[2] كلّي] SM, كلتا R
[3] مكون M, فيكون S, فتكون] R

我々は既に2つの平方数のうち一方を9財と置いた．よってそれの辺は3物である．それは単位の6部分のうちの1部分である．それをそれ自身に掛ける．すると単位の36部分のうちの1部分になる．そしてそれは2つの数のうちの一方である．他方の数は16財と置かれた．それの辺は4物である．それは単位の9部分のうちの2部分である．それをそれ自身に掛ける．すると単位の81部分のうちの〈4〉部分がある．そしてそれは他方の数である．

··· 訳注 ···
$a = 3s = \frac{1}{6}$, $a^2 = \frac{1}{36}$. $b = 4s = \frac{2}{9}$, $b^2 = \frac{4}{81}$.
··

　[次のことが]明らかである．2つの平方数を足すと，両者の和は324 [部分]のうちの25部分である．そしてそれは平方数であり，それの辺は18 [部分]のうちの5部分である．2つの数のうち一方，つまり単位の36部分のうちの1部分，を他方の数，つまり81 [部分]のうちの4部分，に掛けると，それは2,916 [部分]のうちの4部分，つまり729 [部分]のうちの1部分，になる．そしてそれは立方数であり，それの辺は単位の9 [部分]のうちの1部分である．

··· 訳注 ···
検算．
$$\begin{cases} a^2 + b^2 = \frac{25}{324} = (\frac{5}{18})^2 \\ a^2 \cdot b^2 = \frac{1}{36} \cdot \frac{4}{81} = \frac{4}{2916} = \frac{1}{729} = (\frac{1}{9})^3. \end{cases}$$
··

　ゆえに我々に対して限定付けられた限定に合う2つの数を我々は見つけた．その両者は単位の36部分のうちの1部分〈と〉[1])単位の81部分のうちの4部分である．そしてそれが我々が見つけたかったものである．

23. 我々は[次のような] 2つの平方数を見つけたい．[或る]置かれた平方数が両者の各々で割られ，割り算から生じるものが足されると，生じるのは平方数である．そして3つの数，つまり求

---

[1]) <و>] R, om. SM

246　『算術』第 6 巻

められている 2 つの数と置かれた数, が足されると, 出てくるのは平方 [数] である.

⋯ 訳注 ⋯⋯⋯⋯⋯⋯⋯⋯⋯⋯⋯⋯⋯⋯⋯⋯⋯⋯⋯⋯⋯⋯⋯⋯⋯⋯⋯⋯⋯⋯⋯⋯
問題 6.23.
$$\begin{cases} \frac{m^2}{a^2} + \frac{m^2}{b^2} = c_1^2 \\ a^2 + b^2 + m^2 = c_2^2. \end{cases}$$

求めるのは a^2 と b^2.
⋯⋯⋯⋯⋯⋯⋯⋯⋯⋯⋯⋯⋯⋯⋯⋯⋯⋯⋯⋯⋯⋯⋯⋯⋯⋯⋯⋯⋯⋯⋯⋯⋯⋯⋯⋯⋯

2868　置かれた平方数を 9 単位とせよ. 我々は [次のような] 2 つの平方数を見つけたい. 9 単位が両者の各々で割られ, 割り算から生じるものが足されると, それは平方数になる. そして 3 つの数, つまり求められている 2 つの数と置かれた 9 単位, が足されると, 出てくるのは平方数である. 我々は既に [次のことを] 知った. [或る] 平方数を 2 つの平方部分に分け, 次いでその 2 つの部分の各々で [別の或る] 平方数を割ると, 割り算から生じるものの和は平方数である. [或る] 平方数を置こう. そしてそれを 2 つの平方部分に分ける. [それは] 我々が財と置いた数になる. それを 2 つの〈平方〉[1] 部分に分ける. 両者のうち一方は財の 25 部分のうちの 9 部分である. 他方の分割は財の 25 部分のうちの 16 部分である. この 2 つを求められている分割数とせよ. 9 単位を財の 25 部分のうちの 9 部分で割る. すると財のうちの 2 [2] 5 部分を生じさせる. また 9 単位を財の 25 部分のうちの 16 部分で割る. すると割り算が財のうちの 14 部分と 1/8 部分の 1/2 を生じさせる. 2 つの割り算から生じるものが足されると, 出てくるのは財のうちの 39 部分と 1/8 部分の 1/2 である. そしてそれはそれの辺が物のうちの 6 部分と 1/4 部分である平方数である. しかし, 3 つの数, つまり 2 つの求められている数と置かれた 9, を足すと, 出てくるのは財と 9 単位になる. そして [それが] 平方 [数] になることを我々は要求する. それの辺を物と 1 単位と置こう. そしてそれをそれ自身に掛ける. すると財と 2 物と 1 単位になる. そしてそれが財と 9 単位に等しい. 1 つの種

---

[1] <مربعين>] S, om. RM
[2] عسرس M عشرون R, عشرين S,

に等しい 1 つの種が残るために，両辺から財と 1 単位を突き合わせよ．すると 8 単位に等しい 2 物が残る．よって 1 物は 4 単位である．

……訳注……………………………………………………………………………
$m^2 = 9$ とすると，
$$\begin{cases} \frac{9}{a^2} + \frac{9}{b^2} = c_1^2 \\ a^2 + b^2 + 9 = c_2^2. \end{cases}$$
$x^2 + y^2 = u^2$ のとき，$\frac{v^2}{x^2} + \frac{v^2}{y^2} = \frac{u^2 v^2}{x^2 y^2} = (\frac{uv}{xy})^2$．$u^2 = s^2$ とすると，$x^2 = a^2 = \frac{9}{25}s^2$, $y^2 = b^2 = \frac{16}{25}s^2$．$(9 \div \frac{9}{25}s^2) + (9 \div \frac{16}{25}s^2) = \frac{25}{s^2} + \frac{14 + 1/2 \cdot 1/8}{s^2} = \frac{39 + 1/2 \cdot 1/8}{s^2} = (\frac{6 + 1/4}{s})^2$, $a^2 + b^2 + 9 = s^2 + 9 = c_2^2$．$c_2 = s + 1$ と置くと，$c_2^2 = s^2 + 2s + 1 = s^2 + 9$, $2s = 8$, $s = 4$．
……………………………………………………………………………………

既に求められている 2 つの数のうち一方は財の 25 部分のうちの 16 部分であった．それの辺は 4/5 物である．よってそれの辺は 4 つの 4/5 である．そしてそれは 16/5 である．そしてそれをそれ自身に掛ける．すると 25 [部分] のうちの 256 部分になる[1]．そしてそれが ⟨求められている⟩[2] 2 つの数の一方である．また既に他方の数は財の 25 部分のうちの 9 部分であった．そしてそれの辺は 3/5 物である．1 物は 4 単位である．よってそれの辺は 12/5 である．それをそれ自身に掛ける．すると単位の 25 部分のうちの 144 部分になる．それが求められている他方の数である．

……訳注……………………………………………………………………………
$b^2 = \frac{16}{25}s^2$ より，$b = \frac{4}{5}s = \frac{4}{5} \cdot 4 = \frac{16}{5}$, $b^2 = \frac{256}{25}$．$a^2 = \frac{9}{25}s^2$ より，$a = \frac{3}{5}s = \frac{3}{5} \cdot 4 = \frac{12}{5}$, $a^2 = \frac{144}{25}$．
……………………………………………………………………………………

置かれた数，つまり 9 単位，すなわち 25 部分のうちの 225 部分，を 2 つの数のうち一方，すなわち 25 [部分] のうちの 256 部分，で割ると，割り算から生じるのは 256 部分のうちの 225 部分である．また 9 単位，つまり 25 [部分] のうちの 225 部分，を他方の数，つまり 25 部分のうちの 144 部分，で割ると，割り算から生じるのは 144 部分のうちの 225 部分，つまり 256 部分のう

---

[1] M مكون R, S فيكون فتكون
[2] ⟨المطلوبين⟩] S, om. RM

ちの 400 部分，である．それを 9 の他方の数による割り算から生じるもの，すなわち 256 [部分] のうちの 225 部分，に付け加えると，そこから出てくるのは 256 [部分] のうちの 625 部分である．それはそれの辺が単位の 16 部分のうちの 25 部分である平方数である．3 つの数，つまり単位の 25 部分のうちの 256 部分と 25 [部分] のうちの 144 部分と 9 単位，すなわち 25 [部分] のうちの 225 部分，を足すと，そこから出てくるのは 25 [部分] のうちの 625 部分，すなわち 25 単位，である．それは平方数であり，それの辺は 5 単位である．

⋯ 訳注 ⋯⋯⋯⋯⋯⋯⋯⋯⋯⋯⋯⋯⋯⋯⋯⋯⋯⋯⋯⋯⋯⋯⋯⋯⋯⋯⋯⋯⋯⋯⋯⋯
検算．
$$\begin{cases} \frac{9}{b^2} + \frac{9}{a^2} = (\frac{225}{25} \div \frac{256}{25}) + (\frac{225}{25} \div \frac{144}{25}) = \frac{225}{256} + \frac{225}{144} = \frac{225}{256} + \frac{400}{256} = \frac{625}{256} = (\frac{25}{16})^2 \\ b^2 + a^2 + 9 = \frac{256}{25} + \frac{144}{25} + 9 = \frac{256}{25} + \frac{144}{25} + \frac{225}{25} = \frac{625}{25} = 25 = 5^2. \end{cases}$$

⋯⋯⋯⋯⋯⋯⋯⋯⋯⋯⋯⋯⋯⋯⋯⋯⋯⋯⋯⋯⋯⋯⋯⋯⋯⋯⋯⋯⋯⋯⋯⋯⋯⋯⋯⋯⋯⋯

2914　ゆえに我々に対して限定付けられた限定に合う 2 つの数を我々は見つけた．その両者は単位の 25 部分のうちの 256 部分 ⟨と⟩[1] 単位の 25 部分のうちの 144 部分である．そしてそれが我々が見つけたかったものである．

2918　ディオファントスの本の第 6 巻が完了した．この巻には数的問題に属する 23 問がある．

---

[1] ⟨و⟩] R, om. SM

『算術』第 7 巻

慈悲あまねく慈悲深きアッラーの御名において．　　　　　　　　　　　2920
ディオファントスの本の第 7 巻．　　　　　　　　　　　　　　　　　2921
　我々の目標はこの巻において数的問題の多くについて語ることである．第 4　2922
巻と第 5 巻において既に述べた問題の類（ǧins）からそれ（数的問題の多く）
が逸れることなく，種に[1)]相違があろうとも，それ（数的問題の多く）が習熟
を強固にし[2)]実践と習慣を増加するために．

1. 我々は［次のような］3 つの立方数を見つけたい．1 番目の　　　　　2926
［立方数の］辺は 2 番目の［立方数の］辺に対して置かれた比に
あり，2 番目の［立方数の］辺は 3 番目の［立方数の］辺に対し
て［その］置かれた比にあり，1 番目の数が 2 番目の数に掛けら
れ，到達したものが 3 番目の数に掛けられると，それは平方数で
ある．

・・・ 訳注 ・・・
問題 7.1.
$$\begin{cases} a = mb \\ b = mc \\ a^3 b^3 c^3 = d^2. \end{cases}$$
求めるのは a^3 と b^3 と c^3．Sesiano [1982: 263–266] は問題 7.1 から問題 7.6 は後世
の挿入と解釈する．
・・・

[1)] M للوع, S النوع, R [للنوع
[2)] M سا, S سبيا, R [تثبيتا

2930 置かれた比を 2 倍の比とせよ．我々は［次のような］3 つの立方数を見つけたい．それらのうちの 1 番目の［立方数の］辺は 2 番目の［立方数の］辺の 2 倍になり，2 番目の［立方数の］辺は 3 番目の［立方数の］辺の 2 倍になり，3 つの数のうち 1 番目［の数］が 2 番目の数に掛けられ，到達したものが 3 番目の数に［掛けられる］と，それは平方数である．3 番目の数の辺を物と置こう．すると 3 番目の数は立方になる．2 番目の数の辺を 2 物と置く．なぜならそれは 3 番目の数の辺の 2 倍だから．よって 2 番目の数は 8 立方になる．1 番目の数の辺を 4 物と置く．なぜならそれは 2 番目の数の辺の 2 倍だから．よって 1 番目の数は 64 立方になる．しかし 1 番目の数，すなわち 64 立方，を 2 番目の数，すなわち 8 立方，に掛け，到達したものを 3 番目の数，すなわち立方，に［掛ける］と，それは 512 立方立方立方になる．そして［それが］平方［数］になることを我々は要求する．それが 32 財財を辺として持つと置こう．それをそれ自身に掛ける．すると 1,024 財財財財になる．そしてそれが 512 立方立方立方に等しい．512 立方立方立方を財財財財で割る．すると 512 物が生じる．1,024 財財財財を財財財財で割る．すると 1,024 単位になる[1]．そしてそれが 512 物に等しい．よって 1 物は 2 単位である．

・・・訳注・・
$m = 2$ と置くと，
$$\begin{cases} a = 2b \\ b = 2c \\ a^3 b^3 c^3 = d^2. \end{cases}$$

$c = s$ と置くと，$c^3 = s^3$．$b = 2c = 2s$ より，$b^3 = 8s^3$．$a = 2b = 4s$ より，$a^3 = 64s^3$．$a^3 b^3 c^3 = 64s^3 \cdot 8s^3 \cdot s^3 = 512 s^3 s^3 s^3 = d^2$．$d = 32 s^2 s^2$ と置くと，$d^2 = 1024 s^2 s^2 s^2 s^2 = 512 s^3 s^3 s^3$，$1024 = 512 s$，$s = 2$．
・・・

2946 我々は既に 3 番目の数の辺を物と置いた．そして物は 2 である．よって 3 番目の数の辺は 2 単位である．そして 3 番目の数は 8 単位である．我々は既に 2 番目の数の辺を 2 物と置いた．なぜならそれは 3 番目の数の辺の 2 倍だから．

---

[1] تكون] S, يكون R, ىكون M

2 物は[1] 4 である．よって 2 番目の数は 64 単位である．我々は既に 1 番目の数の辺を 4 物と置いた．なぜならそれは 2 番目の数の辺の 2 倍だから．物は 2 単位である．よって 1 番目の数の辺は 2 単位の 4 倍である．そしてそれは 8 単位である．よって 1 番目の数は 512 単位である．

··· 訳注 ··
$c = s = 2$, $c^3 = 8$, $b = 2c = 2s = 4$, $b^3 = 64$. $a = 2b = 4s = 8$, $a^3 = 512$.
··

1 番目の数, すなわち 512 単位, を 2 番目の数, すなわち 64 単位, に掛けると，それは 32,768 単位に到達する．それを 3 番目の数, すなわち 8 単位, に掛けると，それは 262,144 単位になる．そしてそれはそれの辺が 512 である平方数である．

··· 訳注 ··
検算．$a^3 b^3 c^3 = 512 \cdot 64 \cdot 8 = 32768 \cdot 8 = 262144 = (512)^2$.
··

ゆえに我々に対して限定付けられた限定に合う 3 つの数を我々は見つけた．それらは 512 単位と 64 単位と 8 単位である．そしてそれが我々が見つけたかったものである．

2. 我々は［次のような］3 つの立方数を見つけたい．そしてそれらはまた平方［数］でもある．それらのうち 1 番目の数が 2 番目の数に掛けられ，また出てきたものが 3 番目の数に掛けられると，それは平方［数］である辺から成る平方［数］になる．

··· 訳注 ··
問題 7.2.
$$\begin{cases} a^3 = m_1^2 \\ b^3 = m_2^2 \\ c^3 = m_3^2 \\ a^3 b^3 c^3 = (d^2)^2. \end{cases}$$

―――――――――――――――――――――
[1] M فالسس, R, S [والشيئان] فالشيئان

求めるのは a^3 と b^3 と c^3. ただし，Sesiano [1982: 263] は
$$(a^2)^3 \cdot (b^2)^3 \cdot (c^2)^3 = \Box$$
と表記する.

....

2964　1番目の数を 64 部分のうちの 1 部分と置こう．それは立方数であり，それの辺は 1/4 単位である．またそれは平方数であり，それの辺は 1/2 単位である．2番目の数を 64 単位と置く．それは立方数であり，それの辺は 4 単位である．またそれは平方数であり，それの辺は 2 単位である．3番目の数を立方立方と置く．それは立方数であり，それの辺は財である．またそれは平方数であり，それの辺は立方である．1番目の数，つまり単位の 64 部分のうちの 1 部分，が 2 番目の数，つまり 64 単位，に掛けられると，それは 1 単位に到達する．1 単位が 3 番目の数，つまり立方立方，に掛けられると，それは立方立方に到達する．それの辺が平方［数］になることを我々は要求する．私はこの場合「それの辺」［という語］によってそれの根を意味する[1]．しかし立方立方の辺は立方であり，立方を平方数，つまり 4 財，に等しくする．両辺を財で割る．すると物[2]は 4 単位に等しくなる．よってそれが物，すなわち立方の辺，であり，立方は 64 である．

　　　… 訳注 ………………………………………………………………
$a^3 = \frac{1}{64}$ と置くと，$a^3 = (\frac{1}{4})^3 = ((\frac{1}{2})^2)^3$．$b^3 = 64$ と置くと，$b^3 = 4^3 = (2^2)^3$．$c^3 = s^3 s^3$ と置くと，$c^3 = (s^2)^3 = (s^3)^2$．［この式に倣うと $a^3 = (\frac{1}{4})^3 = (\frac{1}{8})^2$, $b^3 = 4^3 = 8^2$ とすべきである．］$a^3 b^3 c^3 = \frac{1}{64} \cdot 64 \cdot s^3 s^3 = 1 \cdot s^3 s^3 = s^3 s^3 = (d^2)^2$. $s^3 = 4s^2$ とすると，$s = 4$, $s^3 = 64$.
....

2975　我々は既に 3 番目の数を立方立方と置いた．それは立方とそれ自身との掛け算から成る．立方は 64 単位である．64 単位をそれ自身に掛ける．すると 4,096 単位になる[3]．それが 3 番目の数である．

───────────────────────────────

[1] S は「私は〜意味する」を後世の挿入とする．
[2] شيئًا] R, شىء S, سئًا M
[3] مكون M فيكون R, فيكون S] فتكون

... 訳注 ....
$c^3 = s^3 s^3 = 64 \cdot 64 = 4096.$
....

1番目の数，すなわち単位の64部分のうちの1部分，を2番目の数，すなわち64単位，に掛けると，それは1単位に到達する．1単位に3番目の数，すなわち4,096，を掛けると，それは4,09¹⁾6である²⁾．そしてそれは平方数であり，それの辺は64である．そしてそれはまた平方数であり，それの辺は8単位である．

... 訳注 ....
検算．$a^3 b^3 c^3 = \frac{1}{64} \cdot 64 \cdot 4096 = 1 \cdot 4096 = 4096 = 64^2 = (8^2)^2.$
....

ゆえに我々に対して限定付けられた限定に合う3つの数を我々は見つけた．それらは単位の64部分のうちの1部分と64単位と4,096単位である．そしてそれが我々が見つけたかったものである．

3. 我々は［次のような］平方［数］である辺から成る平方数を見つけたい．それを3つの部分に分けると，それらの各々の部分が立方［数］になる．

... 訳注 ....
問題7.3.
$$(a^2)^2 = b^3 + c^3 + d^3.$$
求めるのは $(a^2)^2$.
....

この［求める平方］数の辺を財と置こう．すると［平方］数は財財である³⁾．我々は財財をそれらの各々の部分が立方［数］になるような3つの部分に分けたい．1番目の部分を立方，2番目の部分を8立方，3番目の部分を64立方と

---
¹⁾ سعس M，تسعون R, S]تسعين
²⁾ كان M，فإن R, S]فإن
³⁾ والعدد M，R ⟨فيكون العدد⟩ S]فالعدد

置こう．明らかなことから［次のことが］ある．これらの部分のうちの各々の部分は立方［数］である．しかし3つの部分の和は73立方である．それが分けられる数，つまり財財，に等しい．財財を立方で割る．すると物になる．73立方を立方で割る．すると73単位になる[1]．それが物に等しい．よって物は73単位である．

･･･ 訳注 ･･
$a^2 = s^2$ と置くと，$(a^2)^2 = s^2 s^2$．$b^3 = s^3$，$c^3 = 8s^3$，$d^3 = 64s^3$ と置くと，$b^3 + c^3 + d^3 = 73s^3 = s^2 s^2$，$s = 73$．
･･

2995 我々は既に分けられる数の辺を財と置いた．それは[2] 73単位の平方である．そしてそれは5,329単位である．そして分けられる数は5,329の平方，すなわち28,398,241，である．

･･･ 訳注 ･･
$a^2 = s^2 = 73^2 = 5329$，$(a^2)^2 = 5329^2 = 28398241$．
･･

2998 我々は既に部分のうちの1つを立方と置いた．そして立方は73と73との掛け算と，到達したもの（積）と73との［掛け算］から成る．そしてそれは389,017単位である．それは立方数[3]であり，3つの部分のうちの1つである．他方の部分はそれの8倍である．なぜなら我々はそれを8立方と置いたから．そしてそれは3,112,136である．そして他方の部分は64立方である．そしてそれは1番目の部分の64倍に等しい．それは24,897,088単位である．［次のことが］明らかである．それらの各々の部分が立方［数］であるこれら3つの部分を足すと，それらの和から合成される数は28,398,241である．その分けられる数は平方［数］である辺から成る平方数である．

･･･ 訳注 ･･

---

[1] فتكون S] فيكون R, مكون M
[2] وهو RM,] فهو S
[3] العدد المكعب R,] عدد مكعب S, العدد المكعب M

検算．$b^3 = s^3 = 73 \cdot 73 \cdot 73 = 389017$, $c^3 = 8s^3 = 8b^3 = 3112136$, $d^3 = 64s^3 = 64b^3 = 24897088$. $b^3 + c^3 + d^3 = 28398241 [= 5329^2 = (73^2)^2]$.

ゆえに我々に対して限定付けられた限定に合う数を我々は見つけた．それは 28,398,241 である．そしてそれが我々が見つけたかったものである．

4. 我々は平方［数］である辺から成る立方数を，それらの各々の部分が平方［数］になるような3つの部分に分けたい．

⋯ 訳注 ⋯⋯⋯⋯⋯⋯⋯⋯⋯⋯⋯⋯⋯⋯⋯⋯⋯⋯⋯⋯⋯⋯⋯⋯⋯⋯⋯⋯⋯
問題 7.4.
$$(a^2)^3 = b^2 + c^2 + d^2.$$
求めるのは $(a^2)^3$ であるが明記されていない．
⋯⋯⋯⋯⋯⋯⋯⋯⋯⋯⋯⋯⋯⋯⋯⋯⋯⋯⋯⋯⋯⋯⋯⋯⋯⋯⋯⋯⋯⋯⋯⋯

［求める］立方［数］の辺を財と置こう．すると立方［数］は立方立方になる．我々は立方立方をそれらの各々の部分が平方［数］であるような3つの部分に分けたい．もし足されたらそこらから出てくるものが平方［数］であり，それらの各々が平方［数］になるような3つの数を探そう．それの発見は前に述べたことに基づいて容易である[1]．［3つの］数のうち1つは1単位，2番目は4単位，3番目は4/9単位になる．これらの数のうち各々の数を財財としよう．すると1番目の数は財財，2番目［の数］は4財財，3番目［の数］は4/9財財になる．我々は立方数[2]を3つの平方部分に分けたいから，3つの部分の各々の部分をこれら3つの数から成る数と置こう[3]．それらの和から合成される数は財財の9部分のうちの49部分になる．それが立方数，つまり立方立方[4]，に等しい．それの各々を財財で割る．すると財が単位の9部分のうちの49部分に等しくなる．

---

[1] 問題 3.5. Heath [1910: 157] 参照．
[2] M عدد المكعب S, عددا مكعبا R, [العدد المكعب
[3] M وحملها, S وحملتها <ذلك العدد المكعب>, R [وجملتها] は [ ] 内の語句を消去．S の読みを採用すれば「それらの和は〈その立方数〉である」となる．
[4] 直訳は「立方の立方」(الكعب كعب)．

··· 訳注 ··
$a^2 = s^2$ と置くと, $(a^2)^3 = s^3 s^3$. [ここで問題 3.5 を用いる.]
$$x^2 + y^2 + z^2 = w^2.$$

$x^2 = 1$, $y^2 = 4$[とすると, $z^2 + 5 = w^2 = (z+m)^2$. $m = \frac{5}{3}$ とすると,] $z^2 = \frac{4}{9}$. [$1 + 4 + \frac{4}{9} = 1^2 + 2^2 + (\frac{2}{3})^2 = \frac{49}{9} = (\frac{7}{3})^2$.] $b^2 = s^2 s^2$, $c^2 = 4s^2 s^2$, $d^2 = \frac{4}{9} s^2 s^2$ とすると, $b^2 + c^2 + d^2 = \frac{49}{9} s^2 s^2 = s^3 s^3$, $s^2 = \frac{49}{9}$.
···

3026 我々は立方数の辺を財と置き,そして財は単位の 9 部分のうちの 49 部分であるから,それが立方[数]の辺である.立方数は〈単位の 9 部分のうちの〉[1)] 49 部分とそれ自身との掛け算と,出てきたもの(積)と〈単位の 9 部分のうちの〉[2)] 49 部分との[掛け算]から成る.それは単位の 729 部分のうちの 117,649 部分である.

··· 訳注 ··
$a^2 = s^2 = \frac{49}{9}$, $(a^2)^3 = \frac{49}{9} \cdot \frac{49}{9} \cdot \frac{49}{9} = \frac{117649}{729}$.
···

3030 我々は[3 つの]部分のうちの 1 つを財[3)]と置いたから,それは〈単位〉の 9 部分のうちの 49 部分である.我々は 2 番目の部分を 4 財[4)]と置いた〈から〉[5)],それは 9 [部分][6)]のうちの 196 部分である.3 番目の部分は 4/9 財[7)]である.そしてそれは単位の 729 部分のうちの 196 部分[8)]である.これら 3 つの部分が足されると立方数に等しくなる.

[1)] <من تسعة أجزاء من الواحد>] R, om. SM
[2)] <من تسعة أجزاء من الواحد>] R, om. SM
[3)] مال] SM, <مال> R
[4)] أموال] SM, <اموال> R
[5)] من اجل M, <فى مثلها و> R, من أجل] S, <الواحد ومن> من اجل
[6)] تسعة] S, <فى تسعة و أربعين جزءا من تسعة أجزاء من الواحد> R, تسعة M
[7)] مال] SM, <مال> R
[8)] تسعة آلاف وستمائة وأربعة أجزاء] S, مائة وستّة وتسعون جزءا R, ماه وسه وسعى حا M

⋯ 訳注 ⋯⋯⋯⋯⋯⋯⋯⋯⋯⋯⋯⋯⋯⋯⋯⋯⋯⋯⋯⋯⋯⋯⋯⋯⋯⋯⋯⋯⋯⋯⋯⋯⋯⋯⋯
通常この後に検算が続くが，アラビア語テキストに欠損があり，R は次のように修正する．$[b^2 = s^2s^2 = \frac{49}{9} \cdot \frac{49}{9}, c^2 = 4s^2s^2 = 4 \cdot \frac{49}{9} \cdot \frac{49}{9} = \frac{196}{9} \cdot \frac{49}{9}, d^2 = \frac{4}{9}s^2s^2 = \frac{4}{9} \cdot \frac{49}{9} \cdot \frac{49}{9} = \frac{9604}{729}.]\ b^2 + c^2 + d^2 = (a^2)^3 [= \frac{117649}{729}]$.
⋯⋯

ゆえに我々に対して限定付けられた限定に合う数を我々は見つけた．それは 729［部分］のうちの 117,649 部分である．そしてそれが我々が見つけたかったものである．   3036

5. 我々は［次のような］立方［数］である辺から成る立方数を見   3039
つけたい．2 つの数——一方は立方［数］，他方は平方［数］——に
掛けられ，それが足されると，〈出てくるのは〉平方数である[1]．

⋯ 訳注 ⋯⋯⋯⋯⋯⋯⋯⋯⋯⋯⋯⋯⋯⋯⋯⋯⋯⋯⋯⋯⋯⋯⋯⋯⋯⋯⋯⋯⋯⋯⋯⋯⋯⋯⋯
問題 7.5.
$$(a^3)^3 b^3 + (a^3)^3 c^2 = d^2.$$
求めるのは $(a^3)^3$ であるが，以下では $(a^3)^3 = 512$ を与え，b^3 と c^2 とを求めている．
⋯⋯

［求める］立方数の辺を［或る］立方数と置こう．［それを］8 単位とせよ．   3041
立方数は 512 単位になる．我々は［次のような］2 つの数を見つけたい．両者
のうち一方は立方［数］であり，他方は平方［数］であり，両者の各々が 512 単
位に掛けられ，それが足されると，出てくるのは平方［数］である．立方数を
立方，平方［数］を財と置こう．そして立方と財とを 512 に掛ける．するとそ
れは[2] 512 立方と 512 財とになる．［それが］平方数になることを我々は要求
する．それが 64 物を辺として持つと置く．それをそれ自身に掛ける．すると
4,096 財になる[3]．それが 512 立方と 512 財とに等しい．両辺から 512 財を突

---

[1] M كال R, كان S, [كان ⟨المجتمع⟩
[2] S المجتمع من ⟨ذلك⟩ RM, [ذلك
[3] M فكون R, فيكون S, [فتكون

き合わせる．すると 3,584 財に等しい 512 立方が残る[1]．両辺を財で割る．すると 512 物に等しい 3,584 単位が出てくる[2]．よって 1 物は 7 単位である．

······ 訳注 ···
$a^3 = 8$ と置くと，$(a^3)^3 = 512$, $512b^3 + 512c^2 = d^2$. $b^3 = s^3$, $c^2 = s^2$ と置くと，$512s^3 + 512s^2 = d^2$. $d = 64s$ と置くと，$d^2 = 4096s^2 = 512s^3 + 512s^2$, $3584s^2 = 512s^3$, $3584 = 512s$, $s = 7$.
···

3041　我々は平方数を財と置き，それの辺は物であり，物は 7 単位であり，財は 49 単位だから，〈平方数は 49 単位である〉[3]．また我々は立方数を立方と置き，立方は[4]財と物との掛け算から成るので，立方数は 343 になる．

······ 訳注 ···
$c^2 = s^2 = 7^2 = 49$, $b^3 = s^3 = s^2 \cdot s[= 49 \cdot 7] = 343$.
···

3058　しかし，それの辺を立方と置いた立方数，つまり 512，を立方数，すなわち 343 単位，に掛けると，それは 175,616 になる．また 512 を平方数，つまり 49 単位，に掛けると，それは 25,088 になる．それに 175,616 が付け加えられると，そこから出てくるのは 200,704 になる．それは平方数であり，それの辺は 448 である．

······ 訳注 ···
検算．$(a^3)^3 b^3 + (a^3)^3 c^2 = 512 \cdot 343 + 512 \cdot 49 = 175616 + 25088 = 200704 = (448)^2$.
···

3066　ゆえに我々に対して限定付けられた限定に合う数を我々は見つけた．それは 512 単位である．そしてそれが我々が見つけたかったものである．

---

[1]　M مسمى S, فيبقى R,] فتبقى
[2]　M محرج S, فيخرج R,] فتخرج
[3]　<فالعدد المربع تسعة واربعون احدا>] S, om. RM
[4]　M فالمكعب R, فالمكعب S,] والمكعب

6. 我々は［次のような］2 つの平方数を見つけたい．両者の和から合成される数が平方［数］になり，両者のうち一方が他方に掛けられると，出てくるものは 2 つの数の和から合成される数に対して置かれた比にある．

......訳注..
問題 7.6.
$$\begin{cases} a^2 + b^2 = c^2 \\ a^2 b^2 = m(a^2 + b^2). \end{cases}$$

求めるのは a^2 と b^2.
....

　しかし置かれた比は平方数以外にはならない．なぜなら 2 つの平方数の各々があり，両者のうちの大きい方の小さい方に対する比は平方数以外にはならないし，また両者のうち小さい量は大きい［量］に対して平方［数］以外にはならないから．

......訳注..
m は平方数である．一般に，$u^2 > v^2$ あるいは $u^2 < v^2$ であれ，$u^2 : v^2$ と $v^2 : u^2$ の比の値はどちらも平方数になる．［$a^2 b^2 = mc^2$, $m = (\frac{ab}{c})^2$.］
....

　置かれた比を 9 倍の比とせよ．2 つの数の和から合成される数を財と置こう．財を 2 つの平方部分に分ける．両者のうち一方を財の 25 部分のうちの 16 部分とし，他方の部分を財の 25 部分のうちの 9 部分とせよ．しかし，2 つの部分のうち一方を他方に掛けると，それは財財の 625 部分のうちの 144 部分になる．［それが］2 つの平方数から合成される数の 9 倍[1]，つまり 9 財，に等しくなることを我々は要求する．財財の 625 部分のうちの 144 部分を財で割る．すると財の 625 部分のうちの 14[2]4 部分を生じさせる．9 財を財で割る．すると 9 単位を生じさせる．それが財の 625 部分のうちの 144 部分に等しい．

---

[1] M سعه R, تسعة S,] للتسعة
[2] M اربعس R, أربعون S,] اربعين

よって財全体は 39 単位と単位の 16 部分のうちの 1 部分に等しい[1]．

··· 訳注 ··
$m = 9, a^2+b^2 = s^2, s^2 = \frac{16}{25}s^2 + \frac{9}{25}s^2$ とすると，$a^2b^2 = \frac{16}{25}s^2 \cdot \frac{9}{25}s^2 = \frac{144}{625}s^2s^2 = 9s^2$,
$\frac{144}{625}s^2 = 9, \ s^2 = 39\frac{1}{16}$．
··

3086　2 つの数のうち一方は財の 25 部分のうちの 16 部分であった．そしてそれは 25 単位である．他方の数は財の 25 部分のうちの 9 部分である．そしてそれは 14 単位と単位の 16 〈部分〉[2] のうちの 1 部分である．

··· 訳注 ··
$a^2 = \frac{16}{25}s^2 = 25, \ b^2 = \frac{9}{25}s^2 = 14\frac{1}{16}$．
··

3089　［求める］2 つの数の和は 39 と 1/8 の 1/2 である．そしてそれはそれの辺が 6 と 1/4 である平方数である．2 つの数のうち一方を他方に掛ける—それは 25 を 14 と 1/8 の 1/2 に［掛けることである］—と，〈それは 351 単位と 1/2 と 1/8 の 1/2 になる〉[3]．そしてそれは 2 つの数の和，つまり 39 と 1/8 の 1/2，の 9 倍である．

··· 訳注 ··
検算．$a^2 + b^2 = 39 + \frac{1}{2} \cdot \frac{1}{8} = (6\frac{1}{4})^2$．$a^2b^2 = 25 \cdot (14 + \frac{1}{2} \cdot \frac{1}{8}) = 351 + \frac{1}{2} + \frac{1}{2} \cdot \frac{1}{8} = 9(39 + \frac{1}{2} \cdot \frac{1}{8})$．
··

3094　ゆえに我々に対して限定付けられた限定に合う 2 つの数を我々は見つけた．その両者は 25 単位〈および〉[4] 14 単位と 1/8 単位の 1/2 である．そしてそれが我々が見つけたかったものである．

---

[1] معادل RM, معادل S, [يعادل
[2] <جزءا>] R, om. SM
[3] S, [<يكون ذلك ثلثمائة وواحدا وخمسين احدا ونصفا ونصف ثمن>　R, om. <بلغ ذالك خمسة آلاف وستمائة وخمسة وعشرين جزءا من ستة عشر جزءا> M. R の読みを採用すれば「それは 16 部分のうちの 5,625 部分に至る」となる．
[4] <و>] R, om. SM

7. 我々は立方［数］である辺から成る平方数を［次のような］3つの部分に分けたい．［それらのうちの］任意の2つの部分が足されると，両者から出てくるのは平方［数］である．

.... 訳注 ....
問題 7.7.
$$\begin{cases} (a^3)^2 = b+c+d \\ b+c = e_1^2 \\ c+d = e_2^2 \\ d+b = e_3^2. \end{cases}$$

求めるのは $(a^3)^2$ であるが明記されていない．
....

　［求める］平方数の辺を立方と置こう．すると平方数は立方立方になる．我々は立方立方を［次のような］3つの部分に分けたい．［それらのうちの］任意の2つの部分が足されると，〈その両者の和は〉平方［数］である．〈任意の2つの数が足されると両者の和が平方［数］であり〉[1]，3つの数から合成される数が平方［数］になるような〈3つの数を探そう〉．それの発見は第3巻の第6問題で既に明らかにしたことに基づいて容易である．1番目の数は80単位，2番目［の数］は320単位，3番目［の数］は41単位になる．3つの数の和は441単位である．単位の代わりに財財としよう．すると3つの数の和は441財財になる．それが立方立方に等しい．両辺を財財で割る．立方立方の財財による割り算から財が生じる．441財財の財〈財〉による割り算から441単位が生じる．そしてそれが財に等しい．よって1財は441単位である．

.... 訳注 ....
$a^3 = s^3$ と置くと，$(a^3)^2 = s^3 s^3$．ここで問題3.6を用いる．
$$\begin{cases} t^2 = x+y+z \\ x+y = u^2 \\ y+z = v^2 \\ z+x = w^2. \end{cases}$$

---

[1]] S, om. RM ⟨فلنطلب ثلاثة اعداد اىّ عددين منها جمعاكان جميعهما مربّعا⟩

$[x+y+z = n^2+2n+1$ で $x+y = n^2$ とすると, $z = 2n+1$. $y+z = (n-1)^2 = n^2-2n+1$ と置くと, $x = (n^2+2n+1)-(n^2-2n+1) = 4n$ から, $y = n^2-4n$. $z+x = w^2 = 6n+1 = 121 = 11^2$ とすると, $n = 20$. したがって, $]$ $x[=4n] = 80$, $y[=n^2-4n] = 320$, $z[=2n+1] = 41$, $x+y+z = 441[=21^2]$. $b = 80s^2s^2$, $c = 320s^2s^2$, $d = 41s^2s^2$ とすると, $b+c+d = 441s^2s^2 = s^3s^3$, $441 = s^2$.

....

3110　財財は 441 のそれ自身との掛け算から出てくるものである. それは 194,481 である. 我々は 3 つの部分のうちの 1 つを 80 財財と置いたから, ［それは］15,558,480 単位になる. また我々は 2 番目の部分を 320 財財と置いたから, ［それは］62,233,920 になる. また我々は 3 番目の部分を 41 財財と置いたから, ［それは］7,973,721 単位になる. これら 3 つの部分に分けられる数がそれらの和から合成される数であるとき, 85,766,121 になる. それは平方数であり, それの辺は 9,261 である. またこの辺はそれの辺が 21 である立方数である.

⋯ 訳注 ⋯⋯⋯⋯⋯⋯⋯⋯⋯⋯⋯⋯⋯⋯⋯⋯⋯⋯⋯⋯⋯⋯⋯⋯⋯⋯⋯⋯⋯⋯⋯
$s^2s^2 = 441 \cdot 441 = 194481$, $b = 80s^2s^2 = 15558480$, $c = 320s^2s^2 = 62233920$, $d = 41s^2s^2 = 7973721$. $(a^3)^2 = b+c+d = 85766121 = (9261)^2 = (21^3)^2$.

....

3122　3 つの部分のうち 1 番目の部分は 15,558,480 単位であり, 2 番目の部分は 62,233,920 単位であるから, 両者の和から合成される数は 77,792,400 単位になる. それは平方数であり, それの辺は 8,820 単位である. また 2 番目の部分は 62,233,920 単位であり, 3 番目の部分は 7,973,721 単位であるから, 両者の和から合成される数は 70,207,641 になる. それは平方数であり, それの辺は 8,379 である. また 3 番目の部分は 7,973,721 単位であり, 1 番目の部分は 15,558,480 単位であるから, 両者の和から合成される数は 23,532,201 になる. それは平方数であり, それの辺は 4,851 単位である.

⋯ 訳注 ⋯⋯⋯⋯⋯⋯⋯⋯⋯⋯⋯⋯⋯⋯⋯⋯⋯⋯⋯⋯⋯⋯⋯⋯⋯⋯⋯⋯⋯⋯⋯

検算.
$$\begin{cases} b+c = 15558480 + 62233920 = 77792400 = (8820)^2 \\ c+d = 62233920 + 7973721 = 70207641 = (8379)^2 \\ d+b = 7973721 + 15558480 = 23532201 = (4851)^2. \end{cases}$$

……………………………………………………………………………………………

ゆえに我々に対して限定付けられた限定に合う数を我々は見つけた．それは 85,766,121 である．そしてそれが我々が見つけたかったものである．

我々はこの問題の計算の完結へと到達すると，それを 2 番目の計算で行いたい．それは 1 番目の計算より易しい．計算の前に問うことから始めよう．我々は [次のような] 立方 [数] である辺から成る平方数を見つけたい．3 つの部分に分けられ，それらのうちの 2 つの部分が各々〈足されると〉[1)]，平方数になる．分割したい平方数を 64 単位と置こう．それは平方数であり，それの辺は立方 [数] である．我々は 64 単位を [次のような] 3 つの部分に分けたい．任意の 2 つの部分が足されると，両者の和は平方 [数] である．[次のような] 3 つの数を探そう．足されるとそれらの和は平方 [数] であり，それらのうちの任意の 2 つの数が足されると，両者の和は平方 [数] である[2)]．我々は既にそれを第 3 巻の第 6 問題において明らかにした．それに関しては繰返し無しで済ます．これらの求められている 3 つの数のうち 1 つは 320 単位になる．2 番目の数は〈80 単位である〉．3 番目の数は 41 単位である．これらの数の和から合成される数は 441 単位であり，それは平方数である．

… 訳注 ……………………………………………………………………………………
別解．[問題 7.7 において求めるのは $(a^3)^2$ であるが，ここでは最初から] $(a^3)^2 = 64 = (2^3)^2$ と置いている．問題 3.6 より，$320 + 80 + 41 = 441 = (21)^2$．

……………………………………………………………………………………………

それ (441) が我々が分けたい数であるならば，我々は既に我々が欲するものに到達した．しかし我々が分けたい数は 64 単位である．それらの和が 441 単位であるような 3 つの数のうちの各々の数から〈[次のような或る] 数を〉

---

1) <اذا جمعا>] S, <جمعا> R, om. M
2) M مربعا R, مربع S; مربعا] M فان R, فإن S [كان

取ろう．我々がそこ（441）から取った数に対するその［数の］量（比の値）は 441 に対する 64 の量（比の値）に等しい．それは 3 つの数のうちの各々の数を 64 に掛けることである．出てくるのは 441［部分］のうちの部分（pl.）になる．1 番目の数は 320 単位だから，それを 64 単位に掛けると 20,480 になる．そしてそれは 441［部分］のうちの部分（pl.）である．2 番目の部分は 80 単位だから，それを 64 に掛けると 5,120 になる．そしてそれは単位の 441 部分のうちの部分（pl.）である．また 3 番目の部分は 41 単位だから，それを 64 に掛けると 2,624 になる．そしてそれは 441［部分］のうちの部分（pl.）である．

……訳注……………………………………………………………

s を使わず比例を応用する．$b : 320 = 64 : 441$, $b = 320 \cdot 64 \div 441 = \frac{20480}{441}$．$c : 80 = 64 : 441$, $c = 80 \cdot 64 \div 441 = \frac{5120}{441}$．$d : 41 = 64 : 441$, $d = 41 \cdot 64 \div 441 = \frac{2624}{441}$．

………………………………………………………………………

3166　我々は既に 64 を 3 つの部分に分けた．1 番目と 2 番目とが足されると，両者の和は 441［部分］のうちの 25,600 部分である．そしてそれは平方数であり，それの辺は 21［部分］のうちの 160 部分である．2 番目と 3 番目とが足されると，両者の和は 441［部分］のうちの 7,744 部分になる．そしてそれは平方数であり，それの辺は 21［部分］のうちの 88 部分である．3 番目と 1 番目とが足されると，両者の和は 441［部分］〈のうちの〉23,10〈4 部分〉[1]である．そしてそれは平方数であり，それの辺は 21［部分］のうちの 152 部分である．

……訳注……………………………………………………………

検算．

$$\begin{cases} b + c = \frac{25600}{441} = \left(\frac{160}{21}\right)^2 \\ c + d = \frac{7744}{441} = \left(\frac{88}{21}\right)^2 \\ d + b = \frac{23104}{441} = \left(\frac{152}{21}\right)^2. \end{cases}$$

………………………………………………………………………

---

[1] S, [و ⟩اربعة اجزاء من⟨ اربع مائة وأحد واربعين] R, [وأربعمائة] وأربعة ⟨أجزاء من أربعمائة وأحد وأربعين جزءا من واحد⟩ واربعه ماه واربعه M. R の読みを採用すれば「〈単位の 441 部分のうちの〉23,104〈部分〉」となる．

ゆえに我々に対して限定付けられた限定に合う数を我々は見つけた．それは 64 単位である．我々はそれを 3 つの部分に分けた．それらは 441 [部分] のうちの 20,480 部分 〈と〉[1]) 441 [部分] のうちの 5,120 部分 〈と〉[2]) 441 [部分] のうちの 2,624 部分である．そしてそれが我々が見つけたかったものである．

8. 我々は [次のような] 立方 [数] である辺から成る平方数を見つけたい．それ（平方数）に或る数が加えられると平方 [数] であり，またそれ（平方数）にその数の 2 倍が加えられると平方 [数] である．

········ 訳注 ···
問題 7.8.
$$\begin{cases}(a^3)^2 + b = c_1^2 \\ (a^3)^2 + 2b = c_2^2.\end{cases}$$
求めるのは $(a^3)^2$ であるが，以下では $(a^3)^2 = 64$ として b と $2b$ とを求めている．
···

平方数を 64 単位と置こう．それは立方 [数] である辺から成る平方数である．我々は [次のような] 数を見つけたい．64 に加えられると出てくるのは平方 [数] であり，それの 2 倍が 64 に加えられると出てくるのはまた平方 [数] である．64 以外の平方数の中にそれを求めよう．[次のような] 平方数を探そう．それに或る数を加えると平方 [数] になり，それにその数の 2 倍を加えると出てくるのは平方 [数] である．全ての平方数は，それにそれの根 2 つと 1 単位[3]) 自身を加えると出てくるのが平方 [数] になる．我々は平方数を財と置く．それにそれの根 2 つと 1 単位を加える．すると財と 2 物と 1 単位になる．それは平方数であり，それの辺は物と 1 単位である．しかし，財に 2 物と 1 単位との 2 倍，つまり 4 物と 2，を加えると，出てくるのは財と 4 物と 2 である．そして [それが] 平方 [数] になることを我々は欲する．それが物引く 2

---

[1]) <و>] R, om. SM
[2]) <و>] R, om. SM
[3]) واحد] S, واحدا R.M

を辺として持つと置こう．それをそれ自身に掛ける．すると財と 4 単位引く 4 物になる．そしてそれが財と 4 物と 2 単位に等しい．我々と共にある各々のものに 4 物を加える．そして財を財で突き合わせる．すると 4 単位に等しい 8 物と 2 が残る．両辺から 2 単位を突き合わせる．すると 2 に等しい 8 物が残る．よって 1 物は 1/4 単位である．財は 1/8 単位の 1/2 である．

⋯ 訳注 ⋯⋯⋯⋯⋯⋯⋯⋯⋯⋯⋯⋯⋯⋯⋯⋯⋯⋯⋯⋯⋯⋯⋯⋯⋯⋯⋯⋯⋯⋯
$(a^3)^2 = 64 = (2^3)^2$ と置くと，

$$\begin{cases} 64 + b = c_1^2 \\ 64 + 2b = c_2^2. \end{cases}$$

ここでは b を求める対象とし，次のような u^2 を探す．

$$\begin{cases} u^2 + v = w_1^2 \\ u^2 + 2v = w_2^2. \end{cases}$$

一般に，$s^2 + (2s+1) = (s+1)^2$．$u^2 = s^2$, $v = 2s+1$ と置くと，$u^2 + v = s^2 + 2s + 1 = (s+1)^2 = w_1^2$, $u^2 + 2v = s^2 + 4s + 2 = w_2^2$．$w_2 = s - 2$ と置くと，$w_2^2 = s^2 + 4 - 4s = s^2 + 4s + 2$, $4 = 8s + 2$, $8s = 2$, $s = \frac{1}{4}$, $s^2 = \frac{1}{2} \cdot \frac{1}{8}$.
⋯⋯⋯⋯⋯⋯⋯⋯⋯⋯⋯⋯⋯⋯⋯⋯⋯⋯⋯⋯⋯⋯⋯⋯⋯⋯⋯⋯⋯⋯⋯⋯⋯

3196 それ (u^2) に加えられる数は 2 物と 1 単位だった．それは 1 単位と 1/2 である．またそれ (u^2) に加えられる [もう一つの] 数は 1 単位と 1/2 との 2 倍である．それは 3 である．財が整数（正しい数）になるために，その〈各々〉[1]を 16 に掛けよう．すると財は 1 単位になる．それ (u^2) に加えられる数は 24 である．またそれ (u^2) に加えられる [もう一つの] 数は 24 の 2 倍である．それは 48 である．明らかなことから [次のことが] ある．1 単位に 24 単位を加えると 25 単位になる．そしてそれは平方数である．また 1 単位に 24 の 2 倍，つまり 48，を加えると 49 になる．そしてそれは平方数である．

⋯ 訳注 ⋯⋯⋯⋯⋯⋯⋯⋯⋯⋯⋯⋯⋯⋯⋯⋯⋯⋯⋯⋯⋯⋯⋯⋯⋯⋯⋯⋯⋯⋯
$v = 2s + 1 = 1 + \frac{1}{2}$, $2v = 2(1 + \frac{1}{2}) = 3$. $s^2, v, 2v$ を 16 倍すると，$s^2 [= u^2] = 1$, $v = 24$, $2v = 48$.

$$\begin{cases} u^2 + v = 1 + 24 = 25 = 5^2 \\ u^2 + 2v = 1 + 48 = 49 = 7^2. \end{cases}$$

---

[1] <جٓ>] S, om. RM

置かれた平方数が1単位であるならば，我々は既に我々が欲するものに到達した．しかしそれは64である．64とは1単位を64回数えることなので，増加する2つの数の各々，つまり24と48，に64を掛けなくてはならない．しかし，24を64に掛けると，それは1,536になる．そしてそれは64に加える数である．48を64に掛けると，それが到達するのは3,072になる．そしてそれは最初の数の2倍である．

··· 訳注 ···
$u^2 = 1$ のとき $v = 24$ だから，$u^2 = 64$ のとき $b = 24 \cdot 64 = 1536, 2b = 48 \cdot 64 = 3072$.

　64に1,536を加えると，それは1,600になる．そしてそれは平方数であり，それの辺は40である．しかし，64に1,536の2倍，つまり3,072，を加えると，それが到達するのは3,136になる．そしてそれは平方数であり，それの辺は56である．

··· 訳注 ···
検算．
$$\begin{cases} (a^3)^2 + b = 64 + 1536 = 1600 = (40)^2 \\ (a^3)^2 + 2b = 64 + 2 \cdot 1536 = 64 + 3072 = 3136 = (56)^2. \end{cases}$$

　ゆえに我々は［次のような］2つの数を見つけた．両者のうち一方は他方の2倍であり，両者の各々が立方［数］である辺から成る平方数に加えられると，出てくるのは平方［数］になる．その両者は1,536単位〈と〉[1]3,072単位である．そしてそれが我々が見つけたかったものである．

9. 我々は［次のような］立方［数］である辺から成る平方数を見つけたい．それ（平方数）から或る数を引くと残りは平方［数］

───────────────────────────────
[1] ‹و›] R, om. SM

であり，またそれ（平方数）からその数の 2 倍を引くと残りは平方［数］になる．

⋯ 訳注 ⋯⋯⋯⋯⋯⋯⋯⋯⋯⋯⋯⋯⋯⋯⋯⋯⋯⋯⋯⋯⋯⋯⋯⋯⋯⋯
問題 7.9.
$$\begin{cases} (a^3)^2 - b = c_1^2 \\ (a^3)^2 - 2b = c_2^2. \end{cases}$$

求めるのは $(a^3)^2$ であるが，以下では $(a^3)^2 = 64$ として b と $2b$ とを求めている．
⋯⋯⋯⋯⋯⋯⋯⋯⋯⋯⋯⋯⋯⋯⋯⋯⋯⋯⋯⋯⋯⋯⋯⋯⋯⋯⋯⋯⋯⋯

3224　平方数を 64 と置こう．それは平方数であり，それの辺は立方［数］である．64 から引くと残りが平方［数］になり，64 からそれの 2 倍を引くと残りが平方［数］になるような数を我々は見つけたいから，64 以外の平方数の中にそれを求める．［次のような］平方数を我々は探す．それ（u^2）から或る数を引くと残りは平方［数］であり，それ（u^2）からその数の 2 倍を引くと［残りは］平方［数］になる．全ての平方数は，それからそれの根 2 つ引く 1 単位自身を引くと残りが平方［数］になる．平方［数］を財と置こう．そしてそれからそれの根 2 つ引く 1 単位自身を引く．すると残りは平方［数］になる．しかし，それ（s^2）からそれの根 2 つ引く 1 単位の 2 倍，つまりそれの根 4 つ引く 2, を引くと，それからの残りは財と 2 単位引く 4 物になる．［それが］平方［数］になることを我々は要求する．それが物引く 3 単位を辺として持つと置こう．それをそれ自身に掛ける．すると財と 9 単位引く 6 物になる．それが財と 2 単位引く 4 物に等しい．両辺から財と 2 単位引く 4 物を共に突き合わせる．すると 7 単位に等しい 2 物が残る．よって 1 物は 3 単位と 1/2 である．財は 12 単位と 1/4 である．

⋯ 訳注 ⋯⋯⋯⋯⋯⋯⋯⋯⋯⋯⋯⋯⋯⋯⋯⋯⋯⋯⋯⋯⋯⋯⋯⋯⋯⋯
$(a^3)^2 = 64 = (2^3)^2$ とすると，
$$\begin{cases} 64 - b = c_1^2 \\ 64 - 2b = c_2^2. \end{cases}$$

ここでは b を求める対象とし，次のような u^2 を探す．
$$\begin{cases} u^2 - v = w_1^2 \\ u^2 - 2v = w_2^2. \end{cases}$$

一般に, $s^2-(2s-1)=(s-1)^2$. $u^2=s^2, v=2s-1$ と置くと, $u^2-v=s^2-(2s-1)=(s-1)^2[=w_1^2]$, $u^2-2v=s^2-2(2s-1)=s^2-(4s-2)=s^2+2-4s=w_2^2$. $w_2=s-3$ と置くと, $w_2^2=s^2+9-6s=s^2+2-4s$, $7=2s$, $s=3\frac{1}{2}$, $s^2=12\frac{1}{4}$.

....

それ (u^2) から引かれる 2 つの数は 6 と 12 である. 財が整数になるために, その各々を 4 に掛ける. 財は 49 になり, 2 つの引かれる数は 24 と 48 になる.

... 訳注 ....
$v[=2s-1]=6$, $2v=12$. $s^2, v, 2v$ を 4 倍すると, $s^2=49$, $v=24$, $2v=48$.

....

平方数が 49 であるならば, 我々は既に我々が欲するものに到達した. しかしそれは 64 である. 64 は 49 を 1 回数え, 〈[その] 1 回の〉49〈部分〉[1] のうちの 15 部分を数える. それがそうであるならば, 我々は引かれた〈2 つの数〉[2], つまり 24 と 48, にそれらの[3] 49 部分のうちの 15 部分を我々は加えなくてはならない. 24 を 64 に掛けよう. するとそれは 1,536 になる.〈それは〉[4] 単位の 49 部分のうちの部分 (pl.) である. それは 64 から引かれる数である. また 48 を 64 に掛ける. するとそれは 3,072 になる. それは 49 [部分] のうちの部分 (pl.), すなわちまた 64 から引かれる数, である. そしてそれは最初の数の 2 倍である.

... 訳注 ....
$u^2=49$, $(a^3)^2=64$. $64=49\cdot 1+\frac{15}{49}\cdot 49$, $b=24+\frac{15}{49}\cdot 24[=\frac{1176}{49}+\frac{360}{49}=\frac{1536}{49}]$, $2b=48+\frac{15}{49}\cdot 48[=\frac{2352}{49}+\frac{720}{49}=\frac{3072}{49}]$. [あるいは, $49:64=24:b,]b=64\cdot 24\div 49=\frac{1536}{49}$. [$49:64=48:2b,]2b=64\cdot 48\div 49=\frac{3072}{49}$.

....

最初の数は 49 [部分] のうちの 1,536 部分だから, それを 64, つまり 49

_____

[1] ‹جزءا من مرّة›] S, om. RM
[2] ‹العددين›] S, om. RM
[3] منها] R, منهما S, منها M
[4] ‹وهى›] S, ‹وذلك› R, om. M

［部分］のうちの 3,136 部分，から引くと，残りは 49［部分］のうちの 1,600 部分になる．そしてそれは平方数であり，それの辺は 40/7 である．また 2 番目の数は最初の数の 2 倍，つまり〈49［部分］のうちの〉3,072〈部分〉，だから，それを 64，つまり 49［部分］のうちの 3,136 部分，から引くと，残りは 49［部分］のうちの 64 部分になる．それは平方数であり，それの辺は 7［部分］のうちの 8 部分である．

... 訳注 ....
検算．
$$\begin{cases} (a^3)^2 - b = 64 - \frac{1536}{49} = \frac{3136}{49} - \frac{1536}{49} = \frac{1600}{49} = (\frac{40}{7})^2 \\ (a^3)^2 - 2b = 64 - \frac{3072}{49} = \frac{3136}{49} - \frac{3072}{49} = \frac{64}{49} = (\frac{8}{7})^2. \end{cases}$$

....

3259　ゆえに［次のような］2 つの数を我々は見つけた．両者のうち一方は他方の 2 倍であり，両者の各々が立方［数］である辺から成る平方数から引かれると，残りは平方［数］になる．その両者は 49［部分］のうちの 3,072 部分〈と〉[1] 49［部分］のうちの 1,536 部分である．そしてそれが我々が見つけたかったものである．

3263　**10.** 我々は［次のような］立方［数］である辺から成る平方数と［或る］数[2]とを見つけたい．それ（或る数）をそれ（平方数）に加えると出てくるのは平方［数］であり，それ（或る数）を平方数から引くと残りは平方［数］である．

... 訳注 ....
問題 7.10.
$$\begin{cases} (a^3)^2 + b = c_1^2 \\ (a^3)^2 - b = c_2^2. \end{cases}$$

求めるのは $(a^3)^2$ と b であるが，以下では $(a^3)^2 = 64$ として b を求めている．
....

---

[1] ‹و›] R, om. SM
[2] نجد عدد] R, اعدد S, محمد عدد M

平方数を 64 とせよ．64 以外から［次のような］平方数（u^2）を求める．それに［或る］数（v）を加えると出てくるのは平方［数］であり，それ（u^2）からその数（v）を引くと残りは平方［数］である．全ての平方数は，それからそれの根 2 つ引く 1 単位自身を引くと残りが平方［数］である．平方数を財，それから引かれる数を 2 物引く 1 単位と置こう．しかし，2 物引く 1 単位を財に加えると，出てくるのは財と 2 物引く 1 単位になる．そして［それが］平方［数］になることを我々は要求する．それが物引く 3 単位を辺として持つと置こう．それをそれ自身に掛ける．すると財と 9 単位引く 6 物になる．それが財と 2 物引く 1 単位に等しい．両辺から財引く 6 物と 1 単位を突き合わせる[1]．すると 10 単位に等しい 8 物が残る[2]．よって 1 物は 1 単位と 1/4 に等しい．そして財は単位の 16[3] 部分のうちの 25 部分である．

⋯ 訳注 ⋯⋯⋯

$(a^3)^2 = 64[= (2^3)^2]$ とすると，

$$\begin{cases} [64 + b = c_1^2 \\ 64 - b = c_2^2.] \end{cases}$$

ここでは b を求める対象とし，次のような u^2 と v を探す．

$$\begin{cases} u^2 + v = w_1^2 \\ u^2 - v = w_2^2. \end{cases}$$

一般に，$s^2 - (2s-1) = (s-1)^2$．$u^2 = s^2$, $v = 2s-1$ と置くと，$u^2 + v = s^2 + 2s - 1 = w_1^2$．$w_1 = s - 3$ と置くと，$w_1^2 = s^2 + 9 - 6s = s^2 + 2s - 1$, $10 = 8s$, $s = 1\frac{1}{4}$, $s^2 = \frac{25}{16}$．

⋯⋯⋯

それ（平方数）から引かれる数は 2 物引く 1 単位であった．それは単位の 16 部分のうちの 24 部分である．それ（平方数）に加えられる数は同様である．その各々を 16 に掛けよう．すると財は整数になる．よって財は 25，それに加えられる数は 24，引かれる数は 24 になる．

---

[1] 両辺から $s^2 - (6s+1)$ を引く，ということ．
[2] فتبقى] R, فيبقى S, فسمى M
[3] ستة] S, '⋯' R(lacuna), سه M

272　『算術』第 7 巻

・・・訳注・・・
$v = 2s - 1 = \frac{24}{16}$. s^2, v に 16 を掛けると，$s^2 = 25, v = 24$.
・・

3280　我々が置いた数が 25 であるならば，我々は既に我々が探したものに帰結した．しかし置かれた数は 64 である．64 は 25 を 2 回と［その］1 回の 25 部分のうちの 14 部分を数える．我々は加えられる数——それは引かれる数でもある——，つまり 24, を 64 に掛けることを要求する．それは 1,536 になる．そしてそれは 25［部分］のうちの部分（pl.）である．それは我々が 64 に加え，我々が 64 から引く数である．

・・・訳注・・・
$u^2[= s^2] = 25, (a^3)^2 = 64 = 25 \cdot 2 + \frac{14}{25} \cdot 25$. $[25 : 64 = 24 : b,] b = 64 \cdot 24 \div 25 = \frac{1536}{25}$.
・・

3286　明らかなことから［次のことが］ある．25［部分］のうちの 1,536 部分を〈64, つまり 25［部分］のうちの 1,600 部分，に〉[1)]加えると，それは〈25［部分］のうちの〉3,136〈部分〉になる．そしてそれは平方数であり，それの辺は 5［部分］のうちの 56 部分である．25 部分のうちの 1,536 部分を 64, つまり 25［部分］のうちの 1,600 部分，から引くと，残りは 25［部分］のうちの 64 部分になる．そしてそれは平方数であり，それの辺は 5［部分］のうちの 8 部分である．

・・・訳注・・・
検算．
$$\begin{cases} (a^3)^2 + b = 64 + \frac{1536}{25} = \frac{1600}{25} + \frac{1536}{25} = \frac{3136}{25} = (\frac{56}{5})^2 \\ (a^3)^2 - b = 64 - \frac{1536}{25} = \frac{1600}{25} - \frac{1536}{25} = \frac{64}{25} = (\frac{8}{5})^2. \end{cases}$$
・・

3294　ゆえに［次のような］数を我々は見つけた．それを立方［数］である辺から成る平方数から引くと残りは平方［数］になり，それをそれ（平方数）に加え

[1)] < على اربعة وستّين اعنى الفا وستّمائة جزء من خمسة وعشرين >] S, om. RM

ると出てくるのは平方［数］である．それは単位の 25 部分のうちの 1,536 部分である．そしてそれが我々が見つけたかったものである．

11. 我々は置かれた平方数を［次のような］2 つの部分に分けたい．それ（平方数）に両者のうちの一方が加えられると出てくるのは平方［数］であり，それ（平方数）から両者のうちの一方が[1]引かれると残りは平方［数］である．

・・・ 訳注 ・・

問題 7.11.
$$\begin{cases} a^2 = b+c \\ a^2 + b = d_1^2 \\ a^2 - c = d_2^2. \end{cases}$$

以下では $a^2 = 25$ とし，その 2 つの部分（b と c）を求めている．

・・・

置かれた数を 25 単位とせよ．我々は 25 を［次のような］2 つの部分に分けたい．25 に両者のうちの一方を加えると出てくるのは平方数であり，25 から他方の部分を引くと残りは平方［数］である．我々が 2 つの部分に分ける平方［数］を見つけることを求めよう．それ（平方数）に両者のうちの一方を加え，それ（平方数）から他方を引くと，増加と減少の後で平方［数］になる．我々は［次のことを］既に知っている．財にそれの根 2 つと 1 単位とを加えると，出てくるのは財と 2 物と 1 単位である．そしてそれは平方数である．財からそれの根 2 つ引く 1 単位とを引くと，残りは財と 1 単位引く根 2 つである．そしてそれは平方数である．加えられたり引かれたりする数が足されると財になることを我々は欲する——しかし，その両者が足されると 4 物がある——から，4 物は財に等しい．その各々を物で割る．すると物は 4 単位に等しくなる．物は財の辺であるから，財は 16 になる．

・・・ 訳注 ・・・

[1] أحدهما] RM, الآخر S

$a^2 = 25$ とし，次のような b, c を求める．

$$\begin{cases} 25 = b + c \\ 25 + b = d_1^2 \\ 25 - c = d_2^2. \end{cases}$$

次のような u^2 を探す．

$$\begin{cases} u^2 = v + w \\ u^2 + v = z_1^2 \\ u^2 - w = z_2^2. \end{cases}$$

一般に，$s^2 + (2s+1) = s^2 + 2s + 1 = (s+1)^2$, $s^2 - (2s-1) = s^2 + 1 - 2s = (s-1)^2$．
$[u^2 = s^2,\ v = 2s+1,\ w = 2s-1$ とすると，$]$ $s^2 = (2s+1) + (2s-1) = 4s,\ s = 4$,
$s^2 = 16$．

....

3310 それ（16）に加えられる数は 2 物と 1 単位であった．そしてそれは 9 単位
である．それ（16）から引かれる数は 2 物引く 1 単位である．そしてそれは 7
単位である．9 と 7 が足されると，16 単位がある[1]．ゆえに我々によって求め
られたことに帰結した．

···· 訳注 ···

$v = 2s + 1 = 9$, $w = 2s - 1 = 7$.

$$\begin{cases} u^2 = v + w = 9 + 7 = 16 \\ [u^2 + v = 16 + 9 = 25 = 5^2 \\ u^2 - w = 16 - 7 = 9 = 3^2]. \end{cases}$$

....

3314 しかし置かれた数は 25 単位である．9 単位を 25 に掛けよう．それは 225 に
なる．それを 16 で割る．すると 16 部分のうちの 225 部分になる[2]．そして
それは 25 の 2 つの部分のうちの一方，つまり加えられる部分，である．また
7 単位を 25 に掛けよう．〈それは 175 になる．〉[3] それを 16 で割る．すると

---

[1]) جمعت كانت R, جمعا كانا S, كاسب حمعت M

[2]) فتكون S, فيكون R, فىكون M

[3]) ⟨فيكون ذلك مائة وخمسة وسبعين⟩] S, om. RM

16 [部分] のうちの 175 部分になる．それは他方の部分，つまり 25 から引かれる [部分]，である．

⋯ 訳注 ⋯⋯⋯⋯⋯⋯⋯⋯⋯⋯⋯⋯⋯⋯⋯⋯⋯⋯⋯⋯⋯⋯⋯⋯⋯⋯⋯⋯⋯⋯
$[u^2 = 16]$, $a^2 = 25$. $[16 : 25 = 9 : b,\ ]b = 25 \cdot 9 \div 16 = \frac{225}{16}$. $[16 : 25 = 7 : c,\ ]c = 25 \cdot 7 \div 16 = \frac{175}{16}$.
⋯⋯⋯⋯⋯⋯⋯⋯⋯⋯⋯⋯⋯⋯⋯⋯⋯⋯⋯⋯⋯⋯⋯⋯⋯⋯⋯⋯⋯⋯⋯⋯⋯⋯

明らかなことから [次のことが] ある．225 部分を 25 単位，つまり 16 [部分] の 400 部分，に加えると，出てくるのは 16 [部分] のうちの 625 部分である．それはそれの辺が 4 [部分] のうちの 25 部分である平方数である．また他方の部分，つまり 16 [部分] のうち 175 部分，を [16 部分のうちの] 400 部分から引くと，残りは 16 [部分] のうちの 225 部分である．それは平方数であり，それの辺は 4 [部分] のうちの 15 部分である．2 つの部分が足されると 25 単位になる． 3321

⋯ 訳注 ⋯⋯⋯⋯⋯⋯⋯⋯⋯⋯⋯⋯⋯⋯⋯⋯⋯⋯⋯⋯⋯⋯⋯⋯⋯⋯⋯⋯⋯⋯
検算．
$$\begin{cases} a^2 + b = 25 + \frac{225}{16} = \frac{400}{16} + \frac{225}{16} = \frac{625}{16} = \left(\frac{25}{4}\right)^2 \\ a^2 - c = 25 - \frac{175}{16} = \frac{400}{16} - \frac{175}{16} = \frac{225}{16} = \left(\frac{15}{4}\right)^2 \\ a^2 = b + c[= \frac{225}{16} + \frac{175}{16} = \frac{400}{16}] = 25. \end{cases}$$
⋯⋯⋯⋯⋯⋯⋯⋯⋯⋯⋯⋯⋯⋯⋯⋯⋯⋯⋯⋯⋯⋯⋯⋯⋯⋯⋯⋯⋯⋯⋯⋯⋯⋯

ゆえに 25 を我々に対して限定付けられた限定に合う 2 つの部分に分けた．その両者は 16 [部分] のうちの 225 部分 ⟨と⟩[1] 16 [部分] のうちの 175 部分である．そしてそれが我々が見つけたかった[2] ものである． 3328

我々がそれを ⟨2 つの部分に⟩ 分けて，それに両者の各々を加えると平方 [数] であるような平方数を見つけることはできなかったので，できることを我々は完了したい． 3331

⋯ 訳注 ⋯⋯⋯⋯⋯⋯⋯⋯⋯⋯⋯⋯⋯⋯⋯⋯⋯⋯⋯⋯⋯⋯⋯⋯⋯⋯⋯⋯⋯⋯

───────────────────────────────

[1] ⟨و⟩] R, om. SM
[2] نجد] R, نعمل S, نحد M. S は問題 7.12 と同様に「我々が計算した」と読む．

以下のタイプの問題について,
$$\begin{cases} a^2 = b+c \\ a^2 + b = d_1^2 \\ a^2 + c = d_2^2, \end{cases}$$

$[(a^2+b)+(a^2+c) = 3a^2 = d_1^2 + d_2^2, \ 3 = \frac{d_1^2}{a^2} + \frac{d_2^2}{a^2}.]$ 3 を 2 つの平方数に分けることはできないので,問題は解不能.

....

12. 我々は言う.我々は置かれた平方数を [次のような] 2 つの部分に分けたい.それから両者の各々が引かれると,残りは平方 [数] である.

⋯ 訳注 ....
問題 7.12.
$$\begin{cases} a^2 = b+c \\ a^2 - b = d_1^2 \\ a^2 - c = d_2^2. \end{cases}$$

以下では $a^2 = 25$ とし,その 2 つの部分 (b と c) を求めている.

....

3335　置かれた数を 25 単位とせよ.我々は 25 単位を [次のような] 2 つの部分に分けたい.それ (25) から両者の各々を引くと,残りは平方 [数] である.この条件を或る平方 [数] に求めよう.2 つの平方部分に分けられる全ての平方 [数] については,2 つの部分の各々を平方 [数] から引くと,残り,すなわち[1)]他方の部分,は[2)]平方 [数] である.それに関する計算を我々は既に我々のこの本において述べた[3)].2 つの部分のうち一方は 16 になり,他方の部分は 9 になる.

⋯ 訳注 ....

―――――――――――――――――――――――――
[1)] وهو] SM, هو R
[2)] هو] S, وهو RM
[3)] 問題 2.8.

$a^2 = 25$ とし，次のような b と c を求める．

$$\begin{cases} 25 = b + c \\ 25 - b = d_1^2 \\ 25 - c = d_2^2. \end{cases}$$

一般に $u^2 = v^2 + w^2$ のとき，$u^2 - v^2 = w^2$，$u^2 - w^2 = v^2$．$u^2 = 25 [= 5^2 = a^2]$ のとき，$v^2 = 16 [= 4^2 = b]$，$w^2 = 9 [= 3^2 = c]$．

....

ゆえに我々は25を［次のような］2つの部分に分けた．両者の各々を25から引くと，残りは平方［数］である．その両者は9単位〈と〉[1] 16単位である．そしてそれが我々が計算したかったものである． 3341

13. 我々は置かれた〈平方〉数を［次のような］3つの部分に分けたい．それ（平方数）にそれら［3つ］の各々が加えられると，出てくるのは平方［数］である． 3344

··· 訳注 ··

問題 7.13.

$$\begin{cases} a^2 = b + c + d \\ a^2 + b = e_1^2 \\ a^2 + c = e_2^2 \\ a^2 + d = e_3^2. \end{cases}$$

以下では $a^2 = 25$ とし，その3つの部分 (b, c, d) を求めている．

....

置かれた数を25単位とせよ．我々は25単位を［次のような］3つの部分に分けたい．それらの各々が25に加えられると，出てくるのは平方［数］である．［或る］平方数を3つの部分に分け，それらの各々の部分を分けられる数に加えると，そこから3つの数が出てくるから，それらの和から合成される数は分けられる数の4倍に等しくなる．それ故[2]，25を3つの部分に分け，それ 3346

_____

[1] ‹و›] R, om. SM
[2] nb يكون line 3351.

らの各々の部分を 25 に加えると，3 つの数の和は 100 単位になる[1]．100 を 3 つの平方部分に分けよう．それらの部分の各々を 25 より大きいとせよ．どのように平方数を平方部分に分けるかを我々は既に我々のこの本において述べた[2]．計算の繰返し無しで済ます．諸部分の 1 つは 36，他の部分は 30 単位と単位の 841 部分のうちの 370 部分，他の部分は 33 単位と単位の 841 部分のうちの 471 部分である．これら 3 つの部分の各々は 25 と 25 の諸部分のうちの 1 つの部分とから合成されるから，これら 3 つの各々から 25 を引くと，各々の部分から残るのは 25 の諸部分のうちの 1 つの部分である．しかし，25 を 36 から引くと，残りは 11 になる．そしてそれが 25 の諸部分のうちの 1 番目の部分である．また 25 を 2 番目の部分，すなわち 33 単位と 841 [部分] のうちの 471 部分，から引くと，残りは 8 単位と 841 [部分] のうちの 471 部分になる．そしてそれが 25 の諸部分のうちの 2 番目の部分である．また 25 を 3 番目の部分，すなわち 30 単位と 841 [部分] のうちの 370 部分，から引くと，残りは 5 単位と 841 [部分] のうちの 370 部分になる．そしてそれが 25 の諸部分のうちの 3 番目の部分である．

··· 訳注 ···

$a^2 = 25$ とし，次のような b, c, d を求める．
$$\begin{cases} 25 = b + c + d \\ 25 + b = e_1^2 \\ 25 + c = e_2^2 \\ 25 + d = e_3^2. \end{cases}$$

$(a^2+b)+(a^2+c)+(a^2+d) = 4a^2$ だから，$(25+b)+(25+c)+(25+d) = 100$．よって $e_1^2 + e_2^2 + e_3^2 = 100$．ただし $e_1^2, e_2^2, e_3^2 > 25$．[問題 2.8 により 100=36+64 に分け，さらに 64 を 2 つの平方数に分ける．] $e_1^2 = 36[= 6^2]$, $e_3^2 = 30\frac{370}{841}[= (\frac{160}{29})^2]$, $e_2^2 = 33\frac{471}{841}[= (\frac{168}{29})^2]$. $b = e_1^2 - 25 = 36 - 25 = 11$, $c = e_2^2 - 25 = 33\frac{471}{841} - 25 = 8\frac{471}{841}$, $d = e_3^2 - 25 = 30\frac{370}{841} - 25 = 5\frac{370}{841}$.

··

3371　これら 3 つの部分が足されたとしよう．すると 25 になる．それらの各々が

---

[1] M ومس احل S, فمن اجل R,] ومن أجل
[2] 問題 2.8.

25 に足されると，出てくるのは平方数になる．

········ 訳注 ···
検算．
$$\begin{cases} a^2 = b+c+d = 11 + 8\frac{471}{841} + 5\frac{370}{841} = 25 \\ a^2 + b = 25 + 11 = 36 = 6^2 \\ a^2 + c = 25 + 8\frac{471}{841} = 33\frac{471}{841} = \left(\frac{168}{29}\right)^2 \\ a^2 + d = 25 + 5\frac{370}{841} = 30\frac{370}{841} = \left(\frac{160}{29}\right)^2. \end{cases}$$
···

ゆえに我々は 25 を［次のような］3 つの部分に分けた．それらの各々が 25 に加えられると，出てくるのは平方数である．これら諸部分とは，1 番目は 11 単位[1]，2 番目は 8 単位と単位の 841 部分のうちの 471 部分[2]，3 番目は 5 単位と 841［部分］のうちの 370 部分である．そしてそれが我々が見つけたかった[3]ものである．

3374

14. 我々は置かれた平方数を［次のような］3 つの部分に分けたい．それら［3 つ］の各々がそれ（平方数）から引かれると，残りは平方［数］である．

3379

········ 訳注 ···
問題 7.14.
$$\begin{cases} a^2 = b+c+d \\ a^2 - b = e_1^2 \\ a^2 - c = e_2^2 \\ a^2 - d = e_3^2. \end{cases}$$
以下では $a^2 = 25$ とし，その 3 つの部分（b, c, d）を求めている．
···

平方数を 25 単位と置こう．我々は 25 単位を［次のような］3 つの部分に分けたい．諸部分の各々を 25 から引くと，残りは平方［数］になる．25 を 3 つ

3381

---

[1] ‹و›] R, om. SM
[2] ‹و›] R, om. SM
[3] نجد] R, نعمل S, محد M

280 『算術』第 7 巻

の部分に分けて諸部分の各々を 25 から引くと，それらの和から合成される数が 50 になるような 3 つの数がそれ（引き算）から見つけられるから，50 を 3 つの平方部分に分けよう．それらの各々は 25 より小さいとせよ．どのようにして［或る］数を平方部分（pl.）に分けるかを我々は既に我々のこの本において述べた[1])．繰返し無しで済まそう[2])．諸部分の 1 つは 16 単位，他の部分は $22^{3)}$ 単位と単位の 169 部分のうちの 3 部分，他の部分は 11 単位と単位の 169 部分のうちの 166 部分になる．

········· 訳注 ··
$a^2 = 25$ と置き，次のような b, c, d を求める．

$$\begin{cases} 25 = b + c + d \\ 25 - b = e_1^2 \\ 25 - c = e_2^2 \\ 25 - d = e_3^2. \end{cases}$$

$e_1^2 + e_2^2 + e_3^2 = (25-b) + (25-c) + (25-d) = 75 - (b+c+d) = 50$. ただし $e_1^2, e_2^2, e_3^2 < 25$. [$50 = 16 + 25 + 9$ に分け，問題 2.9 により 25+9=34 を 2 つの平方数に分ける．] $e_1^2 = 16$, $e_2^2 = 22\frac{3}{169}$, $e_3^2 = 11\frac{166}{169}$.
··

3391 これらの諸部分の各々の部分は 25—もしそれ（25）からその［25 の］諸部分の各々が引かれたら—に等しいから，これらの 3 つの部分の各々の部分を 25 から突き合わせなくては（引かなくては）ならない．25 からの残りが 25 の諸部分になる．しかし，16 単位を 25 から突き合わせる（引く）と，残りは 9 単位である．そしてそれが 25 の諸部分のうちの 1 つの部分である．また 22 単位と 169 部分のうちの 3 部分を 25 から突き合わせる（引く）と，残りは 2 単位と 169［部分］のうちの 166 部分である．そしてそれが他の部分である．また 11 単位と 169［部分］のうちの 166 部分を 25 から突き合わせる（引く）と，残りは 13 単位と単位の 169 部分 3 部分になる．〈そしてそれが他の部分

[1)]問題 2.9.
[2)] فلنغن [S, فليغن R, فلىعى M
[3)] اثنان وعشرون [S, اثنين وعشرين R, اسان وعسرون M

である.〉[1]

⋯ 訳注 ⋯⋯⋯⋯⋯⋯⋯⋯⋯⋯⋯⋯⋯⋯⋯⋯⋯⋯⋯⋯⋯⋯⋯⋯⋯⋯⋯⋯⋯⋯⋯
$b = 25 - 16 = 9$, $c = 25 - 22\frac{3}{169} = 2\frac{166}{169}$, $d = 25 - 11\frac{166}{169} = 13\frac{3}{169}$.
⋯⋯⋯⋯⋯⋯⋯⋯⋯⋯⋯⋯⋯⋯⋯⋯⋯⋯⋯⋯⋯⋯⋯⋯⋯⋯⋯⋯⋯⋯⋯⋯⋯⋯⋯⋯⋯⋯

これら3つの部分,つまり9および2単位と169[部分]のうちの166部分および13と169[部分]のうちの3部分,から合成される数は25単位になる.これらの3つの部分の各々が25から引かれると,残りは平方数である.

⋯ 訳注 ⋯⋯⋯⋯⋯⋯⋯⋯⋯⋯⋯⋯⋯⋯⋯⋯⋯⋯⋯⋯⋯⋯⋯⋯⋯⋯⋯⋯⋯⋯⋯
検算.
$$\begin{cases} a^2 = b + c + d = 9 + 2\frac{166}{169} + 13\frac{3}{169} = 25 \\ a^2 - b = 25 - 9 = 16 = 4^2 \\ a^2 - c = 25 - 2\frac{166}{169} = 22\frac{3}{169} = \left(\frac{61}{13}\right)^2 \\ a^2 - d = 25 - 13\frac{3}{169} = 11\frac{166}{169} = \left(\frac{45}{13}\right)^2. \end{cases}$$
⋯⋯⋯⋯⋯⋯⋯⋯⋯⋯⋯⋯⋯⋯⋯⋯⋯⋯⋯⋯⋯⋯⋯⋯⋯⋯⋯⋯⋯⋯⋯⋯⋯⋯⋯⋯⋯⋯

ゆえに我々は25を[次のような]3つの部分に分けた.それらの各々が25から引かれると,残りは平方数である.それらは13単位と単位の169部分のうちの3部分〈および〉[2] 9単位〈および〉[3] 11単位[4]と169[部分]のうちの166部分である.そしてそれが我々が見つけたかった[5]ものである.

15. 我々は置かれた平方数を[次のような]4つの部分に分けたい.4つの部分のうち2つの部分の各々が置かれた平方数から引かれると残りは平方になる.また4つの部分のうち残りの2つの部分の各々が置かれた平方数に加えられると出てくるのは平方数になる.

---

[1] ⟨وهو القسم الآخر⟩] S, om. RM
[2] ⟨و⟩] R, om. SM
[3] ⟨و⟩] R, om. SM
[4] احد عشر احدا S, أحدان R, احد M. 数学的にはRの読み「2単位」が正しい.Sesiano [1982: 64] 参照.
[5] نجد] R, نعمل S, نجد M

・・・ 訳注 ・・・
問題 7.15.
$$\begin{cases} a^2 = b+c+d+e \\ a^2 - b = f_1^2 \\ a^2 - c = f_2^2 \\ a^2 + d = f_3^2 \\ a^2 + e = f_4^2. \end{cases}$$

以下では $a^2 = 25$ とし，その 4 つの部分（b, c, d, e）を求めている．
・・

3416 　置かれた平方数を 25 単位とせよ．我々は 25 を ［次のような］ 4 つの部分に[1)]分けたい．4 つの部分のうち 2 つの部分[2)]の各々が 25 から引かれると，残りは平方 ［数］ である．［残りの］ 2 つの部分の各々が 25 に加えられると，出てくるのは平方 ［数］ である．この条件を或る平方数に求めよう．平方数，つまり財，にそれの辺 2 回と 1 単位自身を加えると出てくるのは平方 ［数］ であるから，諸部分のうちの 1 つを 2 物と 1 単位とする．また財にそれの辺 4 回と 4 単位自身を加えると，出てくるものは平方 ［数］ である．他方の加えられる部分を 4 物と 4 単位と置こう．加えられる 2 つの部分から合成される数は 6 物と 5 単位になる．また財からそれの辺 2 回引く 1 単位自身，つまり 2 物引く 1 単位，を引くと，残りは平方 ［数］ である．引かれる 2 つの部分のうち一方を 2 物引く 1 単位と置く．また平方数，つまり財，からそれの辺 4 回引く 4 単位自身を引くと，残りは平方 ［数］ になるから，引かれる他方の部分を 4 物引く 4 単位とする．〈引かれる〉[3)] 2 つの部分から合成される数は 6 物引く 5 単位になる．加えられる 2 つの部分から合成される数は 6 物と 5 単位だった．4 つの部分から合成される数は 12 物である．それが財に等しい．というのも我々の目標は財を 4 つの部分に分けることであったから．財を物で割る．すると物になる．12 物を物で割る．すると 12 単位がある[4)]．よって物は 12 単位

━━━
[1)] M افسام قسمه, R أقسام قسمة, S] اقسام
[2)] M قسمىس R <فيها> قسمان, S] قسمان
[3)] <المنقوصين>] S, om. RM
[4)] M ضكون, R فيكون, S] فتكون

に等しい．物は財の辺である．よって財は[1] 144 単位である．

··· 訳注 ··
$a^2 = 25$ とし，次のような b, c, d, e を求める．
$$\begin{cases} 25 = b + c + d + e \\ 25 - b = f_1^2 \\ 25 - c = f_2^2 \\ 25 + d = f_3^2 \\ 25 + e = f_4^2. \end{cases}$$
ここで一般に，
$$\begin{cases} u^2 = u_1 + u_2 + u_3 + u_4 \\ u^2 - u_1 = v_1^2 \\ u^2 - u_2 = v_2^2 \\ u^2 + u_3 = v_3^2 \\ u^2 + u_4 = v_4^2. \end{cases}$$
$u^2 = s^2$ とすると，$s^2 + (2s+1) = (s+1)^2 = u^2 + u_3, s^2 + (4s+4) = (s+2)^2 = u^2 + u_4$, $u_3 + u_4 = 6s + 5$．$s^2 - (2s-1) = (s-1)^2 = u^2 - u_1, s^2 - (4s-4) = (s-2)^2 = u^2 - u_2$, $u_1 + u_2 = 6s - 5$．$u^2 = s^2 = (6s-5) + (6s+5) = 12s, s^2 = 12s, s = 12, s^2 = 144$．

··

それ（財）に加えられる 2 つの部分のうち一方は 2 物と 1 単位であった．よってそれは 25 単位である．加えられる他方の部分は 4 物と 4 単位である．よってそれは 52 単位である．また引かれる 2 つの部分の一方は 2 物引く 1 単位であった．よってそれは 23 である．他方の部分は 4 物引く 4 単位である．よってそれは 44 単位である．我々が望んだこの平方数を求めることには既に到達した．我々が望んだ問題の完結には達していない．

··· 訳注 ··
$u_3 = 2s + 1 = 25, u_4 = 4s + 4 = 52, u_1 = 2s - 1 = 23, u_2 = 4s - 4 = 44$．
··

もし置かれた数が 144 であるならば，我々は既に我々が望んだものに到達し

---

[1] والمال] S, فالمال RM

た．しかしそれは 25 単位である．それ故，144 の諸部分の各々の部分を 25 に掛け，そこから出てきたものを 144 で割らなくてはならない．しかし，諸部分のうちの最初，すなわち 25，を 25 に掛けると，そこから出てくるのは 625 である．それを 144 で割ると，144 [部分] のうちの 625 部分になる．それが 25 に加えられる 2 つの部分のうちの一方である．また加えられる他方の部分は 52 単位だから，52 単位を 25 に[1)]掛ける．それは 1,300 になる．〈それを 144 で割ると，〉144 [部分] のうちの〈1,300〉部分〈になる〉[2)]．それが加えられる他方の部分である．また引かれる 2 つの部分のうち一方は 23 単位だから，25 を 23 に掛ける．すると 575 になる[3)]．それを 144 で割る．すると 144 [部分] のうちの 575 部分になる．そしてそれが 25 から引かれる数である．また引かれる他方の部分は 44 単位だから，44 単位を 25 に掛ける．すると 1,100 になる[4)]．〈それを 144 で割る．すると〉144 [部分] のうちの〈1,100〉部分に〈なる〉[5)]．そしてそれが 25 から引かれる他方の部分である．

・・・ 訳注 ・・・

$u^2 : a^2 = 144 : 25.$ $[u_3 : d = 144 : 25,] d = u_3 \cdot 25 \div 144 = 25 \cdot 25 \div 144 = 625 \div 144 = \frac{625}{144}$. $[u_4 : e = 144 : 25,] e = u_4 \cdot 25 \div 144 = 52 \cdot 25 \div 144 = 1300 \div 144 = \frac{1300}{144}$. $[u_1 : b = 144 : 25,] b = u_1 \cdot 25 \div 144 = 23 \cdot 25 \div 144 = 575 \div 144 = \frac{575}{144}$. $[u_2 : c = 144 : 25,] c = u_2 \cdot 25 \div 144 = 44 \cdot 25 \div 144 = 1100 \div 144 = \frac{1100}{144}$.

・・

3462　明らかなことから [次のことがある]．これら 4 つの部分を足すと 25 単位になる．加えられる 2 つの部分の各々を 25 に加えると[6)]出てくるのは平方 [数] であり，引かれる 2 つの部分の各々を 25 から引くと残りは平方 [数] である．

・・・ 訳注 ・・・

[1)] عشرين [S, ⟨وأربعة ومائة على اجتمع ما ونقسم⟩ R, عسرس M
[2)] ⟨وإذا قسمناه على مائة وأربعين كان الفا وثلثمائة⟩] S, om. RM
[3)] فتكون [S, فيكون R, مكون M
[4)] فتكون [S, ⟨فيكون وأربعة ومائة على اجتمع ما ونقسم⟩ R, مكون M
[5)] ⟨ونقسمه على مائة وأربعين فيكون الفا ومائة⟩] S, om. RM
[6)] وان [S, فإن R, فان M

検算.
$$\begin{cases} a^2 = b+c+d+e = \frac{575}{144} + \frac{1100}{144} + \frac{625}{144} + \frac{1300}{144} [= \frac{3600}{144}] = 25 \\ a^2 + d = 25 + \frac{625}{144} = \frac{4225}{144} = \left(\frac{65}{12}\right)^2 \\ a^2 + e = 25 + \frac{1300}{144} = \frac{4900}{144} = \left(\frac{70}{12}\right)^2 \\ a^2 - b = 25 - \frac{575}{144} = \frac{3025}{144} = \left(\frac{55}{12}\right)^2 \\ a^2 - c = 25 - \frac{1100}{144} = \frac{2500}{144} = \left(\frac{50}{12}\right)^2. \end{cases}$$

....

ゆえに 25 を我々に対して条件付けられた条件に合う 4 つの部分に分けた．それらは 2 つの増加する［部分］—144［部分］のうちの 625 部分〈と〉[1] 144［部分］のうちの 1,300 部分—〈と〉[2] 2 つの引かれる［部分］—144［部分］のうちの 575 部分〈と〉[3] 144［部分］のうちの 1,100 部分—である．そしてそれが我々が見つけたかった[4] ものである．　　　　　3466

この計算と同じ［仕方］で［以下のような］問いをもつ問題を計算する[5]．我々は置かれた平方数を［次のような］8 つの部分に分けたい．4 つの部分の各々を置かれた数に加えると出てくるのは平方［数］であり，〈残りの〉[6] 4 つの部分の各々を置かれた数から引くと残るものは平方数である．　　　　　3471

... 訳注 ....

---

[1] ‹و›] R, om. SM

[2] ‹و›] R, om. SM

[3] ‹و›] R, om. SM

[4] نجد] R, نعمل S, محد M

[5] この部分を Sesiano [1982: 168] は "we (would) solve the problem with the (following) formulation:", Rashed [1984: Tome 4, 113] は "on effectue un problème qui aurait pour question :", Christianidis and Oaks [2023: 431] は "we can work out a problem asking:" とそれぞれ訳す．

[6] ‹الباقية›] S, ‹الأخرى› R, om. M

$$\begin{cases} a^2 = a_1 + a_2 + a_3 + a_4 + a_5 + a_6 + a_7 + a_8 \\ a^2 + a_1 = b_1^2 \\ a^2 + a_2 = b_2^2 \\ a^2 + a_3 = b_3^2 \\ a^2 + a_4 = b_4^2 \\ a^2 - a_5 = b_5^2 \\ a^2 - a_6 = b_6^2 \\ a^2 - a_7 = b_7^2 \\ a^2 - a_8 = b_8^2. \end{cases}$$

....

3476 16. 我々は［次のような］3つの平方数を見つけたい．それらはまた互いに比例し，しかし1番目が2番目から引かれると残りは平方［数］であり，2番目が3番目から引かれると残りは平方［数］である．

... 訳注 ....
問題 7.16.
$$\begin{cases} a^2 : b^2 = b^2 : c^2 \\ b^2 - a^2 = d_1^2 \\ c^2 - b^2 = d_2^2. \end{cases}$$

求めるのは a^2, b^2, c^2．ただし，$a^2 < b^2 < c^2$ であり，a^2 を1番目，b^2 を2番目，c^2 を3番目とする．

....

3479 3つの平方数があり，それらはまた互いに比例し，1番目が2番目から引かれると残りは平方［数］であるから，これらの数の本性からして次のことがある．2番目が3番目から引かれると，残りは平方［数］である．1番目の数を1単位，3番目の数を財財と置こう．それ故，2番目の数は財になる．しかし，1番目の数，すなわち1単位，を2番目の数，すなわち財，から引くと，残りは財引く1単位になる．［それが］平方数になることを我々は要求する．それが物引く2単位を辺として持つと置こう．それをそれ自身に掛ける．すると財

と 4 単位引く 4 物になる．それが財引く 1 単位に等しい．両辺に 4 物と 1 単位とを加える．すると財と 4 物は財と 5 単位に等しくなる．共通する財を突き合わせる．すると 4 物に等しい 5 単位が残る[1]．よって 1 物は 1 単位と 1/4 になる．

⋯ 訳注 ⋯⋯⋯⋯⋯⋯⋯⋯⋯⋯⋯⋯⋯⋯⋯⋯⋯⋯⋯⋯⋯⋯⋯⋯⋯⋯⋯⋯⋯⋯⋯⋯⋯⋯⋯⋯⋯⋯
$\frac{b^2}{a^2} = \frac{c^2}{b^2}$．[『原論』V.17 「もし合併された量が比例するならば，分離されても比例することになる．」(斎藤・三浦 [2008: 393]) より，$\frac{b^2-a^2}{a^2} = \frac{c^2-b^2}{b^2}$．] $b^2 - a^2$ が平方数ならば，$c^2 - b^2$ も平方数になる．[Sesiano [1982: 277] 参照．] $a^2 = 1$, $c^2 = s^2 s^2$ と置くと，$[1 : b^2 = b^2 : s^2 s^2$ より，$] b^2 = s^2$．$b^2 - a^2 = s^2 - 1 = d_1^2$．$d_1 = s - 2$ と置くと，$d_1^2 = (s-2)^2 = s^2 + 4 - 4s = s^2 - 1$，$s^2 + 5 = s^2 + 4s$，$5 = 4s$，$s = 1\frac{1}{4}$．
⋯⋯

我々は 2 番目の数を財と置き，それの辺は物であり，そして物は 1 単位と 1/4，つまり 4 [部分] のうちの 5 部分，だから，財は単位の 16 部分のうちの 25 部分になる．しかし 3 番目の数は財財と置かれた．そしてそれは財とそれ自身との掛け算から成る．そしてそれは〈256 [部分] のうちの〉625 部分である．〈よって 3 番目の数は〉単位の 256 部分のうちの〈625 部分〉[2]である．1 番目の数は我々が置いたもの，つまり我々が 1 単位と置いたもの，に従う．

⋯ 訳注 ⋯⋯⋯⋯⋯⋯⋯⋯⋯⋯⋯⋯⋯⋯⋯⋯⋯⋯⋯⋯⋯⋯⋯⋯⋯⋯⋯⋯⋯⋯⋯⋯⋯⋯⋯⋯⋯⋯
$b^2 = s^2 = (1\frac{1}{4})^2 = (\frac{5}{4})^2 = \frac{25}{16}$, $c^2 = s^2 s^2 = \frac{625}{256}$, $a^2 = 1$．
⋯⋯

しかし，1 番目の数，すなわち 1 単位，を 2 番目の数，すなわち 16 [部分] のうちの 25 部分，から引くと，残りは単位の 16 部分のうちの 9 部分になる．そしてそれはそれの辺が 4 [部分] のうちの 3 部分である平方数である．また 2 番目の数，すなわち 16 部分のうちの 25 部分，つまり 256 [部分] のうちの 400 部分，を 3 番目の数，すなわち 256 [部分] のうちの 625 部分，から引く

───────────────────────

[1] فيقى] S, فتبقى R, مسمى M
[2] <من مأتين وستّة وخمسين ستّمائة فالعدد الثالث وخمسة وعشرون جزءا>] S, om. RM. R と M に従えば「そしてそれは単位の 256 部分のうちの 625 部分である」となる．

と，残りは単位の 256 部分のうちの 225 部分になる．そしてそれは平方数であり，それの辺は 16 ［部分］のうちの 15 部分である．

・・・訳注・・・
検算．
$$\begin{cases} b^2 - a^2 = \frac{25}{16} - 1 = \frac{9}{16} = (\frac{3}{4})^2 \\ c^2 - b^2 = \frac{625}{256} - \frac{25}{16} = \frac{625}{256} - \frac{400}{256} = \frac{225}{256} = (\frac{15}{16})^2. \end{cases}$$

・・

3504 ゆえに我々に対して限定付けられた限定に合う 3 つの数を我々は見つけた．それらは 1 単位〈と〉[1]256 ［部分］のうちの 400 部分〈と〉[2]256 ［部分］のうちの 625 部分である．そしてそれが我々が見つけたかったものである．

3507 **17. 我々は［次のような］4 つの平方数を見つけたい．それらはまた互いに比例し，それらの和から合成される数は平方［数］〈になる〉[3]．**

・・・訳注・・・
問題 7.17.
$$\begin{cases} a^2 : b^2 = c^2 : d^2 \\ a^2 + b^2 + c^2 + d^2 = e^2. \end{cases}$$

求めるのは a^2, b^2, c^2, d^2.
・・

3509 4 つの数が互いに比例するなら，1 番目と 4 番目との積は 2 番目と 3 番目［との積］と同じであるから，1 番目の平方数を 1 単位，4 番目を 16 財，2 番目の数を［次のような］財 (pl.) と置く．それを 16 財に加えると，出てくるのはその数が平方［数］である財 (pl.) である．それは 9 財である．なぜなら 9 財を 16 財に加えると〈出てくるのは〉[4]25 財であり，それは平方数であ

---

[1] <و>] R, om. SM
[2] <و>] R, om. SM
[3] <يكون>] S, om. RM
[4] <المجتمع>] S, om. RM

り，それの辺は 5 物だから．しかし，3 番目に掛けられた場合の 2 番目の数は 4 番目に掛けられた場合の 1 番目の数と同じである．そして 1 番目の数は 4 番目に掛けられると 16 財になる．16 財を 9 財で割る．1 単位と 7/9 になる[1)]．それが 3 番目の数である．〈それ〉[2)]故，4 つの数から合成される数は 25 財および 2 単位と 7/9 単位である．［それが］平方［数］になることを我々は要求する．それが 5 物と 1/3 単位を辺として持つと置こう．それをそれ自身に掛ける．すると 25 財と 3 物と 1/3 物と 1/9 単位になる．それが 25 財および 2 単位と 7/9 単位に等しい．共通するものを両辺から突き合わせる．すると 2 単位と 2/3 単位に等しい 3 物と 1/3 〈物〉[3)]が残る[4)]．よって 1 物は単位の 10 部分のうちの 8 部分である．

········· 訳注 ···

[『原論』VII.19 より,]$a^2d^2 = b^2c^2$. $a^2 = 1$, $d^2 = 16s^2$, $b^2 = m^2s^2$ と置くと, $16s^2 + m^2s^2 = (16 + m^2)s^2 = n^2s^2$. $b^2 = 9s^2$[と置くと,] $16s^2 + 9s^2 = 25s^2 = (5s)^2$. $a^2d^2 = 16s^2 = b^2c^2 [= 9s^2c^2]$, $c^2 = 1\frac{7}{9}$. $a^2 + b^2 + c^2 + d^2 = 25s^2 + 2\frac{7}{9} = e^2$. $e = 5s + \frac{1}{3}$ と置くと, $e^2 = 25s^2 + 3s + \frac{1}{3}s + \frac{1}{9} = 25s^2 + 2\frac{7}{9}$, $3s + \frac{1}{3}s = 2\frac{2}{3}$, $s = \frac{8}{10}$.

···

　2 番目の数の辺は 3 物であり，〈2 番目の〉[5)]数は 9 財だから，それの辺は 10［部分］のうちの 24 部分になり，2 番目の数は 100［部分］のうちの 576 部分になる．また 4 番目［の数］は 16 財と置かれ，それの辺は 4 物であり，物は 10［部分］のうちの 8 部分だから，4 物は 10［部分］のうちの 32 部分になり，それは 4 番目［の数］の辺であり，4 番目の数は単位の 100〈部分〉[6)]のうちの 1,024 部分である．1 番目の数を 1 単位と我々は置いたから，［それは］我々が置いたように 1 単位になる．我々は 3 番目の数を 1 単位と 7/9 と置いた．そ

---

1) فتكون] S, فيكون R, ممكون M
2) <ذلك فان>] S, <أن> R, om. M
3) <شيء>] S, om. RM
4) فتبقى] R, فيبقى S, فسمى M
5) <الثاني>] S, om. RM
6) <جزء>] R, om. SM

れは我々が置いたように 1 単位と 7/9 である．これら 4 つの数の各々の数は平方 [数] である．

········· 訳注 ···
$b^2 = 9s^2 = (3s)^2 = (\frac{24}{10})^2 = \frac{576}{100}$, $d^2 = 16s^2 = (4s)^2 = (4 \cdot \frac{8}{10})^2 = (\frac{32}{10})^2 = \frac{1024}{100}$, $a^2 = 1$, $c^2 = 1\frac{7}{9} = (\frac{4}{3})^2$.
··

3533　それらの和から合成される数は 900 [部分] のうちの 16,900 部分である．そしてそれは平方数であり，それの辺は単位の 30 部分のうちの 130 部分である．

········· 訳注 ···
検算．$a^2 + b^2 + c^2 + d^2 = 1 + \frac{576}{100} + 1\frac{7}{9} + \frac{1024}{100} = \frac{16900}{900} = (\frac{130}{30})^2$.
··

3535　ゆえに我々に対して限定付けられた限定に合う 4 つの数を我々は見つけた．それらは順に 1 単位[1)]，100 [部分] のうちの 576 部分，1 単位[2)] と 7/9，単位の 100 部分のうちの 1,024 部分[3)] である．そしてそれが我々が見つけたかったものである．

3539　**18. 我々は [次のような] 4 つの平方数を見つけたい．それらはまた互いに比例し，1 番目が 2 番目から引かれると残りは平方 [数] であり，2 番目が 3 番目から引かれると残りは平方 [数] であり，3 番目が 4 番目から引かれると残りは平方 [数] である．**

········· 訳注 ···
問題 7.18.
$$\begin{cases} a^2 : b^2 = c^2 : d^2 \\ b^2 - a^2 = e_1^2 \\ c^2 - b^2 = e_2^2 \\ d^2 - c^2 = e_3^2. \end{cases}$$

───────────────────────────────────────
1) M الاول واحد R, الأول واحد <والثاني> S, واحد | واحد
2) R <والثالث> واحد SM, واحد | واحد
3) M الف R, <والرابع> ألف S, الف | الف

求めるのは a^2, b^2, c^2, d^2. ただし, $a^2 < b^2 < c^2 < d^2$.

....

数の本性において我々は［次のことを］既に見つけた[1]. 4つの数の各々が互いに比例し，それらはまた平方［数］であり，それらのうち1番目の数が2番目の数から引かれると残りが平方［数］になるならば，また3番目の数が4番目の数から引かれると残りは平方［数］である．それ故，［次のような］互いに比例する4つの平方数を探す．〈1番目が2番目から引かれると残りが平方［数］であり，2番目が3番目から引かれると残りが平方［数］である〉[2]. 1番目の数を望むだけの単位（pl.）と置こう．［それが］平方［数］になる後で[3]．それを9単位と置こう．1番目を2番目から引くと残りが平方［数］になるので，2番目をそれから9単位が引かれると残りが平方［数］である望むだけの平方数と置こう．それを25単位と置こう．4番目の数を望むだけの財（pl.）と置こう．［それが］平方［数］になる後で[4]．それを1財と置こう．1番目，すなわち9単位，と4番目の数，すなわち財，との積は9財だから，2番目の数，すなわち25単位，と3番目の数との積も9財にならなくてはならない．よって3番目の数は財の25部分のうちの9部分である．しかし，2番目の数，すなわち25単位，を3番目の数，すなわち財の25部分のうちの9部分，から引くと，残りは財の25部分のうちの9部分引く25単位である．［それが］平方［数］になることを我々は要求する．それが3/5物引く1単位を辺として持つと置こう．それをそれ自身に掛ける．すると財の25部分のうちの9部分と1単位引く6/5物になる．それが財の25部分のうちの9部分引く25単位に等しい．両辺に共に6/5物と25単位を加えよう．そして共通する〈財の25部分のうちの〉[5]9部分を突き合わせる．すると26単位に等しい6/5物

3542

---

[1] قد وجدنا M, وكنّا S, 〈وكنّا〉 قد وجدنا 〈انّه〉 R, [قد وجدنا

[2] 〈اذا نقص الاوّل من الثاني كان الباقي مربّعًا وان نقص الثاني من الثالث كان الباقي مربّعًا〉] S, om. RM

[3] ここで意図されているのは「その単位（pl.）が平方数という条件のもとで」ということ．

[4] ここで意図されているのは「その財（pl.）が平方数という条件のもとで」ということ．

[5] 〈من خمسة وعشرين جزءا من مال〉] R, om. SM

が残る．よって 1 物は 6 [部分] のうちの 130 部分である．

········· 訳注 ·········

[『原論』V.17 より，] $\frac{b^2}{a^2} = \frac{d^2}{c^2}$ [ならば，$\frac{b^2-a^2}{a^2} = \frac{d^2-c^2}{c^2}$]．$b^2-a^2$ が平方数ならば，d^2-c^2 も平方数になる．$a^2 = 9$, $b^2 = 25$, $d^2 = s^2$ と置くと，$a^2 d^2 = 9s^2 = b^2 c^2 = 25 c^2$, $c^2 = \frac{9}{25}s^2$．$c^2 - b^2 = \frac{9}{25}s^2 - 25 = e_2^2$．$e_2 = \frac{3}{5}s - 1$ と置くと，$e_2^2 = \frac{9}{25}s^2 + 1 - \frac{6}{5}s = \frac{9}{25}s^2 - 25$, $\frac{6}{5}s = 26$, $s = \frac{130}{6}$．

························

3565　4 番目の数は財と置かれ，それの辺は物であり，物は 6 [部分] のうちの 130 部だから，4 番目の数は単位の 36 部分のうちの 16,900 部分である．また 3 番目の数は財の 25 部分のうちの 9 部分だから，[それは] 単位の 36 部分のうちの 6,084 部分になる．

········· 訳注 ·········

$d^2 = s^2 = \frac{16900}{36}$, $c^2 = \frac{9}{25}s^2 = \frac{6084}{36}$．

························

3570　1 番目の数，すなわち 9 単位，を 2 番目の数，すなわち 25 単位，から引くと，残りは 16 単位になる．それは平方数であり，それの辺は 4 単位である．2 番目の数，すなわち 25 単位，つまり単位の 36 部分のうちの 900 部分，を 3 番目の数，すなわち単位の 36 部分のうちの 6,084 部分，から引くと，残りは単位の 36 部分のうちの 5,184 部分になる．それは平方数であり，それの辺は単位の 6 部分のうちの 72 部分である．また 3 番目の数，すなわち 36 [部分] のうちの 6,084 部分，を 4 番目の数，すなわち 36 [部分] のうちの 16,900 部分，から引くと，残りは単位の 36 部分のうちの 10,816 部分である．それはそれの辺が 6 [部分] のうちの 104 部分である平方数である．

········· 訳注 ·········

検算．
$$\begin{cases} b^2 - a^2 = 25 - 9 = 16 = 4^2 \\ c^2 - b^2 = \frac{6084}{36} - 25 = \frac{6084}{36} - \frac{900}{36} = \frac{5184}{36} = (\frac{72}{6})^2 \\ d^2 - c^2 = \frac{16900}{36} - \frac{6084}{36} = \frac{10816}{36} = (\frac{104}{6})^2 \end{cases}$$

························

3582　ゆえに我々に対して限定付けられた限定に合う 4 つの数を我々は見つけた．

それらは 9 単位と 25 単位と 36［部分］のうちの 6,084 部分と単位の 36 部分のうちの 16,900 部分である．そしてそれが我々が見つけたかったものである．

　埋め合わせと鉢合わせに関するディオファントスの本の第 7 巻が完了した．　　3586
それは 18 の問題である．

　その本は完了した．賞賛はアッラーに帰す．諸世界の主に．筆写の終了は　　3588
595 年サファル 3 日金曜日[1]に起こった．至高なるアッラーに賞賛あれ．彼の預言者ムハンマドとその家族全てに祝福[2]あれ．

---

[1] 1198 年 12 月 4 日金曜日（ユリウス通日 2,158,965）に対応する．Sesiano [1982: 22], Rashed [1984: Tome 3, LXVIII] 参照．

[2] مصلّيا] S, مصلين R, مصللا M

第Ⅲ部

付　録

付録 A：アブー・カーミル『ジャブルとムカーバラ』第 3 巻

アブー・カーミルは「エジプトの計算家」と呼ばれた．1966 年にアブー・カーミルの代数学書のヘブライ語訳を研究したレヴィがイスタンブルでアラビア語写本を発見し，1970 年に論文を発表した[1]．クリスティアニディスとオークスはこの本が書かれたのはクスター・イブン・ルーカーがディオファントス『算術』を翻訳した 10 年か 20 年後とする[2]．セシアーノはアブー・カーミルの盛年を 880 年頃とし，ディオファントスを知っていたかはわからないが，ギリシア語の資料を使いこなしたと信じる[3]．この写本は Istanbul, Kara Mustafa Paşa 379 である．セズギンが属する研究所がファクシミリを発行している．

M^k: *The Book of Algebra Kitāb al-Jabr wa al-Muqābala by Abū Kāmil Shujāʿ ibn Aslam.* Publications of the Institute for the History of Arabic-Islamic Science. Series C volume 24. Institute for the History of Arabic-Islamic Science at the Johann Wolfgang Goethe University Frankfurt am Main, 1986.

各ページヘッダにアラビア数字で番号がついている．ラーシェドはこの写本を底本としてテキストとフランス語訳を出版した．

R^k: Rashed, Roshdi. [2012]. *Abū Kāmil: Algèbre et analyse dio-*

---

[1] Levey [1966][1970].
[2] Christianidis and Oaks [2023: 135].
[3] Sesiano [1982: 9–10].

phantienne. Èdition, traduction, commentaire. Berlin; Boston: De Gruyter.

この著作は 4 つに分けることができる．写本とラーシェドによる刊本とのページ番号をそれぞれ付す．

- 第 1 部（写本 pp. 2–133; Rashed pp. 242–521）：ジャブルとムカーバラの計算を論じる．アル・フワーリズミーが面積を利用した直観的な証明をしたのに対しアブー・カーミルはエウクレイデス『原論』第 2 巻の命題を使って証明した[1]．
- 第 2 部（写本 pp. 134–156; Rashed pp. 522–527）：直径 10 の円に内接する正 5 角形，10 角形，15 角形の辺の長さなどを論じる．
- 第 3 部（写本 pp. 157–189; Rashed pp. 578–679）：2 次不定方程式と 1 次不定方程式を論じる．
- 第 4 部（写本 pp. 189–216; Rashed pp. 680–729）：様々な問題を論じる．

以下で紹介するのは第 3 部の初めの 6 つの問題である．ファクシミリ版が出版される前にレヴィとセシアーノは第 3 部の研究を出版した．レヴィは序文といくつかの問題の解法を紹介している[2]．セシアーノは第 3 部にある 38 個の 2 次不定方程式の問題を列挙している．これはファクシミリ版の 189 ページ 14 行までを調べている[3]．

第 3 部の序文で解が不定な問題は「流れ」（sayyāla, سيّالة）と呼ばれている[4]．解が不定なことは「境界付けられていない」（ġair maḥdūda, غير محدودة）と表現されている．ディオファントス『算術』は解を 1 つのみ導いているが，複数個の解を導くことをアブー・カーミルはどのように述べているかを考察することを目的とし，最初の 6 つの問題を考察する．

---

[1] 楠葉 [2001].
[2] Levey [1970].
[3] Sesiano [1977]. 三浦 [2019: 91–92] は問題 35 の解法を説明している．
[4] 三浦 [2019: 91].

問題 1 :　$a^2 + 5 = b^2$
問題 2 :　$a^2 - 10 = b^2$
問題 3 :　$a^2 + 3a = b^2$
問題 4 :　$a^2 - 6a = b^2$
問題 5 :　$a^2 + 10a + 20 = b^2$
問題 6 :　$a^2 - 8a - 30 = b^2$

　アラビア語ジャブルとムカーバラの文献では現代的に言うと 2 次の量は財を意味するマール，1 次の量は物を意味するシャイ，あるいは根を意味するジズル，0 次の量は「独立数」(al-'adad al-mufrad, العدد المفرد) と名付けられ，問題においてはディルハムあるいはディーナールという貨幣単位が使われる[1]．本稿ではアブー・カーミルが最初に述べる財を a^2 と表した．それは「あなたの財」と呼ばれることがある．各問題の演算結果が平方数になる．それもアブー・カーミルは「財（マール）」と呼ぶ．2 種類の「財」を区別するために後者を b^2 と表した．問題 1 と問題 3 と問題 5 は問題文と解法を和訳した．問題 2 と問題 4 と問題 6 は問題文だけ和訳し，解法については要約のみを提示した．

和訳

[1.] もし「あなたに財がある[2]．それ（財）には根がある．それ（財）に 5 ディルハムを加えると，それ（財と 5 ディルハム）には根がある」と言われるなら［あなたの］財はいくらか．

⋯ 訳注 ⋯⋯⋯⋯⋯⋯⋯⋯⋯⋯⋯⋯⋯⋯⋯⋯⋯⋯⋯⋯⋯⋯⋯⋯⋯⋯⋯⋯⋯⋯⋯
問題 1. $a^2 + 5 = b^2$．求めるのは a^2．
⋯⋯⋯⋯⋯⋯⋯⋯⋯⋯⋯⋯⋯⋯⋯⋯⋯⋯⋯⋯⋯⋯⋯⋯⋯⋯⋯⋯⋯⋯⋯⋯⋯⋯

---

[1] 鈴木 [1987: 323]．
[2] Rashed [2012: 580–581] は「あなたに言われる」と解釈する．我々はこの部分が後述する「あなたの財」を定義すると解釈した．

この問題は境界付けられていない（不定である）．正［解］（pl.）から数え切れないものがそれ（問題）に対してたくさん出てくる．あなたが望む正［解］（pl.）の探求があなたにとって容易になるために，それら（正解）のうちの2つの正［解］とそれら（正解）における計算がどのようであるのかを我々は教えよう．もしアッラーが望むなら[1)]．

この問題において2つの正［解］の1つを導き出す方法は［以下のとおり］．あなたの財を財とする．それには根がある．それの根は物である．それに5ディルハムを加える．財と5ディルハムになる．それに根があればよい．それの根は物より大きいことを既にあなたは知っている．なぜなら財が単独であり，それの根が物だから．よってそれ（財）の根を物と数とせよ．それは［次のような］数から成る．その［数］をそれ自身に掛けると，財と共にあるディルハム—この問題では5ディルハム—よりも小さい．

⋯ 訳注 ⋯⋯⋯⋯⋯⋯⋯⋯⋯⋯⋯⋯⋯⋯⋯⋯⋯⋯⋯⋯⋯⋯⋯⋯⋯⋯⋯
$a^2 = s^2$ と置く．$s^2 + 5 = b^2$, $b > s$. $m^2 < 5$ であるような $b = s + m$ とする．
⋯⋯⋯⋯⋯⋯⋯⋯⋯⋯⋯⋯⋯⋯⋯⋯⋯⋯⋯⋯⋯⋯⋯⋯⋯⋯⋯⋯⋯⋯

それを物とディルハムとする．それをそれ自身に掛ける．財と5個の物に等しい財とディルハムと2個の物とになる．財とディルハムを財と5ディルハムから引け．4ディルハムに等しい2物が残る．よって物は2である．財は4である．

⋯ 訳注 ⋯⋯⋯⋯⋯⋯⋯⋯⋯⋯⋯⋯⋯⋯⋯⋯⋯⋯⋯⋯⋯⋯⋯⋯⋯⋯⋯
$b = s + 1$ と置く．$s^2 + 5 = (s+1)^2 = s^2 + 1 + 2s$, $4 = 2s$, $s = a = 2$. $a^2 = 4$.
⋯⋯⋯⋯⋯⋯⋯⋯⋯⋯⋯⋯⋯⋯⋯⋯⋯⋯⋯⋯⋯⋯⋯⋯⋯⋯⋯⋯⋯⋯

それに5ディルハムを加えると9になる．それの根は3である．

⋯ 訳注 ⋯⋯⋯⋯⋯⋯⋯⋯⋯⋯⋯⋯⋯⋯⋯⋯⋯⋯⋯⋯⋯⋯⋯⋯⋯⋯⋯
検算．$a^2 + 5 = 4 + 5 = 9 = (2+1)^2$.
⋯⋯⋯⋯⋯⋯⋯⋯⋯⋯⋯⋯⋯⋯⋯⋯⋯⋯⋯⋯⋯⋯⋯⋯⋯⋯⋯⋯⋯⋯

それの根を物と2ディルハムとし，それをそれ自身に掛けたら，財と5ディルハムに等しい財と4個の物と4ディルハムになる．財と4ディルハムを財

[1)] Rashed [2012: 580–581] はこの段落全体を問題文に含める．

と 5 ディルハムとから引け．ディルハムに等しい 4 個の物が残る．よって物は 1/4 ディルハムに等しい．そしてそれは財の根である．財は 1/8 ディルハムの 1/2 である．

··· 訳注 ··
別解．$b = s + 2$ と置く．$s^2 + 5 = (s+2)^2 = s^2 + 4s + 4$，$1 = 4s$，$s = a = \frac{1}{4}$．
$a^2 = \frac{1}{2} \cdot \frac{1}{8}$．
··

それに 5 ディルハムを加えると 5 と 1/8 の 1/2 になる．そしてそれの根は 2 ディルハムと 1/4 である．

··· 訳注 ··
検算．$a^2 + 5 = 5\frac{1}{2} \cdot \frac{1}{8} = (2\frac{1}{4})^2$．
··

もしあなたが望むなら，財の根を物と 1/2 ディルハム，あるいは物とディルハムと 1/2，あるいは物とディルハムと 1/3，あるいはあなたが望む数—それ（数）を物に加え，それ自身に掛けると 5 より小さくなった後で—とせよ．このようにこの種の状態全てがこの見本に基づく．

··· 訳注 ··
$b = s + \frac{1}{2}$，あるいは $b = s + 1 + \frac{1}{2}$，あるいは $b = s + 1 + \frac{1}{3}$ を候補として述べる．一般に，$b = s + m$ としたら $m^2 < 5$ を満たす数．
··

[2.] もし「あなたに財がある[1]．それ（財）には根がある．それ（財）から 10 ディルハムを引くと，残ったものには根がある」と言われるなら［あなたの財はいくらか］．

··· 訳注 ··
問題 2．$a^2 - 10 = b^2$．求めるのは a^2．
··

---

[1] Rashed [2012: 582–583] は「あなたに言われる」と解釈する．問題 1 参照．

⋯ 解法の要約 ⋯⋯⋯⋯⋯⋯⋯⋯⋯⋯⋯⋯⋯⋯⋯⋯⋯⋯⋯⋯⋯⋯⋯⋯⋯⋯⋯
$a = s$ と置く．$\sqrt{s^2 - 10} < s$ だから $b = s-1$ とする．$s^2 - 10 = (s-1)^2 = s^2 + 1 - 2s$, $s^2 = s^2 + 11 - 2s$, $2s = 11$, $s = a = 5\frac{1}{2}$. $a^2 = 30\frac{1}{4}$. 検算．$a^2 - 10 = 30\frac{1}{4} - 10 = 20\frac{1}{4} = (4\frac{1}{2})^2$.

$\sqrt{s^2 - 10} = s-2$ ならば, $s^2 - 10 = s^2 + 4 - 4s$, $4s = 14$, $s = a = 3\frac{1}{2}$. $a^2 = 12\frac{1}{4}$. 検算．$a^2 - 10 = 2\frac{1}{4} = (1\frac{1}{2})^2$.
⋯⋯⋯⋯⋯⋯⋯⋯⋯⋯⋯⋯⋯⋯⋯⋯⋯⋯⋯⋯⋯⋯⋯⋯⋯⋯⋯⋯⋯⋯⋯⋯⋯⋯⋯

[3.] もし「あなたに財がある[1]．それ（財）には根がある．それ（財）にそれの3個の根を加えると，それ（財と3個の根）には根がある」と言われるなら［あなたの］財はいくらか．

⋯ 訳注 ⋯⋯⋯⋯⋯⋯⋯⋯⋯⋯⋯⋯⋯⋯⋯⋯⋯⋯⋯⋯⋯⋯⋯⋯⋯⋯⋯⋯⋯⋯
問題3．$a^2 + 3a = b^2$．求めるのは a^2．
⋯⋯⋯⋯⋯⋯⋯⋯⋯⋯⋯⋯⋯⋯⋯⋯⋯⋯⋯⋯⋯⋯⋯⋯⋯⋯⋯⋯⋯⋯⋯⋯⋯⋯⋯

この問題も境界付けられていない（不定である）[2]．財と3個の物との根を物とディルハム，あるいは物と1/2 ディルハム，あるいは物とディルハムと1/3[3]，あるいはあなたが望む数，［すなわち］財に加えられる物——この問題では3個の物——の 1/2 より小さい［数］，とせよ．

⋯ 訳注 ⋯⋯⋯⋯⋯⋯⋯⋯⋯⋯⋯⋯⋯⋯⋯⋯⋯⋯⋯⋯⋯⋯⋯⋯⋯⋯⋯⋯⋯⋯
［$a^2 = s^2$ とする．］$b = s+1$, あるいは $b = s + \frac{1}{2}$, あるいは $b = s + 1 + \frac{1}{3}$ とする．一般に，$b = s + m$ ($m < \frac{3}{2}$).
⋯⋯⋯⋯⋯⋯⋯⋯⋯⋯⋯⋯⋯⋯⋯⋯⋯⋯⋯⋯⋯⋯⋯⋯⋯⋯⋯⋯⋯⋯⋯⋯⋯⋯⋯

それを物とディルハムとする．そしてそれをそれ自身に掛ける．財と3個の物[4]とに等しい財とディルハムと2個の物になる．財と3個の物から財と2個の物を引け．ディルハムに等しい物が残る．それが財の根である．財はディル

---

[1] Rashed [2012: 584–585] は「あなたに言われる」と解釈する．問題1–2 参照．
[2] Rashed [2012: 584–585] はこの部分を問題文に含める．
[3] درهم ثلث M^k, درهما و ثلث] R^k. R^k に従えば「1/3 ディルハム」となる．
[4] ثلاثة أشياء] R^k, ثلثا شي M^k

ハムである.

… 訳注 …………………………………………………………………
$b = s+1$ とする. $s^2 + 3s = (s+1)^2 = s^2 + 1 + 2s$, $s = a = 1$. $a^2 = 1$.
…………………………………………………………………………

　それにそれの 3 個の根を加えると 4 ディルハムになる. それの根は 2 ディルハムである.

… 訳注 …………………………………………………………………
検算. $a^2 + 3a = 1 + 3 = 4 = 2^2$.
…………………………………………………………………………

[4.] もし「あなたに財がある[1). それ(財)には根がある. それ(財)からそれの 6 個の根を引くと, それ(財引く 6 個の根)には根がある」と言われるなら [あなたの財はいくらか].

… 訳注 …………………………………………………………………
問題 4. $a^2 - 6a = b^2$. 求めるのは a^2.
…………………………………………………………………………

… 解法の要約 ……………………………………………………………
$a = s$ とする. $\sqrt{s^2 - 6s} < s$. 一般に, $b = s - m$ と置く. ただし $m > \frac{6}{2}$. $m = 4$ の場合, $s^2 - 6s = (s-4)^2 = s^2 + 16 - 8s$, $s = a = 8$. $a^2 = 64$. 検算. $s^2 - 6s = 64 - 48 = 16 = 4^2$. 他に $m = 5$, $m = 3\frac{1}{2}$ に言及するが計算はしていない.
…………………………………………………………………………

[5.] もし「財がある. それ(財)には根がある. それ(財)にそれの 10 個の根と 20 ディルハムを加えると, それ(財と 10 個の根と 20 ディルハム)には根がある」と言うなら [あなたの財はいくらか].

… 訳注 …………………………………………………………………

[1)]Rashed [2012: 584–585] は「あなたに言われる」と解釈する. 問題 1–3 参照.

問題 5. $a^2 + 10a + 20 = b^2$. 求めるのは a^2.

この問題も境界付けられていない（不定である）[1]．それの例（qiyās）．あなたの財を財とする．それにそれの 10 個の根と 20 ディルハムを加える．財と 10 個の物と 20 ディルハムになる．それ（財と 10 個の物と 20 ディルハム）の根を物と数とせよ．それをそれ自身に掛けると，物（pl.）との[2]掛け算から出てくるものは 10 より小さく，ディルハム（pl.）［との掛け算］から［出てくるものは］20 ディルハム[3]より大きい．その両者より共に小さいことは許されない．その両者より共に大きいことは［許され］ない．なぜならそのようであり，掛け算から出てくるもので財と 10 個の物と 20 ディルハム[4]とを鉢合わせると，物（pl.）に等しい[5]ディルハム（pl.）が残るからである．

··· 訳注 ···
$a^2 = s^2$ とする．一般に，$b = s+m$ と置く．$2m < 10$ かつ $m^2 > 20$．$s^2+10s+20 = (s+m)^2 = s^2+2ms+m^2$, $(10-2m)s = m^2 - 20$. ここから条件として $2m < 10$ かつ $m^2 > 20$ を述べていると思われる．$(10-2m)s + (20-m^2) = 0$.
··

それを物と 4 ディルハムと 1/2 とする．それをそれ自身に掛ける．財と 10 物と 20 ディルハムに等しい財と 9 物と 20 ディルハムと 1/4 になる．それで鉢合わせる．物は 1/4 ディルハムになる．それは財の根である．財は 1/8 の 1/2 ディルハムである．

··· 訳注 ···
$b = s + 4\frac{1}{2}$ とする．$(s+4\frac{1}{2})^2 = s^2 + 9s + 20\frac{1}{4} = s^2 + 10s + 20$, $s = a = \frac{1}{4}$.
$a^2 = \frac{1}{2} \cdot \frac{1}{8}$.
··

[1] Rashed [2012: 584–585] はこの部分を問題文に含める．
[2] في] M^k, من R^k
[3] و من الدراهم أكثر من العشرين درهماً] R^k, و من الدراهم الدرهم العشرين M^k. ここでは R^k が加筆修正したテキストの読みに従う．
[4] درهماً] R^k, الدرهم M^k
[5] لأشياء], شيء لا R^k, شيئاً لا M^k. ここで我々はテキストを読み替えたが，R^k と M^k に従えば「何個の物にも等くない」となる．

それにそれの根 10 個と 20 ディルハムを加えると，22 ディルハムと 1/2 と 1/8 の 1/2 となる．それの根は 4 ディルハムと 1/2 と 1/4 である．それを理解せよ．

・・・訳注・・
検算．$a^2 + 10a + 20 = [\frac{1}{2} \cdot \frac{1}{8} + 10 \cdot \frac{1}{4} + 20 =] 22 + \frac{1}{2} + \frac{1}{2} \cdot \frac{1}{8} = (4 + \frac{1}{2} + \frac{1}{4})^2$．例は 1 つしか述べない．
・・・

[6.] もし「財がある．それには 2 個の根がある．それから 8 個の根と 30 ディルハムを引くと残ったものには根がある」と言われるなら［あなたの財はいくらか］．

・・・訳注・・
問題 6．$a^2 - 8a - 30 = b^2$．求めるのは a^2．
・・・

・・・解法の要約・・
$a = s$ とする．$\sqrt{s^2 - 8s - 30} = b < s$．$b = s - 5$ とする．$s^2 - 8s - 30 = s^2 + 25 - 10s$，$2s = 55$，$s = a = 27\frac{1}{2}$．$a^2 = 756\frac{1}{4}$．検算．$a^2 - 8a - 30 = (27\frac{1}{2})^2 - 8 \cdot (27\frac{1}{2}) - 30 = 756\frac{1}{4} - 250 = 506\frac{1}{4} = (22\frac{1}{2})^2$．
・・・

付録 B：シノプシス

ギリシア語版とアラビア語版における記号の使い分けについては序論 7.1 を参照．ギリシア語版の記号の用法などについては Christianidis and Oaks [2023] に従った．第 4 欄には問題の特徴として以下の 6 種類の略号を記載する．

- A： 別解法（alternative solution）
- C： 系問題（collorary），導かれる問題
- D： 条件（diorismos）
- I： Sesiano [1982] が後世の挿入（interporated）と解釈する問題
- L： 補助問題（lemma），次の問題を解くための問題
- P： 形成的（plasmatikon）

第 1 巻（ギリシア語）

No.	問題	課題	特徴
1	$x+y=a$	$a=100,$	
	$x-y=b$	$b=40$	
2	$x+y=a$	$a=60,$	
	$x=my$	$m=3$	
3	$x+y=a$	$a=80$	
	$x=my+b$	$b=4, m=3$	

No.	問題	課題	特徴
4	$x = my$	$m = 5,$	
	$x - y = a$	$a = 20$	
5	$x + y = a$	$a = 100,$	D
	$\frac{x}{m} + \frac{y}{n} = b$	$b = 30, m = 3, n = 5$	
6	$x + y = a$	$a = 100,$	D
	$\frac{1}{m}x - \frac{1}{n}y = b$	$b = 20, m = 4, n = 6$	
7	$x - a = m(x - b)$	$a = 20, b = 100, m = 3$	
8	$x + a = m(x + b)$	$a = 100, b = 20, m = 3$	D
9	$a - x = m(b - x)$	$a = 100, b = 20, m = 6$	D
10	$a + x = m(b - x)$	$a = 20, b = 100, m = 4$	
11	$x + a = m(x - b)$	$a = 20, b = 100, m = 3$	
12	$x + y = x' + y' = a$	$a = 100,$	
	$x = my'$	$m = 2,$	
	$x' = ny$	$n = 3$	
13	$x + y = x' + y' = x'' + y'' = a$	$a = 100,$	
	$x = my'$	$m = 3,$	
	$x' = my''$	$n = 2,$	
	$x'' = py$	$p = 4$	
14	$x \cdot y = m(x + y)$	$m = 3$	D
15	$x + a = m(y - a)$	$a = 30, b = 50,$	
	$y + b = n(x - b)$	$m = 2, n = 3$	
16	$x + y = a$	$a = 20,$	D
	$y + z = b$	$b = 30,$	
	$z + x = c$	$c = 40$	
17	$w + x + y = a$	$a = 20,$	D
	$x + y + z = b$	$b = 22,$	
	$y + z + w = c$	$c = 24,$	
	$z + w + x = d$	$d = 27$	

第III部 付録 307

No.	問題	課題	特徴
18	$x + y - z = a$	$a = 20,$	A
	$y + z - x = b$	$b = 30,$	
	$z + x - y = c$	$c = 40$	
19	$w + x + y - z = a$	$a = 20,$	A, D
	$x + y + z - w = b$	$b = 30,$	
	$y + z + w - x = c$	$c = 40,$	
	$z + w + x - y = d$	$d = 50$	
20	$x + y + z = a$	$a = 100,$	
	$x + y = mz$	$m = 3,$	
	$y + z = nx$	$n = 4$	
21	$x - y = \frac{1}{m}z$	$a = 10,$	A, D
	$y - z = \frac{1}{n}x$	$m = 3,$	
	$z - a = \frac{1}{p}y$	$n = 3, p = 3$	
22	$x - \frac{1}{m}x + \frac{1}{p}z = y - \frac{1}{n}y + \frac{1}{m}x$	$m = 3, n = 4,$	
	$= z - \frac{1}{p}z + \frac{1}{n}y$	$p = 5$	
23	$w - \frac{1}{m}w + \frac{1}{q}z = x - \frac{1}{n}x + \frac{1}{m}w$	$m = 3, n = 4,$	
	$= y - \frac{1}{p}y + \frac{1}{n}x = z - \frac{1}{q}z + \frac{1}{p}y$	$p = 5, q = 6$	
24	$x + \frac{1}{m}(y + z) = y + \frac{1}{n}(z + x)$	$m = 3, n = 4,$	
	$= z + \frac{1}{p}(x + y)$	$p = 5$	
25	$w + \frac{1}{m}(x + y + z) = x + \frac{1}{n}(y + z + w)$	$m = 3, n = 4,$	
	$= y + \frac{1}{p}(z + w + x) = z + \frac{1}{q}(w + x + y)$	$p = 5, q = 6$	
26	$a \cdot x = \square$	$a = 200,$	
	$b \cdot x = \sqrt{\square}$	$b = 5$	
27	$x + y = a$	$a = 20,$	P
	$x \cdot y = b$	$b = 96$	
28	$x + y = a$	$a = 20,$	P
	$x^2 + y^2 = b$	$b = 208$	
29	$x + y = a$	$a = 20,$	

No.	問題	課題	特徴
30	$x^2 - y^2 = b$ $x - y = a$ $x \cdot y = b$	$a = 80$ $a = 4$, $b = 96$	P
31	$x = my$ $x^2 + y^2 = n(x+y)$	$m = 3$, $n = 5$	
32	$x = my$ $x^2 + y^2 = n(x-y)$	$m = 3$, $n = 10$	
33	$x = my$ $x^2 - y^2 = n(x+y)$	$m = 3$, $n = 6$	
34	$x = my$ $x^2 - y^2 = n(x-y)$	$m = 3$, $n = 12$	
34.1	$x = my$ $x \cdot y = n(x+y)$		C
34.2	$x = my$ $x \cdot y = n(x-y)$		C
35	$x = my$ $y^2 = nx$	$m = 3$, $n = 6$	
36	$x = my$ $y^2 = ny$	$m = 3$, $n = 6$	
37	$x = my$ $y^2 = n(x+y)$	$m = 3$, $n = 2$	
38	$x = my$ $y^2 = n(x-y)$	$m = 3$, $n = 6$	
38.1	$x = my$ $x^2 = ny$		C
38.2	$x = my$ $x^2 = nx$		C
38.3	$x = my$		C

No.	問題	課題	特徴
38.4	$x^2 = n(x+y)$ $x = my$ $x^2 = n(x-y)$		C
39	$(a+b)x, (b+x)a, (x+a)b$ が等差	$a=3, b=5$	

第2巻（ギリシア語）

No.	問題 (命題)	課題	特徴
1	$x+y = m(x^2+y^2)$	$m = \frac{1}{10}$	I
2	$x-y = m(x^2-y^2)$	$m = \frac{1}{6}$	I
3	$x \cdot y = m(x \pm y)$	$m = 6$	I
4	$x^2+y^2 = m(x-y)$	$m = 10$	I
5	$x^2-y^2 = m(x+y)$	$m = 6$	I
6	$x-y = a$ $(x^2-y^2)-(x-y) = b$	$a = 2,$ $b = 20$	D, I
7	$(x^2-y^2)-m(x-y) = a$	$m=3, a=10$	D, I
8	$x^2+y^2 = a^2$	$a = 16$	A
9	$x^2+y^2 = a^2+b^2$	$a^2=4, b^2=9$	
10	$x^2-y^2 = a$	$a = 60$	
11	$x+a = \square$ $x+b = \square'$	$a = 2,$ $b = 3$	A
12	$a-x = \square$ $b-x = \square'$	$a = 9,$ $b = 21$	
13	$x-a = \square$ $x-b = \square'$	$a = 6,$ $b = 7$	A
14	$x+y = a$	$a = 20$	

No.	問題 (命題)	課題	特徴
	$z^2 + x = \Box$		
	$z^2 + y = \Box'$		
15	$x + y = a$	$a = 20$	
	$z^2 - x = \Box$		
	$z^2 - y = \Box'$		
16	$x = my$	$m = 3,$	
	$x + a^2 = \Box$	$a^2 = 9$	
	$y + a^2 = \Box'$		
17	$x - \left(\frac{1}{m}x + a\right) + \left(\frac{1}{p}z + c\right)$	$m = 5, n = 6, p = 7;$	A, I
	$= y - \left(\frac{1}{n}y + b\right) + \left(\frac{1}{m}x + a\right)$	$a = 6, b = 7, c = 8$	
	$= z - \left(\frac{1}{p}z + c\right) + \left(\frac{1}{n}y + b\right)$		
18	$x + y + z = d$	$d = 80$	I
	$x - \left(\frac{1}{m}x + a\right) + \left(\frac{1}{p}z + c\right)$	$m = 5, n = 6, p = 7;$	
	$= y - \left(\frac{1}{n}y + b\right) + \left(\frac{1}{m}x + a\right)$	$a = 6, b = 7, c = 8$	
	$= z - \left(\frac{1}{p}z + c\right) + \left(\frac{1}{n}y + b\right)$		
19	$x^2 - y^2 = m(y^2 - z^2)$	$m = 3$	
20	$x^2 + y = \Box$		
	$y^2 + x = \Box'$		
21	$x^2 - y = \Box$		
	$y^2 - x = \Box'$		
22	$x^2 + (x + y) = \Box$		
	$y^2 + (x + y) = \Box'$		
23	$x^2 - (x + y) = \Box$		
	$y^2 - (x + y) = \Box'$		
24	$(x + y)^2 + x = \Box$		
	$(x + y)^2 + y = \Box'$		
25	$(x + y)^2 - x = \Box$		

No.	問題 (命題)	課題	特徴
	$(x+y)^2 - y = \Box'$		
26	$x \cdot y + x = \Box$	$a = 6$	
	$x \cdot y + y = \Box'$		
	$\sqrt{\Box} + \sqrt{\Box'} = a$		
27	$x \cdot y - x = \Box$	$a = 5$	
	$x \cdot y - y = \Box'$		
	$\sqrt{\Box} + \sqrt{\Box'} = a$		
28	$x^2 \cdot y^2 + x^2 = \Box$		
	$x^2 \cdot y^2 + y^2 = \Box'$		
29	$x^2 \cdot y^2 - x^2 = \Box$		
	$x^2 \cdot y^2 - y^2 = \Box'$		
30	$x \cdot y + (x+y) = \Box$		
	$x \cdot y - (x+y) = \Box'$		
31	$x + y = \Box$		
	$x \cdot y + (x+y) = \Box'$		
	$x \cdot y - (x+y) = \Box''$		
32	$x^2 + y = \Box$		
	$y^2 + z = \Box'$		
	$z^2 + x = \Box''$		
33	$x^2 - y = \Box$		
	$y^2 - z = \Box'$		
	$z^2 - x = \Box''$		
34	$x^2 + (x+y+z) = \Box$		
	$y^2 + (x+y+z) = \Box'$		
	$z^2 + (x+y+z) = \Box''$		
35	$x^2 - (x+y+z) = \Box$		
	$y^2 - (x+y+z) = \Box'$		

No.	問題 (命題)	課題	特徴
	$z^2 - (x+y+z) = \square''$		

第3巻（ギリシア語）

No.	問題	課題	特徴
1	$(x+y+z) - x^2 = \square$		
	$(x+y+z) - y^2 = \square'$		
	$(x+y+z) - z^2 = \square''$		
2	$(x+y+z)^2 + x = \square$		
	$(x+y+z)^2 + y = \square'$		
	$(x+y+z)^2 + z = \square''$		
3	$(x+y+z)^2 - x = \square$		
	$(x+y+z)^2 - y = \square'$		
	$(x+y+z)^2 - z = \square''$		
4	$x - (x+y+z)^2 = \square$		
	$y - (x+y+z)^2 = \square'$		
	$z - (x+y+z)^2 = \square''$		
5	$x+y+z = \square$		A
	$x+y-z = \square'$		
	$y+z-x = \square''$		
	$z+x-y = \square'''$		
6	$x+y+z = \square$		A
	$x+y = \square'$		
	$y+z = \square''$		
	$z+x = \square'''$		
7	$z-y = y-x$		

第 III 部 付録 313

No.	問題	課題	特徴
	$x + y = \Box$		
	$y + z = \Box'$		
	$z + x = \Box''$		
8	$x + y + a = \Box$	$a = 3$	
	$y + z + a = \Box'$		
	$z + x + a = \Box''$		
	$x + y + z + a = \Box'''$		
9	$x + y - a = \Box$	$a = 3$	
	$y + z - a = \Box'$		
	$z + x - a = \Box''$		
	$x + y + z - a = \Box'''$		
10	$x \cdot y + a = \Box$	$a = 12$	
	$y \cdot z + a = \Box'$		
	$z \cdot x + a = \Box''$		
11	$x \cdot y - a = \Box$	$a = 10$	
	$y \cdot z - a = \Box'$		
	$z \cdot x - a = \Box''$		
12	$x \cdot y + z = \Box$		
	$y \cdot z + x = \Box'$		
	$z \cdot x + y = \Box''$		
13	$x \cdot y - z = \Box$		
	$y \cdot z - x = \Box'$		
	$z \cdot x - y = \Box''$		
14	$x \cdot y + z^2 = \Box$		
	$y \cdot z + x^2 = \Box'$		
	$z \cdot x + y^2 = \Box''$		
15	$x \cdot y + (x + y) = \Box$		A
	$y \cdot z + (y + z) = \Box'$		

No.	問題	課題	特徴
	$z \cdot x + (z+x) = \square''$		
16	$x \cdot y - (x+y) = \square$		
	$y \cdot z - (y+z) = \square'$		
	$z \cdot x - (z+x) = \square''$		
17	$x \cdot y + (x+y) = \square$		
	$x \cdot y + x = \square'$		
	$x \cdot y + y = \square''$		
18	$x \cdot y - (x+y) = \square$		
	$x \cdot y - x = \square'$		
	$x \cdot y - y = \square''$		
19	w, x, y, z のいずれも $(w+x+y+z)^2$ に加減すれば平方数		
20	$x + y = a$	$a = 10$	I
	$z^2 - x = \square$		
	$z^2 - y = \square'$		
21	$x + y = a$	$a = 20$	I
	$z^2 + x = \square$		
	$z^2 + y = \square'$		

第4巻（アラビア語）

No.	問題	課題	特徴
1	$a^3 + b^3 = c^2$		
2	$a^3 - b^3 = c^2$		
3	$a^2 + b^2 = c^3$		
4	$a^2 - b^2 = c^3$		

No.	問題	課題	特徴
5	$a^2 \cdot b^2 = c^3$		
6	$a^2 \cdot b^3 = c^2$		
7	$a^2 \cdot b^3 = c^3$		
8-9	$a^3 \cdot b^3 = c^2 \ (a < b)$		
8-9.1	$\frac{a^3}{b^3} = c^2$		C
8-9.2	$\frac{a^2}{b^2} = c^3$		C
10	$a^3 + ma^2 = b^2$	$m = 10$	
11	$a^3 - ma^2 = b^2$	$m = 6$	
12	$a^3 + ma^2 = b^3$	$m = 10$	
13	$a^3 - ma^2 = b^3$	$m = 7$	A
14	$ma = b^3$ $na = c^2$	$m = 10,$ $n = 5$	A
15	$ma = b^3$ $na = b^2$	$m = 10,$ $n = 4$	A
15.1	$nb^3 = mc^2$	$m = 3, n = 1$	C
16	$ma = c^3$ $mb = c$	$m = 10$	
17	$ma^2 = c^3$ $mb^2 = c$	$m = 5,$ $n = 20$	P
18	$ma^3 = c^2$ $mb^3 = c$	$m = 8$	D
19	$ma = c^3$ $na = c$	$m = 20,$ $n = 5$	P
20	$ma^3 = c^2$ $na^3 = c$	$m = 200,$ $n = 5$	P
21	$ma^2 = c^3$ $na^2 = c$	$n = 2,$ $m = 40\frac{1}{2}$	P P
22	$ma^3 = c^3$	$n = 2,$	P

No.	問題	課題	特徴
	$na^3 = c$	$m = 91 + \frac{1}{8}$	
23	$(a^2)^2 + (b^2)^2 = c^3$		
24	$(a^2)^2 - (b^2)^2 = c^3$		
25	$(a^3)^2 + (b^2)^2 = c^2$		
26	$(a^3)^2 - (b^2)^2 = c^2$		
	$(b^2)^2 - (a^3)^2 = c^2$		
27	$(a^3)^2 + mb^2 = c^2$	$m = 5$	
28	$(b^2)^2 + ma^3 = c^2$	$m = 10$	
29	$(a^3)^3 + (b^2)^2 = c^2$		
30	$(a^3)^3 - (b^2)^2 = c^2$		
31	$(b^2)^2 - (a^3)^3 = c^2$		
32	$(a^3)^3 + ma^3b^2 = c^2$	$m = 5$	
33	$(a^3)^3 - ma^3b^2 = c^2$	$m = 3$	
33.1	$(b^2)^2 + ma^3b^2 = c^2$		C
33.2	$(b^2)^3 + ma^3b^2 = c^2$		C
34	$a^3 + b^2 = c_1^2$		A
	$a^3 - b^2 = c_2^2$		
35	$b^2 + a^3 = c_1^2$		
	$b^2 - a^3 = c_2^2$		
36	$a^3 + ma^2 = b_1^2$	$m = 4$ or 5,	
	$a^3 - na^2 = b_2^2$	$n = 5$ or 4	
37	$a^3 + ma^2 = b_1^2$	$m = 5$,	
	$a^3 + na^2 = b_2^2$	$n = 10$	
38	$a^3 - ma^2 = b_1^2$	$m = 5$,	
	$a^3 - na^2 = b_2^2$	$n = 10$	
39	$ma^2 - a^3 = b_1^2$	$m = 3$,	
	$na^2 - a^3 = b_2^2$	$n = 7$	
40	$(a^2)^2 + b^3 = c_1^2$		

No.	問題	課題	特徴
	$(a^2)^2 - b^3 = c_2^2$		
41	$b^3 + (a^2)^2 = c_1^2$		
	$b^3 - (a^2)^2 = c_2^2$		
42	$(a^3)^3 + (b^2)^2 = c_1^2$		A
	$(a^3)^3 - (b^2)^2 = c_2^2$		
	$(b^2)^2 + (a^3)^3 = c_3^2$		
	$(b^2)^2 - (a^3)^3 = c_4^2$		
43	$(a^3)^3 + m(b^2)^2 = c_1^2$	$m = 1\frac{1}{4}$,	
	$(a^3)^3 - n(b^2)^2 = c_2^2$	$n = \frac{1}{2} + \frac{1}{4}$	
44	$m(b^2)^2 + (a^3)^3 = c_1^2$	$m = 3$,	
	$n(b^2)^2 + (a^3)^3 = c_2^2$	$n = 8$;	
	$(a^3)^3 - m(b^2)^2 = c_3^2$	$m = 3$,	
	$(a^3)^3 - n(b^2)^2 = c_4^2$	$n = 8$;	
	$m(b^2)^2 - (a^3)^3 = c_5^2$	$m = 3$,	
	$n(b^2)^2 - (a^3)^3 = c_6^2$	$n = 8$	

第5巻(アラビア語)

No.	問題	課題	特徴
1	$(b^2)^2 + ma^3 = c_1^2$	$m = 4$,	
	$(b^2)^2 - na^3 = c_2^2$	$n = 3$	
2	$(b^2)^2 + ma^3 = c_1^2$	$m = 12$,	
	$(b^2)^2 + na^3 = c_2^2$	$n = 5$	
3	$(b^2)^2 - ma^3 = c_1^2$	$m = 12$	
	$(b^2)^2 - na^3 = c_2^2$	$n = 7$	
4	$(b^2)^2 + m(a^3)^3 = c_1^2$	$m = 5$,	

No.	問題	課題	特徴
	$(b^2)^2 - n(a^3)^3 = c_2^2$	$n = 3$	
5	$(b^2)^2 + m(a^3)^3 = c_1^2$	$m = 12,$	
	$(b^2)^2 + n(a^3)^3 = c_2^2$	$n = 5$	
6	$(b^2)^2 - m(a^3)^3 = c_1^2$	$m = 7,$	
	$(b^2)^2 - n(a^3)^3 = c_2^2$	$n = 4$	
7	$a + b = m$	$m = 20,$	P
	$a^3 + b^3 = n$	$n = 2240$	
8	$a - b = m$	$m = 10,$	P
	$a^3 - b^3 = n$	$n = 2170$	
9	$a + b = m$	$m = 20,$	P
	$a^3 + b^3 = n(a-b)^2$	$n = 140$	
10	$a - b = m$	$m = 10,$	P
	$a^3 - b^3 = n(a+b)^2$	$n = 8\frac{1}{8}$	
11	$a - b = m$	$m = 4,$	P
	$a^3 + b^3 = n(a+b)$	$n = 28$	
12	$a + b = m$	$m = 8,$	P
	$a^3 - b^3 = n(a-b)$	$n = 52$	
13	$ma^2 + n = b + c$	$m = 9,$	
	$a^3 + b = d_1^3$	$n = 30$	
	$a^3 + c = d_2^3$		
14	$ma^2 - n = b + c$	$m = 9,$	
	$a^3 - b = d_1^3$	$n = 26$	
	$a^3 - c = d_2^3$		
15	$ma^2 - n = b + c$	$m = 9,$	
	$a^3 + b = d_1^3$	$n = 18$	
	$a^3 - c = d_2^3$		
16	$ma^2 - n = b + c$	$m = 9,$	
	$a^3 - b = d_1^3$	$n = 16$	

No.	問題	課題	特徴
	$c - a^3 = d_2^3$		

第6巻（アラビア語）

No.	問題	課題	特徴
1	$(a^3)^2 + (b^2)^2 = c^2$ $a = mb$	$m = 2$	I
2	$(a^3)^2 - (b^2)^2 = c^2$ $a = mb$	$m = 2$	I
3	$(b^2)^2 - (a^3)^2 = c^2$ $a = mb$	$m = 2$	I
4	$a^3 b^2 + (a^3)^2 = c^2$ $a = mb$	$m = 5$	I
5	$a^3 b^2 + (b^2)^2 = c^2$ $a = b$		I
6	$a^3 b^2 - (a^3)^2 = c^2$ $a = b$		I
7	$a^3 b^2 - (b^2)^2 = c^2$ $a = b$		I
8	$a^3 b^2 + \sqrt{a^3 b^2} = c^2$	$a^3 = 64$	I
9	$a^3 b^2 - \sqrt{a^3 b^2} = c^2$	$a^3 = 64$	I
10	$\sqrt{a^3 b^2} - a^3 b^2 = c^2$	$a^3 = 64$	I
11	$(a^3)^2 + a^3 = c^2$		I

No.	問題	課題	特徴
12	$a^2 + \frac{a^2}{b^2} = c_1^2$ $b^2 + \frac{a^2}{b^2} = c_2^2 \quad (a^2 > b^2)$		
13	$a^2 - \frac{a^2}{b^2} = c_1^2$ $b^2 - \frac{a^2}{b^2} = c_2^2 \quad (a^2 > b^2)$	$b = 1\frac{2}{3}$	
14	$\frac{a^2}{b^2} - a^2 = c_1^2$ $\frac{a^2}{b^2} - b^2 = c_2^2 \quad (a^2 > b^2)$	$b = \frac{4}{5}$	
15	$a^2 + (a^2 - b^2) = c_1^2$ $b^2 + (a^2 - b^2) = c_2^2 \quad (a^2 > b^2)$		
16	$a^2 - (a^2 - b^2) = c_1^2$ $b^2 - (a^2 - b^2) = c_2^2 \quad (a^2 > b^2)$		
17	$a^2 + b^2 + c^2 = d^2$ $a^2 = b$ $b^2 = c$		
18	$a^2 \cdot b^2 \cdot c^2 + (a^2 + b^2 + c^2) = d^2$	$a^2 = 1,$ $b^2 = \frac{9}{16}$	
19	$a^2 \cdot b^2 \cdot c^2 - (a^2 + b^2 + c^2) = d^2$	$a^2 = 1,$ $b^2 = 1 + \frac{9}{16}$	
20	$(a^2 + b^2 + c^2) - a^2 \cdot b^2 \cdot c^2 = d^2$	$a^2 = 4,$ $b^2 = \frac{4}{25}$	
21	$(a^2)^2 + (a^2 + b^2) = c_1^2$ $(b^2)^2 + (a^2 + b^2) = c_2^2$		
22	$a^2 + b^2 = c_1^2$ $a^2 \cdot b^2 = c_2^3$		A
23	$\frac{m^2}{a^2} + \frac{m^2}{b^2} = c_1^2$	$m^2 = 9$	

No.	問題	課題	特徴
	$a^2+b^2+m^2=c_2^2$		

第7巻（アラビア語）

No.	問題	課題	特徴
1	$a=mb$	$m=2$	I
	$b=mc$		
	$a^3b^3c^3=d^2$		
2	$a^3=m_1^2$	$a^3=\frac{1}{64}$,	I
	$b^3=m_2^2$	$b^3=64$	
	$c^3=m_3^2$		
	$a^3b^3c^3=(d^2)^2$		
3	$(a^2)^2=b^3+c^3+d^3$		I
4	$(a^2)^3=b^2+c^2+d^2$		I
5	$(a^3)^3b^3+(a^3)^3c^2=d^2$	$a^3=8$	I
6	$a^2+b^2=c^2$	$m=9$	D, I
	$a^2b^2=m(a^2+b^2)$		
7	$(a^3)^2=b+c+d$		A
	$b+c=e_1^2$		
	$c+d=e_2^2$		
	$d+b=e_3^2$		
8	$(a^3)^2+b=c_1^2$	$(a^3)^2=64$	
	$(a^3)^2+2b=c_2^2$		
9	$(a^3)^2-b=c_1^2$	$(a^3)^2=64$	
	$(a^3)^2-2b=c_2^2$		
10	$(a^3)^2+b=c_1^2$	$(a^3)^2=64$	

No.	問題	課題	特徴
11	$(a^3)^2 - b = c_2^2$ $a^2 = b + c$ $a^2 + b = d_1^2$ $a^2 - c = d_2^2$	$a^2 = 25$	
12	$a^2 = b + c$ $a^2 - b = d_1^2$ $a^2 - c = d_2^2$	$a^2 = 25$	
13	$a^2 = b + c + d$ $a^2 + b = e_1^2$ $a^2 + c = e_2^2$ $a^2 + d = e_3^2$	$a^2 = 25$	
14	$a^2 = b + c + d$ $a^2 - b = e_1^2$ $a^2 - c = e_2^2$ $a^2 - d = e_3^2$	$a^2 = 25$	
15	$a^2 = b + c + d + e$ $a^2 - b = f_1^2$ $a^2 - c = f_2^2$ $a^2 + d = f_3^2$ $a^2 + e = f_4^2$	$a^2 = 25$	
15.1	$a^2 = a_1 + a_2 + a_3 + a_4 + a_5 + a_6 + a_7 + a_8$ $a^2 + a_1 = b_1^2$ $a^2 + a_2 = b_2^2$ $a^2 + a_3 = b_3^2$ $a^2 + a_4 = b_4^2$ $a^2 - a_5 = b_5^2$ $a^2 - a_6 = b_6^2$ $a^2 - a_7 = b_7^2$		C

No.	問題	課題	特徴
16	$a^2 - a_8 = b_8^2$ $a^2 : b^2 = b^2 : c^2$ $b^2 - a^2 = d_1^2$ $c^2 - b^2 = d_2^2$	$a^2 = 1$	
17	$a^2 : b^2 = c^2 : d^2$ $a^2 + b^2 + c^2 + d^2 = e^2$	$a^2 = 1$	
18	$a^2 : b^2 = c^2 : d^2$ $b^2 - a^2 = e_1^2$ $c^2 - b^2 = e_2^2$ $d^2 - c^2 = e_3^2$	$a^2 = 9,$ $b^2 = 25$	

第4巻（ギリシア語）

No.	問題	課題	特徴
1	$x + y = a$ $x^3 + y^3 = b$	$a = 10,$ $b = 370$	I
2	$x - y = a$ $x^3 - y^3 = b$	$a = 6,$ $b = 504$	I
3	$x^2 \cdot y = \sqrt[3]{□}$ $x \cdot y = □$		
4	$x^2 + y = □$ $x + y = \sqrt{□}$		
5	$x^2 + y = \sqrt{□}$ $x + y = □$		
6	$x^3 + z^2 = □$ $y^2 + z^2 = □'$		

324　付録B：シノプシス

No.	問題	課題	特徴
7	$x^3 + z^2 = \square$ $y^2 + z^2 = \square'$		A
8	$x^3 + y = \square$ $x + y = \sqrt[3]{\square}$		
9	$x^3 + y = \sqrt[3]{\square}$ $x + y = \square$		
10	$x^3 + y^3 = x + y$		
11	$x^3 - y^3 = x - y$		
12	$x^3 + y = y^3 + x$		
13	$x + 1 = \square$ $y + 1 = \square'$ $(x+y) + 1 = \square''$ $(y-x) + 1 = \square'''$		
14	$x^2 + y^2 + z^2 =$ $(x^2 - y^2) + (y^2 - z^2) + (x^2 - z^2)$		
15	$(x+y) \cdot z = a$ $(y+z) \cdot x = b$ $(z+x) \cdot y = c$	$a = 35,$ $b = 27,$ $c = 32$	
16	$x + y + z = \square$ $x^2 + y = \square'$ $y^2 + z = \square''$ $z^2 + x = \square'''$		
17	$x + y + z = \square$ $x^2 - y = \square'$ $y^2 - z = \square''$ $z^2 - x = \square'''$		
18	$x^3 + y = \square$ $y^2 + x = \square'$		

No.	問題	課題	特徴
19	$x \cdot y + 1 = \Box$ $y \cdot z + 1 = \Box'$ $z \cdot x + 1 = \Box''$		
20	$w \cdot x + 1 = \Box$ $w \cdot y + 1 = \Box'$ $w \cdot z + 1 = \Box''$ $x \cdot y + 1 = \Box'''$ $x \cdot z + 1 = \Box^{iv}$ $y \cdot z + 1 = \Box^{v}$		
21	$x : y = y : z$ $x - y = \Box$ $y - z = \Box'$ $x - z = \Box''$		
22	$x \cdot y \cdot z + x = \Box$ $x \cdot y \cdot z + y = \Box'$ $x \cdot y \cdot z + z = \Box''$		
23	$x \cdot y \cdot z - x = \Box$ $x \cdot y \cdot z - y = \Box'$ $x \cdot y \cdot z - z = \Box''$		
24	$x + y = a$ $x \cdot y = \text{⌸} - \sqrt[3]{\text{⌸}}$	$a = 6$	
25	$x + y + z = a$ $x \cdot y \cdot z = \text{⌸}$ $(y - x) + (z - y) + (z - x) = \sqrt[3]{\text{⌸}}$	$a = 4$	
26	$x \cdot y + x = \text{⌸}$ $x \cdot y + y = \text{⌸}'$		
27	$x \cdot y - x = \text{⌸}$ $x \cdot y - y = \text{⌸}'$		

No.	問題	課題	特徴
28	$x \cdot y + (x+y) = \square$		A
	$x \cdot y - (x+y) = \square'$		
29	$w^2 + x^2 + y^2 + z^2 +$	$a = 12$	
	$(w+x+y+z) = a$		
30	$w^2 + x^2 + y^2 + z^2 -$	$a = 4$	
	$(w+x+y+z) = a$		
31	$x + y = 1$	$a = 4,$	A
	$(x+a) \cdot (y+b) = \square$	$b = 5$	
32	$x + y + z = a$	$a = 6$	
	$x \cdot y + z = \square$		
	$x \cdot y - z = \square'$		
33	$x + \frac{m}{n} y = p(y - \frac{m}{n} y)$	$p = 3, q = 5,$	
	$y + \frac{m}{n} x = q(x - \frac{m}{n} x)$	$\frac{m}{n} y = 1$	
33.1	$x \cdot y + (x+y) = a$	$a = 8$	L
34	$x \cdot y + (x+y) = a$	$a = 8$	D
	$y \cdot z + (y+z) = b$	$b = 15$	
	$z \cdot x + (z+x) = c$	$c = 24$	
34.1	$x \cdot y - (x+y) = a$	$a = 8$	L
35	$x \cdot y - (x+y) = a$	$a = 8$	D
	$y \cdot z - (y+z) = b$	$b = 15$	
	$z \cdot x - (z+x) = c$	$c = 24$	
35.1	$x \cdot y = m(x+y)$	$m = 3$	L
36	$x \cdot y = m(x+y)$	$m = 3$	
	$y \cdot z = n(y+z)$	$n = 4$	
	$z \cdot x = p(z+x)$	$p = 5$	
37	$x \cdot y = m(x+y+z)$	$m = 3$	
	$y \cdot z = n(x+y+z)$	$n = 4$	
	$z \cdot x = p(x+y+z)$	$p = 5$	

No.	問題	課題	特徴
38	$(x+y+z) \cdot x = \triangle$ $(x+y+z) \cdot y = \square'$ $(x+y+z) \cdot z = \square''$ ここでの $\triangle$ は三角数を表す.		
39	$(x-y) = m(y-z)$ $x+y = \square$ $y+z = \square'$ $z+x = \square''$	$m=3$	
40	$(x^2 - y^2) = m(y-z)$ $x+y = \square$ $y+z = \square'$ $z+x = \square''$	$m=3$	

第5巻（ギリシア語）

No.	問題	課題	特徴
1	$x:y = y:z$ $x - a = \square$ $y - a = \square'$ $z - a = \square''$	$a = 12$	
2	$x:y = y:z$ $x + a = \square$ $y + a = \square'$ $z + a = \square''$	$a = 20$	
3	$x + a = \square$ $y + a = \square'$	$a = 5$	

No.	問題	課題	特徴
	$z + a = \square''$		
	$x \cdot y + a = \square'''$		
	$y \cdot z + a = \square^{iv}$		
	$z \cdot x + a = \square^{v}$		
4	$x - a = \square$	$a = 6$	
	$y - a = \square'$		
	$z - a = \square''$		
	$x \cdot y - a = \square'''$		
	$y \cdot z - a = \square^{iv}$		
	$z \cdot x - a = \square^{v}$		
5	$x^2 \cdot y^2 + (x^2 + y^2) = \square$		
	$y^2 \cdot z^2 + (y^2 + z^2) = \square'$		
	$z^2 \cdot x^2 + (z^2 + x^2) = \square''$		
	$x^2 \cdot y^2 + z^2 = \square'''$		
	$y^2 \cdot z^2 + x^2 = \square^{iv}$		
	$z^2 \cdot x^2 + y^2 = \square^{v}$		
6	$x - 2 = \square$		
	$y - 2 = \square'$		
	$z - 2 = \square''$		
	$x \cdot y - (x + y) = \square'''$		
	$y \cdot z - (y + z) = \square^{iv}$		
	$z \cdot x - (z + x) = \square^{v}$		
	$x \cdot y - z = \square^{vi}$		
	$y \cdot z - x = \square^{vii}$		
	$z \cdot x - y = \square^{viii}$		
6.1	$x \cdot y + (x^2 + y^2) = \square$		L
6.2	$x_1^2 + y_1^2 = z_1^2$		L
	$x_2^2 + y_2^2 = z_2^2$		

No.	問題	課題	特徴
	$x_3^2 + y_3^2 = z_3^2$		
	$x_1 \cdot y_1 = x_2 \cdot y_2 = x_3 \cdot y_3$		
7	$x^2 + (x+y+z) = \square$		
	$x^2 - (x+y+z) = \square'$		
	$y^2 + (x+y+z) = \square''$		
	$y^2 - (x+y+z) = \square'''$		
	$z^2 + (x+y+z) = \square^{iv}$		
	$z^2 - (x+y+z) = \square^{v}$		
7.1	$x \cdot y = a^2$	$a = 2,$	L
	$y \cdot z = b^2$	$b = 3,$	
	$z \cdot x = c^2$	$c = 4$	
8	$x \cdot y + (x+y+z) = \square$		
	$x \cdot y - (x+y+z) = \square'$		
	$y \cdot z + (x+y+z) = \square''$		
	$y \cdot z - (x+y+z) = \square'''$		
	$z \cdot x + (x+y+z) = \square^{iv}$		
	$z \cdot x - (x+y+z) = \square^{v}$		
9	$x + y = 1$		D
	$x + a = \square$	$a = 6$	
	$y + a = \square'$		
10	$x + y = 1$		
	$x + a = \square$	$a = 2,$	
	$y + b = \square'$	$b = 6$	
11	$x + y + z = 1$		D
	$x + a = \square$	$a = 3$	
	$y + a = \square'$		
	$z + a = \square''$		
12	$x + y + z = 1$		

No.	問題	課題	特徴
	$x + a = \Box$	$a = 6,$	
	$y + b = \Box'$	$b = 3,$	
	$z + c = \Box''$	$c = 4$	
13	$x + y + z = a$	$a = 10$	
	$x + y = \Box$		
	$y + z = \Box'$		
	$z + x = \Box''$		
14	$w + x + y + z = a$	$a = 10$	
	$w + x + y = \Box$		
	$x + y + z = \Box'$		
	$y + z + w = \Box''$		
	$z + w + x = \Box'''$		
15	$(x+y+z)^3 + x = \boxdot$		
	$(x+y+z)^3 + y = \boxdot'$		
	$(x+y+z)^3 + z = \boxdot''$		
16	$(x+y+z)^3 - x = \boxdot$		
	$(x+y+z)^3 - y = \boxdot'$		
	$(x+y+z)^3 - z = \boxdot''$		
17	$x - (x+y+z)^3 = \boxdot$		
	$y - (x+y+z)^3 = \boxdot'$		
	$z - (x+y+z)^3 = \boxdot''$		
18	$x + y + z = \Box$		
	$(x+y+z)^3 + x = \Box'$		
	$(x+y+z)^3 + y = \Box''$		
	$(x+y+z)^3 + z = \Box'''$		
19	$x + y + z = \Box$		
	$(x+y+z)^3 - x = \Box'$		
	$(x+y+z)^3 - y = \Box''$		

No.	問題	課題	特徴
	$(x+y+z)^3 - z = \square'''$		

以下の問題 5.19.1–3 はテキストにない。Sesiano [1982: 480], Christianidis and Oaks [2023: 734, 836–837] 参照。

No.	問題	課題	特徴
19.1	$x+y+z = \square$		
	$x - (x+y+z)^3 = \square'$		
	$y - (x+y+z)^3 = \square''$		
	$z - (x+y+z)^3 = \square'''$		
19.2	$x+y+z = a$	$a = 2$	
	$(x+y+z)^3 + x = \square$		
	$(x+y+z)^3 + y = \square'$		
	$(x+y+z)^3 + z = \square''$		
19.3	$x+y+z = a$	$a = 2$	
	$(x+y+z)^3 - x = \square$		
	$(x+y+z)^3 - y = \square'$		
	$(x+y+z)^3 - z = \square''$		
20	$x+y+z = \frac{1}{a}$	$a = 4$	
	$x - (x+y+z)^3 = \square$		
	$y - (x+y+z)^3 = \square'$		
	$z - (x+y+z)^3 = \square''$		
21	$x^2 \cdot y^2 \cdot z^2 + x^2 = \square$		
	$x^2 \cdot y^2 \cdot z^2 + y^2 = \square'$		
	$x^2 \cdot y^2 \cdot z^2 + z^2 = \square''$		
22	$x^2 \cdot y^2 \cdot z^2 - x^2 = \square$		
	$x^2 \cdot y^2 \cdot z^2 - y^2 = \square'$		
	$x^2 \cdot y^2 \cdot z^2 - z^2 = \square''$		
23	$x^2 - x^2 \cdot y^2 \cdot z^2 = \square$		
	$y^2 - x^2 \cdot y^2 \cdot z^2 = \square'$		
	$z^2 - x^2 \cdot y^2 \cdot z^2 = \square''$		

332　付録B：シノプシス

No.	問題	課題	特徴
24	$x^2 \cdot y^2 + 1 = \Box$		
	$y^2 \cdot z^2 + 1 = \Box'$		
	$z^2 \cdot x^2 + 1 = \Box''$		
25	$x^2 \cdot y^2 - 1 = \Box$		
	$y^2 \cdot z^2 - 1 = \Box'$		
	$z^2 \cdot x^2 - 1 = \Box''$		
26	$1 - x^2 \cdot y^2 = \Box$		
	$1 - y^2 \cdot z^2 = \Box'$		
	$1 - z^2 \cdot x^2 = \Box''$		
27	$x^2 + y^2 + a = \Box$	$a = 15$	
	$y^2 + z^2 + a = \Box'$		
	$z^2 + x^2 + a = \Box''$		
28	$x^2 + y^2 - a = \Box$	$a = 13$	
	$y^2 + z^2 - a = \Box'$		
	$z^2 + x^2 - a = \Box''$		
29	$(x^2)^2 + (y^2)^2 + (z^2)^2 = \Box$		
30	$a \cdot x + b \cdot y = \Box$	$a = 8, b = 5,$	
	$(x + y)^2 = \Box + c$	$c = 60$	

第6巻（ギリシア語）

No.	問題	課題	特徴
1	$x^2 + y^2 = z^2$		
	$z - x = \Box$		
	$z - y = \Box'$		
2	$x^2 + y^2 = z^2$		

No.	問題	課題	特徴
	$z + x = \square$		
	$z + y = \square'$		
3	$x^2 + y^2 = z^2$		
	$\frac{1}{2}x \cdot y + a = \square$	$a = 5$	
4	$x^2 + y^2 = z^2$		
	$\frac{1}{2}x \cdot y - a = \square$	$a = 6$	
5	$x^2 + y^2 = z^2$		
	$a - \frac{1}{2}x \cdot y = \square$	$a = 10$	
6	$x^2 + y^2 = z^2$		
	$\frac{1}{2}x \cdot y + x = a$	$a = 7$	
7	$x^2 + y^2 = z^2$		
	$\frac{1}{2}x \cdot y - x = a$	$a = 7$	
8	$x^2 + y^2 = z^2$		
	$\frac{1}{2}x \cdot y + (x+y) = a$	$a = 6$	
9	$x^2 + y^2 = z^2$		
	$\frac{1}{2}x \cdot y - (x+y) = a$	$a = 6$	
10	$x^2 + y^2 = z^2$		
	$\frac{1}{2}x \cdot y + (z+x) = a$	$a = 4$	
11	$x^2 + y^2 = z^2$		
	$\frac{1}{2}x \cdot y - (z+x) = a$	$a = 4$	
11.1	$x^2 + y^2 = z^2$	$y > x$	L
	$y - x = \square$		
	$y = \square'$		
	$\frac{1}{2}x \cdot y + x = \square''$		
11.2	$a + b = \square$	$a = 3, b = 6$	L
	$a \cdot x^2 + b = \square'$		
12	$x^2 + y^2 = z^2$		
	$\frac{1}{2}x \cdot y + x = \square$		

No.	問題	課題	特徴
13	$\frac{1}{2}x \cdot y + y = \square'$ $x^2 + y^2 = z^2$ $\frac{1}{2}x \cdot y - x = \square$		
14	$\frac{1}{2}x \cdot y - y = \square'$ $x^2 + y^2 = z^2$ $\frac{1}{2}x \cdot y - z = \square$ $\frac{1}{2}x \cdot y - x = \square'$		
14.1	$a \cdot x^2 - b = \square$ $a \cdot c^2 - b = d^2$	$x^2 > c^2$	L
15	$x^2 + y^2 = z^2$ $\frac{1}{2}x \cdot y + z = \square$ $\frac{1}{2}x \cdot y + x = \square'$		
16	次のような直角三角形を見つけること． 鋭角のうちの一方が二等分され，二等分線 ［の長さ］を有理数で表す［ことができる］		
17	$x^2 + y^2 = z^2$ $\frac{1}{2}x \cdot y + z = \square$ $x + y + z = \square'$		
18	$x^2 + y^2 = z^2$ $\frac{1}{2}x \cdot y + z = \square$ $x + y + z = \square'$		
19	$x^2 + y^2 = z^2$ $\frac{1}{2}x \cdot y + x = \square$ $x + y + z = \square'$		
20	$x^2 + y^2 = z^2$ $\frac{1}{2}x \cdot y + x = \square$ $x + y + z = \square'$		
21	$x^2 + y^2 = z^2$		

No.	問題	課題	特徴
22	$x+y+z = \square$ $(x+y+z) + \frac{1}{2}x \cdot y = \text{□}'$ $x^2 + y^2 = z^2$		
23	$x+y+z = \text{□}$ $(x+y+z) + \frac{1}{2}x \cdot y = \square'$ $x^2 + y^2 = z^2$ $z^2 = \square + \sqrt{\square}$		
24	$\frac{z^2}{x} = \text{□}' + \sqrt[3]{\text{□}}$ $x^2 + y^2 = z^2$ $x = \text{□}$ $y = \text{□}' - \sqrt[3]{\text{□}'}$ $z = \text{□}'' + \sqrt[3]{\text{□}''}$		

付録 C：他問題との関連箇所

『算術』第 2–3 巻の解法を用いる箇所

『算術』第 4–7 巻において第 2–3 巻の解法が用いられる箇所を以下にまとめる．以下の表の左側は第 2–3 巻の問題番号，右側がその解法が用いられる第 4–7 巻の問題番号．ただし，原文において問題番号への直接的な言及はほとんどなく，多くの場合は巻番号だけへの言及，あるいは，巻番号への言及もない．

第 2–3 巻	第 4–7 巻
問題 2.8	問題 4.26 ケース 2; 6.2; 6.13; 7.12; 7.13
問題 2.9	問題 4.35; 4.40; 4.42 ケース 2; 7.14
問題 2.10	問題 4.25; 4.26 ケース 1; 4.27; 4.34; 4.37; 4.38; 4.39; 4.41; 4.42 ケース 1; 4.43; 4.44 ケース 1–3; 6.1; 6.12
問題 2.11	問題 4.34; 4.42
問題 2.19	問題 5.1; 5.2; 5.3; 5.4; 5.6
問題 3.5	問題 7.4
問題 3.6	問題 7.7

エウクレイデス『原論』との関連箇所

『算術』第 4–7 巻において，エウクレイデス『原論』に関連する計算や記述がみられる箇所を以下にまとめる．以下の表の左側は『原論』の番号，右側はそれに関連する計算または記述を含む『算術』第 4–7 巻の問題番号．ただし，

原文において『原論』への直接的な言及はみられない．

『原論』	『算術』第 4–7 巻
V.7. 系	問題 5.3
V.17:	問題 5.2; 5.3; 5.6; 7.16
VII 定義 3–4	問題 4.14
VII.17	問題 4.15; 7.18
VII.19	問題 7.17
VII 定義 17–20	問題 4.21
X 定義 1–3	問題 4.14

付録 D：語彙集

この語彙集では以下の略号を使用し，定動詞については各動詞派生形の3人称単数男性完了形で示す．アラビア語においては名詞と形容詞は厳密には区別されておらず，ほとんどの形容詞が名詞としても使用されうる．

I	動詞派生形第 I 形
II	動詞派生形第 II 形
III	動詞派生形第 III 形
IV	動詞派生形第 IV 形
V	動詞派生形第 V 形
VI	動詞派生形第 VI 形
VII	動詞派生形第 VII 形
VIII	動詞派生形第 VIII 形
IX	動詞派生形第 IX 形
X	動詞派生形第 X 形
関代	関係代名詞
疑	疑問詞
形	形容詞
指代	指示代名詞
受分	受動分詞
所形	所有形容詞
接	接続詞
前	前置詞
前句	前置詞句

動名	動名詞
人代	人称代名詞
能分	能動分詞
比	比較級/最上級
副	副詞
名	名詞

a

atā（I）：言及する，完了する
ta'attin（atā の V 動名）：容易になること
min aǧl anna（前句）：〜なので
min aǧl ḏālika（前句）：それ故
aḥad（名）：1, 単位, 一方
aḫaḏa（I）：取る
ma'ḫaḏ（名）：やり方
āḫar（形）：他方の, 他の
addā（II）：導く
iḏ（接）：というのも〜だから,
iḏ（副）：それで
iḏā（接）：もし〜なら
iḏan（副）：よって
aṣl（名）：原理
mu'allaf（II 受分）：合成された
ilā（前）：〜に対して, 対
ammā（接）：〜に関しては, 〜については（常に fa を要求する）
illā（前）：引く, 欠いた. Cf. ġair
innamā（副）：実に

ānifan（副）：前に, 以前に
awwal（形）：最初の, 1 番目の
al-ān（副）：今度は
ayy（関代）：あらゆる, 任意の
aiḍan（副）：また, 〜も

b

bada'a（I）：始める
badal（名）：代わり
ba'da（前）：〜の後で
ba'ḍ（名）：部分
yanbaġī（VII）：〜であればよい
baqiya（I）：残る
baqīya（名）：残り
bāqin（形）：残りの
bal（接）：〜ではなく
balaġa（I）：到達する, 出てくる
mablaġ（名）：到達するもの
bāna（I）：明らかである
bayyana（II）：明らかにする
tabayyana（V）：明らかになる
istabāna（X）：明らかになる, 明

らかにする
min al-bayyin anna（前句）：明らかなことから［次のことが］ある（＝次のことが明らかである）
bayyin anna（前句）：次のことが明らかである
bayān（名）：明らかさ

ṭ

talā（I）：続く，従う
tamma（I）：完了する
tamām（名）：完成，完了
istitmām（名）：完結

ṯ

ṯabata（I）：確立する
'aṯbata（IV）：示す
ṯumma（接）：次に，さらに
mustaṯnan（X 受分）：除去される

ǧ

ǧabara（I）：埋め合わせる
ǧabr（名）：埋め合わせ
ǧiḏr（名）：根．Cf. ḍilʻ
ǧirmī（形）：立体的
ǧuzʼ（名）：部分

ǧaʻala（I）：〜とする
ǧamaʻa（I）：出てくる，足す
iǧtamaʻa（VIII）：出てくる
ǧamʻ（名）：和
ǧamīʻ（名）：全体，和
maǧmūʻ（I 受分）：足された，和
muǧtamaʻ（VIII 受分）：集合した
ǧumla（名）：和
ǧinš（名）：類
ǧawāb（名）：答え，返答

ḥ

ḥattā（接）：〜するために，〜するまで
ḥadda（II）：限定付ける
taḥdīd（名）：限定
ḥaṣala（I）：生じる
taḥṣīl（名）：習得，獲得
ḥifẓ（名）：記憶，維持
taḥlīl（名）：解析
ḥāǧa（VIII）：要求する
ḥāǧa（名）：要求
aḥāṭa（IV）：囲む
istaḥāla（X）：不可能である
ḥīnaʼiḏin（副）：この場合

ḫ

ḫaraǧa（I）：生じる

istaḫraǧa（X）：導出する
ḫāriǧ（I 能分）：逸れる
ḫāṣṣa（名）：特徴
ḫaṭṭī（形）：線の
muḫālif（形）：異なる
muḫtalif（形）：異なる

d

tadbīr（名）：やり方
durba（名）：習慣
daraǧa（名）：階梯
da'ā（I）：呼ぶ

ḏ

ḏā（指代）：これ
ḏālika（指代）：それ，あれ
ḏakara（I）：述べる，言及する
ḏikr（名）：述べること，言及
maḏkūr（受分）：述べられた
ḏahaba（I）：消える
'aḏhaba（IV）：消す
ḏū（所形）：持つ
ḏiyūfanṭus（名）：ディオファントス

r

ra'ā（I）：考える，見る
murabba'（名）：平方，平方［数］

martaba（名）：段階
raǧa'a（I）：戻る
rasama（I）：作成する
muraqqā（II 受分）：上達させられる
rakkaba（II）：総合する
tarkīb（名）：総合
murakkab（II 受分）：合成される
'arāda（IV）：欲する
raib（名）：疑い

z

muzdawiǧ（VIII 能分）：組みになる
zāda（I）：増加する，加える
ziyāda（名）：増分，増加
mazīd（I 受分）：加えられた
muzād（IV 受分）：加えられた
zā'id（I 能分）：増加する

s

su'āl（名）：問い
mas'ala（名）：問題
sabab（名）：原因，理由．（bi-sababi で）〜だから
saṭḥī（名）：平面．（'adad saṭḥī で）平面数
musaṭṭaḥ（名）：平面．'adad musaṭṭaḥで平面数

salaka（I）：進む
maslak（名）：道
sammā（II）：名付ける
musamman（II 受分）：呼ばれる，名付けられる
sahl（形）：容易な
suhūla（名）：容易さ
sāwā（III）：等しい，等しくする
tasāwā（VI）：互いに同じになる，互いに等しくなる
istawā（VIII）：互いに等しくなる
musāwāt（名）：同等. al-musāwāt al-mutannāt で二連等式. Cf. διπλοισότης, διπλῆ ἰσότης, διπλῆ ἴσωσις.
musāwin（III 能分）：等しい
mutasāwin（VI 能分）：互いに等しい

š

'ašbaha（IV）：類似する
mutašābih（形）：同様な
šaraṭa（I）：条件付ける
ištaraṭa（VIII）：条件付ける
šarṭ（名）：条件
šarīṭa（名）：条件
mušārak（III 受分）：共［測］
muštarak（VIII 受分）：共通する，共通の

šā'a（I）：望む
šai'（名）：物

ṣ

ṣiḥḥa（名）：正しさ
ṣaḥīḥ（形）：正しい. 'adad ṣaḥīḥ で「整数」
ṣāḥib（名）：関連するもの
ṣaġīr（形）：小さい
'aṣġar（比）：より小さい
ṣinā'a（名）：術
'aṣāba（IV）：到達する
ṣāra（I）：至る，なる

ḍ

ḍaraba（I）：掛ける
ḍarb（名）：掛け算，積
maḍrūb（I 受分）：掛けられた
ḍā'afa（III）：掛ける
ḍi'f（名）：2 倍
taḍ'īf（動名）：掛けること
ḍil'（名）：辺. Cf. ǧiḏr
'aḍāfa（IV）：付け加える

ṭ

ṭab'（名）：本性
ṭaraf（名）：式，側

ṭarīq（名）：道
ṭalaba（I）：探求する，探す
ṭalab（名）：探求
maṭlūb（I 受分）：探求される

ẓ

ẓahara（I）：明らかになる
ẓāhir（形）：明らかな

‘

‘adda（I）：数える
‘adad（名）：数
‘adadī（形）：数的な
‘adala（I）：等しい
‘addala（II）：等しくする
‘ādala（III）：等しい
i‘tadala（VIII）：互いに等しくなる
mu‘ādala（名）：方程式
mu‘ādil（III 能分）：等しい
‘arafa（I）：知る
ma‘rifa（名）：知ること
’a‘ẓam（比）：大きい方
‘aks（名）：逆
‘alima（I）：知る
ma‘lūm（I 受分）：知られる
muta‘allim（V 能分）：学習する，学習者
ta‘ammada（V）：目指す

‘amila（I）：計算する，行う，〜とする．Cf. fa‘ala.
‘amal（名）：計算，行為
‘inda（前）：〜に対して
‘anā（I）：(1 人称単数未完了の a‘nī で) つまり
ma‘nan（名）：意味
‘āda（I）：戻る
‘āda（名）：習慣
i‘āda（名）：繰り返し
‘ain（名）：(とくに, bi ‘aini-hi で) 〜自体

ġ

ġaraḍ（名）：目標
ġallaṭa（II）：誤りへと導く
ġaniya（I）：無しで済ます
istaġnā（X）：無しで済ます
ġair（前）：欠いた．Cf. illā.

f

fa（接）：すると，ゆえに，よって
faraḍa（I）：［仮に］置く
mafrūḍ（I 受分）：置かれた
faḍl（名）：超過，差
tafāḍul（VI 動名）：相互超過
fa‘ala（I）：行う．Cf. ‘amila.
fann（名）：型

fī（前）：〜において．A fī B で「A 掛け B」，すなわち $A \cdot B$

fāta（I）：消える，なくなる

q

qābala（III）：鉢合わせる

qabla（前）：〜の前に

min qibal ḏālika（前句）：それから

muqābala（名）：ムカーバラ，鉢合わせ

qad（副）：既に

miqdār（名）：量

taqaddama（V）：先行する

mutaqaddim（V 能分）：先行する，前の

'aqrab（比）：より近い

qasama（I）：割る

qasm（名）：割り算

qism（名）：商

qisma（名）：割り算

maqsūm（I 受分）：割られる．'adad maqsūm で「被除数」，maqsūm 'alaihi で「除数」

qaṣada（I）：意図する，求める

'aq'ad（比）：より低い．この語形は辞書に裏打ちされていないが，「低い」を意味する qa'īd という形容詞があると想定し，その比較級と解釈した．この 'aq'ad という語に対して，Sesiano [1982: 451] は "lower in degree", Rashed [1984: Tome IV, 178–179] は "le moins élevé", Christianidis and Oaks [2023: 809] は "lesser in degree" という訳語をそれぞれ与える．

'aqall（比）：より少ない

qāma（IV）：（maqām と共に用いられて）〜を〜の代わりにする

qāla（I）：言う

qaul（名）：巻

maqāla（名）：巻

'aqāma（IV）：（maqām と共に用いられて）〜の代わりにする

istaqāma（X）：適切である

maqām（名）：位置，場所

qiyās（名）：類推

k

ka（前）：〜のように，〜と同様に

ka-ḏālika（前句）：同様に

'akbar（比）：より大きい，大きい方

kataba（I）：書く

kitāb（名）：本

kaṯrat（名）：多さ

akṯar（比）：より大きい

ka'b（名）：立方

muka"ab（名）：立方［数］，立方
iktafā（VIII）：満足する
kull（形）：全ての，あらゆる
kullamā（前句）：〜のときはいつでも
takallama（V）：語る
kam（疑）：どれだけの
kāmil（形）：全体の
kāna（I）：〜である，〜がある，〜になる
kā'in（I 能分）：生じる
makān（名）：存在，場所
kaifa（疑）：どのような

l

li（前）：〜に対して，〜ゆえに，〜に属する
li allā（前句）：〜しないために，〜しないように
li dālika（前句）：それ故
li kai（前句）：〜するために，〜するように
lā（副）：〜でない
lākin/lākinna（接）：しかし
laqiya（I）：突き合わせる，引く．Cf. qabila
'alqā（IV）：突き合わせる，引く
ilqā'（名）：除去すること
lam（副）：〜しなかった，〜していない
lammā（接）：〜のとき
iltamasa（VIII）：求める
iltimās（名）：求めること
lau（接）：もし〜ならば
laisa（I）：〜でない

m

mā（関代）：〜するもの
matā（接）：〜とき
mitl（名）：倍
mitāl（名）：同様のもの，同じもの
marra（名）：倍
ma'a（前）：〜と共に
'amkana（IV）：できる，可能にする
min（前）：〜から，のうちの
tamahhur（名）：習熟
māl（名）：財

n

naḥnu（人代）：私たち，我々
naḥw（名）：方法
nāḥiya（名）：辺，側
nazala（IV）：仮定する
nisba（名）：比
mutanāsib（VI 能分）：互いに比例する
niṣf（名）：1/2，半分

nafs（名）：自身
naqaṣa（I）：引く
nuqṣān（名）：引き算，減少
nāqiṣ（I 能分）：引く
manqūs（I 受分）：引かれた
anhā（IV）：到達する
intahā（VIII）：導く
nau'（名）：種

h

hāhunā（VI）：到達する
muhayya'（形）：形成的．Cf. $\pi\lambda\alpha\sigma\mu\alpha\tau\iota\kappa\acute{o}\nu$.

w

wa（接）：そして
wağaba（I）：〜でなければならない
wağada（I）：発見する，見つける
wuğūd（名）：発見，見つけること
wiğdān（名）：見つけること
ğiha（名）：方法
wağh（名）：方法
wāḥid（名）：1, 単位
ausaṭ（名）：中央
waṣafa（I）：記述する，述べる
ṣifa（名）：特性，性質
waḍa'a（I）：〜とする．Cf. faraḍa
mauḍi'（名）：場合
ittafaqa（VIII）：
ittifāq（名）：一致
waqa'a（I）：起こる
wilā'（名）：順

y

yasīr（形）：小さな

付録 E：文献

Acerbi, Fabio. [2008]. "Hero of Alexandria." *New Dictionary of Scientific Biography*. Koertge N. (Ed.). Vol. 2. Detroit; Michigan: Charles Scribner's Sons/Thomson Gale, Charles Scribner's Sons.

Acerbi, Fabio. [2009]. "The meaning of πλασματικόν in Diophantus' *Arithmetica*." *Archive for History of Exact Sciences* 63: 5–31.

Allard, André. [1982/83]. "La tradition du texte grec des arithmétiques de Diophante d'Alexandrie." *Revue d'histoire de textes* 12/13: 57–137.

al-Ṭūsī N. al-D. [1940a]. *Kitāb al-Ukar li-Thā'ūdhūsiyūs*, in: *Maǧmū' ar-Rasāil at-tis' li-ṭ-Ṭūsī*, Hydarābād (Hyderabad-Deccan): Dā'irat al-ma'ārif al-Uṯmānīya (Osmania Oriental Publications).

al-Ṭūsī N. al-D. [1940b]. *Kitāb al-maṭāli' li-īsqilāwus, taḥrīr Naṣīr ad-dīn aṭ-Ṭūsī*, in: *Maǧmū' ar-Rasāil at-tis' li-ṭ-Ṭūsī*, Hydarābād (Hyderabad-Deccan): Dā'irat al-ma'ārif al-Uṯmānīya (Osmania Oriental Publications).

al-Ṭūsī N. al-D. [2010]. *Majmū'a-yi Rasā'il-i Riyāḍī wa Nujūm-i Khwāja Naṣīr al-Dīn Ṭūsī*, edited by F. Qāsimlū. Tihrān: Dānišgāh-i Āzād-i Islāmī.

Bachet de Méziriac, C. G. [1670]. *Diophanti Alexandrini Arithmeticorum libri sex, et De numeris multangulis liber unus*. Lutetiae Parisiorum: Sumptibus Hieronymi Drouart. First edition, 1621. Second edition, 1670.

Bombelli, Rafael. [1572]. *L'algebra, parte maggiore dell'arimetica divisa in tre libri*. Bologna: Giovanni Rossi.

Christianidis, Jean. [2007]. "The Way of Diophantus: Some Clarifications on Diophantus' Method of Solution." *Historia Mathematica* 34 (3): 289–305.

Christianidis, Jean and Jeffrey Oaks. [2013]. "Practicing Algebra in Late Antiquity: The Problem-solving of Diophantus of Alexandria." *Historia Mathematica* 40 (2): 127–163.

Christianidis, Jean and Jeffrey Oaks. [2023]. *The Arithmetica of Diophantus: A Complete Translation and Commentary.* Abingdon: Routledge.

Clavius, Christoph. [1608]. *Algebra.* Rome: Bartholomaeum Zannettum.

Czwalina, Arthur. [1952]. *Arithmetik des Diophantos aus Alexandria.* Aus dem Griechschen übertragen und erklärt. Göttingen: Vandenhoeck & Ruprecht.

Heath, Thomas Little. [1910]. *Diophantus of Alexandria: A Study in the History of Greek Algebra.* Cambridge: Cambridge University Press.

Heath, Thomas Little. [1921]. *A History of Greek Mathematics*, vol. II: From Aristarchus to Diophantus. Oxford: Clarendon Press.

Heath, Thomas Little. [1956]. *The Thirteen Books of Euclid's Elements.* 3 vols. New York: Dover Publications, 2nd ed., revised with additions.

Hogendijk, Jan P. [1985]. "Review of: *Books IV to VII of Diophantus' Arithmetica in the Arabic Translation Attributed to Qusṭā ibn Lūqā.* By J. Sesiano. New York/Heidelberg/Berlin (Springer-Verlag). 1982. xii + 502 pp. Sources in the History of Mathematics and Physical Sciences, Vol. 3." *Historia Mathematica* 12 (1): 82–85.

Knor, Wilbur R. [1993]. "Arithmêtikê stoicheiôsis: On diophantus and hero of Alexandria." *Historia Mathematica* 20 (2): 180–192.

Kunitzsch, Paul and Richard Lorch. [2010]. *Theodosius' Sphaerica: Arabic and Medieval Latin Translations.* Stuttgart: Franz Steiner Verlag.

Kunitzsch, Paul and Richard Lorch. [2018]. "Theodosius' Sphaerica: A Second Arabic Translation." *Suhayl* 16–17: 121–148.

Kutsch, Wilhelm. [1958]. *T̲ābit ibn Qurra's Arabische übersetzung der arithmetike Eisagoge des Nikomachos von Gerasa zum Ersten Mal Her-

ausgegeben. Beyrouth: Imprimerie Catholique.

Levey, Martin. [1966]. *The Algebra of Abū Kāmil: Kitāb fī al-jābir wa'l-muqābala in a commentary by Mordecai Finzi: Hebrew text, translation, and commentary with special reference to the Arabic text.* Madison; Milwaukee; London: University of Wisconsin Press.

Levey, Martin. [1970]. "Transmission of Indeterminate Equations As Seen in an Istanbul Manuscript of Abū Kāmil." *Japanese Studies in the History of Science* 9: 17–26.

Masià, Roman. [2015]. "On dating Hero of Alexandria." *Archive for the History of Exact Science* 69: 231–255.

Moral, E. F., M. B. Muñoz, and M. Sánchez Benito. [2007]. *La Aritmética y el libro Sobre los números poligonales*, 2 vols. Madrid: Nivola.

Neugebauer, Otto. [1938]. "Über eine Methode zur Distanzbestimmung Alexandria-Rom bei Heron I." *Det Kongelige Danske Videnskabernes Selskab* 26 (2): 3–26.

Neugebauer, Otto. [1975]. *A History of Ancient Mathematical Astronomy.* 3 vols. New York; Heidelberg; Berlin: Springer.

Paton, W. R. [1979]. *The Greek Anthology*, with an English translation. Vol. 5. Loeb Classical Library. Cambridge, Mass.: Harvard University Press. 1st printed in 1918.

Rashed, Roshidi. [1974]. "Les travaux perdus de Diophante, I." *Revue d'Histoire des Sciences* 27 (2): 97–122.

Rashed, Roshidi. [1975]. "Les travaux perdus de Diophante, II." *Revue d'Histoire des Sciences* 28 (1): 3–30.

Rashed, Roshidi. [1984]. *Diophante: Les arithmétiques.* Texte établi et traduit par Roshdi Rashed. Tomes 3–4. Paris: Les Belles Lettres.

Rashed, Roshidi and B. Vahabzadeh. [1999]. *Al-Khayyām Mathèmatician.* Paris: Librairie Scientifique et Technique, Albert Blanchard.

Rashed, Roshdi. [2009]. *Al-Khwārizmī: The Beginnings of Algebra.* Edited, with Translation and Commentary. London: Saqi.

Rashed, Roshdi. [2012]. *Abū Kāmil: Algèbre et analyse diophantienne. Èdition, traduction, commentaire.* Berlin; Boston: De Gruyter.

Rashed, Roshidi and Christian Houzel. [2013]. *Les Arithmétiques de Diophante: Lecture historique et mathématique.* Berlin : De Gruyter.

Sesiano, Jacques. [1977]. "Les Méthods d'analyse indeterminée chez Abū Kāmil." *Centaurus* 21(2): 89–105.

Sesiano, Jacques. [1982]. *Books IV to VII of Diophantus' Arithmetica in the Arabic translation attributed to Qusṭā ibn Lūqā.* New York: Springer-Verlag.

Sidoli, Nathan and Takanori Kusuba. [2008]. "Naṣīr al-Dīn al-Ṭūsīs's Revision of Theodosius's *Spherics.*" *Suhayl* 8: 9-46. *New Perspective on the History of Islamic Science* Volume 3. ed. by Muzaffar Iqbal に再録.

Sidoli, Nathan. [2011]. "Heron of Alexandria's Date." *Centaurus* 53 (1): 55–61.

Stamatis, E. S. [1963]. Διοφάντου Αριθμητικά. Η Άλγεβρα των Αρχαίων Ελλήνων. Αρχαίον κείμενον – μετάφρασις – επεξηγήσεις Ευάγγελος Σ. Σταμάτης. Athens: School Books Publishing Organization.

Stevin, Simon. [1585]. *L'arithmetique de Simon Stevin de Bruges: Contenant les computations des nombres arithmetiques ou vulgaires. Aussi l'algebre, avec les equations de cinc quantitez. Ensemble les quatre premiers livres d'algebre de Diophante d'Alexandrie, maintenant premierement traduits en François.* Leyde: De l'Imprimerie de Christophle Plantin.

Tannery, Paul. [1893/95]. *Diophanti Alexandrini Opera Omnia: Cum Graecis Commentariis.* 2 vols. Lipsiae: In aedibus B. G. Teubneri.

Thomas, Ivor. [1951]. *Selections Illustrating the History of Greek Mathematics.* 2 vols. Loeb Classical Library 362. Cambridge, Mass.: Harvard University Press. First published, 1939/41. Reprinted, 1951.

Toomer, G. J. [1976]. *Diocles on Burning Mirrors: The Arabic Translation of the Lost Greek Original.* Berlin; Heidelberg; New York: Springer-Verlag.

Toomer, G. J. [1990]. *Apolonius Conics Books V to VII: The Arabic Translation of the Lost Greek Original in the Version of the Banū Mūsā*, with Translation and Commentary. 2 vols. New York: Springer-Verlag.

Toomer, G. J. and Reviel Netz [2012]. "Diophantus." *The Oxford Classical Dictionary.* 4th edition. Oxford: Oxford University Press.

Toomer, G. J. and Serafina Cuomo [2012]. "Heron." *The Oxford Classical Dictionary.* 4th edition. Oxford: Oxford University Press.

ver Eecke, Paul. [1959]. *Diophante d'Alexandrie : Les six livres arithmétiques et le livre des nombres polygones.* Bruges: Desclée, De Brouwer, 1926. Reissued, Paris: Blanchard, 1959.

Viète, François. [1593]. *Zeteticorum.* Turonis: Apud Iamettium Mettayer.

Wertheim, G. [1890]. *Diophantus: Die Arithmetik und die Schrift über Polygonalzahlen des Diophantus von Alexandria.* Leipzig: B. G. Teubner.

Xylander. (1575). *Diophanti Alexandrini rerum Arithmeticarum libri sex, quorum primi duo adiecta habent scholia, Maximi (ut coniectura est) Planudis. Item Liber de numeris polygonis seu multiangulis.* Basileae: per Eusebium Episcopium, & Nicolai Fr. haeredes.

伊東俊太郎. [2006]. 『十二世紀ルネサンス』. 東京: 講談社.

ウルマン, M. [2022]. 『イスラーム医学』. 橋爪烈・中島愛里奈 (共訳). 東京: 青土社.

大塚和夫・小杉泰・小松久男・東長靖・羽田正・山内昌之 (共編). [2009]. 『岩波イスラーム辞典』. 東京: 岩波書店.

太田啓子. [2014]. 「中世のメッカ巡礼と医療—クスター・イブン・ルーカーの巡礼医学書の記述から」. 長谷部史彦 (編著). 『地中海世界の旅人: 移動と記述の中近世史』. 東京: 慶應義塾大学言語文化研究所, pp. 217–236.

カッツ, ヴィクター J. [2005]. 『カッツ数学の歴史』. 上野健爾・三浦伸夫 (監訳). 中根美知代・高橋秀裕・林知宏・大谷卓史・佐藤賢一・東慎一郎・中澤聡 (翻訳). 東京: 共立出版.

グタス, D. [2002]. 『ギリシア思想とアラビア文化: 初期アッバース朝の翻訳運動』. 山本啓二 (訳). 東京: 勁草書房.

斎藤憲・三浦伸夫. [2008]. 『エウクレイデス全集第 1 巻: 『原論』I–VI』. 東京: 東京大学出版会.

斎藤憲. [2015]. 『エウクレイデス全集第 2 巻: 『原論』VII–X』. 東京: 東京大学出版会.

鈴木孝典. [1987]. 「第 2 節アラビアの代数学」. 伊東俊太郎 (編). 『中世の数学』数学の歴史 2. 東京: 共立出版, pp. 322–344.

鈴木孝典. [2010]. 「ヒュプシクレースの『十二宮の出時間』: ギリシア天文学に対するメソポタミア数理天文学の影響」. *Studia Classica* 1: 55–94.

数学史京都セミナー. [2019]. 『関孝和数学研究所報告 2018』. 四日市: 四日市大学研究機構.

中田考 (監修)・中田香織・下村佳州紀 (共訳)・松山洋平 (訳著). [2014]. 『日亜対訳クルアーン: ［付］訳解と正統十読誦注解』. 東京: 作品社.

日本数学史学会 (編). [2020]. 『数学史辞典』. 東京: 丸善出版.

日本科学史学会 (編). [2021]. 『数学史辞典』. 東京: 丸善出版.

藤谷道夫. [2016]. 『ダンテ『神曲』における数的構成』. 慶應義塾大学教養研究センター選書 15. 東京: 慶應義塾大学出版会.

三浦伸夫. [2021]. 『文明のなかの数学: 数学史記述法・古代・アラビア』. 京都: 現代数学社.

三浦伸夫. [2023]. 『近代数学の創造と発酵: 中世・ルネサンス・17 世紀』. 京都: 現代数学社.

沓掛良彦. [2017]. 『ギリシア詩華集 4』. 西洋古典叢書 G098. 京都: 京都大学出版会.

三村太郎. [2005]. 「中世イスラーム世界における論証が在る風景―イブン・ムナッジム, クスター・イブン・ルーカー, フナイン・イブン・イスハーク間往復書簡を中心に」. 『中世思想研究』47: 141–156.

ラテン語さん. [2024]. 『世界はラテン語でできている』. SB 新書 641. 東京: SB クリエイティブ.

あとがき

　インド数学史研究を専攻するため大学院で学んだ．サンスクリットを学びインドの数学書を読み始めた頃からずっとディオファントスの著作を読んでみたいと思っていた．サンスクリット数学書には1次と2次との不定方程式の術則がある．比較のためにギリシア語を学んでディオファントスが不定方程式をどのように書いているのか調べようと思った．しかし，私の研究領域はインド数学との比較のためアラビア語文献へと移っていった．

　数学史京都セミナーでディオファントスを読むことになり，私はアラビア語訳を担当することになった．第4巻を読み進めて行くうちに私は定年退職の年度となり，史料の整理をしながら第4巻の翻訳を続けた．矢野道雄先生と林隆夫さんと1986年から続けていたインド科学史研究会に徳武太郎さんが参加したのは2018年冬であった．私が退職した年に徳武さんはインド学を専攻するために京都大学大学院に入った．京都に来たので私の家でサンスクリットとアラビア語の文献を読み始めた．私の学位請求論文では14世紀に書かれたサンスクリット数学書刊本の全14章のうち最後の2章を写本を利用して校訂した．徳武さんとはこの本の全てを読んでいる．並行して『算術』アラビア語テキストの残りの巻を読み，再び第4巻を読んだ．こうして和訳を出版できるのは徳武さんとの共同研究の成果である．

　私には科学史研究の2人の指導教授がいる．一人はブラウン大学のデーヴィッド・ピングリー先生である．先生には一次文献を読む厳しさを教えていただき共著を出版することができた．もう一人は東京大学の伊東俊太郎先生である．先生からは一次文献を読む楽しさを教えていただいた．伊東先生がご存命だったらこの本の出版をご報告できたと思います．どのようにおっしゃるかお聞きしたかった．

2025年2月　京都にて
楠葉　隆徳

広島大学に入学した当初の私の関心は，インドの古典語であるサンスクリットで書かれた文献を読むことにあり，卒業論文のテーマには 13 世紀のインド音楽論書を選択した．そこには当時の音楽理論のみならず，哲学，医学，そして順列・組合せ論を中心とした数学も扱われていた．そこから私の関心はインド数学史へと移り，同分野をより深く学ぶために，京都大学大学院へ進学することを決めた．楠葉先生と初めてお会いしたのは，同志社大学にて隔週で行われていたインド科学史研究会に参加させていただいた 2018 年の冬であった．大学院へ進学後は，インド数学史の研究と並行するかたちで，楠葉先生からアラビア語の文献読解を一から教えていただいた．最初の半年間は文法書の練習問題に取り組み，それを終えるとアル＝フワーリズミー『ジャブルとムカーバラの書』の前半部分を講読した．その後に読み始めたのがディオファントス『算術』アラビア語版である．楠葉先生との共同研究の成果を，このようなかたちで出版できることを非常に光栄に思う．

　私が現在パリで研究を続けられているのは，先生方のご指導，そして家族や友人の支えのおかげである．コロナ禍には博士論文の執筆と『算術』の和訳に没頭していた結果，体調を崩してしばらく実家で養成をしながら研究を継続していた．その期間に私を励まし，支えてくれたのが愛猫ききであった．彼の存在がなければ健康に研究に従事している現在の私はなかったかもしれない．昨年夏に 20 歳で天寿を全うして旅立ったききに心から感謝したい．

2025 年 2 月　パリにて
徳武　太郎

著者紹介：

楠葉 隆徳（くすば・たかのり）

1952年生まれ．東京理科大学理学部数学科卒業，東京大学大学院理学系研究科科学史科学基礎論専攻博士課程単位取得退学，ブラウン大学 Ph.D. (History of Mathematics)．2019年4月より大阪経済大学名誉教授．
専門はインド・アラビア科学史．

共著：楠葉・林・矢野『インド数学研究』恒星社厚生閣（日本数学会出版賞受賞），Kusuba and Pingree. *Arabic Astronomy in Sanskrit*. Brill, SaKHYa (Sarma, Kusuba, Hayashi, and Yano). *Gaṇitasārakaumudī The Moonlight of the Essence of Mathematics by Ṭhakkura Pherū*. Manohar.

論文：インド数学やアラビア数学に関する論文多数．
最近の論文にオックスフォード大学 Christopher Minkowski 教授の70歳記念論文集 *Science and Society in the Sanskrit Word* (Brill 2023) 所収 "A Meru as a Mathematical Tool" (pp.133-148) がある．

徳武 太郎（とくたけ・たろう）

1996年生まれ．広島大学文学部人文学科卒業，京都大学大学院文学研究科博士課程修了，博士（文学）．
2024年9月よりフランス国立科学研究センター（CNRS）・SPHERE 研究所ポスドク研究員．専門はインド学，数学史，科学史．

受賞：第5回中村元東洋思想文化賞松江市長賞（中村元記念館東洋思想文化研究所），卒論 OPEN AWARD 2021 優秀賞（株式会社 知財図鑑）．

論文：「アル゠フワーリズミー数学研究Ⅰ」（数理解析研究所講究録別冊），"Study on an Example in the *Triśatī*, an Indian Arithmetic Book" (*Historia Scientiarum*), "Calculation for 'chain-reduction' in the *Triśatībhāṣya*" (*Indian Journal of History of Science*) など．

ディオファントス『算術』 アラビア語版 和訳注

2025年4月22日　初版第1刷発行

著　者　　楠葉 隆徳・徳武 太郎
発行者　　富田　淳
発行所　　株式会社　現代数学社
　　　　　〒606-8425 京都市左京区鹿ヶ谷西寺ノ前町1
　　　　　TEL 075 (751) 0727　FAX 075 (744) 0906
　　　　　https://www.gensu.co.jp/

装　幀　　中西真一（株式会社 CANVAS）

印刷・製本　　山代印刷株式会社

ISBN 978-4-7687-0659-6　　　　　　　　　　　　　　Printed in Japan

● 落丁・乱丁は送料小社負担でお取替え致します．
● 本書のコピー、スキャン、デジタル化等の無断複製は著作権法上での例外を除き禁じられています。本書を代行業者等の第三者に依頼してスキャンやデジタル化することは、たとえ個人や家庭内での利用であっても一切認められておりません。

Ⓒ Takanori Kusuba, Taro Tokutake